Vorlesungen über Mathematische Statistik

Von apl. Prof. Dr. Helmut Pruscha
Universität München

T0226082

B. G. Teubner Stuttgart · Leipzig · Wiesbaden 2000

apl. Prof. Dr. Helmut Pruscha

Geboren 1943 in Teplitz-Schönau. Von 1964 bis 1969 Studium der Mathematik und Physik an den Universitäten Bonn, Freiburg i. Br. und München. 1969 Diplom, 1975 Promotion und 1985 Habilitation im Fach Mathematik an der Universität München. Von 1969 bis 1978 Stipendiat und Assistent am Max-Planck-Institut für Psychiatrie in München. 1975/76 Gastaufenthalt an der Universität Laval (Québec). Seit 1978 Akademischer Rat und seit 1998 Akademischer Direktor am Mathematischen Institut der Universität München. Mitglied im Sonderforschungsbereich 386, Statistische Analyse diskreter Strukturen.

Die Deutsche Bibliothek – CIP-Einheitsaufnahme
Ein Titelsatz für diese Publikation ist bei
Der Deutschen Bibliothek erhältlich.

© B. G. Teubner Stuttgart · Leipzig · Wiesbaden 2000
Der Verlag Teubner ist ein Unternehmen der Fachverlagsgruppe BertelsmannSpringer.

Druck und Binden: Hubert & Co., Göttingen
Konzeption und Layout des Einbands: Peter Pfitz, Stuttgart

ISBN-13:978-3-519-02393-7   e-ISBN-13:978-3-322-82966-5
DOI: 10.1007/978-3-322-82966-5

Vorwort

Der vorliegende Text entspringt Vorlesungen über mathematische Statistik, die der Autor seit vielen Jahren an der Universität München abhält. Der Stoff deckt eine zweisemestrige Vorlesung ab. Das Buch ist so organisiert, dass es auch als Vorlage für eine einführende einsemestrige Vorlesung dienen kann. Die hierfür geeigneten Abschnitte sind mit dem Zeichen (^{0}) versehen worden. Zu ihrem Studium sollten Kenntnisse aus einer einführenden Vorlesung über Wahrscheinlichkeitstheorie ausreichen: Diese Abschnitte vermeiden nämlich weitgehend die Maßtheorie sowie die schwierigen Begriffe der bedingten Erwartung und der bedingten Verteilung, und sie berühren nur leicht die Grenzwertsätze der Wahrscheinlichkeitsrechnung.

Bei einer zweisemestrigen Vorlesung könnte der Stoff wie folgt aufgeteilt werden

Teil A   Kap 1 – Kap 4, Kap 5.1 – 5.2, Kap 6.1 – 6.2

Teil B   Kap 5.3 – 5.4, Kap 6.3 – 6.4, Kap 7, Kap 8.

Die Untersuchungen im Teil B behandeln asymptotische Methoden der Statistik, zum Teil in massiver Form, so dass hier eine Geläufigkeit der (im Anhang zusammengefassten) Grenzwertkonzepte der Stochastik Voraussetzung ist.

Schon ein Blick in das Inhaltsverzeichnis offenbart Vorlieben (und Abneigungen?) des Verfassers. Für den Teil A konnte die gelungene Stoffauswahl des fast namensgleichen Buches „Vorlesungen zur Mathematischen Statistik" von W. Winkler als Richtschnur dienen. Innerhalb dieses Teils wird eine gründliche Einführung in die Verfahren und Konzepte der Statistik und in das lineare Modell geboten; ferner wird die klassische Test- und Schätztheorie präsentiert. Sie ist ein Muss für jedes Lehrbuch der mathematischen Statistik, doch wurden hier bewusst Grenzen gezogen, was die Breite wie die Tiefe dieses Stoffes angeht. Es bleibt so eine deutliche Kluft zu den beiden Bänden „Mathematische Statistik" I und II von H. Witting bzw. von Witting & Müller-Funk bestehen. Das Kürprogramm im Teil B –vor allem die Darstellungen der nichtlinearen und nichtparametrischen Modelle– mag manchem Leser im Umfang überzogen erscheinen. Doch erleben gerade diese Modelle eine lebhafte Entwicklung innerhalb der Statistik und eine steigende Nachfrage in der anspruchsvolleren Anwendung. Viele Fachkollegen werden dies aber auch von dem ausgelassenen Stoff behaupten, insbesondere von den Themen „robuste Statistik" und „statistische Funktionale", welche durch Abwesenheit glänzen.

Ohne die kritische Begleitung durch Kollegen und Studenten hätte das Buch nicht entstehen können. Dank geht an K. Aehlig, M. Fröhlich und S. Siegle (der die LaTeX-Organisation des Buches vornahm), an Dr. A. Luhm, Dr. U. Wellisch, Dr. K. Ziegler und an Priv. Doz. Dr. D. Rost.

Prof. Dr. P. Gänßler, mit dem ich abwechselnd die Vorlesungen zur mathematischen Statistik abhalte, hat viel zur Abfassung des vorliegenden Textes beigetragen. Dafür möchte ich ihm herzlich danken.

Einige Lesehinweise:

- Abschnitte, die beim ersten Lesen übersprungen werden können, sind mit einem (*) gekennzeichnet.

- Abschnitte, die sich für eine einführende Vorlesung eignen, sind mit einem (^{0}) versehen (siehe oben).

- Ein Verweis wie „vgl. Satz 4.2" bezieht sich auf den Satz im Unterabschnitt 4.2 des gleichen Kapitels.

- Ein Verweis wie „vgl. Satz II 4.2" steht außerhalb des Kapitels II und bezieht sich auf den Satz im Kapitel II, Unterabschnitt 4.2.

- Enthält ein Unterabschnitt mehrere Sätze (Lemmatas, Propositionen,...), so sind diese durchnummeriert.

München, den 31. März 2000   Helmut Pruscha

e-mail: pruscha@rz.mathematik.uni-muenchen.de

Inhalt

Symbolverzeichnis

$\mathbb{N}$ natürliche Zahlen $\qquad$ $\mathbb{N}_0$ natürliche Zahlen mit 0

$\mathbb{R}$ reelle Zahlen $\qquad$ $\mathbb{R}_+$ nicht-negative reelle Zahlen

$\mathbb{Z}$ ganze Zahlen $\qquad$ $\mathbb{Z}_+$ nicht-negative ganze Zahlen

$\iota = \sqrt{-1}$

$\mathbb{1}_n = (1, \ldots, 1)^\top$ $\qquad$ $^\top$ bedeutet Transponieren

$\mathcal{L}(a_1, \ldots, a_n)$, $\mathcal{L}(A)$ lineare Teilräume, aufgespannt von den Vektoren $a_1, \ldots, a_n$ bzw. von den Spaltenvektoren von A

I_n n-dimensionale Einheitsmatrix $\qquad$ $I_n(\vartheta)$ Fisher-Informationsmatrix

$\text{Diag}(\lambda_i)$ Diagonalmatrix mit Elementen λ_i

$\mathcal{N}_\delta(x)$ abgeschlossene Umgebung von x mit Radius δ

$|\{\,\}|$, $\#\{\,\}$ Anzahl von Elementen in Mengen

$\mathbb{P}$ Wahrscheinlichkeit, $\quad$ $\mathbb{E}$ Erwartungswert, $\quad$ Var Varianz, $\quad$ Cov Kovarianz, $\mathbf{V}$ Kovarianzmatrix

$1(X \in A)$, 1_M Indikatorfunktionen der Ereignisse $\{X \in A\}$ und M

Id identische Abbildung

$\overset{\mathbf{P}}{\longrightarrow}$, $\overset{\mathcal{D}}{\longrightarrow}$ stochastische Konvergenz, Verteilungskonvergenz

$B(n, p)$, $N(\mu, \sigma^2)$, $N_p(\mu, \Sigma)$ Binomial-, Normal-, p-dimensionale Normalverteilung

$N(0, 1)$, χ^2_m, t_m, $F_{m,n}$ Standardnormal-, χ^2-, t- und F-Verteilung

u_γ, $\chi^2_{m,\gamma}$, $t_{m,\gamma}$, $F_{m,n,\gamma}$ γ-Quantile dieser Verteilungen

Verzeichnis der Abkürzungen

CR Cramér-Rao

f. s. fast sicher

GdgZ Gesetz der großen Zahlen

GLM verallgemeinertes lineares Modell

GM Gauß-Markov

KS Kolmogorov-Smirnov

LM lineares Modell   NLM lineares Modell mit Normalverteilungsannahme

LQ Likelihood-Quotient   log-LQ Logarithmus des Likelihood-Quotienten

l. u. linear unabhängig

ML Maximum-Likelihood   MLG Maximum-Likelihood Gleichungen

MQ Minimum-Quadrat

NG (lineare) Normalgleichungen   nNG nichtlineare Normalgleichungen

NP Neyman-Pearson

NZP Nichtzentralisationsparameter

ZGWS zentraler Grenzwertsatz

0 Einleitung

Es wird der Standpunkt der *mathematischen* Statistik innerhalb des weiten Gebietes der Statistik angegeben und mit einigen Beispielen illustriert.

Standpunkt

Die Statistik kennt viele Teilgebiete, wie die

- Stichprobentechnik (einschließlich Umfrageanalyse),

- Beschreibende Statistik (einschließlich amtliche Statistik),

- Datenanalyse (einschließlich Statistiksoftware),

- Mathematische Statistik.

Von diesen Teilgebieten, die sich natürlich gegenseitig durchdringen, werden wir nur das zuletzt genannte behandeln, das vorletzte gelegentlich streifen. Der zentrale Begriff der Statistik ist der der *Stichprobe*, je nach Situation auch *Messreihe*, *Beobachtungsdaten* oder ähnlich genannt. Wir geben eine Stichprobe in der Form

$$x = (x_1, \ldots, x_n) \in \mathbb{R}^n$$

eines n-Tupels von Zahlen an. In der mathematischen Statistik interpretieren wir eine solche Stichprobe x als eine Realisation eines Zufallsvektors

$$X = (X_1, \ldots, X_n),$$

der auf einem Wahrscheinlichkeitsraum $(\Omega, \mathfrak{A}, \mathbb{P})$ definiert ist. Das bedeutet, dass wir

$$x_1 = X_1(\omega), \ldots, x_n = X_n(\omega) \tag{0.1}$$

für ein gewisses eingetretenes Ergebnis $\omega \in \Omega$ annehmen (der Zufallsvektor X wird auch als *Zufallsstichprobe* bezeichnet). Die Verteilung $\mathbb{P}_X$ des Zufallsvektors X ist nun nicht (vollständig) bekannt. Vielmehr liegt sie in einer Klasse von Wahrscheinlichkeitsverteilungen $\mathbb{Q}$ auf dem $(\mathbb{R}^n, \mathcal{B}^n)$, die wir mit Hilfe einer Indexmenge Θ, der sogenannten *Parametermenge*, in der Form

$$\mathbb{Q}_\vartheta, \vartheta \in \Theta,$$

angeben. Je weniger von der Verteilung des Zufallsvektors X bekannt ist, desto größer fällt diese Klasse aus. Welcher Parameter ϑ, das heißt welche Verteilung $\mathbb{Q}_\vartheta$, tatsächlich einer Realisation von X zugrunde liegt, ist unbekannt. Die Stichprobe (0.1) dient dazu, Rückschlüsse auf diesen zugrunde liegenden („wahren") Parameterwert zu ziehen; ein Vorgang, den man als *statistische Inferenz* bezeichnet. Als Hauptmethoden der statistischen Inferenz werden wir kennenlernen: das „Schätzen" des Parameters ϑ, das „Testen" einer Hypothese über den Parameter ϑ, die Konstruktion eines „Konfidenzbereiches" für ϑ.

Beispiel: Warenkontrolle

Um Informationen über den Anteil p defekter Stücke in einer Sendung zu gewinnen, greift ein Kaufmann m Stücke (mit Zurücklegen) aus der Sendung heraus und prüft sie: Die Anzahl der Defekten unter ihnen sei x, $0 \le x \le m$. Wir fassen x als die Realisation $X(\omega)$ einer $B(m, p)$-verteilten Zufallsvariablen X auf, $0 \le p \le 1$. Die Verteilung

$$\mathbb{Q}\{k\} \equiv \mathbb{P}(X = k) = \binom{m}{k} p^k (1-p)^{m-k}, \quad k = 0, \dots, m,$$

von X enthält den (unbekannten) Parameter $\vartheta = p$,

$$p \in \Theta = [0, 1].$$

Um die Abhängigkeit dieser Verteilung von p zu betonen, schreiben wir

$$\mathbb{Q}_p, \quad p \in [0, 1].$$

Intuitiv schätzt man den Anteilswert p durch die relative Häufigkeit x/m defekter Stücke. Eine Hypothese über ϑ bildet z. B. eine Behauptung des Lieferanten der Form „$p \le p_0$", mit einer zahlenmäßigen Angabe von p_0.

Beispiel: Messung einer physikalischen Konstanten

Zur Bestimmung einer physikalischen Konstanten μ, zum Beispiel der Gravitationskonstanten, werden n unabhängige Messungen durchgeführt. Die Messreihe

$x_1, \ldots, x_n$ vom Umfang n fassen wir als Realisation $X_1(\omega), \ldots, X_n(\omega)$ von n unabhängigen, $N(\mu, \sigma^2)$-verteilten Zufallsvariablen $X_1, \ldots, X_n$ auf. Das bedeutet, dass der „wahre" Wert μ als Erwartungswert einer Normalverteilung fungiert: nur zufällige, nicht aber systematische Abweichungen von μ werden als Messfehler zugelassen. Die Verteilung $\mathbb{Q} = \mathbb{P}_X$ des Zufallsvektors $X = (X_1, \ldots, X_n)$ hängt von dem (unbekannten, zweidimensionalen) Parameter $\vartheta = (\mu, \sigma^2)$ ab:

$$\mathbb{Q}_{(\mu, \sigma^2)} = \underset{i=1}{\overset{n}{\times}} N(\mu, \sigma^2), \quad (\mu, \sigma^2) \in \Theta = \mathbb{R} \times (0, \infty),$$

bildet die Klasse der Verteilungen auf $\mathbb{R}^n$, zu der die Verteilung von X gehört. Üblicherweise schätzt man den Erwartungswert μ durch das arithmetische Mittel $\bar{x} = (1/n) \sum_{i=1}^n x_i$ der Messwerte. Von besonderem Interesse ist die Angabe eines Konfidenzintervalls für μ der Form $\bar{x} - c \leq \mu \leq \bar{x} + c$.

Beispiel: Schätzen einer Verteilungsdichte

Die Verteilung der Größe x eines Neugeborenen besitze eine Dichtefunktion f, welche in der Funktionenklasse

$$\mathcal{F} = \left\{ f : [a, b] \to [0, \infty) \mid f \text{ stetig mit } \int_a^b f(x)dx = 1 \right\}$$

$[a < b$ positive Konstanten$]$ liege. Die Geburtsgrößen $x_1, \ldots, x_n$ von n Neugeborenen werden als eine Realisation eines n-dimensionalen Zufallsvektors X interpretiert, mit zugehöriger Verteilungsklasse

$$\mathbb{Q}_f = \underset{i=1}{\overset{n}{\times}} Q_f, \quad f \in \mathcal{F},$$

wobei Q_f eine Verteilung auf $\mathbb{R}$ mit Dichte f bezeichnet. Von Interesse ist hier z. B. das Schätzen des Medians, das ist des Wertes M, für welchen $\int_a^M f(x)dx = \frac{1}{2}$ gilt.

Beispiel: Ausgleichskurve (*)

Es interessiere der Blattverlust (Y) eines Baumes in Abhängigkeit von seinem Alter (x): Der Erwartungswert von Y sei eine Funktion von x,

$$\mathbb{E}(Y) = \mu(x),$$

mit μ aus der Funktionenklasse

$$\mathcal{M} = \left\{ \mu : [0, A] \to [0, \infty) \mid \mu \text{ stetig differenzierbar} \right\}$$

[A positive Konstante]. Während man sich die x-Werte als voreingestellt (nicht zufällig) denkt, hängen die gemessenen Y-Werte vom x-Wert und vom Zufall ab. Das für den i-ten Baum ermittelte Wertepaar werde mit (x_i, y_i) bezeichnet. Die Stichprobe wird als Realisation eines n-dimensionalen Zufallsvektors $Y = (Y_1, \ldots, Y_n)$ interpretiert, der die Verteilung

$$\mathbb{Q}_\mu = \mathop{\mathsf{X}}_{i=1}^{n} Q_{\mu(x_i)}, \quad \mu \in \mathcal{M},$$

besitzt, wobei $Q_{\mu(x)}$ eine Verteilung auf $\mathbb{R}$ mit Erwartungswert $\mu(x)$ bedeutet. Einen Schätzer $\hat{\mu}(x)$, $x \in [0, A]$, der zugrunde liegenden Funktion μ gewinnt man in der Regel nach der Ausgleichsmethode der kleinsten Abweichungsquadrate (Minimum-Quadrat Methode).

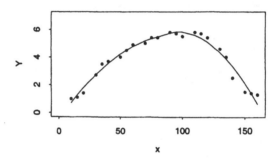

Abbildung 1: Stichproben-Wertepaare (x_i, y_i), $i = 1, \ldots, n$, und Ausgleichskurve $\hat{\mu}(x)$ für den Erwartungswert $\mu(x)$ von Y in Abhängigkeit von x.

I Grundlegende Verfahren

In diesem Kapitel werden einige elementare statistische Verfahren behandelt. Der präsentierte Stoff stellt einerseits eine Brücke zur anwendungsbezogenen Statistik dar und enthält einen Grundstock an Praxis-relevanten Methoden. Andererseits fungiert er auch als ein Beispielskatalog für spätere, mehr theoretische Abhandlungen und dient so der Heuristik zu den folgenden Kapiteln.

1 Schätzen von Parametern (^{0})

Auf der Grundlage einer Stichprobe $x_1, \ldots, x_n$ soll eine „Näherung" für den (unbekannten) Wert des zugrunde liegenden Parameters ϑ angegeben werden, und zwar in Form eines sogenannnten „Schätzers" S.

Im einleitenden Beispiel *Warenkontrolle* gibt man intuitiv den Schätzer $S(x) = \frac{x}{m}$ (relative Häufigkeit) für den Parameter p des tatsächlichen Anteilswerts an, im Beispiel der *physikalischen Konstanten* den Schätzer $S(x_1, \ldots, x_n) = \frac{1}{n} \sum_{i=1}^{n} x_i$ (arithmetisches Mittel) für den wahren Wert μ der physikalischen Konstanten. Es wird sich herausstellen, dass diese Schätzer sehr gute Eigenschaften aufweisen und dass sie sich nicht nur aus der Intuition, sondern auch aus einem mathematischen Prinzip heraus ableiten lassen.

Die unbekannten Parameter in den einleitenden Beispielen *Verteilungsdichte* und *Ausgleichskurve* sind keine endlich-dimensionalen, sondern funktionswertige Größen. Ihre Schätzung erweist sich als komplizierter und wird erst im Kapitel VIII besprochen.

1.1 Begriff und Eigenschaften des Schätzers

Definition. Ein *Schätzer* S für $\vartheta \in \mathbb{R}^d$ ist eine messbare Abbildung

$$S : (\mathbb{R}^n, \mathcal{B}^n) \longrightarrow (\mathbb{R}^d, \mathcal{B}^d), \tag{1.1}$$

welche funktional nicht von $\vartheta \in \Theta$ abhängt. Ein Schätzer (1.1) wird auch *Punktschätzer* genannt, eine Realisation $S(x_1, \ldots, x_n) \in \mathbb{R}^d$ auch *Schätzung*.

Der Begriff des Schätzers enthält keine Aussage über seine Qualität, also darüber, wie gut ϑ geschätzt wird. Er hat –abgesehen von der Dimension d– keinen Bezug zum Parameter ϑ; es wird nochmals betont, dass er funktional nicht von ϑ abhängen darf.

Fassen wir –wie im einleitenden *Standpunkt* schon beschrieben– die Stichprobe $x = (x_1, \ldots, x_n)$ als Realisation des Zufallsvektors $X = (X_1, \ldots, X_n)$ auf $(\Omega, \mathfrak{A}, \mathbb{P}_\vartheta)$, $\vartheta \in \Theta$, auf, so liegt die Verteilung von X in der Klasse $\mathbb{Q}_\vartheta, \vartheta \in \Theta$,

$$\mathbb{Q}_\vartheta(B) = \mathbb{P}_\vartheta(X \in B), \quad B \in \mathcal{B}^n,$$

von Verteilungen auf $(\mathbb{R}^n, \mathcal{B}^n)$. Wir erhalten das dreistufige Schema

$$(\Omega, \mathfrak{A}, \mathbb{P}_\vartheta) \xrightarrow{X} (\mathbb{R}^n, \mathcal{B}^n, \mathbb{Q}_\vartheta) \xrightarrow{S} (\mathbb{R}^d, \mathcal{B}^d). \tag{1.2}$$

Für Rechnungen im Zusammenhang mit einem Schätzer S können wir den links stehenden Grundraum oder den in der Mitte von (1.2) stehenden *Stichprobenraum* zugrunde legen. Es gilt nämlich

$$\begin{aligned} \mathbb{Q}_\vartheta(S \in B) &= \mathbb{P}_\vartheta(S \circ X \in B), \quad B \in \mathcal{B}^d, \\ \mathbb{E}_{\mathbb{Q}_\vartheta}(S) &= \mathbb{E}_{\mathbb{P}_\vartheta}(S \circ X), \end{aligned} \tag{1.3}$$

wobei die zweite Gleichung eine Vektorgleichung mit d Komponenten ist. Im Folgenden wird einfachheitshalber $\mathbb{E}_\vartheta$ statt $\mathbb{E}_{\mathbb{Q}_\vartheta}$ oder $\mathbb{E}_{\mathbb{P}_\vartheta}$ geschrieben. Insbesondere für wahrscheinlichkeitstheoretische Rechnungen ist es vorteilhaft, auf den Grundraum $(\Omega, \mathfrak{A}, \mathbb{P}_\vartheta)$ zurückzugehen und mit den rechten Seiten von (1.3) zu arbeiten.

Eigenschaften von Schätzern

Aus Gründen der Einfachheit betrachten wir jetzt den Fall $d = 1$ eines eindimensionalen Parameters ϑ. Der Schätzer S heißt *erwartungstreu* (unbiased) für ϑ, falls

$$\mathbb{E}_\vartheta(S) = \vartheta \quad \text{für alle } \vartheta \in \Theta, \tag{1.4}$$

falls also der *Bias* von S bezüglich ϑ, das ist $\mathbb{E}_\vartheta(S) - \vartheta$, identisch verschwindet.

Weitere wichtige Eigenschaften beziehen sich auf eine Folge S_n, $n \geq 1$, von Schätzern (1.1); die Indizierung der Verteilungen $\mathbb{Q}_\vartheta$ auf $(\mathbb{R}^n, \mathcal{B}^n)$ mit dem Subskript n wird in unserer Notation unterdrückt. Sei weiterhin $d = 1$.

Definitionen. Die Folge S_n, $n \geq 1$, von Schätzern heißt *asymptotisch erwartungstreu* für ϑ, falls

$$\lim_{n \to \infty} \mathbb{E}_\vartheta(S_n) = \vartheta \quad \text{für alle } \vartheta \in \Theta \tag{1.5}$$

gilt. Sie heißt *konsistent* für ϑ, falls S_n, $n \geq 1$, stochastisch gegen ϑ konvergiert (Kurzschreibweise $S_n \xrightarrow{\mathbb{Q}_\vartheta} \vartheta$ oder $S_n \circ (X_1, \ldots, X_n) \xrightarrow{\mathbb{P}_\vartheta} \vartheta$), falls also für alle $\varepsilon > 0$ und $\vartheta \in \Theta$ gilt

$$\lim_{n \to \infty} \mathbb{Q}_\vartheta(|S_n - \vartheta| > \varepsilon) = 0. \tag{1.6}$$

Hinreichend für die Konsistenz ist die asymptotische Erwartungstreue zusammen mit

$$\lim_{n \to \infty} \mathrm{Var}_\vartheta(S_n) = 0 \quad \text{für alle } \vartheta \in \Theta, \tag{1.7}$$

wie die folgende Proposition zeigt.

Proposition. *Aus (1.5) und (1.7) folgt (1.6).*

Beweis. Zu vorgegebenem ϑ und $\varepsilon > 0$ gibt es nach (1.5) ein n_0, so dass $|\mathbb{E}_\vartheta(S_n) - \vartheta| \leq \frac{\varepsilon}{2}$ für alle $n \geq n_0$. Dann folgt aus der Monotonie der Wahrscheinlichkeit und aus der Tschebyscheff-Ungleichung

$$\begin{aligned}
\mathbb{Q}_\vartheta(|S_n - \vartheta| > \varepsilon) &\leq \mathbb{Q}_\vartheta(|S_n - \mathbb{E}_\vartheta(S_n)| + |\mathbb{E}_\vartheta(S_n) - \vartheta| > \varepsilon) \\
&\leq \mathbb{Q}_\vartheta(|S_n - \mathbb{E}_\vartheta(S_n)| > \frac{\varepsilon}{2}) + \mathbb{Q}_\vartheta(|\mathbb{E}_\vartheta(S_n) - \vartheta| > \frac{\varepsilon}{2}) \\
&\leq \frac{\mathrm{Var}_\vartheta(S_n)}{(\frac{\varepsilon}{2})^2} + 0,
\end{aligned}$$

falls nur $n \geq n_0$. (1.7) liefert nun die Behauptung (1.6).   □

1.2   Schätzen des Erwartungswerts und der Varianz

Gegeben seien unabhängige und identisch verteilte Zufallsvariable $X_1, \ldots, X_n$, mit Erwartungswert $\mu = \mathbb{E}(X_1)$ und Varianz $\sigma^2 = \mathrm{Var}(X_1)$. Den Parameter $\mu \in \mathbb{R}$ schätzt man durch das arithmetische Mittel

$$\overline{X}_n \equiv \hat{\mu}_n = \frac{1}{n} \sum_{i=1}^{n} X_i \qquad \text{(Mittelwert)}$$

der $X_1, \ldots, X_n$. Der Schätzer $\hat{\mu}_n$ ist erwartungstreu für μ,

$$\mathbb{E}_\mu(\hat{\mu}_n) = \mathbb{E}_\mu(X_1) = \mu \quad \text{für alle } \mu \in \mathbb{R},$$

seine Varianz

$$\mathrm{Var}_{\sigma^2}(\hat{\mu}_n) = \frac{1}{n} \mathrm{Var}_{\sigma^2}(X_1) = \frac{1}{n} \sigma^2, \quad \text{für alle } \sigma^2 > 0, \tag{1.8}$$

konvergiert bei $n \to \infty$ gegen Null, so dass Prop. 1.1 seine Konsistenz erweist,

$$\hat{\mu}_n \xrightarrow{\mathbf{P}_\mu} \mu \quad \text{für alle } \mu \in \mathbb{R}, \text{ bei } n \to \infty.$$

Der Parameter $\sigma^2 > 0$ wird durch

$$S_n^2 \equiv \hat{\sigma}_n^2 = \frac{1}{n-1} \sum_{i=1}^{n} (X_i - \overline{X}_n)^2 \qquad \text{(empirische Varianz)}$$

oder durch $\frac{n-1}{n}S_n^2$ geschätzt. Die Größe

$$S_n \equiv \hat{\sigma}_n = \sqrt{S_n^2}$$

heißt auch *empirische Standardabweichung*. Mit Hilfe der Verschiebungsformel

$$(n-1)S_n^2 = \sum_{i=1}^{n}(X_i - a)^2 - n\left(\overline{X}_n - a\right)^2,$$

die für beliebige $a \in \mathbb{R}$ gültig ist, rechnet man

$$\begin{aligned}
\mathbb{E}_{\sigma^2}(S_n^2) &= \sigma^2 \quad \text{für alle } \sigma^2 > 0, \\
\text{Var}(S_n^2) &= \frac{1}{n}\left(\mu_4 - \frac{n-3}{n-1}\sigma^4\right),
\end{aligned} \tag{1.9}$$

wobei wir $\mu_k = \mathbb{E}\big((X_1 - \mu)^k\big)$ gesetzt haben ($\mu_1 = 0$, $\mu_2 = \sigma^2$). Der Schätzer S_n^2 ist also erwartungstreu für σ^2, $\frac{n-1}{n}S_n^2$ asymptotisch erwartungstreu für σ^2, und gemäß Prop. 1.1 ist S_n^2 (wie auch $\frac{n-1}{n}S_n^2$) konsistent für σ^2,

$$S_n^2 \xrightarrow{\mathbf{P}_{\sigma^2}} \sigma^2 \quad \text{für alle } \sigma^2 > 0, \text{ bei } n \to \infty.$$

Mit Hilfe der Zufallsstichprobe $X_1, \ldots, X_n$ kann auch die Varianz der Schätzer $\hat{\mu}_n$ und S_n^2 geschätzt werden. Dies geschieht durch Einsetzen von $\hat{\sigma}_n^2 \equiv S_n^2$ und von

$$\hat{\mu}_{4,n} = \frac{1}{n}\sum_{i=1}^{n}(X_i - \overline{X}_n)^4$$

in die Formeln (1.8) und (1.9) (*plug-in Methode*). Wir erhalten

$$\begin{aligned}
\widehat{\text{Var}}(\hat{\mu}_n) &= \frac{\hat{\sigma}_n^2}{n} \\
\widehat{\text{Var}}(\hat{\sigma}_n^2) &= \frac{1}{n}\left(\hat{\mu}_{4,n} - \frac{n-3}{n-1}\hat{\sigma}_n^4\right).
\end{aligned} \tag{1.10}$$

1.3 Satz von Student (Normalverteilungs-Fall)

In 1.2 haben wir Erwartungswert und Varianz der Schätzer $\hat{\mu}_n \equiv \overline{X}_n$ und $\hat{\sigma}_n^2 \equiv S_n^2$ für μ beziehungsweise σ^2 berechnet. Sind die unabhängigen Zufallsvariablen $X_1, \ldots, X_n$ normalverteilt, so lassen sich –im folgenden Satz von GOSSET (1908)– detaillierte Verteilungsaussagen über $\overline{X}_n$ und S_n^2 machen. Bezüglich der auftretenden χ^2- und t-Verteilungen siehe die Zusammenfassung der Testverteilungen im Abschnitt 7 am Ende dieses Kapitels.

Satz. *(von „Student", W. S. Gosset) Sind $X_1, \ldots, X_n$ unabhängig und $N(\mu, \sigma^2)$-verteilt, dann gilt für*

$$\overline{X}_n = \frac{1}{n} \sum_{i=1}^{n} X_i \quad und \quad S_n^2 = \frac{1}{n-1} \sum_{i=1}^{n} (X_i - \overline{X}_n)^2$$

a) $\overline{X}_n$ ist $N(\mu, \frac{\sigma^2}{n})$-verteilt,

b) $(n-1)\frac{S_n^2}{\sigma^2}$ ist χ_{n-1}^2-verteilt,

c) $\overline{X}_n$ und S_n^2 sind unabhängig,

d) $T_n = \sqrt{n}\frac{\overline{X}_n - \mu}{S_n}$ ist t_{n-1}-verteilt.

Bemerkung. Die Aussagen a) bis c) sind Spezialfälle viel allgemeinerer Aussagen im linearen Modell, siehe III 3.4, 4.4 unten. Wir bringen hier einen elementaren Beweis, der nur den folgenden Satz über Linearformen normalverteilter Zufallsvektoren benutzt: Ist der Zufallsvektor Y $N_n(a, \Sigma)$-verteilt und ist die $n \times n$-Matrix A invertierbar, so besitzt $A \cdot Y$ eine $N_n(A \cdot a, A \cdot \Sigma \cdot A^\top)$-Verteilung.

Beweis. (i) Wir bilden den n-dimensionalen Zufallsvektor $X = (X_1, \ldots, X_n)^\top$, die n-dimensionale Einheitsmatrix I_n, den auf der Raumdiagonalen liegenden n-dimensionalen Vektor $\mathbb{1}_n \equiv e = (1, \ldots, 1)^\top$, sowie die $n \times n$-Matrix

$$V = I_n - \frac{1}{n} e \cdot e^\top$$

vom Rang $n-1$. V stellt die Projektionsmatrix auf das orthogonale Komplement von $\{\lambda \cdot e \mid \lambda \in \mathbb{R}\}$ dar:

$$V \cdot e = 0, \quad V \cdot a = a \quad \text{für } a \perp e \text{ (das heißt } \sum_{i=1}^{n} a_i = 0). \tag{1.11}$$

Es gilt $V^\top = V$ und $V \cdot V = V$. Mit Hilfe von e und V schreiben sich $\overline{X}_n$ und S_n^2 in der Form

$$\overline{X}_n = \frac{1}{n} e^\top \cdot X, \quad S_n^2 = \frac{1}{n-1}(V \cdot X)^\top \cdot V \cdot X = \frac{1}{n-1} X^\top \cdot V \cdot X. \tag{1.12}$$

(ii) Ferner benötigen wir eine orthogonale $n \times n$-Matrix

$$A = \begin{pmatrix} a_1^\top \\ \vdots \\ a_n^\top \end{pmatrix},$$

wobei die erste Zeile die Elemente $\frac{1}{\sqrt{n}}$ enthält, das heißt $a_1 = \frac{1}{\sqrt{n}}e$ gesetzt wird, und $a_2, \ldots, a_n$ eine orthogonale Ergänzung zu a_1 bildet. Es gilt wegen (1.11) $V \cdot a_1 = 0$, $V \cdot a_2 = a_2, \ldots, V \cdot a_n = a_n$, so dass

$$V \cdot A^\mathsf{T} = (0, a_2, \ldots, a_n), \qquad A \cdot V \cdot A^\mathsf{T} = I_n^{\text{red}}, \tag{1.13}$$

wobei I_n^{red} an der 2-ten bis n-ten Stelle der Diagonalen eine 1, sonst eine 0 hat.

(iii) Wir standardisieren den $N_n(\mu e, \sigma^2 I_n)$-verteilten Zufallsvektor X zu $X^* = \frac{1}{\sigma}(X - \mu e)$. X^* ist $N_n(0, I_n)$-verteilt, ebenso wie $Y^* = A \cdot X^*$, wegen des oben angegebenen Satzes und wegen $A \cdot A^\mathsf{T} = I_n$. Gemäß (1.12) lässt sich $\overline{X}_n$ umformen zu

$$\begin{aligned}
\overline{X}_n &= \frac{1}{n} e^\mathsf{T} \cdot (\sigma X^* + \mu e) \\
&= \frac{\sigma}{\sqrt{n}} a_1^\mathsf{T} \cdot X^* + \mu = \frac{\sigma}{\sqrt{n}} Y_1^* + \mu,
\end{aligned} \tag{1.14}$$

woraus insbesondere a) folgt. Das S_n^2 aus (1.12) kann wegen $V \cdot X = \sigma V \cdot X^* + \mu V \cdot e = \sigma V \cdot X^*$ in der Form

$$\begin{aligned}
(n-1)S_n^2 &= \sigma^2 X^{*\mathsf{T}} \cdot V \cdot X^* \\
&= \sigma^2 Y^{*\mathsf{T}} \cdot A \cdot V \cdot A^\mathsf{T} \cdot Y^* \\
&= \sigma^2 Y^{*\mathsf{T}} \cdot I_n^{\text{red}} \cdot Y^* = \sigma^2 \sum_{i=2}^{n} (Y_i^*)^2
\end{aligned} \tag{1.15}$$

geschrieben werden, wobei noch (1.13) benutzt wurde.

(iv) Aus (1.15) folgt Behauptung b), und ein Vergleich von (1.14) und (1.15) liefert c). Zum Nachweis von d) benutzen wir a) und b) und stellen

$$T_n = \frac{\sqrt{n}(\overline{X}_n - \mu)/\sigma}{\sqrt{S_n^2/\sigma^2}} \equiv \frac{Z}{\sqrt{W_{n-1}/(n-1)}}$$

als Quotienten einer $N(0,1)$-verteilten Variablen Z und der Wurzel einer (durch die Freiheitsgrade geteilten) χ_{n-1}^2-verteilten Variablen W_{n-1} dar. Zusammen mit der Unabhängigkeit von Z und W_{n-1} (nach c)) erhalten wir schließlich die Behauptung d). $\qquad\qquad\qquad\qquad\qquad\qquad\qquad\qquad\qquad\qquad\qquad\qquad\square$

Zwei normalverteilte Stichproben

Als Folgerung aus dem Satz von Student fügen wir an:

Proposition. *Sind $X_1, \ldots, X_n, Y_1, \ldots, Y_m$ unabhängig, wobei die X_i $N(\mu_1, \sigma^2)$-verteilt und die Y_j $N(\mu_2, \sigma^2)$-verteilt sind, so gilt mit den Mittelwerten $\overline{X}$ und $\overline{Y}$ und den empirischen Varianzen S_x^2 und S_y^2 der X- beziehungsweise Y-Stichprobe* *a)* $F = \frac{S_x^2}{S_y^2}$ *ist* $F_{n-1,m-1}$*-verteilt.*

b) $T = \sqrt{\frac{n \cdot m}{n+m}} \frac{(\overline{X}-\mu_1)-(\overline{Y}-\mu_2)}{S}$ *ist* t_{n+m-2}*-verteilt, wobei wir*

$$S^2 = \frac{1}{n+m-2} \left((n-1)S_x^2 + (m-1)S_y^2 \right)$$

gesetzt haben.

Beweis. (i) Die Zufallsvariablen S_x^2 und S_y^2 sind unabhängig, $\frac{(n-1)S_x^2}{\sigma^2}$ und $\frac{(m-1)S_y^2}{\sigma^2}$ sind gemäß Teil b) des Satzes von Student χ_{n-1}^2-verteilt beziehungsweise χ_{m-1}^2-verteilt, so dass Behauptung a) bereits folgt. Ferner ist dann

$$\frac{1}{\sigma^2} \left((n-1)S_x^2 + (m-1)S_y^2 \right) \quad \chi_{n+m-2}^2\text{-verteilt.}$$

(ii) Die Zufallsvariablen $\overline{X}$ und $\overline{Y}$ sind unabhängig und gemäß Satzteil a) $N(\mu_1, \frac{\sigma^2}{n})$- beziehungsweise $N(\mu_2, \frac{\sigma^2}{m})$-verteilt. Dann gilt

$$(\overline{X} - \mu_1) - (\overline{Y} - \mu_2) \quad \text{ist} \quad N(0, \tfrac{\sigma^2}{n} + \tfrac{\sigma^2}{m})\text{-verteilt}$$

und

$$\frac{(\overline{X} - \mu_1) - (\overline{Y} - \mu_2)}{\sigma\sqrt{\frac{1}{n} + \frac{1}{m}}} \quad \text{ist} \quad N(0,1)\text{-verteilt.}$$

(iii) Die vier Zufallsvariablen $\overline{X}, \overline{Y}, S_x^2, S_y^2$ sind gemäß Satzteil c) unabhängig, folglich auch die beiden Zufallsvariablen $\overline{X} - \overline{Y}$ und S^2. Da T von der Bauart

$$\frac{N(0,1)}{\sqrt{\frac{\chi_{n+m-2}^2}{n+m-2}}},$$ mit Zähler und Nenner unabhängig,

ist, folgt Behauptung b).   □

2   Schätzmethoden (^{0})

In 1.1 wurden Eigenschaften eines Schätzers besprochen, die etwas über seine Qualität aussagen. Eine ganz andere Frage ist es, nach welcher Methode man qualitativ gute Schätzer gewinnen kann. Dazu werden im folgenden die Methode des *Maximum-Likelihood (ML)* und die *Minimum-Quadrat (MQ)* Methode vorgestellt. Die ML-Methode findet Anwendung, wenn die gemeinsame Dichte der Zufallsstichprobe $X_1, \ldots, X_n$ –bis auf einen Parameter ϑ– bekannt ist. Die MQ-Methode ist angesagt, wenn sich der Erwartungswert der X_i als bekannte Funktion eines unbekannten Parameters ϑ schreiben lässt. Aus Tradition schreibt man im MQ-Kontext Y_i und β anstatt X_i und ϑ.

2.1 ML-Schätzer

Wir nehmen an, dass die Wahrscheinlichkeitsverteilungen Q_ϑ, $\vartheta \in \Theta \subset \mathbb{R}^d$, auf $(\mathbb{R}^n, \mathcal{B}^n)$ Dichten $f(x, \vartheta)$, $x \in \mathbb{R}^n$, besitzen, und zwar bezüglich des Lebesgue-Maßes (im stetigen Fall), beziehungsweise bezüglich des Zählmaßes (im diskreten Fall; hier stellt $f(x, \vartheta) = Q_\vartheta\{x\}$ die Wahrscheinlichkeitsfunktion von Q_ϑ dar). Es gilt dann für jedes $B \in \mathcal{B}^n$

$$Q_\vartheta(B) = \int\limits_B f(x, \vartheta)\,dx\,,$$

mit Summe statt Integral im diskreten Fall. Für jedes $x \in \mathbb{R}^n$ heißt die Abbildung $L_n : \Theta \to [0, \infty)$ mit

$$L_n(\vartheta) = f(x, \vartheta), \quad \vartheta \in \Theta,$$

Likelihood(-funktion) der Stichprobe x. Der d-dimensionale Schätzer $\hat{\vartheta}$ heißt *ML-Schätzer* für ϑ, falls $\hat{\vartheta}$ die Likelihoodfunktion maximiert, das heißt falls

$$L_n(\hat{\vartheta}) = \sup_{\vartheta \in \Theta} L_n(\vartheta) \tag{2.1}$$

gilt. Dabei setzen wir voraus, dass L_n an der Stelle $\hat{\vartheta}$ definiert ist (was oft auch noch auf dem topologischen Rand von Θ der Fall ist).

Führen wir die log-Likelihoodfunktion

$$l_n(\vartheta) = \log L_n(\vartheta), \quad \vartheta \in \Theta,$$

ein, so können wir statt (2.1) auch

$$l_n(\hat{\vartheta}) = \sup_{\vartheta \in \Theta} l_n(\vartheta) \tag{2.2}$$

fordern. Die Werte $\hat{\vartheta}$ sucht man unter den lokalen Maximastellen von $l_n(\vartheta)$ im Innern von Θ und auf dem Rand von Θ. Erstere erfüllen die *ML-Gleichung*

$$\frac{d}{d\vartheta} l_n(\vartheta) \equiv \begin{pmatrix} \frac{\partial}{\partial \vartheta_1} l_n \\ \vdots \\ \frac{\partial}{\partial \vartheta_d} l_n \end{pmatrix}(\vartheta) = 0. \tag{MLG}$$

Eine Lösung $\hat{\vartheta}$ von MLG bildet ein lokales Maximum, falls die Hessematrix $\frac{d^2}{d\vartheta d\vartheta^\top} l_n(\vartheta)$ an der Stelle $\hat{\vartheta}$ negativ definit ist (zweimal stetige Differenzierbarkeit von $l_n(\vartheta)$ vorausgesetzt).

Das folgende *Invarianzprinzip* von ML-Schätzern sagt aus, dass sich eine Transformation g des Parameters ϑ auf den ML-Schätzer für ϑ überträgt. Seien dazu $g : \mathbb{R}^d \to \mathbb{R}^c$ eine messbare Abbildung und $\Delta = g(\Theta)$ das Bild von Θ unter g. Setze für jedes $\eta \in \Delta$

$$\Theta_\eta = \{\vartheta \in \Theta \mid g(\vartheta) = \eta\}.$$

Wir definieren

$$M(\eta) = \sup_{\vartheta \in \Theta_\eta} L_n(\vartheta), \quad \eta \in \Delta, \tag{2.3}$$

als die durch g induzierte Likelihoodfunktion auf Δ und bezeichnen ein $\hat{\eta}$ mit

$$M(\hat{\eta}) \geq M(\eta) \quad \text{für alle } \eta \in \Delta$$

als ML-Schätzer für η.

Satz. *Ist $g : \mathbb{R}^d \to \mathbb{R}^c$ messbar und $\hat{\vartheta}$ ML-Schätzer für $\vartheta \in \Theta$, dann ist $\hat{\eta} = g(\hat{\vartheta})$ ML-Schätzer für $\eta = g(\vartheta) \in \Delta$.*

Beweis. Wegen $\hat{\vartheta} \in \Theta_{\hat{\eta}}$ gilt

$$M(\hat{\eta}) = \sup_{\vartheta \in \Theta_{\hat{\eta}}} L_n(\vartheta) \geq L_n(\hat{\vartheta}).$$

Andererseits ist wegen $\Theta_{\hat{\eta}} \subset \Theta$

$$M(\hat{\eta}) \leq \sup_{\vartheta \in \Theta} L_n(\vartheta) = L_n(\hat{\vartheta}).$$

Es folgt $M(\hat{\eta}) = L_n(\hat{\vartheta})$, und wegen

$$M(\hat{\eta}) = \sup_{\vartheta \in \Theta} L_n(\vartheta) \geq \sup_{\vartheta \in \Theta_\eta} L_n(\vartheta) = M(\eta)$$

für jedes $\eta \in \Delta$ ist die Behauptung bewiesen. □

Das Einsetzen des Schätzers $\hat{\vartheta}$ in die Funktion $g(\vartheta)$ wird auch als *plug-in Methode* bezeichnet.

2.2 Beispiele von ML-Schätzern

1. $B(n, p)$-Verteilung, $\vartheta = p \in [0, 1] = \Theta$.
Für $0 \leq x \leq n$ ist

$$L_n(p) = \binom{n}{x} p^x (1 - p)^{n-x}.$$

Für $0 < p < 1$ ist mit $R = \log \binom{n}{x}$

$$\log L_n(p) = x \log p + (n - x) \log(1 - p) + R.$$

Die ML-Gleichung lautet

$$\frac{d}{dp} \log L_n(p) = \frac{x}{p} - \frac{n - x}{1 - p} = 0$$

und führt für $0 < x < n$ zu

$$\hat{p}_n = \frac{x}{n}$$

als ML-Schätzer für $p \in [0, 1]$. Beachte, dass $\frac{d^2}{dp^2} \log L_n(p) < 0$ für $p \in (0, 1)$ und dass $L_n(p) = 0$ für $p = 0$ und $p = 1$. Aber auch im Fall $x = 0$ (dann $L_n(p) = (1 - p)^n$) und $x = n$ (dann $L_n(p) = p^n$) ist $\frac{x}{n}$ ML-Schätzer für p.

2. $\mathbb{Q}_{(\mu, \sigma^2)} = \bigtimes_{i=1}^{n} N(\mu, \sigma^2) = N_n(\mu \cdot \mathbb{1}_n, \sigma^2 \cdot I_n)$ -Verteilung, $\vartheta = (\mu, \sigma^2) \in \mathbb{R} \times (0, \infty) = \Theta$.

Die Likelihoodfunktion für n unabhängige, $N(\mu, \sigma^2)$-verteilte Zufallsvariablen lautet

$$L_n(\vartheta) = \left(\frac{1}{2\pi\sigma^2} \right)^{\frac{n}{2}} \exp\left(-\frac{1}{2\sigma^2} \sum_{i=1}^{n} (x_i - \mu)^2 \right).$$

Logarithmieren führt zu

$$l_n(\vartheta) = -\frac{n}{2} \log \sigma^2 - \frac{1}{2\sigma^2} \sum_{i=1}^{n} (x_i - \mu)^2 + R,$$

mit $R = -\frac{n}{2} \log(2\pi)$. Die ML-Gleichung für $\mu \in \mathbb{R}$, das ist

$$\frac{\partial}{\partial \mu} l_n(\mu, \sigma^2) = \frac{1}{\sigma^2} \sum_{i=1}^{n} (x_i - \mu) = 0,$$

hat als Lösung

$$\hat{\mu} \equiv \bar{x} = \frac{1}{n} \sum_{i=1}^{n} x_i.$$

Die ML-Gleichung für $\sigma^2 > 0$, das ist

$$\frac{\partial}{\partial \sigma^2} l_n(\mu, \sigma^2) = -\frac{n}{2\sigma^2} + \frac{1}{2\sigma^4} \sum_{i=1}^{n} (x_i - \mu)^2 = 0,$$

liefert nach Einsetzen von $\hat{\mu}$ für μ

$$\hat{\sigma}^2 \equiv \frac{n-1}{n} S_n^2 = \frac{1}{n} \sum_{i=1}^{n} (x_i - \bar{x})^2.$$

Die Matrix der zweiten Ableitung von $l_n(\vartheta)$ an der Stelle $\hat{\vartheta} = (\hat{\mu}, \hat{\sigma}^2)$ lautet

$$\begin{pmatrix} -\frac{n}{\hat{\sigma}^2} & 0 \\ 0 & -\frac{n}{2\hat{\sigma}^4} \end{pmatrix}$$

und ist negativ definit (sofern nicht alle x_i identisch sind). Da schließlich $l_n(\vartheta) = -\infty$ am Rand $\{(\mu, \sigma^2) \mid \sigma^2 = 0\}$ von Θ, ist $\hat{\vartheta} = (\hat{\mu}, \hat{\sigma}^2)$ als ML-Schätzer für $\vartheta = (\mu, \sigma^2)$ erkannt. Nach dem Invarianzprinzip aus 2.1 ist dann $\hat{\sigma} = \sqrt{\hat{\sigma}^2}$ ML-Schätzer für σ.

2.3   MQ-Schätzer

Gegeben sei eine Zufallsstichprobe, die wir mit $Y_1, \ldots, Y_n$ bezeichnen (in 2.4 wird klar, warum wir von X_i auf Y_i wechseln). Wir nehmen an, dass sich $\mathbb{E}(Y_i)$ für jedes i als Funktion μ_i eines unbekannten Parameters $\beta \in \mathbb{R}^p$, $p \in \mathbb{N}$, schreiben lässt. Mit $e_i = Y_i - \mathbb{E}(Y_i)$ erhalten wir das Modell

$$Y_i = \mu_i(\beta) + e_i, \quad i = 1, \ldots, n. \tag{2.4}$$

Wir stellen die Forderungen

$$e_1, e_2, \ldots, e_n \text{ unabhängig}, \quad \mathbb{E}(e_i) = 0 \text{ für } i = 1, \ldots, n,$$

an die *Fehlervariablen* e_i, und

$$\mu_i(\beta), \ \beta \in \mathbb{R}^p, \text{ stetig differenzierbar für } i = 1, \ldots, n,$$

an die *Regressionsfunktionen* μ_i. Führen wir die n-dimensionalen Vektoren

$$Y = \begin{pmatrix} Y_1 \\ \vdots \\ Y_n \end{pmatrix}, \quad e = \begin{pmatrix} e_1 \\ \vdots \\ e_n \end{pmatrix}, \quad \mu(\beta) = \begin{pmatrix} \mu_1(\beta) \\ \vdots \\ \mu_n(\beta) \end{pmatrix}$$

ein, so schreibt sich (2.4) in der Form

$$Y = \mu(\beta) + e. \tag{2.5}$$

Um den *Modellparameter* β zu schätzen, betrachten wir die Summe $Q = \sum_{i=1}^{n} e_i^2$ der Fehlerquadrate als Funktion von β,

$$Q(\beta) = \sum_{i=1}^{n} (Y_i - \mu_i(\beta))^2 = (Y - \mu(\beta))^{\top} \cdot (Y - \mu(\beta)).$$

Der p-dimensionale Schätzer $\hat{\beta}$ heißt *MQ-Schätzer* für β, falls

$$Q(\hat{\beta}) = \min_{\beta \in \mathbf{R}^p} Q(\beta). \tag{2.6}$$

Bezeichnen wir mit $M^{\mathsf{T}}(\beta) = \left(m_1(\beta), \ldots, m_n(\beta)\right)$ die $p \times n$-Funktionalmatrix von $\mu(\beta)$, mit den p-dimensionalen Gradientenvektoren

$$m_i(\beta) = \frac{d}{d\beta}\mu_i(\beta), \quad i = 1, \ldots, n,$$

so lautet der Gradientenvektor von $Q(\beta)$

$$\frac{d}{d\beta}Q(\beta) = -2\,M^{\mathsf{T}}(\beta) \cdot \left(Y - \mu(\beta)\right), \tag{2.7}$$

vergleiche Anhang A 1.3. Lösungen von (2.6) befinden sich unter den Nullstellen von (2.7), das heißt unter den Lösungen der *nichtlinearen Normalgleichung*

$$M^{\mathsf{T}}(\beta) \cdot \mu(\beta) = M^{\mathsf{T}}(\beta) \cdot Y \qquad\qquad \text{nNG}$$

2.4   MQ-Schätzer des Regressionskoeffizienten

Wir spezialisieren nun das Modell (2.4) zu einem einfachen *linearen Regressionsmodell*. Dazu setzen wir $p = 2$, $\beta = \left(\begin{smallmatrix} \beta_0 \\ \beta_1 \end{smallmatrix}\right)$ und

$$\mu_i(\beta) = \beta_0 + \beta_1 x_i, \quad i = 1, \ldots, n, \tag{2.8}$$

mit den (nicht alle identischen) Werten $x_1, \ldots, x_n$ einer Regressorvariablen x. In diesem Spezialfall hängt

$$M^{\mathsf{T}}(\beta) = \begin{pmatrix} 1 & 1 & \cdots & 1 \\ x_1 & x_2 & \cdots & x_n \end{pmatrix}$$

nicht mehr von β ab, und nNG aus 2.3 reduziert sich auf die *linearen Normalgleichungen* ($\sum_i \equiv \sum_{i=1}^n$)

$$\begin{aligned} \beta_0\, n + \beta_1 \sum_i x_i &= \sum_i Y_i, \\ \beta_0 \sum_i x_i + \beta_1 \sum_i x_i^2 &= \sum_i x_i Y_i\,. \end{aligned} \qquad\qquad \text{NG}$$

Die 2×2-Hessematrix von $Q(\beta)$ erweist sich als positiv definit. Mit den arithmetischen Mittelwerten

$$\overline{Y} = \frac{1}{n}\sum_i Y_i, \qquad \overline{x} = \frac{1}{n}\sum_i x_i$$

ergibt sich als Lösung von NG der MQ-Schätzer $\hat{\beta} = \left(\begin{smallmatrix} \hat{\beta}_0 \\ \hat{\beta}_1 \end{smallmatrix}\right)$ für β in der Form

$$\hat{\beta}_0 = \overline{Y} - \hat{\beta}_1 \overline{x}, \qquad \hat{\beta}_1 = \frac{\sum_i x_i Y_i - n \overline{x}\, \overline{Y}}{\sum_i x_i^2 - n \overline{x}^2}.$$

Aufgrund der Formeln

$$\sum_i a_i b_i - n \overline{a}\, \overline{b} = \sum_i (a_i - \overline{a})(b_i - \overline{b}) = \sum_i (a_i - \overline{a}) b_i \qquad (2.9)$$

kann $\hat{\beta}_1$ auch als

$$\hat{\beta}_1 = \frac{1}{\sum_i (x_i - \overline{x})^2} \sum_i (x_i - \overline{x}) Y_i \qquad (2.10)$$

geschrieben werden. Mit Hilfe von (2.9) und (2.10) rechnet man

$$\mathbb{E}(\hat{\beta}_1) = \frac{1}{\sum_i (x_i - \overline{x})^2} \sum_i (x_i - \overline{x})(\beta_0 + \beta_1 x_i) = \beta_1,$$

$$\mathrm{Var}(\hat{\beta}_1) = \frac{\sum_i (x_i - \overline{x})^2 \sigma^2}{(\sum_i (x_i - \overline{x})^2)^2} = \frac{\sigma^2}{\sum_i (x_i - \overline{x})^2}.$$

Letzteres ist gültig, wenn wir $\mathrm{Var}(Y_i) = \mathrm{Var}(e_i) \equiv \sigma^2$ unabhängig von $i = 1, \dots, n$ voraussetzen. Gemäß Prop. 1.1 ist $\hat{\beta}_1$ konsistent für β_1, falls $\sum_{i=1}^n (x_{i,n} - \overline{x}_n)^2 \to \infty$ für $n \to \infty$. Ferner gilt

$$\mathbb{E}(\hat{\beta}_0) = \mathbb{E}(\overline{Y}) - \mathbb{E}(\hat{\beta}_1)\, \overline{x} = \beta_0 + \beta_1 \overline{x} - \beta_1 \overline{x} = \beta_0.$$

Insgesamt ist der MQ-Schätzer $\hat{\beta}$ erwartungstreu für β.

Sind die $e_1, \dots, e_n$ unabhängig und $N(0, \sigma^2)$-verteilt, so erweist sich $\hat{\beta}$ auch als ML-Schätzer für β. Man beachte die –oben schon erwähnten– unterschiedlichen Anforderungen, die der Einsatz der beiden Methoden stellt: Die ML-Methode verlangt eine Verteilungsannahme für die Beobachtungen $Y_1, \dots, Y_n$, die MQ-Methode dagegen eine Modellannahme von der Art (2.4).

3 Testen von Parametern (^{0})

Liegt eine Behauptung oder eine Vermutung über den zugrunde liegenden (wahren) Wert eines Parameters ϑ vor, so formuliert man diese in Form einer Hypothese: $\vartheta \in \Theta_0$, wobei Θ_0 eine nichtleere, echte Teilmenge von Θ ist (auch Nullhypothese genannt). Eine Prüfung dieser Hypothese findet dann mit Hilfe einer Prüfgröße T statt, deren Wert über ihre Verwerfung oder Nicht-Verwerfung entscheidet. Dabei soll die Wahrscheinlichkeit für eine fälschliche Verwerfung der Nullhypothese eine vorgegebene Schranke $\alpha \in (0,1)$ nicht überschreiten.

3.1 Signifikanztest zum Niveau α

Vorgegeben seien eine Teilmenge $\Theta_0 \subset \Theta$, $\emptyset \neq \Theta_0 \neq \Theta$, und eine Zahl $\alpha \in (0,1)$. Man nennt die Aussagen

$\vartheta \in \Theta_0$ $\qquad$ *(Null-) Hypothese H_0,*

$\vartheta \in \Theta_1 = \Theta \setminus \Theta_0$ $\quad$ *Alternative Hypothese H_1,*

und die Zahl α *Signifikanzniveau.* Ferner sei T eine messbare Funktion auf dem Stichprobenraum $(\mathbb{R}^n, \mathcal{B}^n)$ und $B \in \mathcal{B}^1$ eine Teilmenge des $\mathbb{R}$ mit

$$\mathbb{Q}_\vartheta(T \in B) \leq \alpha \quad \text{für alle } \vartheta \in \Theta_0. \tag{3.1}$$

Die Zufallsvariable T wird *Teststatistik,* die Teilmenge B wird *Verwerfungsbereich* genannt. Man betrachtet die Hypothese H_0 als

- verworfen (abgelehnt) zugunsten von H_1, falls $T \in B$,

- nicht verworfen, falls $T \notin B$.

Gemäß Ungleichung (3.1), die sich nach (1.3) auch in der Form

$$\mathbb{P}_\vartheta(T \circ X \in B) \leq \alpha \quad \text{für alle } \vartheta \in \Theta_0 \tag{3.2}$$

schreiben lässt, wird im Fall, dass die Hypothese H_0 richtig ist, H_0 höchstens mit der Wahrscheinlichkeit α verworfen.

Die *Durchführung* eines Signifikanztests verläuft in folgenden Schritten:

1. Gemäß einer Vermutung (Behauptung) über den Wert von ϑ wird eine Nullhypothese H_0 und eine Alternative H_1 formuliert.

2. Ein Signifikanzniveau α wird gewählt ($\alpha = 0.10$, $\alpha = 0.05$, $\alpha = 0.01$, $\alpha = 0.001$ sind übliche Werte).

3. Eine Teststatistik T und ein Verwerfungsbereich B werden gewählt, so dass (3.2) erfüllt ist.

4. Ein Zufallsexperiment $(\mathbb{R}^n, \mathcal{B}^n, \mathbb{Q}_\vartheta)$ wird ausgeführt; es liefert als Realisation eine Stichprobe $x = (x_1, \ldots, x_n)$.

5. H_0 wird zugunsten von H_1 verworfen, falls $T(x) \in B$, sonst nicht.

Haben im Spezialfall $\Theta = \mathbb{R}$ die Hypothesen die Formen

$\quad$ 1. $\quad H_0 : \vartheta \leq \vartheta_0 \qquad$ versus $\qquad H_1 : \vartheta > \vartheta_0$

$\quad$ 2. $\quad H_0 : \vartheta \geq \vartheta_0 \qquad$ versus $\qquad H_1 : \vartheta < \vartheta_0$

$\quad$ 3. $\quad H_0 : \vartheta = \vartheta_0 \qquad$ versus $\qquad H_1 : \vartheta \neq \vartheta_0$

$\quad$ 4. $\quad H_0 : \vartheta \in [a,b] \qquad$ versus $\qquad H_1 : \vartheta \notin [a,b], \quad a < b,$

so spricht man in den Fällen 1 und 2 von *einseitigen* Tests (hier kann auch $H_0 : \vartheta = \vartheta_0$ auftreten), im Fall 3 von einem *zweiseitigen* Test, im Fall 4 von einem Test mit *Intervallhypothese.*

3.2   Fehlerwahrscheinlichkeiten, Gütefunktion

Als einen *Fehler 1. Art* bezeichnet man die fälschliche Verwerfung der Hypothese
H_0. Gemäß (3.1) bzw. (3.2) wird die Wahrscheinlichkeit, einen Fehler 1. Art zu
begehen, durch die Schranke α begrenzt. Einen *Fehler 2. Art* begeht man, wenn
man H_0 nicht verwirft, obwohl H_0 falsch ist (H_1 also richtig ist). Die Wahrscheinlichkeit für einen Fehler 2. Art bezeichnet man mit $\beta = \beta(\vartheta)$. In der Regel wird
$\beta(\vartheta)$ umso kleiner, je weiter der Parameterwert ϑ von Θ_0 entfernt liegt.

Entscheidung	*Wirklichkeit*	
	H_0 richtig	H_0 falsch
H_0 nicht verwerfen	richtige Entscheidung	Fehler 2. Art Wahrscheinlichkeit $\beta(\vartheta)$
H_0 verwerfen	Fehler 1. Art Wahrscheinlichkeit $\leq \alpha$	richtige Entscheidung

Tabelle I.1: Übersicht über die Fehlermöglichkeiten und ihre Wahrscheinlichkeiten.

Die *Gütefunktion G* ist eine Funktion des zugrunde liegenden Parameters ϑ.
Sie gibt für jeden Wert ϑ die Wahrscheinlichkeit an, dass der Test zur Verwerfung
von H_0 führt,

$$G(\vartheta) = \mathbb{P}_\vartheta(H_0 \text{ wird verworfen}) = \mathbb{Q}_\vartheta(T \in B), \quad \vartheta \in \Theta.$$

G beschreibt also die untere Zeile der Tabelle I.1:

$$G(\vartheta) \leq \alpha \qquad \text{für alle } \vartheta \in \Theta_0$$
$$G(\vartheta) = 1 - \beta(\vartheta) \quad \text{für alle } \vartheta \in \Theta_1 \quad \textit{(Teststärke, Testschärfe)}.$$

Im Allgemeinen hängt $G(\vartheta)$ vom Signifikanzniveau α, von der Wahl der Θ_0, Θ_1
und vom Stichprobenumfang n ab. Die Zielvorstellung bei der Konstruktion eines
Tests ist –für vorgegebenes Niveau α– die Teststärke möglichst groß zu machen.

3.3   Beispiel Gaußtests

Gegeben seien unabhängige, $N(\mu, \sigma^2)$-verteilte Zufallsvariable $X_1, \ldots, X_n$, wobei σ^2 als bekannt vorausgesetzt wird. Es liegt also die Verteilungsklasse

$$\mathbb{Q}_\mu = \overset{n}{\underset{i=1}{\times}} N(\mu, \sigma^2) = N_n(\mu \mathbb{1}_n, \sigma^2 I_n), \quad \mu \in \mathbb{R},$$

auf $(\mathbb{R}^n, \mathcal{B}^n)$ vor. Mit μ_0 sei ein spezifizierter Wert von μ bezeichnet.

a) Zweiseitiger Test zum Niveau α.
Zum Prüfen der Hypothesen

$$H_0 : \mu = \mu_0 \quad \text{versus} \quad H_1 : \mu \neq \mu_0$$

führt man die Teststatistik

$$T(x) = \sqrt{n}\, \frac{\overline{x} - \mu_0}{\sigma}, \quad \overline{x} = \frac{1}{n} \sum_{i=1}^{n} x_i,$$

ein, sowie den Verwerfungsbereich

$$B = (-\infty, -c_{\frac{\alpha}{2}}) \cup (c_{\frac{\alpha}{2}}, \infty), \quad c_{\frac{\alpha}{2}} = u_{1-\frac{\alpha}{2}},$$

wobei u_γ das γ-Quantil der $N(0,1)$-Verteilung bezeichnet. Nach dem Satz 1.3 a) von Student ist $T \circ X = \sqrt{n}\,(\overline{X}_n - \mu_0)/\sigma$ unter H_0 $N(0,1)$-verteilt, so dass

$$\mathbb{P}_{\mu_0}(T \circ X \in B) = \frac{\alpha}{2} + \frac{\alpha}{2} = \alpha$$

gilt, (3.2) also erfüllt ist.

b) Einseitiger Test zum Niveau α.
Zum Prüfen von

$$H_0 : \mu \leq \mu_0 \quad \text{versus} \quad H_1 : \mu > \mu_0 \qquad [H_0 : \mu \geq \mu_0 \quad \text{versus} \quad H_1 : \mu < \mu_0]$$

stellen wir den Verwerfungsbereich

$$B = (c_\alpha, \infty), \qquad [B = (-\infty, -c_\alpha)], \qquad c_\alpha = u_{1-\alpha} = -u_\alpha,$$

auf. Ungleichung (3.2) ist erfüllt, da für alle $\mu \leq \mu_0$

$$\mathbb{P}_\mu(T \circ X \in B) = \mathbb{P}_\mu\left(\sqrt{n}\,\frac{\overline{X}_n - \mu}{\sigma} + \lambda(\mu) > u_{1-\alpha}\right)$$

$$\leq \mathbb{P}_\mu\left(\sqrt{n}\,\frac{\overline{X}_n - \mu}{\sigma} > u_{1-\alpha}\right) = \alpha$$

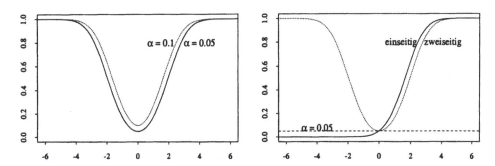

Abbildung I.1: Verlauf der Gütefunktion $G(\lambda)$ des zweiseitigen Gaußtests für $\alpha = 0.05$ und 0.10 (links) sowie des einseitigen Gaußtests für $\alpha = 0.05$ (rechts, mit Vergleich zu der zweiseitigen Version), aufgetragen jeweils über $\lambda = \lambda(\mu)$.

gilt, wobei wir zur Abkürzung

$$\lambda(\mu) = \sqrt{n}\,\frac{\mu - \mu_0}{\sigma} \tag{3.3}$$

gesetzt haben.

c) Gütefunktion.
Unter Benutzung der Abkürzungen (3.3) und $c_{\frac{\alpha}{2}} = u_{1-\frac{\alpha}{2}}$ rechnet man für die zweiseitige Version a)

$$G(\mu) = \mathbb{P}_\mu\left(\sqrt{n}\,\frac{\overline{X}_n - \mu}{\sigma} + \lambda(\mu) > c_{\frac{\alpha}{2}}\right) + \mathbb{P}_\mu\left(\sqrt{n}\,\frac{\overline{X}_n - \mu}{\sigma} + \lambda(\mu) < -c_{\frac{\alpha}{2}}\right)$$

$$= 1 - \Phi\left(c_{\frac{\alpha}{2}} - \lambda(\mu)\right) + \Phi\left(-c_{\frac{\alpha}{2}} - \lambda(\mu)\right),$$

wobei Φ die Verteilungsfunktion der $N(0,1)$-Verteilung bezeichnet. Für die einseitige Version des Gaußtests, in welcher $H_0 : \mu \leq \mu_0$ gegen $H_1 : \mu > \mu_0$ getestet wird, erhält man mit $c_\alpha = u_{1-\alpha}$

$$G(\mu) = 1 - \Phi\left(c_\alpha - \lambda(\mu)\right) = \Phi\left(\lambda(\mu) - c_\alpha\right).$$

3.4 Beispiel t-Tests

Realistischer als in 3.3 gehen wir nun davon aus, dass neben μ auch σ^2 unbekannt ist, so dass jetzt die Verteilungsklasse

$$\mathbb{Q}_{(\mu,\sigma^2)} = N_n(\mu\mathbb{1}_n, \sigma^2 I_n), \quad \mu \in \mathbb{R}, \sigma^2 \in (0,\infty),$$

auf $(\mathbb{R}^n, \mathcal{B}^n)$ vorliegt. Die Teststatistik lautet

$$T(x) = \sqrt{n}\,\frac{\bar{x} - \mu_0}{s}, \qquad \bar{x} = \frac{1}{n}\sum_{i=1}^n x_i, \quad s^2 = \frac{1}{n-1}\sum_{i=1}^n (x_i - \bar{x})^2,$$

die Verwerfungsbereiche für den zweiseitigen Test ($H_0 : \mu = \mu_0$ versus $H_1 : \mu \neq \mu_0$) beziehungsweise für den einseitigen Test ($H_0 : \mu \leq \mu_0$ versus $H_1 : \mu > \mu_0$) haben die gleiche Gestalt wie in 3.3, mit

$$c_{\frac{\alpha}{2}} = t_{n-1, 1-\frac{\alpha}{2}} \quad \text{beziehungsweise} \quad c_\alpha = t_{n-1, 1-\alpha}.$$

Dabei bezeichnet $t_{m,\gamma}$ das γ-Quantil der t_m-Verteilung. Die Gütefunktion des t-Tests lässt sich mit Hilfe der Verteilungsfunktion $F_m(\lambda, x)$, $x \in \mathbb{R}$, der nichtzentralen t_m-Verteilung mit NZP λ (vgl. Exkurs 7.2) wie folgt ausdrücken

zweiseitig: $\qquad G(\mu) = 1 - F_{n-1}(\lambda(\mu), c_{\frac{\alpha}{2}}) + F_{n-1}(\lambda(\mu), -c_{\frac{\alpha}{2}}),$

einseitig: $\qquad G(\mu) = 1 - F_{n-1}(\lambda(\mu), c_\alpha) = F_{n-1}(-\lambda(\mu), -c_\alpha).$

Die Gütefunktion hängt über $\lambda(\mu) = \sqrt{n}\,\frac{\mu - \mu_0}{\sigma}$ von beiden unbekannten Parametern μ und σ^2 ab. Ihr Verlauf wird qualitativ durch Abbildungen I.1 wiedergegeben. Allerdings liegen ihre Werte außerhalb von H_0 unterhalb denen des entsprechenden Gaußtests: Die Teststärke des t-Tests ist geringer als die des Gaußtests.
      Die folgende Tabelle I.2 gibt einen Überblick über die diversen Gauß- und t-Tests.

Übersicht: Tests unter Normalverteilungsannahme (Tab. I.2)

Im Ein-Stichproben-Fall 1) - 3) liegen n unabhängige, $N(\mu, \sigma^2)$-verteilte Zufallsvariablen $X_1, X_2, \ldots, X_n$ zugrunde, $\overline{X}$ und S^2 bedeuten Mittelwert und Varianz der Stichprobe. Im Fall 1) des Gaußtests wird die Varianz $\sigma^2 = \sigma_0^2$ als bekannt vorausgesetzt.
      Im Zwei-Stichproben-Fall 4) und 5) sind $n_1 + n_2$ unabhängige Zufallsvariablen $X_1, \ldots, X_{n_1}, Y_1, \ldots, Y_{n_2}$ gegeben, wobei jedes X_i $N(\mu_1, \sigma_1^2)$- und jedes Y_j $N(\mu_2, \sigma_2^2)$-verteilt ist. $\overline{X}$ und S_1^2 sind Mittelwert und Varianz der X-Stichprobe (entsprechend $\overline{Y}$ und S_2^2), während

$$S^2 = \frac{(n_1 - 1)S_1^2 + (n_2 - 1)S_2^2}{n_1 + n_2 - 2}$$

den sogenannten *pooled variance estimator* bildet. Der Test 4) setzt $\sigma_1 = \sigma_2$ voraus.

Bemerkung. Die Testverteilungen haben die Eigenschaft

1) (Gauß-Test) T unter $\mu = \mu_0$ ist $N(0, 1)$-verteilt

Name	Hypothese	Teststatistik	Verwirf H_0 bei
1) Gauß-Test	$\mu = \mu_0$ vs. $\mu \neq \mu_0$	$T = \sqrt{n}\frac{\overline{X}-\mu_0}{\sigma_0}$	$\|T\| > u_{1-\frac{\alpha}{2}}$
	$\mu \leq \mu_0$ vs. $\mu > \mu_0$		$T > u_{1-\alpha}$
	$\mu \geq \mu_0$ vs. $\mu < \mu_0$		$T < u_\alpha = -u_{1-\alpha}$
2) 1-Stichproben t-Test	$\mu = \mu_0$ vs. $\mu \neq \mu_0$	$T = \sqrt{n}\frac{\overline{X}-\mu_0}{S}$	$\|T\| > t_{n-1,1-\frac{\alpha}{2}}$
	$\mu \leq \mu_0$ vs. $\mu > \mu_0$		$T > t_{n-1,1-\alpha}$
3) Varianz-Test	$\sigma = \sigma_0$ vs. $\sigma \neq \sigma_0$	$F = (n-1)\frac{S^2}{\sigma_0^2}$	$\begin{cases} F < \chi^2_{n-1,\frac{\alpha}{2}} \text{ oder} \\ F > \chi^2_{n-1,1-\frac{\alpha}{2}} \end{cases}$
	$\sigma \leq \sigma_0$ vs. $\sigma > \sigma_0$		$F > \chi^2_{n-1,1-\alpha}$
4) 2-Stichproben t-Test	$\mu_1 = \mu_2$ vs. $\mu_1 \neq \mu_2$	$T = \sqrt{\frac{n_1 n_2}{n_1+n_2}}\frac{\overline{X}-\overline{Y}}{S}$	$\|T\| > t_{n_1+n_2-2,1-\frac{\alpha}{2}}$
	$\mu_1 \leq \mu_2$ vs. $\mu_1 > \mu_2$		$T > t_{n_1+n_2-2,1-\alpha}$
5) 2-Stichproben Varianz-Test	$\sigma_1 = \sigma_2$ vs. $\sigma_1 \neq \sigma_2$	$F = \frac{S_1^2}{S_2^2}$, wobei $S_1 \geq S_2$	$F > F_{n_1-1,n_2-1,1-\frac{\alpha}{2}}$

Tabelle I.2: Tests unter Normalverteilungsannahme

2) (Ein-Stichproben t-Test) T unter $\mu = \mu_0$ ist t_{n-1}-verteilt

3) (Varianz-Test) F unter $\sigma = \sigma_0$ ist χ^2_{n-1}-verteilt

4) (Zwei-Stichproben t-Test) T unter $\mu_1 = \mu_2$, $\sigma_1 = \sigma_2$ ist $t_{n_1+n_2-2}$-verteilt

5) (Zwei-Stichproben Varianz-Test) F unter $\sigma_1 = \sigma_2$ ist F_{n_1-1,n_2-1}-verteilt .

3.5   Beispiel Binomialtests

Gegeben sei eine $B(n,p)$-verteilte Zufallsvariable $X^{(n)} = X_1 + \cdots + X_n$, mit unabhängigen $B(1,p)$-verteilten X_i's. Geprüft werden soll für einen hypothetischen Wert $p_0 \in (0,1)$

einseitig: $H_0 : p \geq p_0$ versus $H_1 : p < p_0$,   beziehungsweise

zweiseitig: $H_0 : p = p_0$ versus $H_1 : p \neq p_0$.

a) Exakter Binomialtest.

Die Teststatistik $T \circ X$ lautet $X^{(n)}$, der Verwerfungsbereich im einseitigen Fall ist $B = \{0, 1, \ldots, k\}$. Dabei wird $k \equiv k_\alpha$ (möglichst groß) aus der Ungleichung

$$\mathbb{P}_{p_0}(X^{(n)} \in B) = F(k; n, p_0) \leq \alpha \tag{3.4}$$

bestimmt, mit der Verteilungsfunktion

$$F(k; n, p) = \sum_{j=0}^{k} b(j; n, p), \quad b(j; n, p) = \binom{n}{j} p^j (1-p)^{n-j},$$

der $B(n,p)$-Verteilung. Aus (3.4) folgt

$$\mathbb{P}_p(X^{(n)} \in B) = F(k;n,p) \leq \alpha \quad \text{für alle } p \geq p_0,$$

also die Ungleichung (3.2). In der Tat, durch Differenzieren von $F(k;n,p)$ nach p beweist man die folgende Monotonieeigenschaft:

Hilfssatz. *Für* $k = 0,1,\ldots,n-1$ *ist die Funktion* $F(k;n,p)$ *streng monoton fallend in* $p \in [0,1]$.

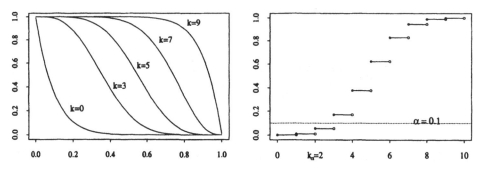

Abbildung I.2: Verteilungsfunktion $F(k;10,p)$ zur Binomialverteilung $B(10,p)$, als Funktion von p (links) und als Funktion von k (mit $p = \frac{1}{2}$); Bestimmung von k_α (rechts).

In Präzisierung von (3.4) wählen wir also $k \equiv k_\alpha$ gemäß

$$F(k;n,p_0) \leq \alpha < F(k+1;n,p_0). \tag{3.5}$$

Im zweiseitigen Fall hat B die Gestalt

$$B = \{0,1,\ldots,k_1\} \cup \{k_2, k_2+1,\ldots,n\},$$

wobei $k_1 \equiv k_{1,\alpha}$ und $k_2 \equiv k_{2,\alpha}$ aus

$$F(k_1;n,p_0) \leq \frac{\alpha}{2} < F(k_1+1;n,p_0),$$
$$1 - F(k_2-1;n,p_0) \leq \frac{\alpha}{2} < 1 - F(k_2-2;n,p_0) \tag{3.6}$$

bestimmt werden können.

b) Asymptotischer Binomialtest.

Für großes n können die kritischen Schranken k wie folgt approximiert werden ($\sigma_0 = \sqrt{p_0(1-p_0)}$):

einseitiger Fall: $\quad k \equiv k_{n,\alpha} \quad = np_0 - u_{1-\alpha}\sqrt{n}\sigma_0$

zweiseitiger Fall: $\quad k_1 \equiv k_{1,n,\alpha} = np_0 - u_{1-\frac{\alpha}{2}}\sqrt{n}\sigma_0,$

$$k_2 \equiv k_{2,n,\alpha} = np_0 + u_{1-\frac{\alpha}{2}}\sqrt{n}\sigma_0.$$

In der Tat, der zentrale Grenzwertsatz nach de Moivre-Laplace liefert (für den einseitigen Fall) bei $n \to \infty$

$$F(k_{n,\alpha}; n, p_0) = \mathbb{P}_{p_0} \left(\frac{X^{(n)} - np_0}{\sqrt{n}\sigma_0} \leq \frac{k_{n,\alpha} - np_0}{\sqrt{n}\sigma_0} \right) \to \Phi(u_\alpha) = \alpha.$$

Einige Bemerkungen zu Signifikanztests

Die folgenden Eigenschaften lassen sich aus 3.3 und 3.4 ableiten und gelten bei den meisten zur Diskussion stehenden Signifikanztests zum Niveau α:

1. Für jedes feste $\alpha \in (0,1)$ und $\vartheta \in \Theta_1$ konvergiert bei wachsendem Stichprobenumfang n die Wahrscheinlichkeit gegen 1, dass H_0 verworfen wird (und sei der Abstand von ϑ zu Θ_0 auch so gering, dass er für den Anwender irrelevant ist).

2. Für jedes feste n und $\vartheta \in \Theta_1$ wird die Wahrscheinlichkeit $\beta(\vartheta)$ für einen Fehler 2. Art um so größer [kleiner], je kleiner [größer] das Signifikanzniveau α ist. Die Verringerung der beiden Fehlerwahrscheinlichkeiten sind konkurrierende Ziele. Führt der Anwender einen Signifikanztest durch, um im Fall des Nichtverwerfens von H_0 mit dieser Hypothese weiter zu arbeiten, so sollte er ein größeres α wählen (wie $\alpha = 0.10$, $\alpha = 0.20$).

3. Die einseitige Testversion hat auf der Seite der Alternative H_1 eine – im Vergleich zur zweiseitigen Version – größere Teststärke. Je größer die Anzahl der unbekannten Parameter in der Verteilungsannahme ist (je mehr Parameter also geschätzt werden müssen), desto geringer ist die Teststärke.

4. Zum Testen einer *Intervallhypothese* $H_0 : \vartheta \in [a, b]$ versus $H_1 : \vartheta \notin [a, b]$ zum Niveau α bietet sich als ad-hoc Lösung die Durchführung zweier einseitiger Tests

   $$H_0^b : \vartheta \leq b \quad \text{versus} \quad H_1^b : \vartheta > b,$$
   $$H_0^a : \vartheta \geq a \quad \text{versus} \quad H_1^a : \vartheta < a,$$

   zum Niveau $\frac{\alpha}{2}$ an, wobei H_0 verworfen wird, wenn einer der beiden einseitigen Tests verwirft. Die Wahrscheinlichkeit eines Fehlers 1. Art ist dann tatsächlich durch α beschränkt, die Teststärke ist im Allgemeinen aber unbefriedigend, vergleiche HODGES & LEHMANN (1954).

4 Konfidenzintervalle (^{0})

Auf der Grundlage einer Stichprobe $x = (x_1, \ldots, x_n) \in \mathbb{R}^n$ soll ein Bereich in Θ angegeben werden, der den zugrunde liegenden (wahren) Parameterwert möglichst – das heißt in einer großen Zahl von Anwendungsfällen – überdeckt. Im Unterschied zum (Punkt-) Schätzer aus Abschnitt 1 spricht man hier auch von einem *Bereichsschätzer*. Im Fall $\Theta \subset \mathbb{R}$ stellt dieser Bereich in der Regel ein Intervall, im Fall $\Theta \subset \mathbb{R}^d$ meistens ein Ellipsoid dar.

4.1 Begriff des Konfidenzbereichs

Definition. Unter einem *Konfidenzbereich* für $\vartheta \in \Theta \subset \mathbb{R}^d$ zum *(Konfidenz-) Niveau* $1 - \alpha$ $(0 < \alpha < 1)$ verstehen wir eine Abbildung $K : \mathbb{R}^n \to \mathfrak{P}(\Theta)$ mit den Eigenschaften:

(i) K ist funktional nicht von ϑ abhängig.

(ii) $\{x \in \mathbb{R}^n \mid \vartheta \in K(x)\} \in \mathcal{B}^n$ für alle $\vartheta \in \Theta$.

(iii) Für alle $\vartheta \in \Theta$ gilt

$$\mathbb{Q}_\vartheta(\vartheta \in K) \geq 1 - \alpha. \tag{4.1}$$

Gemäß Gleichung (1.3) lässt sich (4.1) auch in der Gestalt

$$\mathbb{P}_\vartheta(\vartheta \in K \circ X) \geq 1 - \alpha \tag{4.2}$$

angeben. Ist $\Theta \subset \mathbb{R}$ und ist $K(x)$ ein Intervall $[a(x), b(x)]$, so schreibt man dieses *Konfidenzintervall* auch in der Form

$$a(x) \leq \vartheta \leq b(x). \tag{4.3}$$

Bemerkungen. 1. In (4.3) sind die Intervallgrenzen $a(x)$, $b(x)$ zufällig (fallen für jede Realisation x von X verschieden aus), während ϑ fest – wenn auch unbekannt – ist.

2. Für jedes zahlenmäßig feste $x \in \mathbb{R}^n$ ist die Aussage (4.3) entweder richtig oder falsch. Es ist das zufällige Ereignis

$$[a(x), b(x)] \ni \vartheta \qquad (\text{beziehungsweise } [a(X), b(X)] \ni \vartheta),$$

welches die $\mathbb{Q}_\vartheta$- (beziehungsweise $\mathbb{P}_\vartheta$-) Wahrscheinlichkeit $\geq 1 - \alpha$ besitzt. In einer Häufigkeitsinterpretation besagt (4.1): In mindestens $(1 - \alpha) \cdot 100\%$ einer großen Zahl von Anwendungsfällen ist die Aussage (4.3) richtig.

3. Bei der Konstruktion eines Konfidenzintervalls zielt man –bei einem vorgegebenen Niveau $1 - \alpha$– auf eine möglichst große Intervallbreite ab.

4. Wie die folgenden Beispiele 4.2 und 4.3 zeigen, sind Konfidenzintervalle für einen Parameter ϑ typischerweise von der Form

$$[\hat{\vartheta} - Q(\alpha) \cdot \text{se}(\hat{\vartheta}),\ \hat{\vartheta} + Q(\alpha) \cdot \text{se}(\hat{\vartheta})],$$

wobei $\text{se}(\hat{\vartheta})$ die Wurzel aus einem Schätzer für $\text{Var}(\hat{\vartheta})$ ist (*standard error*) und $Q(\alpha)$ ein geeignetes Quantil darstellt.

Zusammenhang mit Signifikanztests

Proposition. *a) Gegeben ein Signifikanztest zum Niveau α zum Prüfen von Hypothesen $\vartheta = \vartheta_0$. Ein Konfidenzbereich für ϑ zum Niveau $1 - \alpha$ besteht aus allen Werten ϑ_0, für welche die Hypothese $\vartheta = \vartheta_0$ nicht verworfen wird.*

b) Aus einem Konfidenzbereich für ϑ zum Niveau $1 - \alpha$ gewinnt man einen Signifikanztest zum Niveau α durch die Entscheidungsregel: Verwirf die Hypothese $\vartheta = \vartheta_0$, falls ϑ_0 außerhalb des Konfidenzbereichs liegt.

Beweis. a) Bezeichne $T(\vartheta_0, x)$ die Teststatistik, $B(\vartheta_0)$ den Verwerfungsbereich des Signifikanztests (zum Prüfen von $H_0 : \vartheta = \vartheta_0$) und $A(\vartheta_0) = \mathbb{R}^n \setminus B(\vartheta_0)$ das Komplement von $B(\vartheta_0)$. Dann ist $\mathbb{Q}_{\vartheta_0}(T(\vartheta_0, x) \in A(\vartheta_0)) \geq 1 - \alpha$. Die Menge

$$K(x) = \{\vartheta_0 \in \Theta \mid T(\vartheta_0, x) \in A(\vartheta_0)\}$$

stellt einen Konfidenzbereich für ϑ zum Niveau $1 - \alpha$ dar; denn es ist $T(\vartheta_0, x) \in A(\vartheta_0)$ genau dann, wenn $\vartheta_0 \in K(x)$, so dass $\mathbb{Q}_{\vartheta_0}(\vartheta_0 \in K(x)) \geq 1 - \alpha$.

b) Aus einem Konfidenzbereich $K(x)$ wird umgekehrt der Verwerfungsbereich $B(\vartheta_0)$ eines Signifikanztests zum Niveau α (zum Prüfen von $H_0 : \vartheta = \vartheta_0$) vermöge

$$B(\vartheta_0) = \{x \in \mathbb{R}^n \mid \vartheta_0 \notin K(x)\}.$$

konstruiert. $\qquad\qquad\qquad\qquad\qquad\qquad\qquad\qquad\qquad\qquad\qquad\qquad$ $\square$

Diese *Dualität* zwischen Signifikanztest (S.T.) und Konfidenzbereich (K.B.) wird auf der Anwendungsseite nur hergestellt, wenn für die ganze Schar von Hypothesen $H_{\vartheta_0} : \vartheta = \vartheta_0$ getestet wird, nämlich für alle $\vartheta_0 \in \Theta$. Beschränkt man sich (wie es in der Regel der Fall ist) auf einen einzelnen Wert von ϑ_0, so bringt der S.T. weniger Information als der K.B.

Ferner lassen sich im Allgemeinen keine wechselseitigen Rückschlüsse auf die *Gestalt* des Konfidenzbereichs beziehungsweise des Verwerfungsbereichs ziehen. Während die Gestalt des Letzteren für den Anwender ohne Bedeutung ist, ist dies beim K.B. nicht der Fall (vergleiche PFANZAGL, 1994, chap. 5).

4.2 Beispiel: Konfidenzintervall für μ einer $N(\mu, \sigma^2)$-Verteilung

a) Ein-Stichproben Fall.
Wie in 3.4 liegt die Verteilungsklasse zu n unabhängigen $N(\mu, \sigma^2)$-verteilten Zufallsvariablen vor, das sind die Verteilungen

$$\mathbb{Q}_{(\mu,\sigma^2)} = \mathop{\times}_{i=1}^{n} N(\mu, \sigma^2) \equiv N_n(\mu \mathbb{1}_n, \sigma^2 I_n), \quad \mu \in \mathbb{R},\ \sigma^2 > 0,$$

auf $(\mathbb{R}^n, \mathcal{B}^n)$. Wir bezeichnen wie in 3.4 mit

$$\overline{x} = \frac{1}{n}\sum_{i=1}^{n} x_i, \quad s^2 = \frac{1}{n-1}\sum_{i=1}^{n}(x_i - \overline{x})^2 \tag{4.4}$$

den Mittelwert und die empirische Varianz von $x = (x_1, \ldots, x_n)$ und mit $t_{m,\gamma}$ das γ-Quantil der t_m-Verteilung. Nach Satz 1.3 von Student haben wir

$$\mathbb{Q}_{(\mu,\sigma^2)}(C(n,\alpha)) = 1 - \alpha,$$

wobei wir mit $t_0 = t_{n-1,1-\frac{\alpha}{2}}$

$$C(n,\alpha) = \left\{ x \mid -t_0 \leq \sqrt{n}\,\frac{\overline{x} - \mu}{s} \leq t_0 \right\}$$

gesetzt haben. Umformung der beiden Ungleichungen liefert $C(n,\alpha) = \{x \mid a(x) \leq \mu \leq b(x)\}$ mit

$$a(x) = \overline{x} - t_0 \frac{s}{\sqrt{n}}, \quad b(x) = \overline{x} + t_0 \frac{s}{\sqrt{n}}.$$

Folglich bildet $[a(x), b(x)]$ ein Konfidenzintervall für μ zum Niveau $1 - \alpha$.

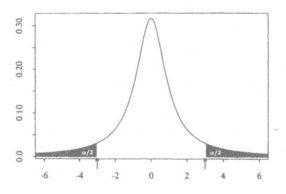

Abbildung I.3: Dichte der t_{n-1}-Verteilung; auf der x-Achse sind die Quantile $-t_{n-1,1-\alpha/2}$ und $t_{n-1,1-\alpha/2}$ markiert ($\uparrow$).

b) Zwei-Stichproben Fall.

Gegeben sind hier $n_1 + n_2$ unabhängige Zufallsvariable

$$X_1, \ldots, X_{n_1}, Y_1, \ldots, Y_{n_2}$$

mit $N(\mu_1, \sigma^2)$-verteilten X_i's und $N(\mu_2, \sigma^2)$-verteilten Y_j's. Zugrunde liegt also die Klasse

$$Q_{(\mu_1, \mu_2, \sigma^2)} = N_{n_1}(\mu_1 \mathbb{I}_{n_1}, \sigma^2 I_{n_1}) \times N_{n_2}(\mu_2 \mathbb{I}_{n_2}, \sigma^2 I_{n_2}), \quad \mu_1, \mu_2 \in \mathbb{R}, \ \sigma^2 > 0,$$

von Verteilungen auf $(\mathbb{R}^n, \mathcal{B}^n)$, $n = n_1 + n_2$. In Analogie zu (4.4) definieren wir die Mittelwerte $\overline{x}$ und $\overline{y}$ sowie die empirischen Varianzen s_x^2 und s_y^2 der x-Stichprobe $(x_1, \ldots, x_{n_1})$ beziehungsweise der y-Stichprobe $(y_1, \ldots, y_{n_2})$. Ferner bilden wir den sogenannten *pooled variance Schätzer*

$$s^2 = \frac{1}{n_1 + n_2 - 2}\left((n_1 - 1)s_x^2 + (n_2 - 1)s_y^2\right)$$

für σ^2. Nach Proposition 1.3 gilt mit $t_0 = t_{n_1 + n_2 - 2, 1 - \frac{\alpha}{2}}$

$$Q_{(\mu_1, \mu_2, \sigma^2)}\big(C(n_1, n_2, \alpha)\big) = 1 - \alpha,$$

wobei

$$C(n_1, n_2, \alpha) = \left\{(x, y) \mid -t_0 \leq \sqrt{\frac{n_1 n_2}{n_1 + n_2}} \frac{(\overline{x} - \mu_1) - (\overline{y} - \mu_2)}{s} \leq t_0\right\}.$$

Umformung ergibt $\quad C(n_1, n_2, \alpha) = \{(x, y) \mid a(x, y) \leq \mu_1 - \mu_2 \leq b(x, y)\}$ mit

$$\left.\begin{array}{c} a(x, y) \\ b(x, y) \end{array}\right\} = (\overline{x} - \overline{y}) \mp t_0 \, s \sqrt{\frac{1}{n_1} + \frac{1}{n_2}}.$$

Folglich stellt $[a(x, y), b(x, y)]$ ein Konfidenzintervall für $\mu_1 - \mu_2$ zum Niveau $1 - \alpha$ dar.

4.3 Beispiel: Konfidenzintervall für p einer $B(n, p)$-Verteilung

Für den folgenden Satz von Clopper & Pearson bezeichne wie in 3.5

$$F(k; n, p) = \sum_{j=0}^{k} b(j; n, p), \quad k = 0, \ldots, n,$$

die Verteilungsfunktion der $B(n, p)$-Verteilung. Für $\alpha \in (0, 1)$ und für $k = 0, \ldots, n$ bestimme man Zahlen $a = a(k), b = b(k) \in [0, 1]$ aus den Gleichungen

$$F(k; n, b) = \frac{\alpha}{2}, \quad 1 - F(k - 1; n, a) = \frac{\alpha}{2}, \tag{4.5}$$

beziehungsweise setze man $\quad a = 0$ (falls $k = 0$), $\quad b = 1$ (falls $k = n$).

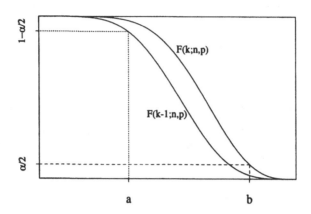

Abbildung I.4: Definition der Intervallgrenzen $a = a(k)$ und $b = b(k)$.

Satz. *(Clopper & Pearson)*
*Sei $X^{(n)}$ $B(n, p)$-verteilt, $0 < p < 1$. Definiert man $A = a(X^{(n)})$ und $B = b(X^{(n)})$
gemäß (4.5), so gilt*

$$\mathbb{P}_p(A < p < B) \geq 1 - \alpha.$$

Beweis. Sei k_1 die größte ganze Zahl k mit

$$F(k; n, p) = \mathbb{P}_p(X^{(n)} \leq k) \leq \frac{\alpha}{2}$$

und k_2 die kleinste ganze Zahl k mit

$$1 - F(k - 1; n, p) = \mathbb{P}_p(X^{(n)} \geq k) \leq \frac{\alpha}{2}$$

($k_1 = -1$ beziehungsweise $k_2 = n + 1$ sind möglich). Dann gilt

$$\mathbb{P}_p(k_1 < X^{(n)} < k_2) = 1 - \mathbb{P}_p(X^{(n)} \geq k_2) - \mathbb{P}_p(X^{(n)} \leq k_1) \geq 1 - \alpha. \qquad (4.6)$$

Nun folgt die Umformung des Ereignisses $k_1 < X^{(n)} < k_2$ in die Gestalt $A < p <
B$: Aufgrund der Monotonie von $F(k; n, p)$ in k tritt das Ereignis $k_1 < X^{(n)} < k_2$
genau dann ein, wenn

$$F(X^{(n)}; n, p) > \frac{\alpha}{2} \quad \text{und} \quad 1 - F(X^{(n)} - 1; n, p) > \frac{\alpha}{2}. \qquad (4.7)$$

Da $F(k; n, p)$ in p gemäß Hilfssatz 3.5 streng monoton fällt, tritt das Ereignis
(4.7) wiederum genau dann ein, wenn $A < p < B$, mit

$$F(X^{(n)}; n, B) = \frac{\alpha}{2} \quad \text{und} \quad 1 - F(X^{(n)}; n, A) = \frac{\alpha}{2}$$

(beziehungsweise $A = 0$ oder $B = 1$). Folglich sind die Ereignisse $k_1 < X^{(n)} < k_2$
und $A < p < B$ identisch, und aus (4.6) folgt $\mathbb{P}_p(A < p < B) \geq 1 - \alpha$. $\square$

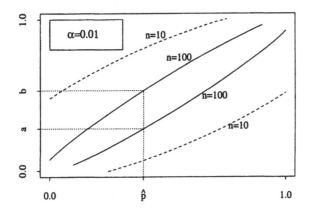

Abbildung I.5: Clopper-Pearson Nomogramm. Bestimmung der Intervallgrenzen a und b bei $n = 100$ und bei einer beobachteten relativen Häufigkeit $\hat{p}$.

Bemerkungen. 1. Ist $x \in \{0, 1, \ldots, n\}$ Realisierung einer $B(n, p)$-verteilten Zufallsvariablen, so bildet $\big(a(x), b(x)\big)$ ein Konfidenzintervall für p zum Niveau $1 - \alpha$. Ablesen lassen sich a und b aus den sogenannten *Clopper-Pearson Nomogrammen*, welche (jeweils für ein bestimmtes α) auf der x-Achse die relative Häufigkeit $\hat{p} = \frac{x}{n}$ aufgetragen haben.

2. Für große n liefert der zentrale Grenzwertsatz nach de Moivre-Laplace ein *asymptotisches* Konfidenzintervall für p zum Niveau $1 - \alpha$. In der Tat, formen wir das Ereignis

$$\left\{ -c_{\frac{\alpha}{2}} \leq \frac{X^{(n)} - np}{\sqrt{np(1-p)}} \leq c_{\frac{\alpha}{2}} \right\}, \quad c_{\frac{\alpha}{2}} = u_{1 - \frac{\alpha}{2}},$$

nach p um, so erhalten wir nach Lösen einer quadratischen Gleichung die Intervallgrenzen $a(X^{(n)})$, $b(X^{(n)})$ des gesuchten Intervalls. Sie lauten

$$\left. \begin{array}{c} a(x) \\ b(x) \end{array} \right\} = \frac{1}{n + c_{\frac{\alpha}{2}}^2} \left(x + \frac{c_{\frac{\alpha}{2}}^2}{2} \mp c_{\frac{\alpha}{2}} \sqrt{\frac{1}{n} x(n - x) + \frac{c_{\frac{\alpha}{2}}^2}{4}} \right), \tag{4.8}$$

wobei x wieder die Realisierung der $B(n, p)$-verteilten Zufallsvariablen $X^{(n)}$ bezeichnet. Mit $\hat{p}_n = \frac{x}{n}$ haben wir für die rechte Seite von (4.8) die Näherung

$$\hat{p}_n \mp c_{\frac{\alpha}{2}} \sqrt{\frac{1}{n} \hat{p}_n (1 - \hat{p}_n)}. \tag{4.9}$$

Die maximale Breite des Intervalls (4.9) beträgt $L_{\max} = \frac{c_{\frac{\alpha}{2}}}{\sqrt{n}}$, so dass bei Vorgabe von $L = L_{\max}$ ein Stichprobenumfang $n \geq \left(\frac{c_{\frac{\alpha}{2}}}{L} \right)^2$ benötigt wird.

5   Ordnungs- und Rangstatistiken (^{0})

In den Abschnitten 1 bis 4 war meistens ein Parameter einer vorgegebenen Verteilung (Normal-, Binomialverteilung) das Objekt unseres Interesses. Kann eine solche Verteilungsannahme nicht getroffen werden, so sind Verfahren aus dem Bereich der *nichtparametrischen Statistik* angezeigt. Hier sollen die drei wohl wichtigsten Begriffe aus diesem Bereich vorgestellt werden, nämlich: Ordnungsstatistik, Ränge, empirische Verteilungsfunktion. Als ein erstes Anwendungsbeispiel behandeln wir zum Abschluss dieses Abschnitts das Schätzen eines Quantils der Grundgesamtheit. Weitere nichtparametrische Verfahren werden im Kap. IV folgen.

5.1   Ordnungsstatistik

Es mögen n Zufallsvariablen $X_1, \ldots, X_n$ gegeben sein. Für jedes $\omega \in \Omega$ und $i \in \{1, \ldots, n\}$ bezeichne $X_{(i)}(\omega)$ den i-kleinsten Wert der $X_1(\omega), \ldots, X_n(\omega)$; das bedeutet

$$X_{(1)}(\omega) \le X_{(2)}(\omega) \le \cdots \le X_{(n)}(\omega).$$

Die Zufallsvariablen $X_{(1)}, \ldots, X_{(n)}$ bezeichnet man als die *Ordnungsstatistik* der Zufallsstichprobe $X_1, \ldots, X_n$ und man gibt sie gerne in der Form $X_{(1)} \le X_{(2)} \le \cdots \le X_{(n)}$ an. $X_{(i)}$ heißt die i-te *Ordnungsgröße*. Man schreibt auch oft $X_{i:n}$ statt $X_{(i)}$.

Tatsächlich handelt es sich bei den $X_{(i)}$'s um Zufallsvariablen, denn sie lassen sich sukzessive durch die messbaren Funktionen min und max aus den $X_1, \ldots, X_n$ gewinnen:

$$X_{(1)} = \min\{X_1, \ldots, X_n\},$$
$$X_{(2)} = \max\{X_1^{(1)}, \ldots, X_n^{(1)}\}, \quad X_i^{(1)} = \min\{X_1, \ldots, X_{i-1}, X_{i+1}, \ldots, X_n\},$$
$$\text{usw.,}$$

siehe DAVID (1981, p. 7). Ein alternatives (einfacheres) Messbarkeitsargument werden wir im Anschluss an das folgende Lemma bringen. In diesem berechnen wir die Verteilungsfunktion

$$G_j(x) = \mathbb{P}(X_{(j)} \le x), \quad x \in \mathbb{R}, \; j = 1, \ldots, n,$$

der j-ten Ordnungsgröße und benutzen dabei die übliche Abkürzung $b(i; n, p) = \binom{n}{i} p^i (1 - p)^{n-i}$.

Lemma. *Besitzen die unabhängigen Zufallsvariablen $X_1, \ldots, X_n$ die identische Verteilungsfunktion F, so gilt*

$$G_j(x) = \sum_{i=j}^{n} b(i; n, F(x)), \quad x \in \mathbb{R}.$$

Beweis. Für festes x bezeichnen wir mit

$$Y(x) = \sum_{i=1}^{n} Y_i(x), \qquad Y_i(x) = 1(X_i \leq x),$$

die Anzahl der X_i's, die den Wert x nicht überschreiten. Wegen $\mathbb{P}(Y_i(x) = 1) = F(x)$ besitzt $Y(x)$ eine $B(n, F(x))$-Verteilung. Die Behauptung folgt nun aus der Identität

$$\{X_{(j)} \leq x\} = \{j \leq Y(x) \leq n\}. \tag{5.1}$$

$\square$

Bemerkungen. 1. Für festes $x \in \mathbb{R}$ ist $G_j(x)$ monoton fallend in j, im Allgemeinen sogar streng monoton. Die $X_{(j)}$'s sind also nicht identisch verteilt (und auch nicht unabhängig).

2. Die Gleichung (5.1) gilt auch ohne die Voraussetzung der Unabhängigkeit und der identischen Verteilung der X_i's und liefert die Messbarkeit der Ordnungsgrößen $X_{(j)}$.

5.2 Ränge

Für jedes $\omega \in \Omega$ und $i \in \{1, \ldots, n\}$ bezeichne nun $R_i(\omega)$ die Position, welche die Realisation $X_i(\omega)$ in der Anordnung $X_{(1)}(\omega) \leq \cdots \leq X_{(n)}(\omega)$ einnimmt; genauer:

$$R_i(\omega) = j, \quad \text{falls } X_i(\omega) = X_{(j)}(\omega).$$

Falls die Position von $X_i(\omega)$ eindeutig ist, gilt

$$R_i(\omega) = \sum_{j=1}^{n} j \, Z_{ij}(\omega), \quad Z_{ij}(\omega) = \begin{cases} 1, & \text{falls } X_i(\omega) = X_{(j)}(\omega), \\ 0, & \text{sonst.} \end{cases}$$

Die $\{1, \ldots, n\}$-wertige Zufallsvariable R_i heißt *Rang* von X_i und

$(R_1, \ldots, R_n)$ *Rangvektor* der $X_1, \ldots, X_n$.

Gemäß Definition gilt für $i = 1, \ldots, n$ die Identität

$$X_i = X_{(R_i)}.$$

Falls zwei oder mehrere Beobachtungen $X_i(\omega)$ identisch sind (man spricht von *Bindungen*), ist der Rangvektor nicht mehr eindeutig festgelegt. Bei stetiger Verteilungsfunktion F tritt dies aber nur mit Wahrscheinlichkeit 0 auf, und man schreibt dann die Ordnungsstatistik in der Form $X_{(1)} < X_{(2)} < \cdots < X_{(n)}$. Es gilt nämlich

Hilfssatz. *Besitzen die unabhängigen Zufallsvariablen $X_1, \ldots, X_n$ eine stetige Verteilungsfunktion, so ist ihr Rangvektor $R = (R_1, \ldots, R_n)$ fast sicher eindeutig definiert. R nimmt seine Werte fast sicher in der Menge S_n der Permutationen von $\{1, \ldots, n\}$ an.*

Beweis. Es gilt

$$
\mathbb{P}(X_i = X_j \text{ für ein Paar } i \neq j) = \mathbb{P}\left(\bigcup_{1 \leq i < j \leq n} \{X_i = X_j\}\right)
$$
$$
\leq \sum_{1 \leq i < j \leq n} \mathbb{P}(X_i = X_j) = 0,
$$

denn für zwei unabhängige, stetig verteilte Zufallsvariablen X und Y gilt für $\varepsilon > 0$, mit einer geeigneten Zerlegung $\mathbb{R} = \bigcup_{n \in \mathbb{Z}} (x_n, x_{n+1}]$,

$$
\mathbb{P}(X = Y) \leq \sum_{n \in \mathbb{Z}} \mathbb{P}(X \in (x_n, x_{n+1}]) \cdot \mathbb{P}(Y \in (x_n, x_{n+1}])
$$
$$
\leq \varepsilon \sum_{n \in \mathbb{Z}} \mathbb{P}(Y \in (x_n, x_{n+1}]) = \varepsilon. \qquad \square
$$

Bemerkung. Treten in einer Stichprobe $(x_1, \ldots, x_n)$ Bindungen auf, wie es namentlich bei diskreten Zufallsvariablen $X_1, \ldots, X_n$ der Fall sein kann, so werden wir in der Praxis mittlere Rangzahlen vergeben und Statistiken, die auf Rangzahlen basieren, werden mit Korrekturtermen versehen, vergleiche etwa GIBBONS (1971, p. 96, 146).

5.3 Empirische Verteilungsfunktion

Die *empirische Verteilungsfunktion* $F_n(x)$, $x \in \mathbb{R}$, der Zufallsstichprobe $X_1, \ldots, X_n$ wird (für gegebenes x) als die relative Häufigkeit der X_i's definiert, die den Wert x nicht überschreiten, das heißt

$$
F_n(x) = \frac{1}{n} \big| \{i : X_i \leq x, \ 1 \leq i \leq n\} \big|.
$$

Auf der Grundlage der Ordnungsstatistik $X_{(1)} \leq \cdots \leq X_{(n)}$ lässt sich

$$
F_n(x) = \begin{cases} 0, & x < X_{(1)} \\ \frac{i}{n}, & X_{(i)} \leq x < X_{(i+1)} \\ 1, & x \geq X_{(n)} \end{cases}
$$

schreiben. Im Fall $X_{(i)} = X_{(i+1)}$ tritt der Wert $\frac{i}{n}$ nicht auf.

Die Funktion $F_n(x)$, $x \in \mathbb{R}$, ist eine rechtsseitig stetige Treppenfunktion. Unter den Voraussetzungen von Hilfssatz 5.2 hat die Treppenfunktion F_n Sprünge der Höhe $\frac{1}{n}$ (fast sicher).

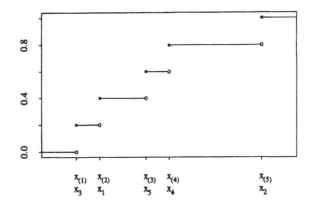

Abbildung I.6: Empirische Verteilungsfunktion F_5 einer Stichprobe $x_1, \ldots, x_5$.

Lemma. *Besitzen die unabhängigen Zufallsvariablen $X_1, \ldots, X_n$ die identische Verteilungsfunktion F, so hat für jedes $x \in \mathbb{R}$ die Zufallsvariable $nF_n(x)$ eine $B(n, F(x))$-Verteilung. Insbesondere gilt*

$$\mathbb{E}\big(F_n(x)\big) = F(x), \qquad \mathrm{Var}\big(F_n(x)\big) = \frac{1}{n}F(x)(1 - F(x)). \tag{5.2}$$

Beweis. Klarerweise ist

$$nF_n(x) = \sum_{i=1}^{n} Y_i(x), \quad Y_i(x) = 1(X_i \le x),$$

mit unabhängigen, $B(1, p(x))$-verteilten $Y_1(x), \ldots, Y_n(x)$. Dabei ist

$$p(x) = \mathbb{P}(Y_i(x) = 1) = F(x),$$

so dass die Behauptung folgt. □

Bemerkungen. 1. Aus (5.2) folgt, dass $F_n(x)$ für jedes $x \in \mathbb{R}$ ein erwartungstreuer und konsistenter Schätzer für $F(x)$ ist. Aus der Prop. 1.1 folgt nämlich

$$F_n(x) \xrightarrow{\mathbf{P}} F(x) \qquad (n \to \infty). \tag{5.3}$$

2. Das starke Gesetz der großen Zahlen A 3.3 liefert auch die fast sichere Konvergenz (5.3). In IV 2.1 wird gezeigt, dass die Konvergenz (5.3) sogar fast sicher *gleichmäßig* in $x \in \mathbb{R}$ gilt (*Satz von Glivenko-Cantelli*).

5.4 Schätzer und Konfidenzintervall für ein Quantil

a) Quantil einer Verteilungsfunktion.
Während man sich im Rahmen der Statistik normal- (binomial-) verteilter Grundgesamtheiten auf den Erwartungswert μ und die Varianz σ^2 (als Parameter von Interesse) beschränken kann, treten in der nichtparametrischen Statistik die Quantile der zugrundeliegenden Verteilungen hinzu.

Ist $F(x)$, $x \in \mathbb{R}$, eine *stetige* Verteilungsfunktion (der Zufallsvariablen X) und
ist $p \in (0,1)$, so nennt man eine Zahl κ_p ein p-tes *Quantil* von F (beziehungsweise
von X), falls

$$F(\kappa_p) = p. \tag{5.4}$$

Ist F streng monoton, so ist κ_p eindeutig bestimmt; im Allgemeinen bilden die
Lösungen von (5.4) ein abgeschlossenes Intervall $[\underline{\kappa}_p, \overline{\kappa}_p] = F^{-1}\{p\}$.

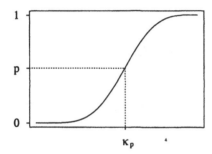 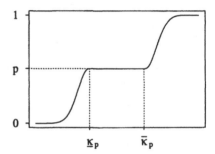

Abbildung I.7: Eindeutiges Quantil κ_p beziehungsweise Quantil-Intervall $[\underline{\kappa}_p, \overline{\kappa}_p]$.

Die Zahl $\kappa_{\frac{1}{2}} \equiv M$ heißt *Median*, $\kappa_{\frac{1}{4}}$ und $\kappa_{\frac{3}{4}}$ heißen auch (*unteres* und *oberes*)
Quartil. Im Spezialfall $F(x) = \Phi_{\mu,\sigma^2}(x)$ der $N(\mu, \sigma^2)$-Verteilungsfunktion ist

$$\mu = M, \qquad \mu - \sigma = \kappa_{0.159}, \qquad \mu + \sigma = \kappa_{0.841}.$$

b) Schätzer für κ_p.
Gegeben unabhängige und identisch verteilte Zufallsvariable $X_1, \ldots, X_n$ mit stetiger Verteilungsfunktion F, sowie ein $p \in (0,1)$. Als Schätzer $\hat{\kappa}_p$ für κ_p wählt
man einen Wert aus dem Intervall $[X_{(r)}, X_{(r+1)}]$, wobei $r = [np]$ die größte ganze
Zahl $\leq np$ ist. Ist κ_p eindeutig bestimmt, so bildet $\hat{\kappa}_p$ einen konsistenten Schätzer
für κ_p, vergleiche WITTING & NÖLLE (1970, S. 53), WITTING & MÜLLER-FUNK
(1995, S. 71 f, S. 575 f). Als Schätzer m für den Median $M \equiv \kappa_{\frac{1}{2}}$ hat sich

$$m \equiv \hat{\kappa}_{\frac{1}{2}} = \begin{cases} X_{(r)}, & r = \frac{n+1}{2}, & \text{falls } n \text{ ungerade,} \\ \frac{1}{2}(X_{(r)} + X_{(r+1)}), & r = \frac{n}{2}, & \text{falls } n \text{ gerade,} \end{cases}$$

eingebürgert. Die Größe m ist wie $\overline{X} = \frac{1}{n}\sum_{i=1}^{n} X_i$ ein Schätzer für die zentrale Lage der Verteilung, hat gegenüber $\overline{X}$ den Vorteil, nicht von Ausreißer-Werten beeinflusst zu werden, aber den Nachteil, dass seine Bestimmung bei größerem Stichprobenumfang n aufwendiger ist.

c) Konfidenzintervall für κ_p.
Ein Konfidenzintervall für κ_p zum Niveau $\geq 1 - \alpha$ wird durch das zufällige Intervall

$$[X_{(r)}, X_{(s)}], \quad r < s,$$

gebildet, wobei die ganzen Zahlen r (möglichst groß) und s (möglichst klein) aus der Forderung

$$\sum_{i=r}^{s-1} b(i; n, p) \geq 1 - \alpha \tag{5.5}$$

bestimmt werden. In der Tat, es gilt die disjunkte Zerlegung

$$\{X_{(r)} \leq \kappa_p\} = \{X_{(r)} \leq \kappa_p \leq X_{(s)}\} \cup \{X_{(s)} < \kappa_p\},$$

so dass sich mit Hilfe von Lemma 5.1

$$\mathbb{P}(X_{(r)} \leq \kappa_p \leq X_{(s)}) = \mathbb{P}(X_{(r)} \leq \kappa_p) - \mathbb{P}(X_{(s)} < \kappa_p)$$
$$= \sum_{i=r}^{n} b(i; n, p) - \sum_{i=s}^{n} b(i; n, p) = \sum_{i=r}^{s-1} b(i; n, p)$$

ergibt, wobei wir $F(\kappa_p) = p$ und die Tatsache ausgenützt haben, dass aus der Stetigkeit von F auch die von G_s folgt.

6 Resampling Methoden (*)

In 1.2 hatten wir zu den Schätzern $\hat{\mu}$ und $\hat{\sigma}^2$ (für den Erwartungswert μ beziehungsweise die Varianz σ^2) auch Erwartungswert und Varianz berechnet und Schätzer für diese angeben können. In vielen Fällen lässt sich ein solches Programm nicht so einfach wie in 1.2 durchführen; sei es, dass wir uns für weitere Kenngrößen des Schätzers $\hat{\vartheta}$ interessieren (nicht nur für $\mathbb{E}$ und Var) oder sei es, dass der Schätzer $\hat{\vartheta}$ komplizierter ist (als es $\hat{\mu}$ und $\hat{\sigma}^2$ sind). In solchen Fällen sind *resampling* Verfahren angesagt; bei diesen wird eine vorliegende Stichprobe mehrfach ausgeschöpft. Wir werden die *jackknife* (TUKEY, 1958) und die *bootstrap* (EFRON, 1982) Methoden behandeln.

6.1 Jackknife Varianzschätzer

In 1.2 hatten wir auf der Grundlage einer Zufallsstichprobe $X_1, \ldots, X_n$ für die Parameter

$$\vartheta = \mu \quad \text{und} \quad \vartheta = \sigma^2$$

nicht nur Schätzer $\hat{\vartheta} = \hat{\mu}$ beziehungsweise $\hat{\vartheta} = \hat{\sigma}^2$ angeben können, sondern auch Schätzer für ihre Varianz $\text{Var}(\hat{\vartheta})$. In die Formeln

$$\text{Var}(\hat{\mu}) = \frac{\sigma^2}{n}, \quad \text{Var}(\hat{\sigma}^2) = \frac{1}{n}\left(\mu_4 - \frac{n-3}{n-1}\sigma^4\right) \tag{6.1}$$

wurden $\hat{\sigma}$ für σ beziehungsweise $\hat{\mu}_4$ für μ_4 eingesetzt (*plug-in Methode*), was zu den *Varianzschätzern* $\widehat{\text{Var}}(\hat{\vartheta})_{\text{plug}}$ in (1.10) führte. Nicht in allen Fällen lassen sich Formeln für $\text{Var}(\hat{\vartheta})$ angeben, die ein solches Einsetzen zulassen. Mit Hilfe der jackknife Methode gelangt man wie folgt zu einem Varianzschätzer $\widehat{\text{Var}}(\hat{\vartheta})_{\text{jack}}$.

Wir fassen den Schätzer $\hat{\vartheta}$ als (messbare) Funktion der Zufallsstichprobe $X_1, \ldots, X_n$ auf,

$$\hat{\vartheta} = f_n(X_1, \ldots, X_n).$$

Tatsächlich berechnen wir nun aber nicht $\hat{\vartheta}$, sondern die n Schätzer $\hat{\vartheta}_{[1]}, \ldots, \hat{\vartheta}_{[n]}$. Dabei wird $\hat{\vartheta}_{[i]}$ nach der *leave-out-one* Methode aus der um X_i reduzierten Zufallsstichprobe berechnet, das ist

$$\hat{\vartheta}_{[i]} = f_{n-1}(X_1, \ldots, X_{i-1}, X_{i+1}, \ldots, X_n). \tag{6.2}$$

Wir bilden ihr arithmetisches Mittel

$$\hat{\vartheta}_{[\cdot]} = \frac{1}{n}\sum_{i=1}^{n}\hat{\vartheta}_{[i]}$$

und den *jackknife Varianzschätzer*

$$\widehat{\text{Var}}(\hat{\vartheta})_{\text{jack}} = \frac{n-1}{n}\sum_{i=1}^{n}(\hat{\vartheta}_{[i]} - \hat{\vartheta}_{[\cdot]})^2. \tag{6.3}$$

Die folgenden Beispiele liefern (zumindest asymptotische) Gleichheit von $\widehat{\text{Var}}(\hat{\vartheta})_{\text{jack}}$ und $\widehat{\text{Var}}(\hat{\vartheta})_{\text{plug}}$ und bestätigen damit das jacknife Varianz-Konzept. Nützlich ist es natürlich gerade in solchen Fällen, in denen $\widehat{\text{Var}}(\hat{\vartheta})_{\text{plug}}$ gar nicht erhältlich ist.

Beispiel 1. $\hat{\vartheta} = \hat{\mu}$.

Hier ist

$$\hat{\vartheta}_{[i]} \equiv \overline{X}_{[i]} = \frac{1}{n-1} \sum_{j=1, j \neq i}^{n} X_j = \frac{n}{n-1} \overline{X} - \frac{1}{n-1} X_i$$

und $\hat{\vartheta}_{[\cdot]} = \frac{1}{n} \sum_{i=1}^{n} \overline{X}_{[i]} = \overline{X}$. Mit Hilfe der Gleichung $\overline{X}_{[i]} - \overline{X} = \frac{1}{n-1}(\overline{X} - X_i)$ liefert dann (6.3)

$$\widehat{\mathrm{Var}}(\hat{\mu})_{\mathrm{jack}} = \frac{n-1}{n} \sum_{i=1}^{n} (\overline{X}_{[i]} - \overline{X})^2 = \frac{1}{n(n-1)} \sum_{i=1}^{n} (X_i - \overline{X})^2,$$

das heißt

$$\widehat{\mathrm{Var}}(\hat{\mu})_{\mathrm{jack}} = \widehat{\mathrm{Var}}(\hat{\mu})_{\mathrm{plug}}.$$

Beispiel 2. $\hat{\vartheta} = \hat{\sigma}^2$, $n > 2$.
Mit $\hat{\vartheta}_{[i]} = \frac{1}{n-2} \sum_{j=1, j \neq i}^{n} (X_j - \overline{X}_{[i]})^2$ erhält man nach EFRON (1982, p. 14)

$$\widehat{\mathrm{Var}}(\hat{\sigma}^2)_{\mathrm{jack}} = \frac{n^2}{(n-2)^2(n-1)} (\hat{\mu}_4 - \hat{\sigma}^4),$$

wobei $\hat{\mu}_4$ in 1.2 eingeführt wurde. Es ist zwar $\widehat{\mathrm{Var}}(\hat{\sigma}^2)_{\mathrm{jack}}$ ungleich $\widehat{\mathrm{Var}}(\hat{\sigma}^2)_{\mathrm{plug}}$, aber der Quotient geht gegen 1 bei $n \to \infty$.

6.2 Jackknife Biasschätzer

Der *Bias* (Verzerrung) eines Schätzers $\hat{\vartheta}$ für ϑ ist die Differenz

$$\mathrm{Bias}(\hat{\vartheta}) = \mathbb{E}_{\vartheta}(\hat{\vartheta}) - \vartheta.$$

Schätzer, die erwartungstreu für ϑ sind, haben also einen Bias = 0. Mit der in 6.1 eingeführten Größe $\hat{\vartheta}_{[\cdot]} = \frac{1}{n} \sum_{i=1}^{n} \hat{\vartheta}_{[i]}$, $\hat{\vartheta}_{[i]}$ wie in (6.2), definieren wir den *jackknife Biasschätzer*

$$\widehat{\mathrm{Bias}}(\hat{\vartheta})_{\mathrm{jack}} = (n-1)(\hat{\vartheta}_{[\cdot]} - \hat{\vartheta}), \qquad\qquad (6.4)$$

sowie den *Bias-korrigierten* Schätzer $\hat{\vartheta}_{\mathrm{jack}}$ für ϑ,

$$\hat{\vartheta}_{\mathrm{jack}} = \hat{\vartheta} - \widehat{\mathrm{Bias}}(\hat{\vartheta})_{\mathrm{jack}} = n\hat{\vartheta} - (n-1)\hat{\vartheta}_{[\cdot]}.$$

Dieser hat in der Regel einen deutlich geringeren Bias als der ursprüngliche Schätzer $\hat{\vartheta}$.

Beispiel 1. $\hat{\vartheta} = \hat{\mu}$.
Es ist $\widehat{\mathrm{Bias}}(\hat{\mu})_{\mathrm{jack}} = 0$, $\hat{\mu}_{\mathrm{jack}} = \hat{\mu}$.

Beispiel 2. $\hat{\vartheta} = \frac{n-1}{n}\hat{\sigma}^2 = \frac{1}{n}\sum_{i=1}^{n}(X_i - \overline{X})^2$.

Man rechnet

$$\widehat{\text{Bias}}(\hat{\vartheta})_{\text{jack}} = -\frac{1}{n(n-1)}\sum_{i=1}^{n}(X_i - \overline{X})^2,$$

so dass sich als Bias-korrigierter Schätzer

$$\hat{\vartheta}_{\text{jack}} = \frac{1}{n-1}\sum_{i=1}^{n}(X_i - \overline{X})^2 \equiv \hat{\sigma}^2$$

ergibt, das ist der erwartungstreue Schätzer für σ^2 aus 1.2.

Beispiel 3. (*) α-*getrimmter* Mittelwert $\hat{\vartheta} = \overline{X}^{(\alpha)}$, $0 < \alpha < \frac{1}{2}$.

Seine Definition lautet

$$\overline{X}^{(\alpha)} = \frac{1}{n - 2[n\alpha]}\sum_{j=[n\alpha]+1}^{n-[n\alpha]} X_{j:n}.$$

Unter der Annahme, dass $m = (n-1)\alpha$ eine ganze Zahl ist, gilt $[n\alpha] = [(n-1)\alpha] = m$ und

$$\overline{X}^{(\alpha)} = \frac{1}{n - 2m}\sum_{j\in I} X_{j:n}$$

sowie, für $m + 1 \leq i \leq n - m$,

$$\hat{\vartheta}_{[i]} = \frac{1}{n - 1 - 2m}\sum_{j\in I_{[i]}} X_{j:n},$$

wobei $X_{1:n} \leq \cdots \leq X_{n:n}$ die Ordnungsstatistik der X_i's, $I = \{m+1,\ldots,n-m\}$ und $I_{[i]} = I \setminus \{i\}$ bezeichnen. Man hat noch

$$\hat{\vartheta}_{[i]} = \begin{cases} \hat{\vartheta}_{[m+1]} & \text{für } i \leq m, \\ \hat{\vartheta}_{[n-m]} & \text{für } i > n - m \end{cases}$$

zu setzen und erhält nach leichter Rechnung

$$\hat{\vartheta}_{[i]} - \hat{\vartheta} = \frac{1}{n - 1 - 2m}(\overline{X}^{(\alpha)} - X_{i:n}), \qquad \text{falls } m + 1 \leq i \leq n - m$$

(mit $X_{m+1:n}$ beziehungsweise $X_{n-m:n}$ anstelle von $X_{i:n}$ in den Fällen $i \leq m$ beziehungsweise $i > n - m$). Daraus folgt mit Hilfe von Definition (6.4)

$$\widehat{\text{Bias}}(\overline{X}^{(\alpha)})_{\text{jack}} = \frac{1}{1 - 2\alpha}(\overline{X}^{(\alpha)} - \overline{X}^{(w)}),$$

wobei

$$\overline{X}^{(w)} = \frac{1}{n}\left(mX_{m+1:n} + \sum_{i=m+1}^{n-m} X_{i:n} + mX_{n-m:n}\right)$$

auch als *Winsorisierter* Mittelwert bezeichnet wird. Der Bias-korrigierte Schätzer schließlich lautet

$$\overline{X}_{\text{jack}}^{(\alpha)} = \frac{1}{1-2\alpha}(\overline{X}^{(w)} - 2\alpha\overline{X}^{(\alpha)}).$$

6.3 Bootstrap Varianzschätzer

Der jackknife Varianzschätzer (6.3) basierte auf gewissen Teilmengen der n Stichprobenwerte $X_1, \ldots, X_n$, nämlich auf den n Teilstichproben vom Umfang $n-1$, die jeweils einen Stichprobenwert auslassen. Die bootstrap Methode basiert auf einer *zufälligen* Ziehung (mit Zurücklegen) von n Stichprobenwerten $X_1^*, \ldots, X_n^*$ aus den $X_1, \ldots, X_n$. Diese *bootstrap* Stichprobe $X_1^*, \ldots, X_n^*$ besteht also aus unabhängigen und identisch verteilten Zufallsvariablen, wobei jedes X_i^* die Werte $X_1, \ldots, X_n$ mit Wahrscheinlichkeit $\frac{1}{n}$ annimmt. Die Verteilungsfunktion von X_i^* ist demnach F_n, das ist die empirische Verteilungsfunktion der Stichprobe $X_1, \ldots, X_n$. Im folgenden bezeichnen wir wahrscheinlichkeitstheoretische Größen wie $\mathbb{P}$, $\mathbb{E}$ und Var mit einem Stern, also $\mathbb{P}_*$, $\mathbb{E}_*$ und Var$_*$, wenn sie sich auf das zufällige Ziehen der bootstrap Stichprobe aus der gegebenen Stichprobe $X_1, \ldots, X_n$ beziehen (eine mathematisch rigorose Definition dieser „gesternten" Größen folgt in V 4.1 unten).

Ist $\hat{\vartheta} = \hat{\vartheta}(X_1, \ldots, X_n)$ ein Schätzer für den reellwertigen Parameter ϑ, so heißt

$$\widehat{\text{Var}}(\hat{\vartheta})_{\text{boot}} = \text{Var}_*\left(\hat{\vartheta}(X_1^*, \ldots, X_n^*)\right) \tag{6.5}$$

der *bootstrap Varianzschätzer* für $\hat{\vartheta}$. Dabei ist $\hat{\vartheta}(X_1^*, \ldots, X_n^*)$ der aus der bootstrap Stichprobe berechnete Schätzer, den wir manchmal auch kurz mit $\hat{\vartheta}^*$ bezeichnen. Wie schon beim jackknife können wir (6.5) nur in einigen Fällen als –numerisch auswertbare– explizite Funktion der $X_1, \ldots, X_n$ angeben.

Beispiel 1. $\hat{\vartheta} = \hat{\mu} \equiv \overline{X}$.
Aufgrund der Eigenschaften der bootstrap Stichprobe gilt

$$\widehat{\text{Var}}(\hat{\mu})_{\text{boot}} = \text{Var}_*\left(\frac{1}{n}\sum_{i=1}^{n} X_i^*\right)$$

$$= \frac{1}{n}\text{Var}_*(X_1^*) = \frac{1}{n}\left(\frac{1}{n}\sum_{i=1}^{n}\left(X_i - \frac{1}{n}\sum_{j=1}^{n} X_j\right)^2\right)$$

$$= \frac{1}{n^2}\sum_{i=1}^{n}(X_i - \overline{X})^2 = \frac{n-1}{n}\widehat{\text{Var}}(\hat{\mu})_{\text{plug}}.$$

Beispiel 2. Medianschätzer $\hat{\vartheta} = m$ (n ungerade, F stetig).
Gemäß 5.4 verwenden wir bei ungeradem $n = 2r - 1$ den Schätzer $m \equiv \hat{\kappa}_{\frac{1}{2}} = X_{r:n}$
für den Median $\kappa_{\frac{1}{2}}$. Der Median der bootstrap Stichprobe wird dann geschätzt
durch

$$\hat{\kappa}_{\frac{1}{2}}^* = X_{r:n}^*,$$

das ist die r-te Ordnungsgröße der bootstrap Stichprobe. Wir rechnen für die
Wahrscheinlichkeiten $p_k \equiv \mathbb{P}_*(X_{r:n}^* = X_{k:n})$, $k = 1, \ldots, n$, indem wir Lemma 5.1
und die Gleichung $F_n(X_{l:n}) = l/n$ benutzen, dass

$$p_k = \mathbb{P}_*(X_{r:n}^* > X_{k-1:n}) - \mathbb{P}_*(X_{r:n}^* > X_{k:n}) = \sum_{j=0}^{r-1} \left(b(j; n, \tfrac{k-1}{n}) - b(j; n, \tfrac{k}{n}) \right).$$

Mit Hilfe dieser p_k schreibt sich dann der bootstrap Varianzschätzer in der Form

$$\widehat{\mathrm{Var}}(\hat{\kappa}_{\frac{1}{2}})_{\mathrm{boot}} = \sum_{k=1}^{n} p_k \left(X_{k:n} - \sum_{j=1}^{n} p_j X_{j:n} \right)^2.$$

In den meisten Fällen aber lässt sich (6.5) nicht als eine –numerisch
auswertbare– Funktion der Stichprobenwerte $X_1, \ldots, X_n$ angeben. Die Berech-
nung von $\widehat{\mathrm{Var}}(\hat{\vartheta})_{\mathrm{boot}}$ kann dann approximativ mit Hilfe der Monte Carlo Methode
erfolgen (siehe 6.4).

$$\boxed{(\Omega, \mathfrak{A}, \mathbb{P})} \longrightarrow \boxed{X_1, \ldots, X_n,\ F\ \text{unbekannt}} \overset{\text{Ziehen}}{\underset{*}{\longrightarrow}} \boxed{X_1^*, \ldots, X_n^*,\ F_n\ \text{bekannt}}$$

Schema: Grundraum, reale Welt, bootstrap Welt

6.4 Bootstrap Methoden

Neben $\mathrm{Var}(\hat{\vartheta})$ lassen sich auch viele andere (unbekannte) Größen, wie der
Bias$(\hat{\vartheta}) = \mathbb{E}_\vartheta(\hat{\vartheta}) - \vartheta$ oder die Verteilungsfunktion $H_n(x) = \mathbb{P}_\vartheta(\hat{\vartheta} \leq x)$ einer
Stichprobenfunktion $\hat{\vartheta} \equiv \hat{\vartheta}_n$, mit Hilfe der bootstrap Methode schätzen. In der
Tat, bezeichnen wieder

$$\hat{\vartheta} = \hat{\vartheta}(X_1, \ldots, X_n), \qquad \hat{\vartheta}^* = \hat{\vartheta}(X_1^*, \ldots, X_n^*)$$

die auf der Stichprobe beziehungsweise bootstrap Stichprobe basierenden
Schätzer. Der *bootstrap Biasschätzer* lautet

$$\widehat{\mathrm{Bias}}(\hat{\vartheta})_{\mathrm{boot}} = \mathbb{E}_*(\hat{\vartheta}^*) - \hat{\vartheta}. \tag{6.6}$$

Im Beispiel $\hat{\vartheta} = \hat{\mu} \equiv \overline{X}$ erhalten wir

$$\mathbb{E}_*(\overline{X}) = \mathbb{E}_*(X_1^*) = \overline{X}, \quad \text{also} \quad \widehat{\text{Bias}}(\hat{\vartheta})_{\text{boot}} = 0,$$

während wir im Fall $\hat{\vartheta} = \frac{1}{n}\sum_{i=1}^{n}(X_i - \overline{X})^2$

$$\widehat{\text{Bias}}(\hat{\vartheta})_{\text{boot}} = -\frac{1}{n^2}\sum_{i=1}^{n}(X_i - \overline{X})^2 = \frac{n-1}{n}\widehat{\text{Bias}}(\hat{\vartheta})_{\text{jack}}$$

berechnen. Diese Beziehung zwischen den beiden Biasschätzern gilt für alle „quadratischen" Schätzer, siehe EFRON (1982, p. 34). Der bootstrap Schätzer für $H_n(x)$ lautet

$$H_{n,\text{boot}}(x) = \mathbb{P}_*(\hat{\vartheta}^* \le x), \quad x \in \mathbb{R}, \tag{6.7}$$

im Spezialfall $\hat{\vartheta} = \overline{X}$ des Mittelwertes also

$$H_{n,\text{boot}}(x) = \mathbb{P}_*(\overline{X}^* \le x), \quad x \in \mathbb{R}.$$

Ein universelles numerisches Verfahren zur approximativen Berechnung von (6.5) bis (6.7) benutzt die *Monte Carlo Methode*. Wir ziehen (unabhängig voneinander) M bootstrap Stichproben

$$X_{1,1}^*, \ldots, X_{n,1}^*; \ldots; X_{1,M}^*, \ldots, X_{n,M}^*$$

vom Umfang n aus der Stichprobe $X_1, \ldots, X_n$, bilden die M zugehörigen Schätzer $\hat{\vartheta}_1^*, \ldots, \hat{\vartheta}_M^*$, und führen

$$\widehat{\text{Var}}_M(\hat{\vartheta})_{\text{boot}} = \frac{1}{M}\sum_{m=1}^{M}\left(\hat{\vartheta}_m^* - \frac{1}{M}\sum_{j=1}^{M}\hat{\vartheta}_j^*\right)^2 \tag{6.8}$$

$$\widehat{\text{Bias}}_M(\hat{\vartheta})_{\text{boot}} = \frac{1}{M}\sum_{m=1}^{M}\hat{\vartheta}_m^* - \hat{\vartheta} \tag{6.9}$$

$$H_{M,n,\text{boot}}(x) = \frac{1}{M}\sum_{m=1}^{M}1(\hat{\vartheta}_m^* \le x) \tag{6.10}$$

als Approximationen für (6.5) bis (6.7) ein. (6.8) und (6.9) bilden die eigentlichen bootstrap Äquivalente zu den jackknife Schätzern (6.3) und (6.4). Aufgrund des starken Gesetzes der großen Zahlen konvergieren $\widehat{\text{Var}}_M(\hat{\vartheta})_{\text{boot}}$, $\widehat{\text{Bias}}_M(\hat{\vartheta})_{\text{boot}}$ und $H_{M,n,\text{boot}}(x)$ $\mathbb{P}_*$-fast sicher gegen $\widehat{\text{Var}}(\hat{\vartheta})_{\text{boot}}$, $\widehat{\text{Bias}}(\hat{\vartheta})_{\text{boot}}$ beziehungsweise $H_{n,\text{boot}}(x)$ (bei $M \to \infty$).

7   Exkurs: Testverteilungen (^{0})

In diesem Exkurs werden einige spezielle Verteilungen zusammengestellt, deren
Bedeutung beim Testen von Hypothesen und bei der Konstruktion von Konfidenzintervallen zu Tage tritt. Auch die sogenannten nichtzentralen Versionen
dieser speziellen Verteilungen werden besprochen. Deren Bedeutung liegt bei der
Berechnung der Güte (Schärfe) eines Tests. Mit $N(0,1)$ und u_γ werden die Stan-
dardnormalverteilung und ihr γ-Quantil ($0 < \gamma < 1$) bezeichnet.

7.1 χ^2-Verteilung

Definition. Eine Zufallsvariable mit der Dichte

$$f(x) = \begin{cases} 0, & \text{falls } x \leq 0, \\ K_m x^{\frac{m-2}{2}} e^{-\frac{x}{2}}, & \text{falls } x > 0, \end{cases}$$

wobei m eine natürliche Zahl und K_m die Konstante

$$K_m = \frac{1}{2^{\frac{m}{2}} \Gamma(\frac{m}{2})} \qquad (\Gamma(x) \text{ die Gammafunktion})$$

ist, heißt χ^2-*verteilt* (*chi-Quadrat verteilt*) mit m *Freiheitsgraden (FG)* oder kurz
χ^2_m-verteilt. Eine Zufallsvariable, die χ^2_m-verteilt ist, bezeichnet man oft ebenfalls
mit dem Symbol χ^2_m und nennt sie ein χ^2_m.

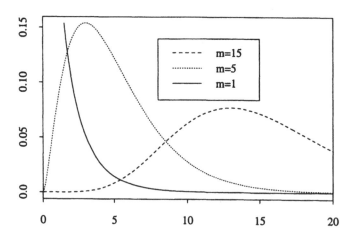

Abbildung I.8: Dichtefunktion der χ^2_m-Verteilung.

Den folgenden wichtigen Zusammenhang mit normalverteilten Zufallsvariablen kann man auch als Definition der χ^2_m-Verteilung benutzen.

Satz 1. *Sind $Z_1, \ldots, Z_m$ unabhängige, $N(0,1)$-verteilte Zufallsvariable, so ist die Zufallsvariable*

$$Z_1^2 + \cdots + Z_m^2$$

χ^2-verteilt mit m Freiheitsgraden.

Einen **Beweis** findet man bei WILKS (1962, p. 184), KRENGEL (1998, S. 188) oder KRICKEBERG & ZIEZOLD (1995, S. 145). Aus diesem Satz folgt auch

Satz 2. *Sind die Zufallsvariablen χ_n^2 und χ_m^2 unabhängig, so ist $\chi_n^2 + \chi_m^2$ ein χ_{n+m}^2.*

Momente. $\mathbb{E}(\chi_m^2) = m$, $\text{Var}(\chi_m^2) = 2m$.

Sonderfälle.
$m = 1$: $\chi_1^2 = Z^2$, mit $N(0,1)$-verteiltem Z.
$m = 2$: χ_2^2 ist exponentialverteilt mit Parameter $\lambda = \frac{1}{2}$.

Quantile. Das γ-Quantil der χ_m^2-Verteilung bezeichnen wir mit $\chi_{m,\gamma}^2$,

$$\mathbb{P}(\chi_m^2 \le \chi_{m,\gamma}^2) = \gamma, \quad 0 < \gamma < 1.$$

Sonderfälle: $m = 1$: $\chi_{1,1-\alpha}^2 = (u_{1-\frac{\alpha}{2}})^2$, $m = 2$: $\chi_{2,\gamma}^2 = -2\log(1-\gamma)$.

Nichtzentrales χ_m^2

Sind die Zufallsvariablen $Z_1, \ldots, Z_m$ unabhängig und ist Z_i $N(\mu_i, 1)$-verteilt ($i = 1, \ldots, m$), so hängt die Verteilung von $Z_1^2 + \cdots + Z_m^2$ nur vom sogenannten *Nichtzentralitätsparameter (NZP)*

$$\delta^2 = \mu_1^2 + \cdots + \mu_m^2$$

ab. Sie heißt *nichtzentrale χ^2-Verteilung* mit m FG und NZP δ^2 oder kurz $\chi_m^2(\delta^2)$-Verteilung, vergleiche SCHACH & SCHÄFER (1978, S. 48) oder WITTING (1985, S. 219). Es gilt $\chi_m^2(0) = \chi_m^2$ und

$$\mathbb{E}(\chi_m^2(\delta^2)) = m + \delta^2, \qquad \text{Var}\left(\chi_m^2(\delta^2)\right) = 2m + 4\delta^2.$$

7.2 t-Verteilung

Definition. Eine Zufallsvariable mit der Dichte

$$f(x) = K_m' \left(1 + \frac{x^2}{m}\right)^{-\frac{m+1}{2}}, \qquad K_m' = \frac{\Gamma(\frac{m+1}{2})}{\sqrt{m\pi}\,\Gamma(\frac{m}{2})},$$

wobei m eine natürliche Zahl und Γ wieder die Gammafunktion ist, heißt *t-verteilt* (oder *Student-verteilt*) mit m Freiheitsgraden, oder kurz *t_m-verteilt*. Eine t_m-verteilte Zufallsvariable wird oft ebenfalls mit dem Symbol t_m bezeichnet.

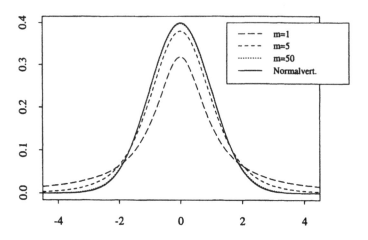

Abbildung I.9: Dichtefunktion der t_m-Verteilung.

Wichtig ist der folgende Zusammenhang mit normal- und χ^2-verteilten Zufallsvariablen, der sich auch zur Definition der t_m-Verteilung eignet.

Satz. *Sind die $N(0,1)$-verteilte Zufallsvariable Z und die χ_m^2-verteilte Zufallsvariable χ_m^2 unabhängig, so ist die Zufallsvariable*

$$\frac{Z}{\sqrt{\frac{\chi_m^2}{m}}}$$

t-verteilt mit m Freiheitsgraden.

Beweis. WILKS (1962, p. 184), KRENGEL (1998, S. 188) oder KRICKEBERG & ZIEZOLD (1995, S. 148).   □

Momente. $\mathbb{E}(t_m) = 0$ für $m \geq 2$, $\operatorname{Var}(t_m) = \frac{m}{m-2}$ für $m \geq 3$.

Sonderfälle.

$m = 1$:   Die t_1-Verteilung heißt auch *Cauchy-Verteilung*. Sie besitzt keinen Erwartungswert (und auch keine Varianz).

$m = \infty$:   Nach dem Gesetz der großen Zahlen gilt bei $m \to \infty$ fast sicher $\frac{\chi_m^2}{m} = \frac{1}{m}\sum_{i=1}^{m} Z_i^2 \to \mathbb{E}(Z_1^2) = 1$, wobei die Z_i unabhängige $N(0,1)$-verteilte Zufallsvariablen sind: Die t_∞-Verteilung ist also eine $N(0,1)$-Verteilung.

Quantile. Das γ-Quantil der t_m-Verteilung bezeichnen wir mit $t_{m,\gamma}$,

$$\mathbb{P}(t_m \leq t_{m,\gamma}) = \gamma, \quad 0 < \gamma < 1.$$

Für jedes $\gamma > \frac{1}{2}$ fällt $t_{m,\gamma}$ mit wachsendem m; $t_{m,\gamma}$ konvergiert für $m \to \infty$ gegen u_γ, das γ-Quantil der $N(0,1)$-Verteilung, vergleiche WITTING & NÖLLE (1970, S. 53). Wegen der Symmetrie der Dichte $f(x)$ gilt für jedes m, dass

$$t_{m,\gamma} = -t_{m,1-\gamma} \quad \text{und} \quad \mathbb{P}\big(|t_m| \leq t_{m,1-\frac{\alpha}{2}}\big) = 1 - \alpha.$$

Nichtzentrales t_m

Ist Z $N(0,1)$-verteilt und unabhängig von χ^2_m, so heißt die Verteilung von

$$\frac{Z+\mu}{\sqrt{\frac{\chi^2_m}{m}}}$$

(die natürlich nur von μ und m abhängt) *nichtzentrale t-Verteilung* mit m Freiheitsgraden und NZP μ (kurz: $t_m(\mu)$-Verteilung); siehe WITTING (1985, S. 221) wegen einer Dichte. Es ist $t_m(0) = t_m$; Verteilungsfunktion $F_m(\mu, x)$ und Quantil $t_{m,\gamma}(\mu)$ der $t_m(\mu)$-Verteilung hängen monoton von μ ab:

$$F_m(\mu, x) < F_m(\mu', x) \quad \text{und} \quad t_{m,\gamma}(\mu) > t_{m,\gamma}(\mu') \qquad \text{für } \mu' < \mu.$$

Ferner gilt

$$1 - F_m(\mu, x) = F_m(-\mu, -x) \quad \text{und} \quad -t_{m,\gamma}(\mu) = t_{m,1-\gamma}(-\mu).$$

Es existiert die Näherungsformel $F_m(\mu, x) \approx F_m(x - \lambda)$ beziehungsweise

$$t_{m,\gamma}(\mu) \approx t_{m,\gamma} + \lambda,$$

wenn $F_m(x) = F_m(0, x)$ und $t_{m,\gamma} = t_{m,\gamma}(0)$ sich auf die (zentrale) t_m-Verteilung beziehen und wenn

$$\lambda = \mu \left(1 + \frac{2u_\gamma^2 + 1}{4m} + \mu \frac{u_\gamma}{4m} \right)$$

ist, gemäß VAN EEDEM (1961). Man beachte, dass $\lambda \approx \mu$ für größere m gilt.

7.3 F-Verteilung

Definition. Eine Zufallsvariable mit der Dichte

$$f(x) = \begin{cases} 0, & \text{falls } x \leq 0, \\ K''_{m,n} x^{\frac{m-2}{2}} (mx + n)^{-\frac{m+n}{2}}, & \text{falls } x > 0, \end{cases}$$

wobei m und n natürliche Zahlen sind und $K''_{m,n}$ die Konstante

$$K''_{m,n} = \frac{\Gamma(\frac{m+n}{2})}{\Gamma(\frac{m}{2})\Gamma(\frac{n}{2})} m^{\frac{m}{2}} n^{\frac{n}{2}}$$

ist, heißt F-*verteilt* (oder Fisher-verteilt) mit m und n Freiheitsgraden, oder kurz $F_{m,n}$-verteilt. Eine $F_{m,n}$-verteilte Zufallsvariable bezeichnet man oft ebenfalls mit dem Symbol $F_{m,n}$.

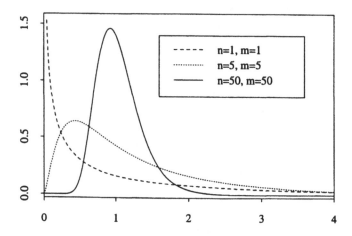

Abbildung I.10: Dichtefunktion der $F_{m,n}$-Verteilungen.

Der folgende wichtige Zusammenhang mit χ^2-verteilten Zufallsvariablen kann auch zur Definition der F-Verteilung verwendet werden.

Satz. *Sind χ^2_m und χ^2_n zwei unabhängige, χ^2-verteilte Zufallsvariable mit m beziehungsweise n Freiheitsgraden, so ist die Zufallsvariable*

$$\frac{\frac{1}{m}\chi^2_m}{\frac{1}{n}\chi^2_n}$$

F-verteilt mit m und n Freiheitsgraden.

Beweis. WILKS (1962, p. 187); KRICKEBERG & ZIEZOLD (1995, S. 147).   □

Momente. $\mathbb{E}(F_{m,n}) = \frac{n}{n-2}$ für $n \geq 3$, $\text{Var}(F_{m,n}) = \frac{2n^2(m+n-2)}{m(n-2)^2(n-4)}$ für $n \geq 5$.

Sonderfälle.

$m = 1$: $F_{1,n} = t_n^2$. Insbesondere ist $F_{1,\infty} = Z^2$, mit $N(0,1)$-verteiltem Z.

$n = \infty$: $F_{m,\infty} = \frac{\chi_m^2}{m}$ (da $\frac{\chi_n^2}{n} \to 1$ fast sicher nach dem Gesetz der großen Zahlen).

Quantile. Das γ-Quantil der $F_{m,n}$-Verteilung bezeichnen wir mit $F_{m,n,\gamma}$,

$$\mathbb{P}(F_{m,n} \le F_{m,n,\gamma}) = \gamma.$$

Es hängt von γ, $0 < \gamma < 1$, und von den zwei Freiheitsgraden m und n ab. Tabuliert findet man die γ-Quantile meistens für einige Werte $\gamma \ge 0.90$. Die entsprechenden „unteren" Quantile berechnet man nach

$$F_{m,n,1-\gamma} = 1/F_{n,m,\gamma}.$$

Sonderfälle:

$m = 1$: $F_{1,n,1-\alpha} = t_{n,1-\frac{\alpha}{2}}^2$, $F_{1,\infty,1-\alpha} = u_{1-\frac{\alpha}{2}}^2$

$n = \infty$: $F_{m,\infty,1-\alpha} = \frac{\chi_{m,1-\alpha}^2}{m}$

mit den Quantilen $t_{n,\gamma}$, $\chi_{m,\gamma}^2$ und u_γ der t_n-, χ_m^2- beziehungsweise $N(0,1)$-Verteilung. Dabei kann $F_{m,\infty,\gamma}$ sowohl als γ-Quantil der Grenzverteilung $F_{m,\infty}$ als auch als Grenzwert $\lim_n F_{m,n,\gamma}$ der γ-Quantile aufgefasst werden, vergleiche WITTING & NÖLLE (1970, S. 53). Mit Hilfe eines Satzes über bedingte Wahrscheinlichkeiten, vergleiche GÄNSSLER & STUTE (1977, S. 199) oder II 5.1 unten, beweist man

$$(m-1)F_{m-1,n,\gamma} < mF_{m,n,\gamma} \qquad (0 < \gamma < 1, \, m \ge 2).$$

Nichtzentrales $F_{m,n}$

Sind $\chi_m^2(\delta^2)$ und χ_n^2 unabhängige Zufallsvariable mit den durch die Notation bezeichneten Verteilungen, so hängt die Verteilung von

$$\frac{\frac{1}{m}\chi_m^2(\delta^2)}{\frac{1}{n}\chi_n^2}$$

nur von m, n und δ^2 ab; siehe WITTING (1985, S. 219) wegen einer Dichte. Sie heißt *nichtzentrale $F_{m,n}$-Verteilung* mit NZP δ^2 (kurz: $F_{m,n}(\delta^2)$-Verteilung). Die ersten beiden Momente lauten für $n \ge 3$ beziehungsweise $n \ge 5$

$$\mathbb{E}\big(F_{m,n}(\delta^2)\big) = \kappa \frac{n}{n-2}, \qquad \mathrm{Var}\big(F_{m,n}(\delta^2)\big) = \kappa^2 \frac{2n^2(\mu + n - 2)}{\mu(n-2)^2(n-4)}$$

mit

$$\kappa = \frac{m + \delta^2}{m}, \qquad \mu = \frac{(m+\delta^2)^2}{m+2\delta^2},$$

vergleiche PATNAIK (1949). Nach Patnaik erhalten wir mit der Methode der Gleichsetzung der ersten beiden Momente die folgende Approximation für die Verteilungsfunktion $F_{m,n}(\delta^2, x)$ beziehungsweise für das Quantil $F_{m,n,\gamma}(\delta^2)$ der nichtzentralen F-Verteilung:

$$F_{m,n}(\delta^2, x) \approx F_{\mu,n}\left(\frac{x}{\kappa}\right), \qquad F_{m,n,\gamma}(\delta^2) \approx \kappa F_{\mu,n,\gamma}.$$

II Grundlegende Konzepte

In diesem Kapitel beginnen wir mit einer Darstellung der Konzepte der mathematischen Statistik. Zunächst studieren wir Verteilungsannahmen, insbesondere die Annahme einer Verteilung aus einer Exponentialfamilie. Bei einer solchen Verteilung ist das Auffinden einer suffizienten Statistik, das heißt einer Funktion, welche die Stichprobe ohne Informationsverlust komprimiert, besonders einfach. Der Begriff der Suffizienz wird ergänzt durch den der Vollständigkeit. Zusammen ermöglichen sie uns –in den Kapiteln V und VI– das Auffinden optimaler Schätz- und Testfunktionen.

Die Situation des Statistikers, unter (partieller) Unwissenheit eine Aussage treffen zu müssen, lässt sich mit Begriffen der Entscheidungstheorie beschreiben. Eine solche Neuformulierung verleiht den Konzepten der Statistik schärfere Konturen.

1   Verteilungsklassen

Wir nehmen wieder den in der Einleitung skizzierten *Standpunkt* ein und entwickeln ihn im Folgenden weiter. Dazu werden die Grundbegriffe der mathematischen Statistik, das sind

Stichprobenraum, Stichprobenfunktion, Verteilungsannahme,

eingeführt. Die sachgemäße Wahl dieser Größen in einem konkreten Anwendungsfall ist weniger Sache der Mathematik; vielmehr geschieht sie in der Regel durch den anwendenden Statistiker in Zusammenarbeit mit dem Substanzwissenschaftler.

Wir werden in der Regel die Annahme einer dominierten Verteilungsklasse treffen, so dass wir dann mit Dichten (anstelle von Verteilungen) arbeiten können. Eine für Theorie wie Anwendung besonders wichtige Klasse von Verteilungen bilden die sogenannten Exponentialfamilien, die im nächsten Abschnitt behandelt werden.

1.1   Stichprobenraum, Verteilungsannahme, Stichproben-funktion (^{0})

Eine Beobachtung fasst der Statistiker als ein Element x aus einer Menge $\mathcal{X}$ auf,

$$x \in \mathcal{X}, \qquad \text{zum Beispiel } x = (x_1, \ldots, x_n) \in \mathbb{R}^n,$$

und interpretiert x als die Realisation $x = X(\omega)$ einer Zufallsgröße $X : \Omega \to \mathcal{X}$, das heißt einer auf einem Grundraum $(\Omega, \mathfrak{A})$ definierten messbaren Abbildung mit Werten im messbaren Raum $(\mathcal{X}, \mathfrak{B})$. Wir nennen $(\mathcal{X}, \mathfrak{B})$ den *Stichprobenraum*, X auch *(Zufalls-) Stichprobe*. Konkrete, zahlenwertige Realisationen x spielen im Folgenden keine Rolle. Liegt auf $(\Omega, \mathfrak{A})$ eine Wahrscheinlichkeitsverteilung $\mathbb{P}$ vor, so induziert X auf $(\mathcal{X}, \mathfrak{B})$ die Wahrscheinlichkeitsverteilung

$$\mathbb{P}_X \equiv \mathbb{Q}, \quad \mathbb{Q}(B) = \mathbb{P}(X \in B), \quad B \in \mathfrak{B}.$$

Typischerweise ist $X = (X_1, \ldots, X_n)$ ein Zufallsvektor, bestehend aus unabhängigen Komponenten; es ist dann

$$(\mathcal{X}, \mathfrak{B}) = (\mathbb{R}^n, \mathcal{B}^n), \quad \mathbb{Q} = \overset{n}{\underset{i=1}{\times}} \mathbb{Q}_i,$$

wobei $\mathbb{Q} \equiv \mathbb{P}_X$ und $\mathbb{Q}_i = \mathbb{P}_{X_i}$ die Verteilungen von X und X_i auf $(\mathbb{R}^n, \mathcal{B}^n)$ beziehungsweise $(\mathbb{R}, \mathcal{B}^1)$ bezeichnen.

Die Verteilung $\mathbb{Q}$ ist dem Statistiker nicht (vollständig) bekannt. Diese Unkenntnis wird formalisiert durch die Vorgabe einer Klasse

$$\mathbb{Q}_\gamma, \quad \gamma \in \Gamma \qquad (\Gamma \text{ Indexmenge}), \tag{1.1}$$

von Wahrscheinlichkeitsverteilungen auf $(\mathcal{X}, \mathfrak{B})$ als mögliche Verteilungen von X (*Verteilungsannahme*). Lässt sich diese Klasse so parametrisieren, dass Γ eine Teilmenge des $\mathbb{R}^k$ ist, so spricht man von einer *parametrischen* Verteilungsannahme. Man schreibt dann gerne Θ statt Γ, $\Theta \subset \mathbb{R}^k$, und spricht von *parametrischer Statistik*. Anderenfalls liegt eine *nichtparametrische* Annahme vor. Im letzteren Fall könnte die Klasse (1.1) etwa aus allen stetigen Verteilungen auf $(\mathbb{R}^n, \mathcal{B}^n)$ bestehen, oder aus allen Verteilungen auf $(\mathbb{R}^n, \mathcal{B}^n)$ mit Lebesgue-Dichten.

Stichprobenfunktionen

Die meisten statistischen Verfahren komprimieren die (Zufalls-) Stichprobe X mit Hilfe einer *Stichprobenfunktion* (synonym: *Statistik*). Darunter verstehen wir eine messbare Abbildung T vom Stichprobenraum $(\mathcal{X}, \mathfrak{B})$ in einen messbaren Raum $(\mathcal{Y}, \mathfrak{C})$,

$$T : (\mathcal{X}, \mathfrak{B}) \to (\mathcal{Y}, \mathfrak{C}),$$

wobei $\mathcal{Y}$ typischerweise „kleiner" ist als $\mathcal{X}$: Die in den Beispielen I.2 betrachteten Schätzer stellen eindimensionale Stichprobenfunktionen dar, ebenso die in I.3 vorgestellten Teststatistiken. In all diesen Fällen ist

$$T : (\mathbb{R}^n, \mathcal{B}^n) \to (\mathbb{R}, \mathcal{B}^1).$$

Stellt T die Ordnungsstatistik $X_{(1)} \leq \cdots \leq X_{(n)}$ beziehungsweise den Rangvektor R von $X = (X_1, \ldots, X_n)$ dar, so ist $\mathcal{Y}$ ein Teilraum vom $\mathbb{R}^n$ beziehungsweise gleich dem Permutationsraum S_n (Letzteres, falls die Komponenten von X unabhängig und stetig verteilt sind, vergleiche I 5.2).

Eine Verteilungsannahme (1.1) auf $(\mathcal{X}, \mathfrak{B})$ induziert via T eine Klasse $\mathbb{Q}_\gamma^T$, $\gamma \in \Gamma$, von Verteilungen auf $(\mathcal{Y}, \mathfrak{C})$; für $C \in \mathfrak{C}$ ist

$$\mathbb{Q}_\gamma^T(C) = \mathbb{Q}_\gamma(T \in C).$$

Zusammen mit der Zufallsgröße X auf dem Wahrscheinlichkeitsraum $(\Omega, \mathfrak{A}, \mathbb{P}_\gamma)$ entsteht so das dreistufige Schema

$$(\Omega, \mathfrak{A}, \mathbb{P}_\gamma) \overset{X}{\longrightarrow} (\mathcal{X}, \mathfrak{B}, \mathbb{Q}_\gamma) \overset{T}{\longrightarrow} (\mathcal{Y}, \mathfrak{C}, \mathbb{Q}_\gamma^T). \tag{1.2}$$

1.2 Dominierte Verteilungsklassen

Eine Wahrscheinlichkeitsverteilung $\mathbb{Q}$ auf $(\mathcal{X}, \mathfrak{B})$ heißt *dominiert* durch ein σ-endliches Maß μ auf $(\mathcal{X}, \mathfrak{B})$, in Zeichen $\mathbb{Q} \ll \mu$, falls μ-Nullmengen auch $\mathbb{Q}$-Nullmengen sind, das heißt falls die Implikation gilt

$$\mu(N) = 0, \ N \in \mathfrak{B} \ \Rightarrow \ \mathbb{Q}(N) = 0. \tag{1.3}$$

In diesem Fall gibt es nach dem Satz von Radon-Nikodym eine nichtnegative, reellwertige, $\mathfrak{B}$-messbare Funktion f, genannt *Radon-Nikodym Ableitung* oder kurz *Dichte* (genauer: μ-Dichte von $\mathbb{Q}$), geschrieben $f = \frac{d\mathbb{Q}}{d\mu}$, so dass

$$\mathbb{Q}(B) = \int_B f(x)\mu(dx), \quad \text{für alle } B \in \mathfrak{B}. \tag{1.4}$$

Eine Klasse $\mathbb{Q}_\gamma$, $\gamma \in \Gamma$, von Wahrscheinlichkeitsverteilungen auf $(\mathcal{X}, \mathfrak{B})$ heißt *dominiert*, falls es ein σ-endliches Maß μ auf $(\mathcal{X}, \mathfrak{B})$ gibt, so dass (1.3) für jedes $\mathbb{Q}_\gamma$ gilt, das heißt falls

$$\mathbb{Q}_\gamma \ll \mu, \quad \text{für alle } \gamma \in \Gamma.$$

Eine abzählbare Verteilungsklasse $\mathbb{Q}_n$, $n \in \mathbb{N}$, ist stets dominiert, zum Beispiel durch das Wahrscheinlichkeitsmaß

$$P = \sum_{n=1}^\infty c_n \mathbb{Q}_n \qquad (c_n > 0, \ \sum_{n=1}^\infty c_n = 1). \tag{1.5}$$

Eine durch μ dominierte Verteilungsklasse $\mathbb{Q}_\gamma$, $\gamma \in \Gamma$, besitzt die μ-Dichte

$$f(x, \gamma) = \frac{d\mathbb{Q}_\gamma}{d\mu}(x), \quad x \in \mathcal{X}, \ \gamma \in \Gamma, \tag{1.6}$$

welche auch eine Funktion vom Parameter $\gamma \in \Gamma$ ist (*Likelihoodfunktion*).

Bekannte Klassen von stetigen Verteilungen auf $(\mathbb{R}, \mathcal{B}^1)$, wie die Normalverteilungen $N(\mu, \sigma^2)$, $\mu \in \mathbb{R}$, $\sigma^2 > 0$, oder die Gammaverteilungen $\Gamma(\alpha, \beta)$, $\alpha > 0$, $\beta > 0$ (vergleiche 2.4 unten), besitzen das Lebesguemaß auf $(\mathbb{R}, \mathcal{B}^1)$ als dominierendes Maß; sie werden in der Regel durch die Dichten (1.6) angegeben.

Klassen diskreter Verteilungen auf $\mathbb{N}_0$, wie die Binomialverteilung $B(n, p)$, $0 \le p \le 1$, oder die Poissonverteilung $P(\lambda)$, $\lambda > 0$, besitzen das Zählmaß auf $\mathbb{N}_0$ als dominierendes Maß. Die Dichten (1.6) heißen hier auch Wahrscheinlichkeitsfunktionen, die Integrale in (1.4) sind hier Summen (Reihen).

1.3   Ein Kriterium der Dominiertheit

Der folgende Satz, zu dessem Beweis wir ein tief liegendes maßtheoretisches Ergebnis benötigen werden, liefert ein Kriterium für die Dominiertheit einer Verteilungsklasse.

Satz. *Eine Klasse $\mathbb{Q}_\gamma$, $\gamma \in \Gamma$, von Wahrscheinlichkeitsverteilungen auf $(\mathcal{X}, \mathfrak{B})$ ist genau dann dominiert, falls es eine abzählbare Teilmenge $\Gamma' \subset \Gamma$ gibt mit*

$$\mathbb{Q}_\gamma(B) = 0 \text{ für alle } \gamma \in \Gamma' \ (B \in \mathfrak{B}) \ \Rightarrow \ \mathbb{Q}_\gamma(B) = 0 \text{ für alle } \gamma \in \Gamma. \tag{1.7}$$

Beweis. (i) (1.7) ist hinreichend für die Dominiertheit. In der Tat, wie in (1.5) bildet man das Wahrscheinlichkeitsmaß

$$P = \sum_{\gamma \in \Gamma'} c_\gamma \mathbb{Q}_\gamma \qquad (c_\gamma > 0, \ \sum_{\gamma \in \Gamma'} c_\gamma = 1),$$

das $\mathbb{Q}_\gamma$, $\gamma \in \Gamma'$, dominiert, und über (1.7) auch $\mathbb{Q}_\gamma$, $\gamma \in \Gamma$.

(ii) (1.7) ist aber auch notwendig für die Dominiertheit durch ein μ. In der Tat, setze $f(x, \gamma) = \frac{d\mathbb{Q}_\gamma}{d\mu}(x)$. Nach einem Satz der Maßtheorie (vergleiche WITTING, 1985, S. 105) existiert eine abzählbare Teilmenge $\Gamma' \subset \Gamma$ und eine μ-Nullmenge $N \in \mathfrak{B}$, so dass für die nichtnegative, messbare Funktion $g(x)$, $x \in \mathcal{X}$, mit

$$g(x) = \begin{cases} \sup_{\gamma \in \Gamma'} f(x, \gamma), & x \notin N, \\ 0, & x \in N, \end{cases}$$

gilt

$$f(x, \gamma) \le g(x) \quad \text{für alle } x \notin N_\gamma, \ \gamma \in \Gamma.$$

Dabei ist N_γ eine – für jedes $\gamma \in \Gamma$ eventuell verschiedene – μ-Nullmenge. Gilt nun $\mathbb{Q}_\gamma(B) = \int_B f(x,\gamma)\mu(dx) = 0$ für jedes $\gamma \in \Gamma'$, dann auch $f(x,\gamma) = 0$ für jedes $\gamma \in \Gamma'$, dann $g(x) = 0$ und schließlich $f(x,\gamma) = 0$ für jedes $\gamma \in \Gamma$, jeweils für μ-fast alle $x \in B$. Es folgt $\mathbb{Q}_\gamma(B) = 0$ für alle $\gamma \in \Gamma$.   □

Bemerkung. Da die Aussage (1.7) trivialerweise auch mit „$\Leftarrow$" gilt, sagt (1.7) aus, dass die beiden Klassen $\mathbb{Q}_\gamma$, $\gamma \in \Gamma$, und $\mathbb{Q}_\gamma$, $\gamma \in \Gamma'$, *äquivalent* sind: Eine Verteilungsklasse ist also genau dann dominiert, wenn es eine abzählbare, äquivalente Teilklasse gibt.

2 Exponentialfamilien (^{0})

Die meisten der bekannten Klassen von (stetigen und diskreten) Verteilungen lassen sich als sogenannte Exponentialfamilien schreiben. Eine Beispielsammlung wird am Ende dieses Abschnitts für die spätere Benutzung bereitgestellt. Viele Aussagen der Schätz- und Testtheorie werden eine Exponentialfamilie als Verteilungsannahme zugrunde legen. Aber auch bei der Praxis-orientierten Modellbildung spielt diese Familie eine wichtige Rolle, und zwar bei den verallgemeinerten linearen Modellen (siehe VII 2 unten).

Dieser Abschnitt über Exponentialfamilien lässt sich auch ohne Studium von 1.2 und 1.3 über dominierte Verteilungsklassen lesen. Man wähle $(\mathbb{R}^n, \mathcal{B}^n)$ *oder* $(\mathbb{N}_0, \mathfrak{P}(\mathbb{N}_0))$ als messbaren Raum $(\mathcal{X}, \mathfrak{B})$; ferner als (dominierendes) Maß μ

- das Lebesguemaß auf $(\mathbb{R}^n, \mathcal{B}^n)$ *oder* • das Zählmaß auf $(\mathbb{N}_0, \mathfrak{P}(\mathbb{N}_0))$.

Dann sind die Dichten $f(x,\gamma)$ Lebesguedichten *oder* Wahrscheinlichkeitsfunktionen, man liest $\int \ldots \mu(dx)$ als $\int \ldots dx$ *oder* als $\sum_x \ldots$.

2.1 Einparametrige Exponentialfamilien

Eine durch das σ-endliche Maß μ dominierte Klasse

$$\mathbb{Q}_\gamma, \ \gamma \in \Gamma,$$

von Wahrscheinlichkeitsmaßen auf $(\mathcal{X}, \mathfrak{B})$ heißt *(einparametrige) Exponentialfamilie*, falls die zugehörigen Dichten $f(x,\gamma)$, $x \in \mathcal{X}$, $\gamma \in \Gamma$, die Form

$$f(x,\gamma) = c_0(\gamma) \exp\Big(c(\gamma)t(x)\Big)h(x) \tag{2.1}$$

besitzen. Dabei sind t und h messbare Funktionen auf $(\mathcal{X}, \mathfrak{B})$; h und c_0 werden als strikt positiv vorausgesetzt. Setzen wir

$$h(x) = e^{a(x)}, \quad c_0(\gamma) = e^{-b(\gamma)},$$

so schreibt sich (2.1) in der äquivalenten Gestalt

$$f(x, \gamma) = \exp\Big(c(\gamma)t(x) + a(x) - b(\gamma)\Big). \tag{2.2}$$

Man spricht auch von einer Exponentialfamilie *in* $c(\gamma)$ und $t(x)$, denn die Funktionen a und b spielen keine eigenständige Rolle:

1. Da $f(x, \gamma)$, $x \in \mathcal{X}$, für jedes $\gamma \in \Gamma$ eine Dichte darstellt, folgt aus (2.1) beziehungsweise (2.2) die Beziehung

$$e^{b(\gamma)} \equiv \frac{1}{c_0(\gamma)} = \int \exp\Big(c(\gamma)t(x)\Big)h(x)\mu(dx). \tag{2.3}$$

2. (*) Definiert man das σ-endliche Maß μ^* auf $(\mathcal{X}, \mathfrak{B})$ durch

$$\mu^*(B) = \int\limits_B h(x)\mu(dx), \quad B \in \mathfrak{B},$$

so besitzt $\mathbb{Q}_\gamma$, $\gamma \in \Gamma$, die μ^*-Dichte

$$f^*(x, \gamma) = c_0(\gamma)\exp\Big(c(\gamma)t(x)\Big).$$

Es lässt sich also in (2.1) ohne Einschränkung $h \equiv 1$ setzen.

Ist $\mathcal{X} = \mathbb{R}$ und gilt $t(x) = x$, so sprechen wir von einer Exponentialfamilie in *kanonischer* Form. Der reellwertige Parameter $\vartheta = c(\gamma)$ wird auch *natürlicher* Parameter der Verteilung genannt und die Menge

$$\Theta = \Big\{\vartheta \in \mathbb{R} : \int \exp\Big(\vartheta\, t(x)\Big)h(x)\mu(dx) < \infty\Big\}$$

der *natürliche Parameterraum*. In 2.2 wird gezeigt, dass $\Theta \subset \mathbb{R}$ ein nicht-entartetes Intervall darstellt.

2.2 k-parametrige Exponentialfamilien

Eine durch das σ-endliche Maß μ dominierte Klasse $\mathbb{Q}_\gamma$, $\gamma \in \Gamma$, von Wahrscheinlichkeitsverteilungen auf $(\mathcal{X}, \mathfrak{B})$ heißt *k-parametrige* Exponentialfamilie in $c(\gamma) = (c_1(\gamma), \ldots, c_k(\gamma))^\top$ und $t(x) = (t_1(x), \ldots, t_k(x))^\top$, $k \in \mathbb{N}$, falls die μ-Dichte von $\mathbb{Q}_\gamma$ die Form ($x \in \mathcal{X}$, $\gamma \in \Gamma$)

$$f(x, \gamma) = c_0(\gamma)\exp\Big(c^\top(\gamma)\, t(x)\Big)h(x) = \exp\Big(c^\top(\gamma)\, t(x) + a(x) - b(\gamma)\Big)$$
$$\tag{2.4}$$

hat, mit $c_0(\gamma)$, $b(\gamma)$, $h(x)$, $a(x)$ wie in 2.1 und mit vektorwertigen Abbildungen

$$c : \Gamma \to \mathbb{R}^k, \quad t : \mathcal{X} \to \mathbb{R}^k \quad \text{(messbar)}.$$

Diese mögen die Eigenschaften

(i) $1, c_1, \ldots, c_k$ sind linear unabhängig,

(ii) $1, t_1, \ldots, t_k$ sind auf dem Komplement jeder μ-Nullmenge aus $\mathfrak{B}$ linear unabhängig

erfüllen. Dabei heißen die Funktionen $f_1(s), \ldots, f_m(s)$, $s \in S$, *linear unabhängig*, falls aus $\alpha_1 f_1(s) + \cdots + \alpha_m f_m(s) = 0$ für alle $s \in S$ folgt, dass $\alpha_1 = \cdots = \alpha_m = 0$. Aus (ii) folgt, dass die $k \times k$-Kovarianzmatrix $\mathbf{V}(t)$ von t positiv definit ist, vergleiche WITTING (1985, S. 145). Die Formel (2.3) bleibt mit Skalarprodukt $c^\top(\gamma) t(x)$ im Exponenten gültig, der Begriff des (jetzt k-dimensionalen) natürlichen Parameters $\vartheta = c(\gamma)$ wird wie in 2.1 eingeführt, ebenso der des natürlichen Parameterraums $\Theta \subset \mathbb{R}^k$,

$$\Theta = \left\{ \vartheta \in \mathbb{R}^k : \int \exp\left(\vartheta^\top t(x)\right) h(x) \mu(dx) < \infty \right\}.$$

Lemma. *Der natürliche Parameterraum Θ einer k-parametrigen Exponentialfamilie ist konvex und enthält ein nicht-ausgeartetes k-dimensionales Intervall.*

Beweis. Wir zeigen, dass für $\vartheta, \vartheta' \in \Theta$ und $\alpha \in (0,1)$ auch $\bar{\vartheta} = \alpha\vartheta + (1-\alpha)\vartheta' \in \Theta$ gilt. In der Tat,

$$\int \exp\left(\bar{\vartheta}^\top t(x)\right) h(x) \mu(dx) = \int \left(\exp(\vartheta^\top t(x))\right)^\alpha \left(\exp(\vartheta'^\top t(x))\right)^{1-\alpha} h(x) \mu(dx)$$

$$\leq \int \left(\exp(\vartheta^\top t(x)) + \exp(\vartheta'^\top t(x))\right) h(x) \mu(dx) < \infty,$$

da $\vartheta, \vartheta' \in \Theta$; also $\bar{\vartheta} \in \Theta$. Dabei haben wir ausgenutzt, dass

$$(e^{x_1})^\alpha (e^{x_2})^{1-\alpha} \leq \max_{i \in \{1,2\}} (e^{x_i})^\alpha (e^{x_i})^{1-\alpha} = \max_{i \in \{1,2\}} e^{x_i} \leq e^{x_1} + e^{x_2}.$$

Zum Beweis der zweiten Behauptung nehmen wir an, dass alle $\vartheta \in \Theta$ in einer $(k-1)$-dimensionalen Hyperebene des $\mathbb{R}^k$ liegen. Dann gibt es $d_0 \in \mathbb{R}$, $d \in \mathbb{R}^k$, $d \neq 0$, mit $d_0 1 + d^\top \vartheta = 0$ für alle $\vartheta \in \Theta$, im Widerspruch zur Voraussetzung (i). □

Sind $\mathbb{Q}_{1,\gamma}, \ldots, \mathbb{Q}_{n,\gamma}$ k-parametrige Exponentialfamilien auf $(\mathcal{X}, \mathfrak{B})$ mit μ-Dichten

$$f_i(x, \gamma) = \exp\left(c_i^\top(\gamma) t(x) + a_i(x) - b_i(\gamma)\right), \quad x \in \mathcal{X}, \ \gamma \in \Gamma, \ i = 1, \ldots, n,$$

so bildet die Klasse der Produktverteilungen

$$\mathbb{Q}_{1,\gamma} \times \cdots \times \mathbb{Q}_{n,\gamma}, \quad \gamma \in \Gamma,$$

eine $k \times n$-parametrige Exponentialfamilie auf $(\mathcal{X}^n, \mathfrak{B}^n)$, mit $\mu \times \cdots \times \mu$-Produkt-dichte

$$f(x^{(n)}, \gamma) = \exp\Big(\sum_{i=1}^{n} c_i^{\mathsf{T}}(\gamma)\, t(x_i) + a(x^{(n)}) - b(\gamma)\Big), \quad x^{(n)} \in \mathcal{X}^n, \ \gamma \in \Gamma.$$

Dabei haben wir $x^{(n)} = (x_1, \ldots, x_n)$ gesetzt, sowie

$$a(x^{(n)}) = \sum_{i=1}^{n} a_i(x_i), \qquad b(\gamma) = \sum_{i=1}^{n} b_i(\gamma).$$

Ist $c_i(\gamma) = c(\gamma)$ nicht mehr von i abhängig, so erhalten wir eine k-parametrige Exponentialfamilie auf $(\mathcal{X}^n, \mathfrak{B}^n)$ in $c(\gamma)$ und $\sum_{i=1}^{n} t(x_i)$.

2.3 Ableitungen und Momente

Wir setzen eine k-parametrige Exponentialfamilie mit Dichte (2.4) voraus. Um Ableitungen nach dem natürlichen Parameter zu untersuchen, wählen wir $\Gamma = \Theta$, das ist der natürliche Parameterraum, und c die identische Abbildung auf $\Theta \subset \mathbb{R}^k$. Wir werden also mit Dichten

$$f(x, \vartheta) = \exp\Big(\vartheta^{\mathsf{T}} t(x) + a(x) - b(\vartheta)\Big), \quad x \in \mathcal{X}, \ \vartheta \in \Theta, \tag{2.5}$$

arbeiten, und mit einer Zufallsgröße X, welche die Verteilung $\mathbb{Q}_\vartheta$, $\vartheta \in \Theta$, mit μ-Dichte (2.5) besitzt. Wir schreiben wieder $h(x) = e^{a(x)}$. Ist φ eine reellwertige (messbare) Funktion auf $\mathcal{X}$, so gilt die Formel

$$\mathbb{E}_\vartheta\big(\varphi(X)\big) = e^{-b(\vartheta)} \int \varphi(x)\, e^{\vartheta^{\mathsf{T}} t(x)} h(x) \mu(dx).$$

Lemma. *Besitzt X die μ-Dichte (2.5) einer k-parametrigen Exponentialfamilie und ist φ eine reellwertige (messbare) Funktion auf $\mathcal{X}$ mit $\mathbb{E}_\vartheta\big(|\varphi(X)|\big) < \infty$ für alle $\vartheta \in \Theta$, so ist die Funktion*

$$A_\varphi(\vartheta) = \int \varphi(x)\, e^{\vartheta^{\mathsf{T}} t(x)} h(x) \mu(dx), \quad \vartheta \in \overset{\circ}{\Theta}, \tag{2.6}$$

beliebig oft in ϑ differenzierbar, und die Differentiation in (2.6) kann unter dem Integralzeichen vorgenommen werden. Mehr noch: Setzt man $H = \{z \in \mathbb{C}^k : (\mathrm{Re}\, z_1, \ldots, \mathrm{Re}\, z_k) \in \overset{\circ}{\Theta}\}$, so ist $A_\varphi(\vartheta)$ fortsetzbar für alle $\vartheta \in H \subset \mathbb{C}^k$ und dort in einer Potenzreihe darstellbar.

Beweis. LEHMANN (1959, p. 52); WITTING (1985, p. 151 f); SCHERVISH (1995, p. 105), mit Methoden der komplexen Analysis (RUDIN (1974, chap. 10)). □

Wir werden diese Folgerungen aus dem Lemma benötigen:

Satz. a) *Die Funktion $b(\vartheta)$, $\vartheta \in \overset{\circ}{\Theta}$, aus der Dichte (2.5) einer k-parametrigen Exponentialfamilie ist beliebig oft nach ϑ differenzierbar.*

b) *Besitzt X die μ-Dichte (2.5), so gilt für alle $\vartheta \in \overset{\circ}{\Theta}$*

$$\mathbb{E}_\vartheta\big(t(X)\big) = \frac{d}{d\vartheta} b(\vartheta), \qquad \mathbb{V}_\vartheta(t(X)) = \frac{d^2}{d\vartheta\, d\vartheta^\mathsf{T}} b(\vartheta). \qquad (2.7)$$

Beweis. a) Setzt man $\varphi = 1$ in (2.6), so wird $A_1(\vartheta) = e^{b(\vartheta)}$, so dass das Lemma die Behauptung liefert.

b) Es gilt die Gleichungskette

$$\mathbb{E}_\vartheta\big(t(X)\big) = e^{-b(\vartheta)} \int t(x) \exp(\vartheta^\mathsf{T} t(x)) h(x) \mu(dx)$$

$$= e^{-b(\vartheta)} \int \frac{d}{d\vartheta} \exp(\vartheta^\mathsf{T} t(x)) h(x) \mu(dx)$$

$$= e^{-b(\vartheta)} \frac{d}{d\vartheta} \int \exp(\vartheta^\mathsf{T} t(x)) h(x) \mu(dx) = e^{-b(\vartheta)} \frac{d}{d\vartheta}(e^{b(\vartheta)}) = \frac{d}{d\vartheta} b(\vartheta),$$

wobei wir hier und in der folgenden Rechnung die nach dem Lemma erlaubte Vertauschbarkeit von $\int$ und $\frac{d}{d\vartheta}$ ausnützen. Ähnlich

$$\mathbb{E}_\vartheta\big(t(X) t^\mathsf{T}(X)\big) = e^{-b(\vartheta)} \int t(x) \exp\big(\vartheta^\mathsf{T} t(x)\big) t^\mathsf{T}(x) h(x) \mu(dx)$$

$$= e^{-b(\vartheta)} \int \frac{d^2}{d\vartheta\, d\vartheta^\mathsf{T}} \exp\big(\vartheta^\mathsf{T} t(x)\big) h(x) \mu(dx)$$

$$= e^{-b(\vartheta)} \frac{d^2}{d\vartheta\, d\vartheta^\mathsf{T}} \int \exp\big(\vartheta^\mathsf{T} t(x)\big) h(x) \mu(dx)$$

$$= e^{-b(\vartheta)} \frac{d^2}{d\vartheta\, d\vartheta^\mathsf{T}} e^{b(\vartheta)} = \frac{d^2}{d\vartheta\, d\vartheta^\mathsf{T}} b(\vartheta) + \frac{d}{d\vartheta} b(\vartheta) \Big(\frac{d}{d\vartheta} b(\vartheta)\Big)^\mathsf{T}$$

$$= \frac{d^2}{d\vartheta\, d\vartheta^\mathsf{T}} b(\vartheta) + \mathbb{E}_\vartheta\big(t(X)\big) \big(\mathbb{E}_\vartheta t(X)\big)^\mathsf{T},$$

woraus über die Verschiebungsformel die Gleichung für $\mathbb{V}_\vartheta(t(X))$ folgt. □

2.4 Beispiele für Exponentialfamilien

Im Folgenden bezeichnen f und $\tilde{f}$ Dichten (beziehungsweise, im diskreten Fall, Wahrscheinlichkeitsfunktionen) der Zufallsvariablen X bei verschiedenen Parametrisierungen. Das dominierende Maß μ ist das Lebesguemaß (beziehungsweise, im diskreten Fall, das Zählmaß).

a) Normalverteilung. Die Dichte der $N(\mu, \sigma^2)$-Verteilung lautet für $x \in \mathbb{R}$

$$\tilde{f}(x, (\mu, \sigma^2)) = \frac{1}{\sqrt{2\pi\sigma^2}} \exp\left(-\frac{(x - \mu)^2}{2\sigma^2}\right).$$

Einparametrig: Setze $\vartheta = \frac{\mu}{\sigma_0^2}$ ($\sigma = \sigma_0 > 0$ wird als bekannt vorausgesetzt). Dann hat für $\vartheta \in \mathbb{R}$

$$f(x, \vartheta) \equiv \tilde{f}(x, (\vartheta\sigma_0^2, \sigma_0^2)) = \exp\left(\vartheta x - \frac{x^2}{2\sigma_0^2} - \frac{\vartheta^2\sigma_0^2}{2} - \log\sqrt{2\pi\sigma_0^2}\right)$$

die kanonische Form der Dichte aus einer Exponentialfamilie mit

$$a(x) = -\frac{x^2}{2\sigma_0^2}, \qquad b(\vartheta) = \frac{\vartheta^2\sigma_0^2}{2} + \log\sqrt{2\pi\sigma_0^2}.$$

Man verifiziert Gleichungen (2.7), dass nämlich

$$\mathbb{E}_\vartheta(X) = b'(\vartheta) = \vartheta\sigma_0^2 = \mu,$$
$$\mathrm{Var}_\vartheta(X) = b''(\vartheta) = \sigma_0^2.$$

Zweiparametrig: Wir definieren die Vektoren

$$\vartheta = \begin{pmatrix} \frac{\mu}{\sigma^2} \\ -\frac{1}{2\sigma^2} \end{pmatrix}, \qquad t(x) = \begin{pmatrix} x \\ x^2 \end{pmatrix}$$

der Dimension 2 und können die Dichte der $N(\mu, \sigma^2)$-Verteilung in der Form (2.5) einer 2-parametrigen Exponentialfamilie schreiben, nämlich

$$f(x, \vartheta) = \exp\left(\vartheta^\top t(x) - b(\vartheta)\right)$$

mit

$$b(\vartheta) = \frac{\mu^2}{2\sigma^2} + \log\sqrt{2\pi\sigma^2}.$$

b) Gamma- (Erlang-) Verteilung. Die Dichte der $\Gamma(\alpha, \beta)$-Verteilung, wobei $\alpha > 0$, $\beta > 0$, lautet

$$\tilde{f}(x, (\alpha, \beta)) = \frac{\alpha^\beta x^{\beta-1} e^{-\alpha x}}{\Gamma(\beta)}, \qquad x > 0.$$

Einparametrig: Setze $\vartheta = -\alpha$ ($\beta = \beta_0$ als bekannt vorausgesetzt). Dann hat für $\vartheta < 0$

$$f(x, \vartheta) \equiv \tilde{f}(x, (-\vartheta, \beta_0)) = \exp\left(\vartheta x + (\beta_0 - 1)\log x + \log\left(\frac{-\vartheta^{\beta_0}}{\Gamma(\beta_0)}\right)\right)$$

die kanonische Form einer Dichte aus einer Exponentialfamilie mit

$$a(x) = (\beta_0 - 1)\log x, \qquad b(\vartheta) = -\beta_0 \log(-\vartheta) + \log \Gamma(\beta_0).$$

Man verifiziert

$$\mathbb{E}_\vartheta(X) = b'(\vartheta) = \frac{\beta_0}{\alpha}, \qquad \operatorname{Var}_\vartheta(X) = b''(\vartheta) = \frac{\beta_0}{\alpha^2}.$$

Im Spezialfall $\beta_0 = 1$ liegt eine Exponentialverteilung $\operatorname{Exp}(\alpha)$ mit Parameter α vor:

$$\tilde{f}(x, \alpha) = \alpha e^{-\alpha x}, \quad \mathbb{E}_\vartheta(X) = \frac{1}{\alpha}, \quad \operatorname{Var}_\vartheta(X) = \frac{1}{\alpha^2}.$$

Zweiparametrig: Mit Hilfe der zwei-dimensionalen Vektoren

$$\vartheta = \begin{pmatrix} -\alpha \\ \beta \end{pmatrix}, \qquad t(x) = \begin{pmatrix} x \\ \log x \end{pmatrix}$$

kann die Dichte in der Form (2.5) der 2-parametrigen Exponentialfamilie geschrieben werden, wobei

$$b(\vartheta) = -\beta \log \alpha + \log \Gamma(\beta).$$

c) Binomialverteilung. Die $B(n, p)$-Verteilung wird für $x = 0, \ldots, n$ durch

$$\tilde{f}(x, p) = \binom{n}{x} p^x (1 - p)^{n-x}$$
$$= \exp\left(x \log\left(\frac{p}{1-p}\right) + \log \binom{n}{x} + n \log(1 - p)\right)$$

definiert ($0 < p < 1$, n als bekannt vorausgesetzt). Setze $\vartheta = \log(\frac{p}{1-p})$. Dann ist

$$p = \frac{e^\vartheta}{1 + e^\vartheta}, \qquad 1 - p = \frac{1}{1 + e^\vartheta},$$

und

$$f(x, \vartheta) \equiv \tilde{f}\left(x, \frac{e^\vartheta}{1 + e^\vartheta}\right) = \exp\left(\vartheta x + \log \binom{n}{x} - n \log(1 + e^\vartheta)\right)$$

hat die kanonische Form einer Exponentialfamilie mit

$$a(x) = \log \binom{n}{x}, \qquad b(\vartheta) = n \log(1 + e^\vartheta).$$

Es ist

$$\mathbb{E}_\vartheta(X) = b'(\vartheta) = \frac{ne^\vartheta}{1 + e^\vartheta} = np,$$

$$\mathrm{Var}_\vartheta(X) = b''(\vartheta) = n\frac{e^\vartheta}{(1 + e^\vartheta)^2} = np(1 - p).$$

d) Poissonverteilung. Die $P(\lambda)$-Verteilung ist für $x = 0, 1, \ldots$ und $\lambda > 0$ durch

$$\tilde{f}(x, \lambda) = \frac{\lambda^x e^{-\lambda}}{x!} = \exp(x \log \lambda - \log x! - \lambda)$$

gegeben. Mit $\vartheta = \log \lambda$ haben wir die kanonische Form einer Exponentialfamilie, nämlich

$$f(x, \vartheta) \equiv \tilde{f}(x, e^\vartheta) = \exp(\vartheta x - \log x! - e^\vartheta),$$

mit

$$a(x) = -\log x! \quad \text{und} \quad b(\vartheta) = e^\vartheta.$$

Man erhält

$$\mathbb{E}_\vartheta(X) = b'(\vartheta) = \lambda, \qquad \mathrm{Var}_\vartheta(X) = b''(\vartheta) = \lambda.$$

3   Suffizienz und Vollständigkeit

Mit Hilfe einer Stichprobenfunktion (Statistik) $T : \mathcal{X} \to \mathcal{Y}$ komprimiert der Statistiker eine Stichprobe X, vergleiche 1.1. Dabei sollte aber keine Information, welche die Stichprobe bezüglich des unbekannten Parameters $\gamma \in \Gamma$ enthält, verloren gehen. Formalisiert wird dieses Vermeiden eines Informationsverlustes durch den Begriff der Suffizienz.

Zusammen mit dem Begriff der Vollständigkeit führt uns dieses Konzept zu „optimalen" Schätz- und Testfunktionen (in den Abschnitten V 2 und VI 3 unten). Gehört die angenommene Verteilungsklasse einer Exponentialfamilie an, so lassen sich suffiziente Statistiken sehr leicht angeben.

Suffizienz wird mit Hilfe bedingter Wahrscheinlichkeiten definiert. Der Exkurs im Abschnitt 5 am Ende dieses Kapitels gibt Auskunft über diesbezügliche Definitionen und Resultate. Insbesondere werden wir mit bedingten Wahrscheinlichkeits*verteilungen* wie in 5.2 arbeiten.

3.1   Suffiziente Statistiken

Gegeben sei ein Stichprobenraum mit einer Verteilungsannahme, also mit einer Klasse $\mathbb{Q}_\gamma$, $\gamma \in \Gamma$, von Wahrscheinlichkeitsmaßen auf $(\mathcal{X}, \mathfrak{B})$. Der Begriff Suffizienz bezieht sich auf Unter-σ-Algebren von $\mathfrak{B}$. Ist $\mathfrak{D} \subset \mathfrak{B}$ eine Unter-σ-Algebra von $\mathfrak{B}$, so heißt $\mathfrak{D}$ *suffizient* für $\gamma \in \Gamma$ (genauer: für die Klasse $\mathbb{Q}_\gamma$, $\gamma \in \Gamma$), falls es für alle $B \in \mathfrak{B}$ eine Version

$$\mathbb{Q}_\gamma(B|\mathfrak{D}) = \mathbb{Q}.(B|\mathfrak{D})$$

der bedingten Wahrscheinlichkeit gibt, die (funktional) nicht von $\gamma \in \Gamma$ abhängt. Eine Statistik

$$T : (\mathcal{X}, \mathfrak{B}) \to (\mathcal{Y}, \mathfrak{C})$$

heißt *suffizient* für $\gamma \in \Gamma$, falls die durch T induzierte Unter-σ-Algebra

$$\sigma(T) \equiv T^{-1}(\mathfrak{C}) \subset \mathfrak{B}$$

suffizient für $\gamma \in \Gamma$ ist. Für eine solche Statistik T existiert also für jedes $B \in \mathfrak{B}$ eine, von γ nicht abhängende, $\mathfrak{C}$-messbare reellwertige Funktion $k = k_B$ mit

$$k(y) = \mathbb{Q}.(B|T = y), \quad y \in \mathcal{Y}.$$

Durch eine schrittweise Argumentation (Indikatorfunktion $\to$ Treppenfunktion $\to$ integrierbare Funktion, vgl. GÄNSSLER & STUTE (1977, p.21)) gelangt man dann auch für jede $\mathfrak{B}$-messbare reellwertige Funktion φ, mit $\mathbb{E}_\gamma(|\varphi|) < \infty$ für alle $\gamma \in \Gamma$, zu einer Funktion $k = k_\varphi$ mit

$$k(y) = \mathbb{E}.(\varphi|T = y), \quad y \in \mathcal{Y},$$

wobei k wiederum nicht von γ abhängt. Die letzten beiden Gleichungen –ebenso wie die folgende Gleichung (3.1)– gelten für $\mathbb{Q}_\gamma^T$-fast alle $y \in \mathcal{Y}$, für alle $\gamma \in \Gamma$ ($\mathbb{Q}_\gamma^T$ siehe unten). Ist nun speziell für $n, m \in \mathbb{N}$

$$(\mathcal{X}, \mathfrak{B}) = (\mathbb{R}^n, \mathcal{B}^n), \qquad (\mathcal{Y}, \mathfrak{C}) = (\mathbb{R}^m, \mathcal{B}^m),$$

und ist T suffizient für $\gamma \in \Gamma$, so existiert sogar eine – von γ nicht abhängende – bedingte Wahrscheinlichkeits*verteilung*

$$Q(y, B) = \mathbb{Q}.(B|T = y), \quad B \in \mathcal{B}^n, \; y \in \mathbb{R}^m, \tag{3.1}$$

auf $\mathfrak{B} = \mathcal{B}^n$. Mit Hilfe der Verteilungen von T, das ist

$$\mathbb{Q}_\gamma^T \text{ auf } \mathfrak{C} = \mathcal{B}^m, \quad \mathbb{Q}_\gamma^T(C) = \mathbb{Q}_\gamma(T^{-1}(C)),$$

gilt dann für alle $C \in \mathcal{B}^m$

$$\mathbb{Q}_\gamma(B \cap T^{-1}(C)) = \int\limits_C Q(y, B)\mathbb{Q}_\gamma^T(dy) = \int\limits_{T^{-1}(C)} \mathbb{Q}.(B \mid \sigma(T))(x)\mathbb{Q}_\gamma(dx).$$

$$\tag{3.2}$$

Die erste Gleichung in (3.2) besagt (setze $C = \mathcal{Y}$): Die Wahrscheinlichkeitsverteilung $\mathbb{Q}_\gamma$ auf $\mathfrak{B}$ lässt sich mit Hilfe der Verteilung $\mathbb{Q}_\gamma^T$ von T und mit einer – von γ nicht abhängenden – Funktion $k = k_B$ berechnen; beim Übergang von $x \in \mathcal{X}$ zu $T(x) \in \mathcal{Y}$ erleiden wir also keinen Informationsverlust bezüglich $\gamma \in \Gamma$. Die zweite Gleichung in (3.2) beruht auf dem „Transformationssatz für Integrale", vgl. GÄNSSLER & STUTE (1977, S. 52) oder SCHMITZ (1996, S. 409).

3.2   Erste Beispiele und Folgerungen

Als erstes Beispiel einer suffizienten Statistik erwähnen wir $T = \text{Id} : (\mathcal{X}, \mathfrak{B}) \to$
$(\mathcal{X}, \mathfrak{B})$; in der Tat, es ist $\sigma(\text{Id}) = \mathfrak{B}$ und $Q_\gamma(B|\mathfrak{B}) = 1_B$ unabhängig von γ.
Ist $T : (\mathcal{X}, \mathfrak{B}) \to (\mathcal{Y}, \mathfrak{C})$ eine suffiziente Statistik und ist $\varphi : (\mathcal{Y}, \mathfrak{C}) \to (\mathcal{Y}', \mathfrak{C}')$
bijektiv und bimessbar, dann ist auch $\varphi \circ T$ suffizient, denn es ist $\sigma(\varphi \circ T) =$
$T^{-1}\big(\varphi^{-1}(\mathfrak{C}')\big) = T^{-1}(\mathfrak{C}) = \sigma(T)$.

Schwieriger ist der Nachweis der Suffizienz der *Ordnungsstatistik*

$$T : (\mathbb{R}^n, \mathcal{B}^n) \to (\mathbb{R}^n, \mathcal{B}^n), \qquad T(x_1, \ldots, x_n) = (x_{(1)}, \ldots, x_{(n)}),$$

(vergleiche I 5.1) bezüglich der Klasse

$$\mathcal{V} = \left\{ Q = \overset{n}{\underset{i=1}{\times}} Q_i : \begin{array}{l} Q_i \equiv Q_1 \text{ Wahrscheinlichkeitsverteilung auf} \\ (\mathbb{R}, \mathcal{B}) \text{ mit einer Lebesguedichte} \end{array} \right\} \tag{3.3}$$

von Wahrscheinlichkeitsverteilungen auf $(\mathbb{R}^n, \mathcal{B}^n)$.

Satz. *Die Ordnungsstatistik T ist suffizient für die in (3.3) eingeführte Klasse $\mathcal{V}$ von Verteilungen.*

Beweis. Wir zeigen, dass es eine von der Lebesguedichte f nicht abhängende
Version $Q(y, B) \equiv Q.(B|T = y)$, $B \in \mathcal{B}^n$, $y \in \mathbb{R}^n$, gibt, nämlich

$$Q(y, B) = \frac{1}{n!} \sum_{\sigma \in S_n} 1_B(y_{(\sigma)}), \tag{3.4}$$

wobei wir für ein $y = (y_1, \ldots, y_n) \in \mathbb{R}^n$ und eine Permutation σ

$$y_{(\sigma)} = (y_{\sigma(1)}, \ldots, y_{\sigma(n)}) \in \mathbb{R}^n$$

schreiben. Dazu gilt es, für alle $C \in \mathcal{B}^n$ die Formel (3.2) nachzuweisen.

(i) Bezeichnet $C_0 = \{(x_1, \ldots, x_n) \in \mathbb{R}^n : x_1 < \cdots < x_n\}$ und f_n die Produktdichte $f_n((x_1, \ldots, x_n)) = f(x_1) \cdot \ldots \cdot f(x_n)$, so lautet die Dichte von T

$$f^T(y) = n!\, 1_{C_0}(y)\, f_n(y), \quad y \in \mathbb{R}^n. \tag{3.5}$$

Es gilt nämlich für ein $C \in \mathcal{B}^n$ unter Benutzung des Hilfssatzes in 5.2

$$\begin{aligned}
Q_f(T^{-1}(C)) &= Q_f(\{x \in \mathbb{R}^n : T(x) \in C \cap C_0\}) \\
&= \sum_{\sigma \in S_n} Q_f(\{x \in \mathbb{R}^n : x_{(\sigma)} \in C \cap C_0\}) = n! \int\limits_C 1_{C_0}(x) f_n(x) dx.
\end{aligned}$$

(ii) Für $B, C \in \mathcal{B}^n$ gilt nun mit Hilfe von (3.5)

$$
\begin{aligned}
\mathbb{Q}_f(B \cap T^{-1}(C)) &= \int\limits_{\{x \in \mathbb{R}^n : T(x) \in C\}} 1_B(x) \mathbb{Q}_f(dx) \\
&= \sum_{\sigma \in S_n} \int\limits_{\{x \in \mathbb{R}^n : x_{(\sigma)} \in C \cap C_0\}} 1_B(x) f_n(x) dx \\
&= \sum_{\tau \in S_n} \int\limits_{\{x \in \mathbb{R}^n : x \in C \cap C_0\}} 1_B(x_{(\tau)}) f_n(x_{(\tau)}) dx_{(\tau)} \\
&= \int\limits_{C \cap C_0} \sum_{\tau \in S_n} 1_B(x_{(\tau)}) f_n(x) dx \\
&= \int\limits_{C} \frac{1}{n!} \sum_{\tau \in S_n} 1_B(x_{(\tau)}) \, n! \, 1_{C_0}(x) f_n(x) dx \; = \; \int\limits_{C} Q(y, B) \mathbb{Q}_f^T(dy),
\end{aligned}
$$

mit der in (3.4) eingeführten Abkürzung $Q(y, B)$. Es ist also tatsächlich

$$
Q(y, B) = \mathbb{Q}.(B | T = y). \qquad \Box
$$

Weitere Beispiele erschließen sich uns erst durch das Neyman-Kriterium.

3.3 Neyman-Kriterium

Einen ersten Schritt zum Nachweis des Neyman-Kriteriums bildet der nun folgende Hilfssatz von Halmos & Savage.

Ist die Klasse $\mathbb{Q}_\gamma$, $\gamma \in \Gamma$, von Wahrscheinlichkeitsverteilungen über $(\mathcal{X}, \mathfrak{B})$ dominiert, so gibt es gemäß Satz 1.3 eine abzählbare Teilmenge $\Gamma' \subset \Gamma$, ohne Einschränkung $\Gamma' = \mathbb{N}$, so dass

$$
P = \sum_{n=1}^{\infty} 2^{-n} \mathbb{Q}_n \tag{3.6}
$$

die Klasse $\mathbb{Q}_\gamma$, $\gamma \in \Gamma$, dominiert. Es existieren dann die P-Dichten

$$
f_\gamma(x) = \frac{d\mathbb{Q}_\gamma}{dP}(x), \quad x \in \mathcal{X}, \; \gamma \in \Gamma. \tag{3.7}
$$

Lemma. *(Halmos & Savage)*
Sei $\mathbb{Q}_\gamma$, $\gamma \in \Gamma$, eine dominierte Klasse von Wahrscheinlichkeitsverteilungen auf $(\mathcal{X}, \mathfrak{B})$ und P die dominierende Wahrscheinlichkeitsverteilung (3.6). Eine Statistik $T : (\mathcal{X}, \mathfrak{B}) \to (\mathcal{Y}, \mathfrak{C})$ ist genau dann suffizient für $\gamma \in \Gamma$, wenn die P-Dichten f_γ aus (3.7) $\sigma(T)$-messbar sind.

Beweis. *Notwendig:*

(i) Ist T suffizient für $\gamma \in \Gamma$, dann gibt es für $B \in \mathfrak{B}$ eine von γ unabhängige Version $\mathbb{Q}_.(B|\sigma(T))$, das ist eine von γ unabhängige Lösung von

$$\mathbb{Q}_\gamma(B \cap T^{-1}(C)) = \int_{T^{-1}(C)} \mathbb{Q}_.(B|\sigma(T))d\mathbb{Q}_\gamma, \quad \text{für alle } C \in \mathfrak{C}, \gamma \in \Gamma. \quad (3.8)$$

Anwendung der Operation $\sum_n 2^{-n}\mathbb{Q}_n$ auf diese Gleichung liefert mit (3.6)

$$P(B \cap T^{-1}(C)) = \int_{T^{-1}(C)} \mathbb{Q}_.(B|\sigma(T))dP \quad \text{für alle } C \in \mathfrak{C},$$

wobei auf der rechten Seite ein Satz aus der Integrationstheorie verwendet wurde, vergleiche WITTING (1985, A 4.3). Es folgt nach Definition der bedingten Wahrscheinlichkeit

$$\mathbb{Q}_.(B|\sigma(T)) = P(B|\sigma(T)). \quad (3.9)$$

(ii) Bezeichnen wir mit $\mathbb{Q}_\gamma|\sigma(T)$ und $P|\sigma(T)$ die Einschränkungen von $\mathbb{Q}_\gamma$ beziehungsweise P auf die Unter-σ-Algebra $\sigma(T) \subset \mathfrak{B}$, und definieren wir die $\sigma(T)$-messbare Dichte

$$g_\gamma(x) = \frac{d\mathbb{Q}_\gamma|\sigma(T)}{dP|\sigma(T)}(x), \quad x \in \mathcal{X}, \gamma \in \Gamma,$$

so zeigen wir jetzt, dass

$$g_\gamma(x) = f_\gamma(x) \quad \text{für } P\text{-fast alle } x \in \mathcal{X}, \quad (3.10)$$

womit die $\sigma(T)$-Messbarkeit der Dichten f_γ bewiesen wäre. Um (3.10) zu zeigen, setzen wir $C = \mathcal{Y}$ in (3.8) ein und erhalten mit (3.9) für jedes $B \in \mathfrak{B}$

$$\mathbb{Q}_\gamma(B) = \int \mathbb{Q}_.(B|\sigma(T))d\mathbb{Q}_\gamma = \int \mathbb{Q}_.(B|\sigma(T))\,g_\gamma\,dP = \int P(B|\sigma(T))\,g_\gamma\,dP$$

$$= \int \mathbb{E}_P(1_B\,g_\gamma|\sigma(T))dP = \int 1_B\,g_\gamma\,dP = \int_B g_\gamma\,dP,$$

woraus (3.10) folgt.

Hinreichend: Sei nun die Dichte f_γ aus (3.7) $\sigma(T)$-messbar. Wir zeigen, dass für jedes $B \in \mathfrak{B}$

$$\mathbb{Q}_\gamma(B|\sigma(T)) = P(B|\sigma(T)) \quad (3.11)$$

gilt, so dass eine von γ unabhängige Version $\mathbb{Q}.(B|\sigma(T))$ gefunden wäre. In der Tat, für jedes $C \in \mathfrak{C}$ ist

$$\int_{T^{-1}(C)} P(B|\sigma(T))d\mathbb{Q}_\gamma = \int_{T^{-1}(C)} \mathbb{E}_P(1_B|\sigma(T))f_\gamma dP = \int_{T^{-1}(C)} \mathbb{E}_P(1_B f_\gamma|\sigma(T))dP$$

$$= \int_{T^{-1}(C)} 1_B f_\gamma dP = \int_{T^{-1}(C)} 1_B d\mathbb{Q}_\gamma = \mathbb{Q}_\gamma(B \cap T^{-1}(C)),$$

woraus (3.11) folgt. $\qquad\qquad\qquad\qquad\qquad\qquad\qquad\qquad\qquad\qquad\qquad\square$

Faktorisierungskriterium von Neyman

Das Lemma von Halmos & Savage wird erst nützlich, wenn wir es für die Dichten eines beliebigen Maßes μ (anstelle des speziellen Maßes P) umschreiben können. Es wird sich zeigen, dass dann ein von γ unabhängiger Faktor hinzutritt.

Satz. *(Neyman)*
Die Klasse $\mathbb{Q}_\gamma$, $\gamma \in \Gamma$, von Wahrscheinlichkeitsverteilungen auf $(\mathcal{X}, \mathfrak{B})$ sei durch das σ-endliche Maß μ dominiert, die μ-Dichten von $\mathbb{Q}_\gamma$ werden mit f_γ bezeichnet. Eine Statistik

$$T : (\mathcal{X}, \mathfrak{B}) \to (\mathcal{Y}, \mathfrak{C})$$

ist genau dann suffizient für $\gamma \in \Gamma$, wenn es eine $\mathfrak{B}$-messbare Funktion h gibt (funktional nicht von γ abhängig) und für jedes $\gamma \in \Gamma$ eine $\mathfrak{C}$-messbare Funktion g_γ, so dass

$$f_\gamma(x) = g_\gamma(T(x))\,h(x), \quad x \in \mathcal{X}, \; \gamma \in \Gamma. \tag{3.12}$$

Beweis. (i) Sei T suffizient. Die Wahrscheinlichkeitsverteilung P aus (3.6) wird durch μ dominiert. Die Kettenregel für Radon-Nikodym Ableitungen liefert dann

$$f_\gamma(x) = \frac{d\mathbb{Q}_\gamma}{dP}(x) \cdot \frac{dP}{d\mu}(x), \quad x \in \mathcal{X}.$$

Gemäß obigem Lemma ist der erste Faktor $\sigma(T)$-messbar, also nach dem Faktorisierungssatz der Maßtheorie in der Form $g_\gamma(T(x))$ darstellbar. Nennt man den zweiten Faktor $h(x)$, so erhält man (3.12).

(ii) Gelte nun umgekehrt (3.12). Im Hinblick auf das Lemma reicht es aus, die $\sigma(T)$-Messbarkeit von $\frac{d\mathbb{Q}_\gamma}{dP}$ zu zeigen. Setzen wir –wie vor (3.6) – wieder $\Gamma' = \mathbb{N}$ und führen wir $k(x) = \sum_{n=1}^\infty 2^{-n} g_n(T(x))$ ein, so gilt zunächst mit (3.12)

$$\frac{dP}{d\mu} = \sum_{n=1}^\infty 2^{-n} \frac{d\mathbb{Q}_n}{d\mu} = \sum_{n=1}^\infty 2^{-n} g_n(T)\,h = k \cdot h,$$

wobei $k \cdot h > 0$ P-fast sicher. Daraus folgt mit (3.12) und mit Hilfe der Kettenregel

$$g_\gamma(T) \, h = \frac{d\mathbb{Q}_\gamma}{d\mu} = \frac{d\mathbb{Q}_\gamma}{dP} \frac{dP}{d\mu} = \frac{d\mathbb{Q}_\gamma}{dP} \, k \cdot h,$$

also für P-fast alle $x \in \mathcal{X}$

$$\frac{d\mathbb{Q}_\gamma}{dP}(x) = \frac{g_\gamma(T(x))}{k(x)}.$$

Die $\sigma(T)$-Messbarkeit von k beendet diesen Beweisteil.   □

Das Neyman-Kriterium liefert einen alternativen Beweis der Suffizienz der Ordnungsstatistik T, siehe Satz 3.2, denn die Produktdichte f_n lässt sich in der Form $f_n(x_1, \dots, x_n) = f(x_{(1)}) \cdot \dots \cdot f(x_{(n)}) \equiv g_f(T(x))$ schreiben. Allerdings kann der Beweis zu Satz 3.2 leicht auf eine Klasse von Verteilungen ausgedehnt werden, die keine Dichten mehr besitzen (nur noch die Stetigkeitseigenschaft). Eine solche Klasse wird vom Neyman-Kriterium nicht mehr abgedeckt.

3.4   Suffiziente Statistiken in Exponentialfamilien

Wir betrachten die Verteilungsklasse

$$\mathbb{Q}_\gamma = \bigtimes_{i=1}^{n} \mathbb{Q}_{i,\gamma}, \quad \gamma \in \Gamma, \quad \text{auf } (\mathcal{X}^n, \mathfrak{B}^n),$$

wobei die $\mathbb{Q}_{i,\gamma}$ einer k-parametrigen Exponentialfamilie angehören, mit Dichten

$$f_i(x, \gamma) = c_{0,i}(\gamma) \exp \left(\sum_{j=1}^{k} c_j(\gamma) t_j(x) \right) h_i(x), \quad x \in \mathcal{X}.$$

Wie in 2.2 besitzt $\mathbb{Q}_\gamma$ dann die Dichte

$$f(x^{(n)}, \gamma) = c_0(\gamma) \exp \left(\sum_{j=1}^{k} c_j(\gamma) \sum_{i=1}^{n} t_j(x_i) \right) h(x^{(n)}),$$

einer k-parametrigen Exponentialfamilie, wobei

$$x^{(n)} = (x_1, \dots, x_n) \in \mathcal{X}^n,$$

$$c_0(\gamma) = \prod_{i=1}^{n} c_{0,i}(\gamma), \quad h(x^{(n)}) = \prod_{i=1}^{n} h_i(x_i).$$

Aus dem Neyman-Kriterium schließt man, dass die k-dimensionale Statistik

$$T(x^{(n)}) = \left(\sum_{i=1}^{n} t_1(x_i), \dots, \sum_{i=1}^{n} t_k(x_i) \right)^{\mathsf{T}} \tag{3.13}$$

suffizient für $\gamma \in \Gamma$ ist.

Beispiel 1. Binomialverteilung $B(n,p)$, $p \in (0,1) = \Theta$, auf $\mathcal{X} = \{0,\ldots,n\}$. Gemäß 2.4 c) ist die eindimensionale Statistik $T(x) = x$, $x \in \mathcal{X}$, suffizient für p, und damit natürlich auch die Statistik $\hat{p} = \frac{x}{n}$ („relative Häufigkeit").

Beispiel 2. Normalverteilung $N(\mu,\sigma^2)$, $\vartheta = (\mu,\sigma^2) \in \mathbb{R} \times (0,\infty) = \Theta$, vergleiche 2.4 a). Für die Verteilungsklasse

$$Q_\vartheta = \underset{i=1}{\overset{n}{\times}} N(\mu,\sigma^2) = N_n(\mu \mathbb{I}_n, \sigma^2 I_n), \quad \vartheta \in \Theta,$$

auf $(\mathbb{R}^n, \mathcal{B}^n)$ liefert (3.13) die zweidimensionale suffiziente Statistik

$$T(x^{(n)}) = \left(\sum_{i=1}^{n} x_i, \sum_{i=1}^{n} x_i^2 \right)^T$$

für $\vartheta \in \Theta$. Da für jedes $n \geq 2$ die Abbildung

$$\varphi : \mathbb{R}^2 \to \mathbb{R}^2, \quad \varphi(s,t) = \left(\frac{s}{n}, \frac{1}{n-1}\left(t - \frac{s^2}{n} \right) \right),$$

bijektiv ist, folgt nach 3.2 auch die Suffizienz von

$$\tilde{T}(x^{(n)}) = (\overline{x}, \hat{\sigma}^2)$$

für $\vartheta = (\mu,\sigma^2) \in \Theta$.

Für den eindimensionalen Parameter $\vartheta = \mu \in \mathbb{R}$ ist die Statistik $\tilde{T}_1(x^{(n)}) = \overline{x}$ suffizient, vergleiche ebenfalls 2.4 a).

3.5 Vollständige Statistiken

In Hinblick auf Eindeutigkeitsfragen wird das Konzept der Suffizienz ergänzt durch den Begriff der Vollständigkeit. Er bezieht sich auf die Reichhaltigkeit der Verteilungsklasse Q_γ^T, $\gamma \in \Gamma$, die durch eine Statistik T induziert wird.

Sei Q_γ, $\gamma \in \Gamma$, eine Klasse von Wahrscheinlichkeitsverteilungen auf $(\mathcal{X},\mathfrak{B})$ und sei $T : (\mathcal{X},\mathfrak{B}) \to (\mathcal{Y},\mathfrak{C})$ eine Statistik. T heißt *vollständig* für $\gamma \in \Gamma$, falls für jede $\mathfrak{C}$-messbare Funktion $s : \mathcal{Y} \to \mathbb{R}$ gilt

$$\mathbb{E}_\gamma(s \circ T) = 0 \quad \forall \gamma \in \Gamma \quad \Rightarrow \quad s \circ T = 0 \quad Q_\gamma\text{-fast sicher, } \forall \gamma \in \Gamma. \tag{3.14}$$

Bezeichnen Q_γ^T, $\gamma \in \Gamma$, die Verteilungsklasse von T auf $(\mathcal{Y},\mathfrak{C})$ und $\mathbb{E}_\gamma^T$ den zu Q_γ^T gehörenden Erwartungswert, so ist (3.14) äquivalent zu

$$\mathbb{E}_\gamma^T(s) = 0 \quad \forall \gamma \in \Gamma \quad \Rightarrow \quad s = 0 \quad Q_\gamma^T\text{-fast sicher, } \forall \gamma \in \Gamma. \tag{3.15}$$

Analog zu einer Suffizienz-Aussage in 3.2 gilt auch hier, dass mit T auch die Statistik $\varphi \circ T$ vollständig ist, falls φ eine bijektive und bimessbare Abbildung ist, vergleiche WINKLER(1983, S. 109), WITTING(1985, S. 354). Anders als beim Begriff der Suffizienz ist aber die Identität $T = \mathrm{Id}$ nicht notwendig vollständig. Ist nämlich zum Beispiel

$$(\mathcal{X}, \mathfrak{B}, \mathbb{Q}_\gamma) = (\mathbb{R}^2, \mathcal{B}^2, \mathbb{Q}_{1,\gamma} \times \mathbb{Q}_{1,\gamma}), \ T(x) = x \ \text{für} \ x = (x_1, x_2), \ s(x) = t(x_1) - t(x_2),$$

so gilt $s \circ T(x) = t(x_1) - t(x_2)$ und $\mathbb{E}_\gamma(s \circ T) = \mathbb{E}_{1,\gamma}(t) - \mathbb{E}_{1,\gamma}(t) = 0$ (für alle Funktionen t, für welche die Erwartungswerte existieren).

Das nächste Lemma sagt aus, dass zwei erwartungstreue Schätzer, die über eine vollständige Statistik von der Stichprobe abhängen, fast sicher identisch sind.

Lemma. *Ist die Statistik* $T : (\mathcal{X}, \mathfrak{B}) \to (\mathcal{Y}, \mathfrak{C})$ *vollständig für* $\gamma \in \Gamma$ *und sind* $s_1, s_2 : \mathcal{Y} \to \mathbb{R}$ *zwei* $\mathfrak{C}$*-messbare Funktionen mit*

$$\mathbb{E}_\gamma(s_1 \circ T) = \mathbb{E}_\gamma(s_2 \circ T) \quad \forall \gamma \in \Gamma,$$

so gilt

$$s_1 = s_2 \quad \mathbb{Q}_\gamma^T\text{-fast sicher}, \quad \forall \gamma \in \Gamma.$$

Beweis. Für $s = s_1 - s_2$ gilt $\mathbb{E}_\gamma(s \circ T) = 0$ für alle $\gamma \in \Gamma$. $\qquad\qquad\square$

Vollständige Statistiken in Exponentialfamilien

Wie im Fall der Suffizienz sind die Statistiken t in Exponentialfamilien die prominentesten Beispiele vollständiger Statistiken.

Satz. *Bildet die Verteilungsklasse* $\mathbb{Q}_\vartheta$, $\vartheta \in \Theta \subset \mathbb{R}^k$, *auf* $(\mathcal{X}, \mathfrak{B})$ *eine* k*-parametrige Exponentialfamilie, mit* μ*-Dichte*

$$f(x, \vartheta) = c_0(\vartheta) \exp\left(\vartheta^\top t(x)\right) h(x), \quad x \in \mathcal{X}, \ \vartheta \in \Theta, \tag{3.16}$$

und mit Θ *als natürlichen Parameterraum, so ist die Statistik* $t : (\mathcal{X}, \mathfrak{B}) \to (\mathbb{R}^k, \mathcal{B}^k)$ *vollständig für* $\vartheta \in \Theta$.

Beweis. Sei ohne Einschränkung in (3.16) $h = 1$ gesetzt und sei $s : \mathbb{R}^k \to \mathbb{R}$ eine $\mathcal{B}^k$-messbare Funktion mit

$$\mathbb{E}_\vartheta^T(s) = \int_{\mathbb{R}^k} s(y) c_0(\vartheta) e^{\vartheta^\top y} \mu^T(dy) = 0 \quad \forall \vartheta \in \Theta. \tag{3.17}$$

Dabei ist μ^T das durch T auf $(\mathbb{R}^k, \mathcal{B}^k)$ abgebildete Maß μ, das heißt $\mu^T(C) = \mu(T^{-1}(C))$, $C \in \mathcal{B}^k$. Spalten wir s in seinen positiven und negativen Teil auf,

$$s(y) = s^+(y) - s^-(y), \quad y \in \mathbb{R}^k, \quad s^+, s^- \geq 0,$$

so beläuft sich (3.17) auf

$$\int s^+(y)\, e^{\vartheta^\top y} \mu^T(dy) = \int s^-(y)\, e^{\vartheta^\top y} \mu^T(dy) \quad \forall \vartheta \in \Theta. \tag{3.18}$$

Sei $\vartheta_0 \in \overset{\circ}{\Theta}$ und bezeichne I_0 den (gleichen) Wert der beiden Seiten von (3.18) für $\vartheta = \vartheta_0$. Ist $I_0 = 0$, so folgt sofort $s^+ = s^- = 0$ μ^T-fast sicher, das heißt auch

$$s = 0 \quad \mathbb{Q}_\vartheta^T\text{-fast sicher}, \ \forall \vartheta \in \Theta. \tag{3.19}$$

Ist $I_0 > 0$, so definiert man die beiden Wahrscheinlichkeitsmaße

$$P^+(C) = \frac{1}{I_0} \int_C s^+(y)\, e^{\vartheta_0^\top y} \mu^T(dy), \qquad P^-(C) = \frac{1}{I_0} \int_C s^-(y)\, e^{\vartheta_0^\top y} \mu^T(dy)$$

auf $(\mathbb{R}^k, \mathcal{B}^k)$. Mit ihrer Hilfe schreibt sich nun (3.18)

$$\int e^{(\vartheta - \vartheta_0)^\top y}\, P^+(dy) = \int e^{(\vartheta - \vartheta_0)^\top y}\, P^-(dy),$$

oder, mit einer neuen Variablen $\xi = \vartheta - \vartheta_0 \in \mathbb{R}^k$,

$$\varphi(\xi) = \int e^{\xi^\top y}\, P^+(dy) = \int e^{\xi^\top y}\, P^-(dy). \tag{3.20}$$

Gemäß Lemma 2.3 ist φ in einem „Streifen" um $\xi = 0$ des komplexen Zahlenkörpers $\mathbb{C}^k$ in eine Potenzreihe entwickelbar, und die Gleichung (3.20) ist auch für imaginäre Argumente $\xi = iv$, $v \in \mathbb{R}^k$, gültig. Es folgt die Gleichheit $\varphi^+ = \varphi^-$ der charakteristischen Funktionen von P^+ und P^- und damit auch die Gleichheit $P^+ = P^-$ der Wahrscheinlichkeitsmaße. Gemäß ihrer Definition wiederum folgt $s^+ = s^-$ μ^T-fast überall, also (3.19). $\square$

Die k-dimensionale Statistik (3.13) aus einer Exponentialfamilie ist also auch vollständig für die dort angegebene Klasse von Produktverteilungen $\mathbb{Q}_\vartheta$, $\vartheta \in \Theta$.

4 Entscheidungstheorie

Bei der Frage nach „besten Schätzern" im Kapitel V und nach „besten Tests" im Kapitel VI werden wir von einer Auffassung Gebrauch machen, welche die mathematische Statistik vom Standpunkt der Entscheidungstheorie aus betrachtet. Der Vorgang des Entscheidens (eine Hypothese verwerfen oder nicht; einen Punkt oder Bereich aus dem Parameterraum als Schätzer beziehungsweise Konfidenzbereich angeben) wird durch Einführen eines Entscheidungsraumes und einer Entscheidungsfunktion formalisiert, die Güte dieser Funktion wird durch eine Risikofunktion quantifiziert.

Als prototypisch für die späteren Untersuchungen wird sich Satz 4.2 erweisen, der die besondere Rolle suffizienter Statistiken demonstriert.

4.1   Verlustfunktion und Risiko

Der Statistiker führt auf der Grundlage einer Realisation $x \in \mathcal{X}$, wobei $(\mathcal{X}, \mathfrak{B})$ der Stichprobenraum ist, eine Entscheidung durch. Dies kann mathematisch beschrieben werden durch einen (messbaren) *Entscheidungsraum* $(E, \mathfrak{E})$ und eine (messbare) *Entscheidungsfunktion*

$$d : (\mathcal{X}, \mathfrak{B}) \to (E, \mathfrak{E}).$$

Wir setzen im Folgenden voraus, dass $\mathfrak{E}$ die ein-elementigen Mengen $\{e\}$ enthält, für alle $e \in E$.

Ist $\mathbb{Q}_\gamma$, $\gamma \in \Gamma$, eine vorgegebene Klasse von Wahrscheinlichkeitsverteilungen, so wollen wir mit $L(\gamma, e)$ den *Verlust* bezeichnen, den man bei Vorliegen von $\gamma \in \Gamma$ und bei einer Entscheidung $e \in E$ erleidet. Dabei bezeichnet L eine *Verlustfunktion*, wenn

$$L : \Gamma \times E \to [0, \infty)$$

$\mathfrak{E}$-messbar ist für jedes $\gamma \in \Gamma$. Der Statistiker ist an solchen Entscheidungsfunktionen d interessiert, bei denen der mittlere Verlust, auch *Risiko* genannt, möglichst gering ist. Die *Risikofunktion* $R(\cdot, d)$ von d ist definiert als Funktion

$$R(\cdot, d) : \Gamma \to \mathbb{R}, \quad R(\gamma, d) = \mathbb{E}_\gamma \big(L(\gamma, d) \big)$$

(wobei $R \geq 0$ auch den Wert ∞ haben kann). Ist $\mathbb{Q}_\gamma = \mathbb{P}_\gamma^X$ die Verteilung der Zufallsstichprobe $X : (\Omega, \mathfrak{A}) \to (\mathcal{X}, \mathfrak{B})$, so gilt

$$R(\gamma, d) = \int_\mathcal{X} L(\gamma, d(x)) \mathbb{Q}_\gamma(dx) = \int_\Omega L\big(\gamma, d(X(\omega))\big) \mathbb{P}_\gamma(d\omega). \tag{4.1}$$

Wir werden Anlass haben, auch mit randomisierten Entscheidungsfunktionen zu arbeiten, namentlich im Zusammenhang mit Testproblemen bei diskreten Verteilungen. Eine *randomisierte Entscheidungsfunktion* δ ist eine Übergangswahrscheinlichkeit von $(\mathcal{X}, \mathfrak{B})$ nach $(E, \mathfrak{E})$, das heißt eine reellwertige Funktion auf $\mathcal{X} \times \mathfrak{E}$, so dass gilt

(i) $\delta(x, \cdot)$ ist ein Wahrscheinlichkeitsmaß auf $(E, \mathfrak{E})$, für jedes $x \in \mathcal{X}$,

(ii) $\delta(\cdot, D)$ ist eine messbare Funktion auf $(\mathcal{X}, \mathfrak{B})$, für jedes $D \in \mathfrak{E}$.

Hier lautet die Risikofunktion

$$R(\gamma, \delta) = \int_\mathcal{X} \left(\int_E L(\gamma, e) \delta(x, de) \right) \mathbb{Q}_\gamma(dx). \tag{4.2}$$

Den Spezialfall einer (nicht-randomisierten) Entscheidungsfunktion d erhält man durch

$$\delta(x, D) = \begin{cases} 1, & \text{falls } d(x) \in D, \\ 0, & \text{falls } d(x) \notin D, \end{cases}$$

zurück, und (4.2) reduziert sich auf (4.1).

Drei Verlustfunktionen

Für die in Kapitel I vorgestellten grundlegenden Verfahren wird jeweils eine geeignete Verlustfunktion angegeben. Einfachheitshalber sei die Verteilungsannahme $\mathbb{Q}_\vartheta$ eindimensional parametrisiert: $\vartheta \in \Theta \subset \mathbb{R}$.

a) Schätzer für ϑ.
Wir setzen $(E, \mathfrak{E}) = (\Theta, \Theta \cap \mathcal{B}^1)$. Jede Entscheidungsfunktion $d : \mathcal{X} \to E$ repräsentiert eine Schätzfunktion $\hat{\vartheta}$. Eine geeignete Verlustfunktion ist z. B.

$$L(\vartheta, \vartheta') = (\vartheta - \vartheta')^2, \quad \vartheta, \vartheta' \in \Theta.$$

Für diese wird

$$R(\vartheta, \hat{\vartheta}) = \mathbb{E}_\vartheta\left((\vartheta - \hat{\vartheta})^2\right) = \text{Var}_\vartheta(\hat{\vartheta}) + \left(\mathbb{E}_\vartheta(\hat{\vartheta}) - \vartheta\right)^2.$$

Bei (für ϑ) erwartungstreuen Schätzern $\hat{\vartheta}$ ist also $R(\vartheta, \hat{\vartheta}) = \text{Var}_\vartheta(\hat{\vartheta})$.

b) Testen von $H_0 : \vartheta \leq \vartheta_0$ versus $H_1 : \vartheta > \vartheta_0$.
Hier kann das zwei-elementige $E = \{0, 1\}$ gewählt werden, wobei $d(x) = 1$ die Entscheidung „H_0 verwerfen zugunsten von H_1" bedeuten soll. Eine mögliche Verlustfunktion lautet hier, mit positiven Zahlen L_0, L_1,

$$L(\vartheta, 1) = \begin{cases} L_1, & \vartheta \leq \vartheta_0, \\ 0, & \vartheta > \vartheta_0, \end{cases} \qquad L(\vartheta, 0) = \begin{cases} 0, & \vartheta \leq \vartheta_0, \\ L_0, & \vartheta > \vartheta_0. \end{cases}$$

Für diese wird das Risiko proportional zu den Wahrscheinlichkeiten eines Fehlers 1. beziehungsweise 2. Art, denn mit den Bezeichnungen $G(\vartheta)$ und $\beta(\vartheta)$ aus I 3.2 wird

$$R(\vartheta, d) = \begin{cases} L_1 \, \mathbb{Q}_\vartheta(d = 1) = L_1 \, G(\vartheta), & \vartheta \leq \vartheta_0, \\ L_0 \, \mathbb{Q}_\vartheta(d = 0) = L_0 \, \beta(\vartheta), & \vartheta > \vartheta_0. \end{cases}$$

c) Konfidenzintervall für ϑ.
Setze $E = \{(a, b) \in \mathbb{R}^2 : a < b\}$ als die Halbebene oberhalb der Diagonalen. Wählt man die Verlustfunktion

$$L(\vartheta, (a, b)) = \begin{cases} 0, & \vartheta \in [a, b], \\ 1, & \vartheta \notin [a, b], \end{cases}$$

so erhält man als Risiko der Entscheidung für das Konfidenzintervall $d(x) = [a(x), b(x)]$, $x \in \mathcal{X}$, seine „Nicht-Überdeckungswahrscheinlichkeit"

$$R(\vartheta, d) = 1 - \mathbb{Q}_\vartheta(a \leq \vartheta \leq b).$$

4.2 Suffizienz und Risiko (*)

Wir gehen wieder zu der in 4.1 beschriebenen Situation einer randomisierten Entscheidungsfunktion δ,

$$\delta \quad \text{Übergangswahrscheinlichkeit von } (\mathcal{X}, \mathfrak{B}) \text{ nach } (E, \mathfrak{E}), \tag{4.3}$$

zurück. Ferner sei eine suffiziente Statistik

$$T : (\mathcal{X}, \mathfrak{B}) \to (\mathcal{Y}, \mathfrak{C}) \tag{4.4}$$

gegeben. Mit Hilfe von T lässt sich eine randomisierte Entscheidungsfunktion δ_1 angeben, welche die gleiche Risikofunktion besitzt wie δ. Man definiert nämlich

$$\delta_1(y, D) = \mathbb{E}\big(\delta(\cdot, D) | T = y\big), \quad y \in \mathcal{Y}, \ D \in \mathfrak{E}, \tag{4.5}$$

wobei $\mathbb{E} = \mathbb{E}_{\mathbb{Q}_\gamma}$ ist und δ_1 wegen der Suffizienz von T nicht von $\gamma \in \Gamma$ abhängt, und man setzt voraus, dass

$$\delta_1 \quad \text{Übergangswahrscheinlichkeit von } (\mathcal{Y}, \mathfrak{C}) \text{ nach } (E, \mathfrak{E})$$

ist. Dann beweist man

Satz. *Ist T wie in (4.4) eine suffiziente Statistik und sind δ, δ_1 randomisierte Entscheidungsfunktionen wie in (4.3) beziehungsweise (4.5), so besitzen δ und δ_1 die gleiche Risikofunktion.*

Beweis. Gemäß (4.2) haben wir

$$R(\gamma, \delta_1) = \int_{\mathcal{Y}} \left(\int_E L(\gamma, e) \delta_1(y, de) \right) \mathbb{Q}_\gamma^T(dy)$$

$$= \int_{\mathcal{Y}} \mathbb{E}_\gamma \left(\int_E L(\gamma, e) \delta(\cdot, de) \ \Big| \ T = y \right) \mathbb{Q}_\gamma^T(dy)$$

$$= \mathbb{E}_\gamma \left(\mathbb{E}_\gamma \left(\int_E L(\gamma, e) \delta(\cdot, de) \ \Big| \ T = y \right) \right) = \mathbb{E}_\gamma \left(\int_E L(\gamma, e) \delta(\cdot, de) \right)$$

$$= \int_{\mathcal{X}} \left(\int_E L(\gamma, e) \delta(x, de) \mathbb{Q}_\gamma(dx) \right) = R(\gamma, \delta).$$

Das zweite Gleichheitszeichen ist wie folgt begründet: (4.5) besagt

$$\int_E 1_D(e)\delta_1(y, de) = \mathbb{E}_\gamma \left(\int_E 1_D(e)\delta(\cdot, de) \;\Big|\; T = y \right)$$

für alle $D \in \mathfrak{E}$, woraus durch den schrittweisen Übergang (Indikatorfunktion $\to$ Treppenfunktion $\to$ integrierbare Funktion) folgt, dass für alle integrierbaren $\Phi : E \to \mathbb{R}$

$$\int_E \Phi(e)\delta_1(y, de) = \mathbb{E}_\gamma \left(\int_E \Phi(e)\delta(\cdot, de) \;\Big|\; T = y \right)$$

gilt.   □

Wenn die Entscheidungsfunktion $\delta = d$ nicht randomisiert ist, also $\delta(\cdot, D) = 1_D(d(\cdot))$ gilt, so ist das nach (4.5) gebildete δ_1 in der Regel randomisiert.

Durch Bildung des bedingten Erwartungswertes mit einer suffizienten Statistik wird das –zu einer Entscheidungsfunktion gehörende– Risiko nicht verschlechtert. Dieses Konzept wird in V 2 wieder aufgegriffen werden, und zwar im Fall nicht-randomisierter Schätzfunktionen, ohne dass aber auf den obigen Satz formal Bezug genommen wird.

4.3   Entscheidungsstrategien

Gesucht sind Entscheidungsfunktionen δ, welche ein möglichst kleines Risiko $R(\gamma, \delta)$ besitzen. Im Allgemeinen wird es aber zwischen zwei Funktionen δ_1 und δ_2 keine Relation der Art „δ_1 besser als δ_2", das heißt

$$R(\gamma, \delta_1) \leq R(\gamma, \delta_2) \quad \text{für alle } \gamma \in \Gamma,$$

geben. So gilt im Beispiel a) aus 4.1 für die zwei speziellen Schätzfunktionen $d_1 = \vartheta_1$, $d_2 = \vartheta_2$ (mit zwei Punkten $\vartheta_1 \neq \vartheta_2$ aus dem Parameterraum), dass $R(\vartheta_1, d_1) = 0$, $R(\vartheta_2, d_2) = 0$, vgl. Abb. II.1.

Es wird also im Allgemeinen keine gleichmäßig beste Entscheidungsfunktion δ^* geben, solange man die Funktionen δ nicht auf eine Teilmenge Δ beschränkt. Ist eine solche Teilmenge Δ von Entscheidungsfunktionen gegeben, so heißt $\delta^* \in \Delta$ *gleichmäßig beste* Entscheidungsfunktion bezüglich Δ, falls

$$R(\gamma, \delta^*) \leq R(\gamma, \delta) \quad \text{für alle } \gamma \in \Gamma, \delta \in \Delta. \tag{4.6}$$

Neben der gleichmäßigen Optimalität im Sinne von (4.6) gibt es noch die Minimax- und die Bayes-Optimalität. Hier geht man von $R(\gamma, \delta)$, $\gamma \in \Gamma$, zu einem $R(\delta)$ über und nennt dann $\delta^* \in \Delta$ (*Minimax-* beziehungsweise *Bayes-*) *optimal* bezüglich Δ, falls

$$R(\delta^*) \leq R(\delta) \quad \text{für alle } \delta \in \Delta.$$

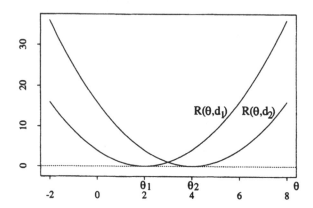

Abbildung II.1: Situation, in der keine gleichmäßig beste Entscheidungsfunktion $\delta^* \in \{d_1, d_2\}$ existiert.

a) *Minimax:* $R_{\mathrm{max}}(\delta) = \sup_{\gamma \in \Gamma} R(\gamma, \delta)$.
   δ^* minimiert also das maximale Risiko.

b) *Bayes:* $R_\rho(\delta) = \int_\Gamma R(\gamma, \delta)\rho(d\gamma)$, mit einer Wahrscheinlichkeitsverteilung ρ auf dem Parameterraum Γ.
   Bei dieser Auffassung wird der Parameterraum als messbarer Raum $(\Gamma, \mathfrak{G})$ verstanden, und die Funktion $R(\gamma, \delta)$, $\gamma \in \Gamma$, wird als $\mathfrak{G}$-messbar vorausgesetzt; vergleiche die Weiterentwicklung im nächsten Unterabschnitt.

Bezeichnet $\mathcal{M}_1(\Gamma)$ die Menge aller Wahrscheinlichkeitsverteilungen auf $(\Gamma, \mathfrak{G})$, so gilt für jedes $\rho \in \mathcal{M}_1(\Gamma)$

$$R_\rho(\delta) \leq \int_\Gamma R_{\mathrm{max}}(\delta)\rho(d\gamma) = R_{\mathrm{max}}(\delta),$$

also auch $\sup_{\rho \in \mathcal{M}_1(\Gamma)} R_\rho(\delta) \leq R_{\mathrm{max}}(\delta)$ für alle $\delta \in \Delta$.

4.4 Bayessche Entscheidungstheorie

In der Bayesschen Theorie führt der Statistiker – als Ausdruck seiner Vorbewertungen der einzelnen $\gamma \in \Gamma$ – eine sogenannte *a-priori* Wahrscheinlichkeitsverteilung ρ auf $(\Gamma, \mathfrak{G})$ ein. Unter Benutzung von (4.2) und der Abkürzung

$$L(\gamma, \delta(x)) = \int_E L(\gamma, e)\delta(x, de)$$

schreibt sich das Bayes-Risiko $R_\rho(\delta) = \int_\Gamma R(\gamma,\delta)\rho(d\gamma)$ in der Form

$$R_\rho(\delta) = \int_\Gamma \left(\int_{\mathcal{X}} L(\gamma, \delta(x)) \mathbb{Q}_\gamma(dx) \right) \rho(d\gamma). \tag{4.7}$$

Nach Vorliegen einer Beobachtung $x \in \mathcal{X}$ ändert sich die a-priori Bewertung ρ in eine neue a-posteriori Bewertung ρ^x, mit dem zugehörigen *a-posteriori Risiko* von δ, *gegeben* x, das ist

$$r(\delta|x) = \int_\Gamma L(\gamma, \delta(x)) \, \rho^x(d\gamma). \tag{4.8}$$

Zur Bestimmung von ρ^x –und damit auch von $r(\delta|x)$– betrachten wir neben der Zufallsstichprobe $X : (\Omega, \mathfrak{A}) \to (\mathcal{X}, \mathfrak{B})$ noch eine Zufallsgröße $G : (\Omega, \mathfrak{A}) \to (\Gamma, \mathfrak{G})$, mit der Interpretation, dass $\gamma = G(\omega)$ der „von der Natur zufällig gewählte Parameterwert" ist. Mit der Wahrscheinlichkeitsverteilung $\mathbb{P}$ auf $(\Omega, \mathfrak{A})$ haben wir also das Schema

$$(\Omega, \mathfrak{A}, \mathbb{P}) \begin{cases} \xrightarrow{X} (\mathcal{X}, \mathfrak{B}, \mathbb{Q}), & \mathbb{Q} = \mathbb{P}_X, \\ \xrightarrow{G} (\Gamma, \mathfrak{G}, \rho), & \rho = \mathbb{P}_G. \end{cases}$$

Aus dieser Sichtweise wird $\mathbb{Q}_\gamma$ als die *bedingte* Wahrscheinlichkeitsverteilung von X, gegeben $G = \gamma$, definiert,

$$\mathbb{Q}_\gamma(B) \equiv \mathbb{P}_{X|G}(\gamma, B) = \mathbb{P}(X \in B|G = \gamma), \quad B \in \mathfrak{B},$$

vgl. 5.2 unten. Die Existenz der bedingten Wahrscheinlichkeitsverteilung, die im Folgenden stets vorausgesetzt wird, ist zum Beispiel im Fall $\mathcal{X} = \mathbb{R}^n$, $\Gamma = \mathbb{R}^d$ garantiert. Aus der a-priori Verteilung ρ, das ist die Verteilung von G,

$$\rho(D) \equiv \mathbb{P}(G \in D), \quad D \in \mathfrak{G},$$

gelangt man zur *a-posteriori Verteilung* ρ^x durch Bildung der bedingten Wahrscheinlichkeitsverteilung von G, gegeben $X = x$,

$$\rho^x(D) \equiv \mathbb{P}_{G|X}(x, D) = \mathbb{P}(G \in D|X = x), \quad D \in \mathfrak{G}.$$

Mit Hilfe dieser a-posteriori Verteilung ρ^x und der Wahrscheinlichkeitsverteilung $\mathbb{Q}$ von X schreibt sich das Bayes-Risiko $R_\rho(\delta) = \int_\Gamma R(\gamma, \delta)\rho(d\gamma)$, unter Benutzung von (4.7), (4.8), des Satzes von Fubini und der *Bayesschen Formel*

$$\mathbb{Q}_\gamma(dx)\rho(d\gamma) = \mathbb{Q}(dx)\rho^x(d\gamma)$$

in der Form

$$R_\rho(\delta) = \int\limits_\Gamma \left(\int\limits_{\mathcal{X}} L(\gamma, \delta(x)) \mathbb{Q}_\gamma(dx) \right) \rho(d\gamma)$$

$$= \int\limits_{\mathcal{X}} \left(\int\limits_\Gamma L(\gamma, \delta(x)) \rho^x(d\gamma) \right) \mathbb{Q}(dx) = \int\limits_{\mathcal{X}} r(\delta|x)\, \mathbb{Q}(dx). \qquad (4.9)$$

Es folgt sofort das

Lemma. *Eine Bayes-optimale Entscheidungsregel δ^* erhält man durch Minimieren des a-posteriori Risikos $r(\delta|x)$, gegeben $X = x$, für jedes $x \in \mathcal{X}$.*

Im Fall des Schätzproblems 4.1 a) mit

$$\Gamma \equiv \Theta = \mathbb{R}, \quad L(\vartheta, \vartheta') = (\vartheta - \vartheta')^2,$$

nicht-randomisierten Schätzfunktionen $d \equiv \hat{\vartheta}$, $\qquad (4.10)$

erhalten wir als Minimalstellen von $r(d|x)$ gerade die Erwartungswerte der a-posteriori Verteilungen, gegeben $X = x$. Es gilt nämlich die

Proposition. *Im Spezialfall (4.10) lautet die Bayes-optimale Schätzfunktion*

$$\hat{\vartheta}(x) = \int\limits_\Theta \vartheta\, \rho^x(d\vartheta), \quad x \in \mathcal{X} \qquad (\text{Bayes-Schätzer}).$$

Beweis. Für jedes $x \in \mathcal{X}$ wird

$$r(d|x) = \int (\vartheta - d(x))^2 \rho^x(d\vartheta)$$

$$= \int (\vartheta - \hat{\vartheta}(x))^2 \rho^x(d\vartheta) + (\hat{\vartheta}(x) - d(x))^2$$

minimal für $d(x) = \hat{\vartheta}(x)$, so dass das Lemma die Behauptung liefert. $\qquad \square$

4.5   „Bayessches Theorem", Beispiel (*)

Wir betrachten jetzt den Standardfall der parametrischen Statistik, das ist

$$(\mathcal{X}, \mathfrak{B}) = (\mathbb{R}^n, \mathcal{B}^n), \qquad (\Gamma, \mathfrak{G}) = (\mathbb{R}^d, \mathcal{B}^d),$$

und setzen voraus, dass der $(n + d)$-dimensionale Zufallsvektor

$$(X, G) : (\Omega, \mathfrak{A}) \to (\mathbb{R}^{n+d}, \mathcal{B}^{n+d})$$

die gemeinsame Dichte $f(x, \gamma)$, $(x, \gamma) \in \mathbb{R}^{n+d}$, bezüglich des Produktmaßes $\mu \times \lambda$ hat. Dabei ist λ das Lebesguemaß auf $(\mathbb{R}^d, \mathcal{B}^d)$; μ ist das Lebesguemaß auf $(\mathbb{R}^n, \mathcal{B}^n)$, falls X stetig verteilt ist, oder das Zählmaß auf der Menge $X(\Omega)$, falls X eine diskrete Zufallsvariable ist. Mit Hilfe der Bayesschen Formel berechnet man die

Dichte $f_{G|X}(\gamma|x)$, $\gamma \in \Gamma$, der a-posteriori Verteilung ρ^x,

das ist die Dichte der bedingten Wahrscheinlichkeitsverteilung von G, gegeben $X = x$, aus der

Dichte $f_G(\gamma)$, $\gamma \in \Gamma$, der a-priori Verteilung ρ

und den Dichten $f_{X|G}(x|\gamma)$, $x \in \mathcal{X}$, der bedingten Wahrscheinlichkeitsverteilungen von X, gegeben $G = \gamma$. Für alle $\gamma \in \Gamma = \mathbb{R}^d$ und $x \in \mathcal{X} = \mathbb{R}^n$ gilt nämlich das „Bayessche Theorem"

$$f_{G|X}(\gamma|x) = \frac{f_{X|G}(x|\gamma) f_G(\gamma)}{\int_\Gamma f_{X|G}(x|s) f_G(s)\, ds}, \tag{4.11}$$

vgl. 5.3 unten. Man beachte, dass sich der Nenner von (4.11) auf die Dichte $f_X(x)$, $x \in \mathcal{X}$, von X beläuft und bei gegebenem x eine Konstante ist.

Beispiel. Binomialverteilung $B(n, p)$, $p \in [0, 1]$.
Es ist

$$\mathcal{X} = \{0, 1, \ldots, n\}, \qquad \Gamma = [0, 1].$$

Wir setzen $G : (\Omega, \mathfrak{A}) \to ([0, 1], [0, 1] \cap \mathcal{B})$ als gleichverteilt voraus; die a-priori Verteilung lautet also

$$\rho = U[0, 1], \qquad \text{mit Dichte } f_G(p) = 1_{[0,1]}(p).$$

Aus (4.11) erhalten wir die Dichte der a-posteriori Verteilung für jedes $x \in \mathcal{X}$ zu

$$f_{G|X}(p|x) = \frac{1}{c(x)} p^x (1-p)^{n-x} 1_{[0,1]}(p), \tag{4.12}$$

mit dem Inversen der Normierungskonstanten

$$c(x) = \int_0^1 s^x (1-s)^{n-x} ds \equiv B(x+1, n-x+1),$$

vgl. Abb. II.2. Die Dichte (4.12) gehört zu einer *Betaverteilung* $Be(a, b)$ mit den Parametern $a = x + 1$, $b = n - x + 1$.

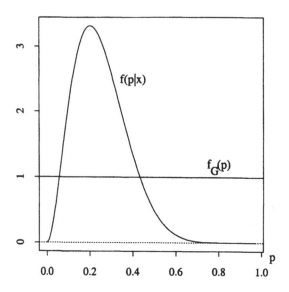

Abbildung II.2: Dichte $f_G(p)$ der a-priori und Dichte $f(p|x)$ der a-posteriori Verteilung einer binomialverteilten Zufallsvariablen; mit $n = 10$, $x = 2$.

Setzt man allgemeiner für G eine Be(a, b)-Verteilung voraus, also eine a-priori Dichte $f_G(p) = \frac{1}{B(a,b)} p^{a-1}(1 - p)^{b-1} 1_{[0,1]}(p)$, so erhält man als a-posteriori Verteilung die Be$(x + a, n - x + b)$-Verteilung.

Der Bayes-Schätzer für p lautet nach Proposition 4.4, unter Benutzung der a-posteriori Dichte (4.12),

$$\hat{p}(x) = \frac{1}{c(x)} \int\limits_0^1 s\, s^x(1 - s)^{n-x} ds = \frac{B(x + 2, n - x + 1)}{B(x + 1, n - x + 1)},$$

was wegen $B(a, b) = \frac{\Gamma(a)\Gamma(b)}{\Gamma(a+b)}$ den (nicht erwartungstreuen) Schätzer

$$\hat{p}(x) = \frac{x + 1}{n + 2}$$

ergibt.

5 Exkurs: Bedingte Erwartungen und Verteilungen

Dieser Exkurs fasst die wichtigsten Begriffe und Resultate aus BAUER (1968, Kap. X), GÄNSSLER & STUTE (1977, Kap. V), SCHMITZ (1996, Abschn. 4.5) zusammen. Insbesondere werden dort auch die Existenz und die (fast sichere) Eindeutigkeit der bedingten Erwartung und der bedingten Verteilung bewiesen.

5.1 Bedingte Erwartungen

Sei X eine reellwertige Zufallsvariable auf $(\Omega, \mathfrak{A}, \mathbb{P})$, $\mathbb{E}(|X|) < \infty$, und $\mathfrak{B} \subset \mathfrak{A}$ eine Unter-σ-Algebra. Die *bedingte Erwartung* $\mathbb{E}(X|\mathfrak{B})$ von X, gegeben $\mathfrak{B}$, ist eine $\mathfrak{B}$-messbare Funktion $h(\omega)$, $\omega \in \Omega$, mit

$$\int_B h(\omega)\mathbb{P}(d\omega) = \int_B X(\omega)\mathbb{P}(d\omega) \qquad \text{für alle } B \in \mathfrak{B}. \tag{5.1}$$

Die Funktion $h(\omega) = \mathbb{E}(X|\mathfrak{B})(\omega)$ ist nur für $\mathbb{P}$-fast alle ω eindeutig bestimmt. Man spricht deshalb auch von *Versionen* der bedingten Erwartung. Es gilt $\mathbb{P}$-fast sicher

a) $\mathbb{E}(X|\{\emptyset, \Omega\}) = \mathbb{E}(X)$, $\mathbb{E}(X|\mathfrak{A}) = X$,

b) $\mathbb{E}(\alpha X + \beta Y|\mathfrak{B}) = \alpha\mathbb{E}(X|\mathfrak{B}) + \beta\mathbb{E}(Y|\mathfrak{B})$,

c) $\mathbb{E}(X|\mathfrak{B}) \leq \mathbb{E}(Y|\mathfrak{B})$, falls $X \leq Y$ $\mathbb{P}$-fast sicher,

d) $\mathbb{E}(XY|\mathfrak{B}) = Y\mathbb{E}(X|\mathfrak{B})$ für $\mathfrak{B}$-messbares Y; insbesondere $\mathbb{E}(Y|\mathfrak{B}) = Y$,

e) $\mathbb{E}(\mathbb{E}(X|\mathfrak{B}_2)|\mathfrak{B}_1) = \mathbb{E}(X|\mathfrak{B}_1)$ für $\mathfrak{B}_1 \subset \mathfrak{B}_2$; insbesondere $\mathbb{E}(\mathbb{E}(X|\mathfrak{B})) = \mathbb{E}(X)$,

f) $\mathbb{E}(X|\mathfrak{B}) = \mathbb{E}(X)$ für unabhängige σ-Algebren $\mathfrak{B}$ und $\sigma(X) = X^{-1}(\mathcal{B}^1)$.

Im Spezialfall $\mathfrak{B} = \sigma(A_1, \ldots, A_k)$, wobei die $A_1, \ldots, A_k$ eine Zerlegung von Ω mit $\mathbb{P}(A_i) > 0$ bilden, erhalten wir

$$\mathbb{E}(X|\mathfrak{B}) = \sum_{i=1}^{k} 1_{A_i}\mathbb{E}(X|A_i),$$

mit den *elementaren* bedingten Erwartungswerten $\mathbb{E}(X|A_i) = \frac{1}{\mathbb{P}(A_i)}\mathbb{E}(1_{A_i}X)$.

Ist $\mathfrak{B}$ durch eine messbare Abbildung Y erzeugt, das heißt ist

$$\mathfrak{B} = \sigma(Y) \equiv Y^{-1}(\mathfrak{A}'), \quad \text{mit } Y: (\Omega, \mathfrak{A}) \to (\Omega', \mathfrak{A}'), \tag{5.2}$$

so schreibt man $\mathbb{E}(X|\sigma(Y)) \equiv \mathbb{E}(X|Y)$. Aufgrund des Faktorisierungssatzes der Maßtheorie lässt sich

$$\mathbb{E}(X|Y)(\omega) = k(Y(\omega))$$

setzen, mit einer reellwertigen $\mathfrak{A}'$-messbaren Funktion k. Gleichung (5.1) lautet hier, mit der Verteilung $\mathbb{P}_Y$ von Y auf $(\Omega', \mathfrak{A}')$,

$$\int_C k(y)\mathbb{P}_Y(dy) = \int_{Y^{-1}(C)} X(\omega)\mathbb{P}(d\omega) \qquad \text{für alle } C \in \mathfrak{A}'.$$

Man schreibt auch $\mathbb{E}(X|Y)(\omega) = \mathbb{E}(X|Y = y)$ für $Y(\omega) = y$ (bedingter Erwartungswert von X, gegeben $Y = y$). Sind X und Y unabhängige Zufallsvariable und ist $\varphi : \mathbb{R}^2 \to \mathbb{R}$ eine messbare Funktion mit $\mathbb{E}(|\varphi(X,Y)|) < \infty$, so gilt für $\mathbb{P}_Y$-fast alle $y \in \mathbb{R}$

$$\mathbb{E}(\varphi(X,Y)|Y = y) = \mathbb{E}(\varphi(X,y)).$$

5.2   Bedingte Wahrscheinlichkeiten und Verteilungen

Die *bedingte Wahrscheinlichkeit* des Ereignisses $A \in \mathfrak{A}$, gegeben $\mathfrak{B} \subset \mathfrak{A}$, wird durch

$$\mathbb{P}(A|\mathfrak{B}) = \mathbb{E}(1_A|\mathfrak{B})$$

definiert. Gleichung (5.1) lautet jetzt

$$\int_B \mathbb{P}(A|\mathfrak{B})(\omega)\mathbb{P}(d\omega) = \mathbb{P}(A \cap B) \qquad \text{für alle } B \in \mathfrak{B}.$$

Im Allgemeinen ist $\mathbb{P}(A|\mathfrak{B})$, $A \in \mathfrak{A}$, kein Wahrscheinlichkeitsmaß auf $\mathfrak{A}$. Es gilt zwar $\mathbb{P}$-fast sicher

$$0 \leq \mathbb{P}(A|\mathfrak{B}) \leq 1$$

$$\mathbb{P}\left(\bigcup_{i=1}^{\infty} A_i \,\bigg|\, \mathfrak{B} \right) = \sum_{i=1}^{\infty} \mathbb{P}(A_i|\mathfrak{B}) \quad \text{für paarweise disjunkte } A_1, A_2, \ldots, \tag{5.3}$$

aber es gibt keine Nullmenge $N \in \mathfrak{A}$, so dass (5.3) außerhalb von N für alle $A, A_1, A_2, \cdots \in \mathfrak{A}$ gilt.

Im Fall (5.2) schreiben wir analog $\mathbb{P}(A|\sigma(Y)) \equiv \mathbb{P}(A|Y)$ und

$$\mathbb{P}(A|Y = y) = \mathbb{P}(A|Y)(\omega), \quad \text{falls } Y(\omega) = y.$$

Bedingte Wahrscheinlichkeitsverteilungen

Gegeben seien Zufallsgrößen X, Y auf $(\Omega, \mathfrak{A}, \mathbb{P})$,

$$X : (\Omega, \mathfrak{A}) \to (\Omega', \mathfrak{A}'), \quad \text{mit Verteilung } \mathbb{P}_X \text{ auf } (\Omega', \mathfrak{A}'),$$
$$Y : (\Omega, \mathfrak{A}) \to (\Omega'', \mathfrak{A}''), \quad \text{mit Verteilung } \mathbb{P}_Y \text{ auf } (\Omega'', \mathfrak{A}''). \tag{5.4}$$

Die auf $\Omega'' \times \mathfrak{A}'$ definierte Funktion $P_{X|Y}$ heißt (reguläre) *bedingte Wahrscheinlichkeitsverteilung* von X, gegeben Y, falls sie folgenden Eigenschaften erfüllt:

(i) $P_{X|Y}(y, \cdot)$ stellt ein Wahrscheinlichkeitsmaß auf $\mathfrak{A}'$ dar, für jedes $y \in \Omega''$,

(ii) $P_{X|Y}(\cdot, B)$ ist eine Version der bedingten Wahrscheinlichkeit $\mathbb{P}(X \in B | Y = \cdot)$, für jedes $B \in \mathfrak{A}'$.

Ein anderer Name für $P_{X|Y}$ ist *Übergangswahrscheinlichkeit* von $(\Omega'', \mathfrak{A}'')$ nach $(\Omega', \mathfrak{A}')$ oder (kürzer) von Ω'' nach $\mathfrak{A}'$. Gleichung (5.1) nimmt hier die Form

$$\int_C P_{X|Y}(y, B)\, \mathbb{P}_Y(dy) = \mathbb{P}_{(X,Y)}(B \times C) \qquad \forall B \in \mathfrak{A}', \; C \in \mathfrak{A}'' \tag{5.5}$$

an. Ist Φ eine reellwertige, messbare Funktion auf Ω' mit $\mathbb{E}(|\Phi(X)|) < \infty$, so gilt für den bedingten Erwartungswert von $\Phi(X)$, gegeben $Y = y$, für $\mathbb{P}_Y$-fast alle $y \in \Omega''$,

$$\mathbb{E}(\Phi(X)|Y = y) = \int_{\Omega'} \Phi(x)\, P_{X|Y}(y, dx)\,.$$

Aus (5.5) folgt sofort die *Bayessche Formel*

$$P_{X|Y}(y, dx) \cdot \mathbb{P}_Y(dy) = P_{Y|X}(x, dy) \cdot \mathbb{P}_X(dx).$$

Im Spezialfall $(\Omega, \mathfrak{A}) = (\Omega', \mathfrak{A}')$, $X = \mathrm{Id}$, schreiben wir auch $P(y, B)$ statt $P_{Id|Y}(y, B)$. Die Funktion $P(\cdot, B)$ ist dann für jedes $B \in \mathfrak{A}$ eine Version der bedingten Wahrscheinlichkeit $\mathbb{P}(B|Y = \cdot)$, und (5.5) lautet hier

$$\int_C P(y, B)\, \mathbb{P}_Y(dy) = \mathbb{P}(B \cap Y^{-1}(C)) \qquad \forall B \in \mathfrak{A}, \; C \in \mathfrak{A}''. \tag{5.6}$$

Die Existenz einer bedingten Wahrscheinlichkeitsverteilung $P_{X|Y}$ wie in (i),(ii) ist sichergestellt, falls in (5.4) z. B. $(\Omega', \mathfrak{A}') = (\mathbb{R}^n, \mathcal{B}^n)$, $(\Omega'', \mathfrak{A}'') = (\mathbb{R}^m, \mathcal{B}^m)$ gilt.

5.3 Bedingte Dichten

Für das praktische Rechnen ist der Begriff der bedingten Dichte nützlich. Den Begriff *Dichte* verstehen wir bezüglich des Lebesguemaßes oder des Zählmaßes, wobei im zweiten Fall $\int \ldots dx$ als $\sum_x \ldots$ zu lesen ist. Sind auf $(\Omega, \mathfrak{A})$ zwei Zufallsvektoren gegeben,

$$X : (\Omega, \mathfrak{A}) \to (\mathbb{R}^n, \mathcal{B}^n), \qquad Y : (\Omega, \mathfrak{A}) \to (\mathbb{R}^m, \mathcal{B}^m),$$

und ist $f(x,y)$, $x \in \mathbb{R}^n$, $y \in \mathbb{R}^m$, die gemeinsame Dichte von (X, Y), so definiert man mit Hilfe der (Rand-) Dichte $f_Y(y) = \int f(x,y)dx$, $y \in \mathbb{R}^m$, von Y die *bedingte Dichte* von X, gegeben $Y = y$, durch

$$f(x|y) = \frac{f(x,y)}{f_Y(y)}, \quad x \in \mathbb{R}^n.$$

Für alle $y \in \mathbb{R}^m$, $B \in \mathcal{B}^n$, ist dann

$$P_{X|Y}(y, B) \equiv \mathbb{P}(X \in B|Y = y) = \int\limits_B f(x|y)dx,$$

$$\mathbb{E}(\Phi(X)|Y = y) = \int\limits_{\mathbb{R}^n} \Phi(x)f(x|y)dx.$$

Die bedingte Dichte $f(x|y)$, $x \in \mathbb{R}^n$, ist also die Dichte der bedingten Wahrscheinlichkeitsverteilung $P_{X|Y}(y, B)$, $B \in \mathcal{B}^n$, von X, gegeben $Y = y$. Wir schreiben auch $f(x|y) \equiv f_{X|Y}(x|y)$.

Eine unmittelbare Folge der Definitionen ist das „Bayessche Theorem"

$$f_{Y|X}(y|x) = \frac{f_{X|Y}(x|y)f_Y(y)}{f_X(x)}, \qquad f_X(x) = \int f_{X|Y}(x|u)f_Y(u)du.$$

III Lineares Modell

Das lineare Modell der Statistik bildet die theoretische Grundlage der beiden wohl populärsten statistischen Verfahren, nämlich der Varianz- und Regressionsanalyse. Wir werden in diesem Kapitel die wichtigsten Sätze zur Schätz- und Testtheorie im linearen Modell beweisen. Im zweiten Abschnitt findet man diverse Spezialfälle des linearen Modells, doch werden nur die beiden einfachsten Modelle –die der einfachen Varianz- und Regressionsanalyse– anschließend als Beispiele mitgeführt.

Das lineare Modell stellt sich als abgeschlossenes und elegantes Theoriengebäude dar. Der Grund dafür liegt in dem reibungslosen Zusammenspiel zwischen der Minimum-Quadrat Methode der Statistik und den Projektionsverfahren in linearen Räumen (was die Schätztheorie anbelangt), sowie zwischen mehrdimensionaler Normalverteilung und linearen Teilräumen und Transformationen (was die Testtheorie betrifft). Letzteres ist uns bereits in I 1.3 begegnet und diese Thematik wird auch den Hauptteil des ersten Abschnitts bilden.

Der Anhang A 1 fasst das hier benötigte Material über Matrizen und Projektionen zusammen, der Anhang A 2 ist der mehrdimensionalen Normalverteilung gewidmet.

1 Grundlagen des linearen Modells (^{0})

Die grundlegende Vorstellung, die hinter dem linearen Modell steht, ist die folgende: Der n-dimensionale Beobachtungsvektor Y kann additiv aufgespaltet werden in einen Erwartungswertvektor μ und einen Fehlervektor e. Dabei ist vom Vektor μ nur bekannt, dass er aus einem bestimmten linearen Teilraum des $\mathbb{R}^n$ ist. Der Vektor e besteht aus unkorrelierten Zufallsvariablen mit Erwartungswert 0 und unbekannter Varianz σ^2.

Zunächst motivieren wir die allgemeine Form des linearen Modells durch die Beispiele der linearen Regressionsanalyse und der einfachen Varianzanalyse.

1.1 Einführung: Regressions- und Varianzanalyse

In den linearen Modellen der Statistik sind zwei –von ihrem Typ her ganz unterschiedliche– Größen involviert. Deterministische Design- oder Einstellgrößen x fungieren als unabhängige Variablen, eine Kriteriumsgröße Y als eine –vom x-Wert und vom Zufall bestimmte– abhängige Variable. In Regressionsmodellen werden die x-Variablen *Regressoren* genannt und stellen in der Regel metrische (quantitative) Größen dar, in Modellen der Varianzanalyse sind die x-Variablen $\{0,1\}$-wertig; sie geben die Zugehörigkeit zu den Kategorien qualitativer *Faktoren* an.

Regressionsanalyse

Das Modell der linearen Regression stellt den Erwartungswert von Y als lineare Funktion des m-dimensionalen Vektors x der Regressoren dar. Für jeden eingestellten Regressorenwert x beobachtet man den Wert des Kriteriums Y. Die n Wertepaare schreibt man in der Form $(x_1, Y_1), \ldots, (x_n, Y_n)$ nieder und setzt

$$Y_i = \alpha + x_i^{\mathsf{T}} \cdot \beta + e_i, \qquad i = 1, \ldots, n, \tag{1.1}$$

als Modellgleichung an. Dabei sind $x_i^{\mathsf{T}} = (x_{1i}, \ldots, x_{mi})$ und $\beta = \begin{pmatrix} \beta_1 \\ \vdots \\ \beta_m \end{pmatrix}$ die m-dimensionalen Vektoren der Regressorenwerte bei der i−ten Wiederholung bzw. der *Regressionskoeffizienten*. Die *Fehlervariablen* e_i werden als paarweise unkorreliert vorausgesetzt, mit $\mathbb{E}(e_i) = 0$ und mit identisch gleichen Werten $\mathrm{Var}(e_i)$, $i = 1, \ldots, n$. Gleichung (1.1), zusammen mit $\mathbb{E}(e_i) = 0$, lässt sich auch in der Form

$$\mathbb{E}(Y_i) = \mu(x_i, \beta), \; i = 1, \ldots, n, \tag{1.2}$$

schreiben, mit der Funktion $\mu(x, \beta) = \alpha + x^{\mathsf{T}}\beta$, die *linear* in β ist. Im Spezialfall $m = 1$, das heißt eines skalaren Regressors x, sprechen wir von einer einfachen linearen Regression, bei $m \geq 2$ von multipler (m-facher) linearer Regression. Beschreiben wir den Erwartungswert von Y, allgemeiner als in (1.2), durch eine Funktion $\mu(x, \beta)$, die *nichtlinear* in β ist, so kommen wir zu *nichtlinearen* Regressionsmodellen, vgl. VII 1 unten. Bei diesen ist die Funktion $\mu(x, \beta)$, $\beta \in \mathbb{R}^m$, fest vorgegeben, anders als bei den *nichtparametrischen* Regressionsmodellen, bei denen $\mu(x)$ unbekannt ist, vgl. VIII 2 unten.

In der Modellgleichung

$$Y_i = \alpha + \beta_1 x_i + e_i, \quad \mathbb{E}(e_i) = 0, \;\; \mathrm{Var}(e_i) = \sigma^2, \quad i = 1, \ldots, n,$$

der *einfachen linearen* Regression stellen α und β_1 die zwei unbekannten Modellparameter dar, die nach der Minimum-Quadrat (MQ) Methode wie in I 2.4

geschätzt werden. Die MQ-Schätzer $\hat{\alpha}, \hat{\beta}_1$ erwiesen sich als erwartungstreu, in 3.2 werden wir auch ihre Konsistenz und asymptotische Normalität nachweisen. Die Werte $\hat{Y}_i = \hat{\alpha} + \hat{\beta}_1 x_i$ liegen auf der empirischen *Regressionsgeraden* $y = \hat{\alpha} + \hat{\beta}_1 x$, $x \in \mathbb{R}$. Die unbekannte Varianz σ^2 wird mit Hilfe der (normierten) Summe der quadrierten *Residuen* $Y_i - \hat{Y}_i$ erwartungstreu geschätzt (in 3.3 unten).

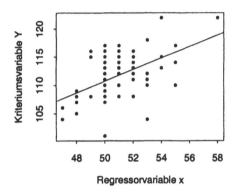

Abbildung III.1: Wertepaare $(x_i, Y_i), i = 1, \ldots, n$, und empirische Regressionsgerade $\hat{\alpha} + \hat{\beta}_1 x$.

Eine Hypothese von Interesse ist $H_0 : \beta_1 = 0$; sie besagt, dass die Kriteriumsvariable Y gar nicht vom Regressor x abhängt. Unter H_0 und der zusätzlichen Annahme unabhängiger und normalverteilter Fehlervariablen e_i ist die Teststatistik

$$T^2 = \frac{\text{SQR}}{\text{MQD}}, \qquad \text{SQR} = \sum_{i=1}^{n}(\hat{Y}_i - \overline{Y})^2, \quad \text{MQD} = \frac{1}{n-2} \sum_{i=1}^{n}(Y_i - \hat{Y}_i)^2,$$

$F_{1,n-2}$-verteilt, wobei wir $\overline{Y} = (1/n) \sum_{i=1}^{n} Y_i$ gesetzt haben (vgl. 5.4 unten). Man verwirft also H_0 zugunsten von $H_1 : \beta_1 \neq 0$, falls

$$T = \sqrt{\text{SQR}/\text{MQD}} > t_{n-2,1-\alpha/2}.$$

Varianzanalyse

Mit Hilfe der Modelle der Varianzanalyse untersucht man die Mittelwert-Einflüsse einer oder mehrerer qualitativer Größen, die auch *Faktoren* genannt werden, auf die Kriteriumsvariable Y. Dabei sprechen wir je nach Anzahl 1,2,... der Faktoren von einer Varianzanalyse mit *Einfach-, Zweifach-,...* Klassifikation, bzw. von *einfacher, zweifacher,...* Varianzanalyse.

Bei der *einfachen* Varianzanalyse interpretiert man die verschiedenen Werte des Faktors, die auch „Stufen" genannt werden, als Gruppen. Liegen k Gruppen vor und stehen für die i-te Gruppe n_i Beobachtungen $Y_{i1}, \ldots, Y_{i,n_i}$ der Kriteriumsvariablen zur Verfügung, so formulieren wir das Modell

$$Y_{ij} = \mu_i + e_{ij}, \quad j = 1, \ldots, n_i, \ i = 1, \ldots, k. \tag{1.3}$$

Dabei mögen die Fehlervariablen $e_{11}, \ldots, e_{k,n_k}$ paarweise unkorreliert sein, $\mathbb{E}(e_{ij}) = 0$ erfüllen und identisch gleiche Varianzen $\mathrm{Var}(e_{ij}) = \sigma^2$ aufweisen.

Gruppe	Umfang	Beobachtung			Mittelwerte	Erwartungsw.
1	n_1	$Y_{11}\ Y_{12}$	$\cdots$	Y_{1,n_1}	$\overline{Y}_1$	μ_1
2	n_2	$Y_{21}\ Y_{22}$	$\cdots$	Y_{2,n_2}	$\overline{Y}_2$	μ_2
$\vdots$	$\vdots$	$\vdots$	$\vdots$	$\vdots$	$\vdots$	$\vdots$
k	n_k	$Y_{k1}\ Y_{k2}$	$\cdots$	Y_{k,n_k}	$\overline{Y}_k$	μ_k

Definieren wir den k-dimensionalen Vektor $\beta^\mathsf{T} = (\mu_1, \ldots, \mu_k)$ der Gruppen-Erwartungswerte sowie den Vektor $x_{ij}^\mathsf{T} = (0, \ldots, 0, 1, 0, \ldots, 0)$ der „Zugehörigkeit zur Gruppe i", das ist der i-te Einheitsvektor im $\mathbb{R}^k$, so wird durch die Umformung

$$Y_{ij} = x_{ij}^\mathsf{T} \cdot \beta + e_{ij}, \quad j = 1, \ldots, n_i, \ i = 1, \ldots, k,$$

von (1.3) eine formale Analogie zu (1.1) hergestellt. Die unbekannten Erwartungswerte μ_i werden mit Hilfe der MQ-Methode durch $\hat{\mu}_i = \overline{Y}_i$, das ist das Stichprobenmittel der Gruppe i, geschätzt (siehe 3.4 unten). Der Schätzer der unbekannten Varianz σ^2 wird wieder –wie bei der Regressionsanalyse– mit Hilfe der Summe der quadrierten Residuen gebildet, die hier $Y_{ij} - \overline{Y}_i$ lauten. Die Hypothese $H_0 : \mu_1 = \ldots = \mu_k$ gleicher Erwartungswerte in den Gruppen besagt, dass die Kriteriumsvariable Y gar nicht von den Stufen des Faktors abhängt (in allen k Gruppen identisch verteilt ist). Unter H_0 und der zusätzlichen Annahme unabhängiger und normalverteilter Fehlervariablen e_{ij} ist die Teststatistik

$$F = \frac{\mathrm{MQZ}}{\mathrm{MQI}}, \quad \mathrm{MQZ} = \frac{1}{k-1} \sum_{i=1}^{k} n_i (\overline{Y}_i - \overline{Y})^2, \ \mathrm{MQI} = \frac{1}{n-k} \sum_{i=1}^{k} \sum_{j=1}^{n_i} (Y_{ij} - \overline{Y}_i)^2,$$

$F_{k-1,n-k}$-verteilt. Dabei bedeuten $n = n_1 + \ldots + n_k$ und $\overline{Y} = (1/n) \sum_{i=1}^{k} n_i \overline{Y}_i$ den Umfang bzw. den Mittelwert der Gesamtstichprobe (vgl. 5.4 unten).

Im Fall $k = 2$ zweier Gruppen schreibt sich die Teststatistik –wie man leicht nachrechnet– in der Form

$$F = \nu^2 \cdot \frac{(\overline{Y}_1 - \overline{Y}_2)^2}{S^2}, \quad \nu^2 = \frac{n_1 \cdot n_2}{n_1 + n_2},$$

S^2 der in I 3.4 eingeführte *pooled variance* Schätzer, so dass sich die Verwerfungsregel $F > F_{k-1,n-k,1-\alpha}$ auf die Verwerfungsregel des Zwei-Stichproben t-*Tests* reduziert.

1.2 Elemente und Definition des linearen Modells

Das lineare Modell der mathematischen Statistik, welches mit LM abgekürzt wird, umfasst folgende Vektoren und Matrizen:

- n-dimensionaler Zufallsvektor $Y = \begin{pmatrix} Y_1 \\ \vdots \\ Y_n \end{pmatrix}$. Ein Stichproben-Vektor $y = (y_1, \ldots, y_n)^\mathsf{T}$ wird als eine Realisation von Y aufgefasst.

- p-dimensionaler Parametervektor $\beta = \begin{pmatrix} \beta_1 \\ \vdots \\ \beta_p \end{pmatrix}$, der die unbekannten *Modellparameter* β_j umfasst $(p < n)$.

- $n \times p$-Matrix X der (bekannten) Kontroll- oder Einfluss-Größen x_{ij},

$$X = \begin{pmatrix} x_{11} & x_{12} & \ldots & x_{1p} \\ x_{21} & x_{22} & \ldots & x_{2p} \\ \ldots & \ldots & \ldots & \ldots \\ x_{n1} & x_{n2} & \ldots & x_{np} \end{pmatrix}.$$

  X wird auch *Designmatrix* genannt. Wir setzen $r = \mathrm{Rang}(X)$.

- n-dimensionaler Zufallsvektor $e = \begin{pmatrix} e_1 \\ \vdots \\ e_n \end{pmatrix}$ der *Fehler-* oder Stör-Größen e_i.

Wir setzen im Folgenden stets voraus, dass die e_i Erwartungswert 0 und identisch gleiche Varianzen σ^2 besitzen (σ^2 ein weiterer unbekannter Parameter), und dass die e_i paarweise unkorreliert sind. Vektoriell geschrieben

$$\mathbb{E}(e) = 0 \ , \qquad \mathbf{V}(e) = \sigma^2 \cdot I_n. \tag{1.4}$$

Definition. Mit den oben eingeführten Größen Y, β, X und e wird ein *lineares Modell* (LM) durch die Gleichung

$$Y = X \cdot \beta + e \tag{1.5}$$

beschrieben, wobei e die Voraussetzung (1.4) erfüllt.

Komponentenweise bedeutet (1.5), dass

$$Y_i = \sum_{j=1}^{p} x_{ij}\beta_j + e_i, \quad i = 1, \ldots, n.$$

Von einem LM mit Normalverteilungs-Annahme (kurz: NLM) sprechen wir, wenn der Zufallsvektor

e eine $N_n(0, \sigma^2 I_n)$ – Verteilung

besitzt. Einfache Folgerungen sind

1. Für das LM gilt $\mathbb{E}(Y) = X \cdot \beta$, $\mathbb{V}(Y) = \sigma^2 I_n$.

2. Für die drei Kennzahlen

$$r = \text{Rang}(X), \ p = \dim(\beta), \ n = \dim(Y)$$

des LM gilt $r \le p < n$.

3. Im NLM sind darüber hinaus die $Y_1, \ldots, Y_n$ unabhängig und

$$Y_i \ \text{ist} \ N\Big(\sum_{j=1}^{p} x_{ij}\beta_j, \sigma^2\Big) - \text{verteilt}, \quad i = 1, \ldots, n.$$

Die Verteilungsannahme eines NLM lautet also

$$\mathbb{Q}_{\beta, \sigma^2} = N_n(X \cdot \beta, \sigma^2 I_n) = \bigtimes_{i=1}^{n} N\Big(\sum_{j=1}^{p} x_{ij}\beta_j, \sigma^2\Big), \ \beta \in \mathbb{R}^p, \ \sigma^2 > 0.$$

1.3   Linearer Teilraum $L = \mathcal{L}(X)$, Projektionen

Es bezeichne

$$\mathcal{L}(X) = \{X \cdot b : b \in \mathbb{R}^p\}$$

den linearen Teilraum des $\mathbb{R}^n$, der durch die p Spalten der Matrix X aufgespannt wird. Für $\mathcal{L}(X)$ werden wir auch kürzer L schreiben. Nach Definition von $r = \text{Rang}(X)$ gilt

$$r = \dim \mathcal{L}(X).$$

In einem LM gilt also für den n-dimensionalen Vektor

$$\mu = \mathbb{E}(Y)$$

der Erwartungswerte von Y, dass $\mu \in L$.

Die Definitionsgleichung (1.5) lässt sich nun so interpretieren, dass jede Beobachtung Y gerade um einen Fehlervektor e aus dem linearen Teilraum L abgelenkt wird (Abb. III.2). Offensichtlich kann ein LM in äquivalenter (*koordinatenfreier*) Weise auch durch

$$Y = \mu + e, \ \mu \in L, \tag{1.6}$$

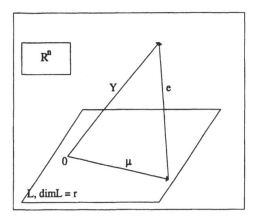

Abbildung III.2: Darstellung der Vektoren Y, e und $\mu \in L$ des linearen Modells.

definiert werden, wobei Y und e oben eingeführt wurden, Voraussetzung (1.4) gelten soll und L ein bestimmter vorgegebener r-dimensionaler linearer Teilraum des $\mathbb{R}^n$ ist. Tatsächlich ist es oft vorteilhaft (z. B. bei der zweifachen Varianz-analyse, siehe 2.3), den Raum L anders anzugeben als durch die p Spalten einer Matrix X. Man beachte aber, dass die Darstellung $\mu = X \cdot \beta$ des Erwartungs-wertvektors mit Hilfe der p Spalten der Matrix X nur im Fall $r = p$, das heißt falls X vollen Rang besitzt, eindeutig ist.

Die Projektionsabbildung auf L wird durch eine $n \times n$-Matrix P_L dargestellt, die durch die beiden Eigenschaften

$$P_L\, a = a \quad \forall a \in L \quad \text{und} \quad P_L\, a = 0 \quad \forall a \in L^\perp$$

eindeutig festgelegt ist, wobei

$$L^\perp = \{a \in \mathbb{R}^n : a^\top \cdot x = 0 \quad \forall x \in L\}$$

das orthogonale Komplement von L im $\mathbb{R}^n$ ist, vgl Anhang A 1.1. Die *Projekti-onsmatrix* P_L erfüllt ferner

$$P_L^2 = P_L, \quad P_L^\top = P_L, \quad |y - P_L\, y|^2 = \min\{|y - x|^2 : x \in L\}.$$

Für ein $y \in \mathbb{R}^n$ bezeichnet also

- $P_L\, y \in L$ die Projektion in L

- $y - P_L\, y \in L^\perp$ den Projektionsstrahl von y in L .

Angewandt auf den Zufallsvektor $Y = \mu + e$, $\mu \in L$, des LM bedeutet das: Der Zufallsvektor $P_L Y \in L$ ist die Projektion von Y in L, der Zufallsvektor $Q_L Y \in L^\perp$ ist der Projektionsstrahl, wobei

$$Q_L = I_n - P_L = P_{L^\perp}$$

die $n \times n$-Projektionsmatrix auf $L^\perp$ bezeichnet, siehe Abbildung III.4 unten.

1.4 Projektion und Projektionsstrahl

Die im Folgenden auftretenden Begriffe der nichtzentralen χ^2-Verteilung und des Nichtzentralitätsparameters (NZP) sind im Exkurs I 7.1 behandelt worden.

Satz 1. *Für die Zufallsvektoren $P_L Y$ und $Q_L Y$ eines LM gilt*

$$\mathbb{E}(P_L Y) = \mu, \quad \mathbb{E}(|Q_L Y|^2) = (n - r)\,\sigma^2.$$

Im NLM gilt ferner

$$\frac{|Q_L Y|^2}{\sigma^2} \quad ist \quad \chi^2_{n-r}\text{-}verteilt,$$

und $P_L Y$ und $Q_L Y$ sind unabhängig.

Allgemeiner sind im NLM die Zufallsvektoren BY und $Q_L Y$ unabhängig, falls die Zeilen der n-spaltigen Matrix B aus L sind.

Beweis. <u>LM</u>: Es gilt $\mathbb{E}(P_L Y) = P_L \mu = \mu$ sowie $\mu^\mathsf{T} Q_L \mu = 0$ wegen $\mu \in L$. Das folgende Lemma liefert

$$\mathbb{E}(|Q_L Y|^2) = \mathbb{E}(Y^\mathsf{T} Q_L Y) = \mathrm{Spur}(Q_L \mathbf{V}(Y)) = (n - r)\,\sigma^2,$$

denn für Projektionsmatrizen sind Rang und Spur identisch (Anhang A 1.1).

<u>NLM</u>: Gemäß Satz 2 aus A 2.3 besitzt

$$\frac{1}{\sigma^2} Y^\mathsf{T} Q_L Y \quad eine \quad \chi^2_{n-r}(\delta^2) - \text{Verteilung},$$

mit NZP $\delta^2 = \mu^\mathsf{T} Q_L \mu = 0$, also eine χ^2_{n-r}-Verteilung. Schließlich folgt die Unabhängigkeit von $P_L Y$ und $Q_L Y$ wegen $P_L Q_L = 0$ aus A 2.2 (Satz 2). Aus dem gleichen Grund, das heißt wegen $B Q_L = 0$, sind BY und $Q_L Y$ unabhängig. □

Bemerkung. Im NLM sind insbesondere $P_L Y$ und $|Q_L Y|^2$ unabhängig. $P_L Y$ hat im NLM eine *ausgeartete* Normalverteilung; in der Tat, $\mathbf{V}(P_L Y) = P_L \mathbf{V}(Y) P_L = \sigma^2 P_L$ hat den Rang r, $r < n$.

Lemma. *Ist Y ein n-dimensionaler Zufallsvektor und ist A eine symmetrische $n \times n$-Matrix, so gilt mit $\mu = \mathbb{E}(Y)$ und $\Sigma = \mathbf{V}(Y)$*

$$\mathbb{E}(Y^{\mathsf{T}} A Y) = \operatorname{Spur}(A\Sigma) + \mu^{\mathsf{T}} A \mu.$$

Beweis. Da für eine $q \times n$-Matrix C und $n \times q$-Matrix D die Gleichung $\operatorname{Spur}(CD) = \operatorname{Spur}(DC)$ gilt und da die Operationen $\operatorname{Spur}(.)$ und $\mathbb{E}(.)$ vertauschbar sind, haben wir

$$\begin{aligned}
\mathbb{E}&[(Y - \mu)^{\mathsf{T}} A (Y - \mu)] \\
&= \mathbb{E}\big[\operatorname{Spur}((Y - \mu)^{\mathsf{T}} A (Y - \mu))\big] \\
&= \mathbb{E}\big[\operatorname{Spur}(A (Y - \mu)(Y - \mu)^{\mathsf{T}})\big] \\
&= \operatorname{Spur}\big[A \,\mathbb{E}((Y - \mu)(Y - \mu)^{\mathsf{T}})\big] \\
&= \operatorname{Spur}[A\Sigma].
\end{aligned}$$

Andererseits gilt der Verschiebungssatz in der Form

$$E\big[(Y - \mu)^{\mathsf{T}} A (Y - \mu)\big] = \mathbb{E}[Y^{\mathsf{T}} A Y] - \mu^{\mathsf{T}} A \mu,$$

was die Behauptung ergibt.   □

Gestaffelte Projektionen

Nun betrachten wir einen weiteren linearen Teilraum $K \subset L$ und neben der Projektion $P_L Y$ von Y in L auch die Projektion $P_K Y$ von Y in K.

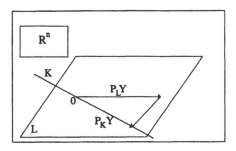

Abbildung III.3: Projektionen von Y in die linearen Teilräume L und $K \subset L$.

Satz 2. *In einem NLM gilt für einen s-dimensionalen linearen Teilraum K des r-dimensionalen Teilraums L ($s < r$): Die Zufallsvariable*

$$\frac{|P_L Y|^2 - |P_K Y|^2}{\sigma^2} \quad \text{ist (nichtzentral) } \chi^2_{r-s}(\delta^2) - \text{verteilt,}$$

mit NZP

$$\delta^2 = \frac{|\mu - P_K \mu|^2}{\sigma^2},$$

und unabhängig von $|Q_L Y|^2/\sigma^2$, *das (nach Satz 1)* χ^2_{n-r}*-verteilt ist.*

Beweis. Es gilt

$$|P_L Y|^2 - |P_K Y|^2 = |P_L Y - P_K Y|^2 = Y^\top (P_L - P_K) Y$$
$$|\mu|^2 - |P_K \mu|^2 = |\mu - P_K \mu|^2 \quad = \mu^\top (P_L - P_K) \mu.$$

Die erste Aussage des Satzes folgt dann wegen $\mathrm{Rang}(P_L - P_K) = r - s$ aus Satz 2 des Anhangs A 2.3. Zum Beweis der Unabhängigkeitsaussage schreiben wir die quadratischen Formen in der Gestalt

$$Y^\top (P_L - P_K) Y = V^\top V, \quad Y^\top Q_L Y = W^\top W, \tag{1.7}$$

mit $V = (P_L - P_K) Y$, $W = (I_n - P_L) Y$. Aus $(P_L - P_K)(I_n - P_L) = 0$ folgt mit Hilfe von Satz 2 aus A 2.2 die Unabhängigkeit von V und W und damit auch die Unabhängigkeit der Zufallsvariablen auf den linken Seiten der Gleichungen (1.7). □

2   Spezialfälle des linearen Modells (^{0})

Durch Festlegung einer speziellen Designmatrix X oder –äquivalent– eines linearen Teilraums L versucht der Statistiker, der konkreten experimentellen Situation gerecht zu werden. Im Folgenden werden wir die wichtigsten Beispiele von linearen Modellen vorstellen. Allein die beiden Modelle der einfachen Varianz- und Regressionsanalyse, die aus 1.1 bereits bekannt sind, dienen auch anschließend in diesem Kapitel als Anwendungsbeispiele der entwickelten Theorie.

2.1   Lineare Regression

Einfache lineare Regression

Modell a) Setze $p = 2$, $\beta = \begin{pmatrix} \alpha \\ \beta_1 \end{pmatrix}$, $X = \begin{pmatrix} 1 & x_1 \\ \vdots & \vdots \\ 1 & x_n \end{pmatrix}$, wobei die Werte x_i nicht alle identisch sein mögen. Es ist dann $r = 2$, und das LM lautet

$$Y_i = \alpha + \beta_1 x_i + e_i, \quad i = 1, \dots, n.$$

Es ist $\mathbb{E}(Y_i) = \alpha + \beta_1 x_i$ und die Wertepaare $(x_i, \mathbb{E}(Y_i))$, $i = 1, \dots, n$, liegen auf der *Regressionsgeraden* $y = \alpha + \beta_1 x$, $x \in \mathbb{R}$.

Modell b) (*Mittelpunktsform*) Eine äquivalente Darstellung erhält man mit

$$p = 2, \; \beta = \begin{pmatrix} \beta_0 \\ \beta_1 \end{pmatrix}, \;\; X = \begin{pmatrix} 1 & x_1 - \bar{x} \\ \vdots & \vdots \\ 1 & x_n - \bar{x} \end{pmatrix}, \text{wobei } \bar{x} = (1/n) \sum_{i=1}^{n} x_i. \text{ Dann ist}$$

$$Y_i = \beta_0 + \beta_1(x_i - \bar{x}) + e_i, \; i = 1, \dots, n.$$

Sind nicht alle x_i identisch, so ist auch hier $r = 2$. Im Vergleich zum Modell a) ist $\beta_0 = \alpha + \beta_1 \bar{x}$.

Multiple lineare Regression

Modell a) Man setzt $p = m + 1$, $\;\; \beta = \begin{pmatrix} \alpha \\ \beta_1 \\ \vdots \\ \beta_m \end{pmatrix}$ und $X = \begin{pmatrix} 1 & x_{11} & \cdots & x_{m1} \\ \vdots & \vdots & \vdots & \vdots \\ 1 & x_{1n} & \cdots & x_{mn} \end{pmatrix}$,

wobei wir $r = m + 1$ (für X also den vollen Rang) voraussetzen. Das lineare Modell der m-fachen linearen Regression lautet also

$$Y_i = \alpha + \beta_1 x_{1i} + \dots + \beta_m x_{mi} + e_i, \quad i = 1, \dots, n.$$

Die β_i heißen (partielle) *Regressionskoeffizienten*. Die Spalten 2 bis $m + 1$ von X stehen für die m *Regressorvariablen* (auch Kontroll-, Einfluss-, Prädiktor-Variablen genannt), so dass $(x_{j1}, \dots, x_{jn})^\top$ die n Werte der j-ten Regressorvariablen darstellen. Man beachte, dass in x_{ji} der erste Index sich auf die Spalte, der zweite auf die Zeile bezieht, eine Notation, die bei uns nur im Zusammenhang mit der multiplen Regression vorkommt.

Modell b) Mit dem Mittelwert $\bar{x}_j = (1/n) \sum_{i=1}^{n} x_{ji}$ der j-ten Regressorvariablen lautet die *Mittelpunktsform*

$$Y_i = \beta_0 + \beta_1(x_{1i} - \bar{x}_1) + \dots + \beta_m(x_{mi} - \bar{x}_m) + e_i, \quad i = 1, \dots, n.$$

Im Vergleich zum Modell a) ist

$$\beta_0 = \alpha + \beta_1 \bar{x}_1 + \dots + \beta_m \bar{x}_m.$$

Hier ist also $\beta = (\beta_0, \dots, \beta_m)^\top$ und X wie im Modell a), allerdings mit Elementen $x_{ji} - \bar{x}_j$ anstatt x_{ji}. Die Matrix X hat genau dann den vollen Rang $m + 1$, wenn es die Matrix aus a) hat.

2.2 Einfache Varianzanalyse

Die einfache Varianzanalyse, mit k Stichproben vom Umfang $n_1, \dots, n_k$, kann in Form von zwei verschieden parametrisierten Modellen geschrieben werden, die sich wesentlich (nämlich in der Anzahl der Parameter) unterscheiden.

Modell a) Man setzt $p = k$, $n = n_1 + \ldots + n_k$ und $\beta = (\mu_1, \ldots, \mu_k)^\top$,

$$X = \begin{pmatrix} 1 & 0 & \cdots & 0 \\ \vdots & \vdots & \vdots & \vdots \\ 1 & 0 & \cdots & 0 \\ 0 & 1 & \cdots & 0 \\ \vdots & \vdots & \vdots & \vdots \\ 0 & 1 & \cdots & 0 \\ \vdots & \vdots & \ddots & 0 \\ 0 & \cdots & \cdots & 1 \\ \vdots & \vdots & \vdots & \vdots \\ 0 & \cdots & \cdots & 1 \end{pmatrix}, \quad Y = \begin{pmatrix} Y_{11} \\ \vdots \\ Y_{1n_1} \\ \vdots \\ Y_{k1} \\ \vdots \\ Y_{kn_k} \end{pmatrix},$$

und e entsprechend wie Y. Die n-dimensionalen Vektoren Y und e werden doppelt indiziert, der erste Index gibt die Gruppenzugehörigkeit, der zweite die Wiederholungsnummer an. Es ist $r = k$ (X hat vollen Rang), und das LM lautet

$$Y_{ij} = \mu_i + e_{ij}, \quad j = 1, \ldots, n_i, \ i = 1, \ldots, k.$$

Der Teilraum $L = \mathcal{L}(X)$ besteht aus allen Vektoren $\mu \in \mathbb{R}^n$, deren Komponenten

$$1 \text{ bis } n_1, \ n_1 + 1 \text{ bis } n_1 + n_2, \ \ldots, \ n_1 + \ldots + n_{k-1} + 1 \text{ bis } n$$

jeweils identisch sind. Für jedes i bilden $Y_{i1}, \ldots, Y_{in_i}$ die Werte der i-ten Stichprobe (Gruppe, Stufe), $\mathbb{E}(Y_{ij}) = \mu_i$ ist der Erwartungswert der i-ten Gruppe.

Modell b) Mit $p = k + 1$, $\beta = (\mu_0, \alpha_1, \ldots, \alpha_k)^\top$, X wie im Modell a), jedoch mit einer zusätzlichen ersten Spalte, die aus lauter Einsen besteht, und mit Y und e wie in a) erhalten wir die Modellgleichungen

$$Y_{ij} = \mu_0 + \alpha_i + e_{ij}, \quad j = 1, \ldots, n_i, \ i = 1, \ldots, k.$$

Es ist $r = k < p$, die Matrix X hat also keinen vollen Rang. Der Teilraum L ist derselbe wie in a); er besteht aus allen Vektoren $\mu \in \mathbb{R}^n$, deren Komponenten

$$n_1 + \ldots + n_{i-1} + 1 \text{ bis } n_1 + \ldots + n_i$$

sämtlich die Form $\mu_0 + \alpha_i$ haben ($i = 1, \ldots, k$). Führen wir auch für $\mu \in \mathbb{R}^n$ die Doppelindizierung wie für Y ein, so kann L auch als Menge aller Vektoren $\mu = (\mu_{ij}) \in \mathbb{R}^n$ beschrieben werden, welche die Darstellung

$$\mu_{ij} = \mu_0 + \alpha_i, \quad j = 1, \ldots, n_i, \ i = 1, \ldots, k, \tag{2.1}$$

besitzen. Ohne L zu verändern, können (und werden) wir an die α_i die *Nebenbedingung*

$$\sum_{i=1}^{k} n_i\,\alpha_i = 0 \qquad\qquad \text{NB}$$

stellen. Man weist nämlich elementar nach

Lemma. *(i) Der Teilraum L besteht aus allen $\mu = (\mu_{ij}) \in \mathbb{R}^n$, welche Gleichung (2.1) und NB erfüllen.*

(ii) Unter NB ist die Darstellung von $\mu \in L$ in der Form (2.1) eindeutig.

Definieren wir innerhalb von Modell b) noch $\mu_i = \mu_0 + \alpha_i$, so folgt aus NB die Darstellung

$$\mu_0 = \frac{1}{n}\sum_{i=1}^{k} n_i\,\mu_i.$$

μ_0 heißt *allgemeines Mittel* und α_i *Effekt* der Gruppe (Stufe) i.

2.3 Zweifache Varianzanalyse

Die zweifache Varianzanalyse mit $I \cdot J$ Stichproben vom Umfang K wird wieder in Gestalt von zwei verschieden parametrisierten Modellen vorgestellt. Während sich das Modell a) als eine Form der einfachen Varianzanalyse auffassen lässt und nichts Neues bietet, kommt im Modell b) die varianzanalytische Sprech- und Denkweise zur Entfaltung.

Modell a) Man setzt $p = I \cdot J$, $n = I \cdot J \cdot K$, $\beta = (\mu_{11}, \mu_{12}, \dots, \mu_{IJ})^\mathsf{T}$, X wie in 2.2 a) mit $n_i = K$ und $k = I \cdot J$,

$$Y = (Y_{11,1}, \dots, Y_{11,K}; \dots; Y_{1J,1}, \dots, Y_{1J,K}; \dots; Y_{I1,1}, \dots, Y_{I1,K}; \dots; Y_{IJ,1}, \dots, Y_{IJ,K})^\mathsf{T},$$

und e entsprechend. Wir erhalten das LM

$$Y_{ij,k} = \mu_{ij} + e_{ij,k} \qquad \begin{cases} i & = 1, \dots, I \\ j & = 1, \dots, J \\ k & = 1, \dots, K \end{cases}.$$

Es ist $r = p$, X hat also vollen Rang; $\mu_{ij} = \mathbb{E}(Y_{ij})$ ist der Erwartungswert der Zelle (*Stufenkombination*) i, j. Dieses Modell a) der zweifachen Varianzanalyse ist nichts anderes als ein Modell der einfachen Varianzanalyse mit den $k = I \cdot J$ Stichproben $(1,1), \dots, (I, J)$, jeweils vom Umfang K.

Modell b) Hier ist $p = (I+1) \cdot (J+1)$, $n = I \cdot J \cdot K$,

$$\beta = (\mu_0; \alpha_1, \ldots, \alpha_I; \beta_1, \ldots, \beta_J; \gamma_{11}, \ldots, \gamma_{1J}; \ldots; \gamma_{I1}, \ldots, \gamma_{IJ})^\mathsf{T},$$

Y und e wie im Modell a). Der lineare Teilraum L besteht aus allen $\mu \in \mathbb{R}^n$,

$$\mu = (\mu_{11,1}, \ldots, \mu_{11,K}; \ldots; \mu_{IJ,1}, \ldots, \mu_{IJ,K})^\mathsf{T}$$

(gleiche Indizierung wie Y), welche sich in der Gestalt

$$\mu_{ij,k} = \mu_0 + \alpha_i + \beta_j + \gamma_{ij} \tag{2.2}$$

schreiben lassen. Die nur aus Nullen und Einsen bestehende $n \times p$-Designmatrix X findet man z.B. bei NOLLAU (1975, S. 225) oder PRUSCHA (1996, S. 120). Das LM lautet

$$Y_{ij,k} = \mu_0 + \alpha_i + \beta_j + \gamma_{ij} + e_{ij,k} \quad \begin{cases} i &= 1, \ldots, I \\ j &= 1, \ldots, J \\ k &= 1, \ldots, K \end{cases}.$$

Unter der *Nebenbedingung*

$$\sum_i \alpha_i = \sum_j \beta_j = \sum_i \gamma_{ij} = \sum_j \gamma_{ij} = 0 \qquad \text{NB}$$

ist die Darstellung (2.2) eindeutig. In der Tat gilt eine zu Lemma 2.2 entsprechende Aussage. Man nennt

μ_0 *allgemeines Mittel*

α_i *Effekt* der i-ten Stufe des ersten Faktors

β_j *Effekt* der j-ten Stufe des zweiten Faktors

γ_{ij} *Wechselwirkung* auf der Stufenkombination i, j.

Setzt man in diesem Modell b)

$$\mu_{ij} = \mu_0 + \alpha_i + \beta_j + \gamma_{ij},$$

so führt NB zu den Gleichungen

$$\mu_0 = \frac{1}{IJ} \sum_i \sum_j \mu_{ij}, \; \alpha_i = \bar{\mu}_{i\bullet} - \mu_0, \; \beta_j = \bar{\mu}_{\bullet j} - \mu_0, \; \gamma_{ij} = \mu_{ij} - \bar{\mu}_{i\bullet} - \bar{\mu}_{\bullet j} + \mu_0,$$

mit $\bar{\mu}_{i\bullet} = \sum_j \mu_{ij}/J$, $\bar{\mu}_{\bullet j} = \sum_i \mu_{ij}/I$. Da der lineare Teilraum L identisch ist mit $\{\mu = (\mu_{ij,k}) \in \mathbb{R}^n : \mu_{ij,k} = \mu_{ij}\}$, liefert uns Teil a)

$$r = \dim L = I \cdot J.$$

Da $r < p$ gilt, hat X keinen vollen Rang.

2.4 Weitere spezielle lineare Modelle (*)

Kovarianzanalyse

Das Modell der einfachen *Kovarianzanalyse*, mit k Stichproben vom Umfang $n_1, \dots, n_k$ und mit einer *Kovariablen* x (auch Regressor genannt), hat die Größen

$$p = k + 1, \quad \beta = (\mu_1, \dots, \mu_k, \beta_1)^\top$$

und, mit $n = n_1 + \dots + n_k$ sowie $\bar{x} = (1/n) \sum_{i=1}^{k} \sum_{j=1}^{n_i} x_{ij}$,

$$X = \begin{pmatrix} 1 & 0 & \dots & 0 & x_{11} - \bar{x} \\ \vdots & \vdots & \vdots & \vdots & \vdots \\ 1 & 0 & \dots & 0 & x_{1n_1} - \bar{x} \\ 0 & 1 & \dots & 0 & x_{21} - \bar{x} \\ \vdots & \vdots & \vdots & \vdots & \vdots \\ 0 & 1 & \dots & 0 & x_{2n_2} - \bar{x} \\ \vdots & \vdots & \ddots & \vdots & \vdots \\ 0 & \dots & \dots & 1 & x_{k1} - \bar{x} \\ \vdots & \vdots & \vdots & \vdots & \vdots \\ 0 & \dots & \dots & 1 & x_{kn_k} - \bar{x} \end{pmatrix}, \quad Y = \begin{pmatrix} Y_{11} \\ \vdots \\ Y_{1n_1} \\ \vdots \\ Y_{k1} \\ \vdots \\ Y_{kn_k} \end{pmatrix},$$

und e entsprechend zu Y. Die ersten k Spalten der Matrix X sind mit Einsen und Nullen besetzt, die letzte Spalte mit den zentrierten Kovariablen. Die Vektoren Y und e sind die gleichen wie bei der einfachen Varianzanalyse.

Unter der Voraussetzung, dass für mindestens ein i die $x_{i1}, \dots, x_{in_i}$ nicht alle identisch sind, ist $r = k + 1$, hat also X vollen Rang. Man erhält das LM

$$Y_{ij} = \mu_i + \beta_1(x_{ij} - \bar{x}) + e_{ij}, \quad \begin{cases} i & = 1, \dots, k \\ j & = 1, \dots, n_i, \end{cases}$$

und nennt

μ_i Erwartungswert der i-ten Stufe

β_1 *Regressionskoeffizient*.

Lateinisches Quadrat

In der zweifachen Varianzanalyse aus 2.3 variieren 2 *Faktoren*, wir können sie A und B nennen, auf jeweils I bzw. J Stufen. Für alle $I \times J$ Stufenkombinationen liegen je K Beobachtungen vor. Das *Lateinische Quadrat* stellt einen Versuchsaufbau mit 3 Faktoren A, B und C dar, die jeweils auf I Stufen variieren, aber so, dass nur für I^2 Stufenkombinationen Beobachtungen vorliegen, und auch nur jeweils eine. Immerhin aber wird jede Stufe von A einmal mit jeder B-Stufe und einmal mit jeder C-Stufe kombiniert. Formalisiert wird ein solcher Versuchsplan durch eine Menge $D \subset \{1, \ldots, I\}^3$, wobei D die folgende Eigenschaft besitzt:

Für jedes der Paare $(i, j), (i, k), (j, k) \in \{1, \ldots, I\}^2$ gibt es –der Reihe nach– genau ein k, ein j, ein $i \in \{1, \ldots, I\}$ mit

$$(i, j, k) \in D.$$

Ein Beispiel gibt die folgende Tabelle wieder, bei der im B $\times$ C Quadrat eingetragen ist, mit welcher A-Stufe die jeweilige B $\times$ C Stufe kombiniert wird.

		Faktor C				
		1	2	3	4	5
Faktor B	1	1	2	3	4	5
	2	2	3	4	5	1
	3	3	4	5	1	2
	4	4	5	1	2	3
	5	5	1	2	3	4

Bezeichnet Y_{ijk} die Beobachtung bei der Stufenkombination (i, j, k), so lautet das LM

$$Y_{ijk} = \mu_0 + \alpha_i + \beta_j + \gamma_k + e_{ijk}, \quad (i, j, k) \in D.$$

Dabei stellen wir die *Nebenbedingungen*

$$\sum_i \alpha_i = \sum_j \beta_j = \sum_k \gamma_k = 0 \qquad\qquad \text{NB}$$

auf. Es ist hier

$$n = |D| = I^2, \ p = 3I + 1, \ r = p - 3 = 3I - 2.$$

Letzteres gilt, weil der lineare Teilraum

$$L = \left\{ \left(\mu_{ijk}, (i, j, k) \in D\right) \in \mathbb{R}^n : \mu_{ijk} = \mu_0 + \alpha_i + \beta_j + \gamma_k, \text{ NB ist erfüllt} \right\}$$

die Dimension $1 + 3(I - 1)$ hat. Wechselwirkungsterme einzuführen verbietet die Forderung $n > p$.

3   MQ-Schätzer der Modellparameter $\binom{0}{}$

Der Parametervektor $\beta = (\beta_1, \ldots, \beta_p)^\top$ bzw. der Erwartungswert-Vektor μ eines linearen Modells (LM) $Y = X\beta + e$ bzw. $Y = \mu + e$, $\mu \in L$, sind in aller Regel unbekannt und müssen aus der Stichprobe $Y = (Y_1, \ldots, Y_n)^\top$ geschätzt werden. Dasselbe gilt auch für die Varianz σ^2. Eine Normalverteilungsannahme wird in diesem Abschnitt noch nicht getroffen. Wir benutzen die Gaußsche Methode der kleinsten Quadrate zur Schätzung des Vektors μ bzw. β; der resultierende *Minimum-Quadrat Schätzer* (kurz: MQ-Schätzer) für μ wird sich als erwartungstreu erweisen, ebenso der aus den Residuen gewonnene Schätzer für σ^2. Verteilungsaussagen über den Schätzer $\hat{\beta}$ von β erfolgen hier nur in asymptotischer Form ($n \to \infty$, vgl. 3.2). Anders ist es in 4.4 unten, wo wir die Normalverteilungsannahme treffen werden und bereits für endlichen Stichprobenumfang n die Verteilung von $\hat{\beta}$ bzw. von Linearkombinationen $c^\top \hat{\beta}$ bestimmen können.

3.1 Erwartungswerte μ, Regressionskoeffizienten β

Zum Schätzen von $\mu = \mathbb{E}(Y)$ gehen wir vom LM $Y = \mu + e$, $\mu \in L$, aus. Der *MQ-Schätzer* $\hat{\mu}$ für μ ist definiert durch

$$|Y - \hat{\mu}|^2 = \min\{|Y - \mu|^2 : \mu \in L\}.$$

Mit der Projektionsmatrix P_L aus 1.4 lautet er

$$\hat{\mu} = P_L Y. \tag{3.1}$$

Er ist im linearen Modell mit Normalverteilungsannahme (NLM) gleichzeitig auch *ML-Schätzer* für μ. In der Tat, aus Anhang A 2.1 folgt für die Dichte von Y in Abhängigkeit von μ

$$f(y, \mu) = \frac{1}{(2\pi\sigma^2)^{n/2}} \exp\left\{ -\frac{1}{2\sigma^2}|y - \mu|^2 \right\}, \tag{3.2}$$

so dass $f(y, \mu)$ als Funktion von $\mu \in L$ durch $\hat{\mu}$ maximiert wird. Der Schätzer $\hat{\mu}$ ist gemäß Satz 1 in 1.4 erwartungstreu für μ.

Der Parametervektor β des LM $Y = X\beta + e$ wird ebenfalls mit der MQ-Methode geschätzt. Ein Zufallsvektor $\hat{\beta}$ heißt *MQ-Schätzer* für β, falls

$$|Y - X\hat{\beta}|^2 = \min\{|Y - X\beta|^2 : \beta \in \mathbb{R}^p\}. \tag{3.3}$$

Setzen wir wie immer $L = \mathcal{L}(X)$, so haben wir

Satz. *Für ein lineares Modell $Y = X\beta + e$ gilt:*

(i) Es gibt mindestens eine Lösung $\hat{\beta}$ von (3.3). Für jede Lösung $\hat{\beta}$ gilt

$$X\hat{\beta} = P_L Y.$$

(ii) Die Lösungen von (3.3) sind identisch mit denen der Normalgleichungen NG in β, d. h. der Gleichungen

$$X^\top X \beta = X^\top Y.$$ NG

(iii) Hat X vollen Rang, d. h. ist r = p, so existiert genau eine Lösung von (3.3) bzw. von NG, nämlich

$$\hat{\beta} = (X^\top X)^{-1} X^\top Y. \tag{3.4}$$

Diese Lösung erfüllt

$$\mathbb{E}(\hat{\beta}) = \beta, \quad \mathbb{V}(\hat{\beta}) = \sigma^2 (X^\top X)^{-1}.$$

Beweis. (i) Zunächst stellen wir fest, dass (3.3) von allen $\hat{\beta}$ erfüllt wird, für welche $X\hat{\beta} = P_L Y$ gilt. Es existiert mindestens ein solches $\hat{\beta}$, denn es ist $P_L Y \in \mathcal{L}(X)$, so dass $P_L Y = X \cdot b$ für mindestens ein $b \in \mathbb{R}^p$.

(ii) Eine Lösung von (3.3) ist lokales Minimum der Funktion

$$F(\beta) = |Y - X\beta|^2 = (Y - X\beta)^\top (Y - X\beta), \quad \beta \in \mathbb{R}^p.$$

Differenzieren ergibt $(d/d\beta)F(\beta) = -2X^\top(Y - X\beta)$, vergleiche A 1.3, und Nullsetzen der Ableitung führt zu

$$X^\top(Y - X\beta) = 0$$

und damit zu NG. Umgekehrt folgt aus $X^\top(Y - X\hat{\beta}) = 0$, dass

$$Y - X\hat{\beta} \in L^\perp$$

und deshalb, dass $X\hat{\beta} = P_L Y$.

(iii) Da mit X auch die $p \times p$-Matrix $X^\top X$ den Rang p hat, ist $X^\top X$ invertierbar, so dass NG und damit auch (3.3) genau die eine Lösung (3.4) besitzen. Setzen wir $C = (X^\top X)^{-1} X^\top$, so ist $\hat{\beta} = CY$ und damit

$$\begin{aligned}
\mathbb{E}(\hat{\beta}) &= C\,\mathbb{E}(Y) = CX\beta = \beta \\
\mathbb{V}(\hat{\beta}) &= C\,\mathbb{V}(Y)\,C^\top = \sigma^2 CC^\top = \sigma^2 (X^\top X)^{-1}.
\end{aligned}$$ □

Bemerkungen. 1. Hat X vollen Rang, das heißt ist $r = p$, so lautet die Projektionsmatrix P_L mit $L = \mathcal{L}(X)$, gemäß Anhang A 1.1

$$P_L = X(X^\top X)^{-1} X^\top,$$

in Übereinstimmung mit den Satzteilen (i) und (iii).

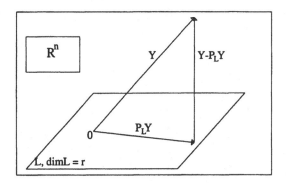

Abbildung III.4: Projektion $P_L Y = X\hat{\beta} = \hat{\mu}$ des Vektors Y in L und zugehöriger Projektionsstrahl $Y - P_L Y$.

2. Ist $r = p$, so ist $\hat{\beta}$ erwartungstreu für β, d. h. es gilt

$(*)$ $\mathbb{E}_\beta(\hat{\beta}) = \beta \quad \forall \beta \in \mathbb{R}^p.$

Ist $r < p$, so gilt $(*)$ nicht, denn für $\beta, \beta' \in \mathbb{R}^p$ mit $X\beta = X\beta'$ gilt

$\mathbb{E}_\beta(.) = \mathbb{E}_{\beta'}(.).$

3. An der Gestalt (3.2) der Dichte $f(y, \mu)$, $\mu = X\beta$, erkennt man sofort, dass im NLM ein MQ-Schätzer $\hat{\beta}$ auch ein ML-Schätzer für β ist.

4. Verschiedene Lösungen $\hat{\beta}$ der NG führen zu ein und demselben Schätzer $\hat{\mu} = X\hat{\beta}$ für den Erwartungswertvektor μ.

3.2 Konsistenz und asymptotische Normalität von $\hat{\beta}$ (*)

Wir beweisen jetzt die Konsistenz und asymptotische Normalität einer Folge $\hat{\beta} \equiv \hat{\beta}_n$ von MQ-Schätzern für β, wenn der Stichprobenumfang n gegen ∞ geht. Dabei ist eine Folge X_n, $n \geq 1$, von $n \times p$-Designmatrizen vorgegeben, mit denen für jedes $n \geq 1$ ein LM $Y = X_n\beta + e$ aufgestellt wird ($Y \equiv Y_n$ und $e \equiv e_n$ sind n-dimensionale Zufallsvektoren). Mit einem $n_0 \geq 1$ setzen wir voraus

(i) X_n hat vollen Rang p für alle $n \geq n_0$

(ii) $(X_n^\top X_n)^{-1} \to 0$ elementweise bei $n \to \infty.$

                                                                 (3.5)

Lemma. *Notwendig und hinreichend für die Eigenschaften (3.5) ist die Existenz einer Folge* $\Gamma_n, n \geq 1$, *von* $p \times p$-*Matrizen und einer invertierbaren* $p \times p$-*Matrix* V *mit*

$$(i) \qquad \Gamma_n \to 0$$
$$(ii) \qquad \Gamma_n(X_n^{\mathsf{T}} X_n)\Gamma_n^{\mathsf{T}} \to V \tag{3.6}$$

elementweise für $n \to \infty$.

Beweis. Aus der Bedingung (3.6) (ii) folgt die Existenz eines n_0, so dass Γ_n invertierbar ist und X_n vollen Rang p hat für alle $n \geq n_0$. Da die Abbildung $A \to A^{-1}$ stetig ist auf der Menge der invertierbaren Matrizen (die Determinante ist stetige Funktion der Elemente), folgt aus (3.6) (ii)

$$\Gamma_n^{-\mathsf{T}}(X_n^{\mathsf{T}} X_n)^{-1}\Gamma_n^{-1} \longrightarrow V^{-1}.$$

Dabei haben wir $\Gamma_n^{-\mathsf{T}} \equiv (\Gamma_n^{-1})^{\mathsf{T}} = (\Gamma_n^{\mathsf{T}})^{-1}$ gesetzt. Mit $p \times p$-Matrizen $H_n \to 0$ ist also

$$(X_n^{\mathsf{T}} X_n)^{-1} = \Gamma_n^{\mathsf{T}}(V^{-1} + H_n)\Gamma_n,$$

so dass wir auch (3.5) (ii) erhalten. Umgekehrt schließt man von (3.5) auf (3.6) durch eine Zerlegung der Form

$$(X_n^{\mathsf{T}} X_n)^{-1} = \Gamma_n^{\mathsf{T}} \cdot \Gamma_n,$$

die es für alle $n \geq n_0$ gibt. Es ist dann $V = I_p$. $\qquad\square$

I. F. schreiben wir $X_n = \begin{pmatrix} x_{n1}^{\mathsf{T}} \\ \vdots \\ x_{nn}^{\mathsf{T}} \end{pmatrix}$; das heißt wir bezeichnen die Spalten von X_n^{T} mit $x_{n1}, \ldots, x_{nn}$.

Satz. *(i) Für die Folge* X_n, $n \geq 1$, *von* $n \times p$-*Matrizen gelte (3.5) oder (3.6). Dann haben wir für die Folge* $\hat{\beta}_n$, $n \geq 1$, *der MQ-Schätzer bei* $n \to \infty$ *die Konsistenzaussage*

$$\hat{\beta}_n \xrightarrow{\mathbf{P}_\beta} \beta.$$

(ii) Sind die $e_1, e_2, \ldots$ *sogar unabhängig und identisch verteilt und gelten für die Folge* X_n, $n \geq 1$, *die Bedingungen (3.6) (ii) und*

$$\max_{1 \leq i \leq n} |\Gamma_n x_{ni}| \longrightarrow 0 \quad \text{für } n \to \infty, \tag{3.7}$$

so erhalten wir asymptotische Normalität in der Form

$$\Gamma_n^{-\mathsf{T}}(\hat{\beta}_n - \beta) \xrightarrow{\mathcal{D}_\beta} N_p(0, \sigma^2 V^{-1}).$$

Beweis. (i) Mit Satz 3.1 (iii) folgt aus (3.5) sofort $\mathbf{V}(\hat{\beta}_n) \to 0$. Die Tschebyschev-Ungleichung liefert dann für alle $\varepsilon > 0$ bei $n \to \infty$

$$\mathbb{P}_\beta(|\hat{\beta}_{n,i} - \beta_i| > \varepsilon) \longrightarrow 0, \quad i = 1, \dots, p,$$

was gemäß Anhang A 3.1 gleichbedeutend ist zu

$$\mathbb{P}_\beta(|\hat{\beta}_n - \beta| > \varepsilon) \longrightarrow 0$$

und damit gleichbedeutend zur Behauptung ist.

(ii) Für $n \geq n_0$ lässt sich $\hat{\beta}_n = C_n Y = \sum_{i=1}^n c_{ni} Y_i$ schreiben, wobei die $c_{n1}, \dots, c_{nn}$ die Spalten der $p \times n$ -Matrix $C_n = (X_n^\mathsf{T} X_n)^{-1} X_n^\mathsf{T}$ sind. Es gilt für $n \to \infty$

$$\Gamma_n^{-\mathsf{T}} C_n C_n^\mathsf{T} \Gamma_n^{-1} = \Gamma_n^{-\mathsf{T}} (X_n^\mathsf{T} X_n)^{-1} \Gamma_n^{-1} \longrightarrow V^{-1} \qquad [\text{wegen } (3.6)(ii)],$$

$$\max_{1 \leq i \leq n} |\Gamma_n^{-\mathsf{T}} c_{ni}| = \max_{1 \leq i \leq n} |\Gamma_n^{-\mathsf{T}} (X_n^\mathsf{T} X_n)^{-1} \Gamma_n^{-1} \Gamma_n x_{ni}| \longrightarrow 0 \qquad [\text{wegen } (3.7)].$$

Das Kor. 2 zum multivariaten ZGWS, Anhang A 3.6, ist wegen $\mathbb{E}(\hat{\beta}_n) = \beta$ anwendbar und liefert –mit $\Gamma_n^{-\mathsf{T}}$, C_n, V^{-1} anstelle der dortigen Γ_n, M_n^T, Σ– die Behauptung. $\qquad\qquad \square$

Gleichbedeutend mit (3.5) ist

$$\lambda_{\min}(X_n^\mathsf{T} X_n) \to \infty.$$

Die Bedingungen (3.6) (ii) und (3.7) sind zusammen äquivalent mit *Hubers Bedingung*, dass das Maximum des i-ten Diagonalelementes der Projektionsmatrix $P_n = X_n (X_n^\mathsf{T} X_n)^{-1} X_n^\mathsf{T}$ gegen 0 konvergiert, d. h. $\max_{1 \leq i \leq n} P_{n,ii} \to 0$; vergleiche ARNOLD (1981, p. 143).

3.3 Schätzen der Varianz σ^2, Residuen

Als Schätzer für die Varianz σ^2 führt man

$$\hat{\sigma}^2 = \frac{1}{n-r} |Y - \hat{\mu}|^2 = \frac{1}{n-r} \sum_{i=1}^n (Y_i - \hat{\mu}_i)^2$$

ein. Dabei bezeichnen wie oben $r = \text{Rang}(X) = \dim L$ und $\hat{\mu} = X\hat{\beta}$, wobei $\hat{\mu}$ und $\hat{\beta}$ MQ-Schätzer für μ bzw. β sind.

Satz. *Im LM gilt* $\mathbb{E}(\hat{\sigma}^2) = \sigma^2$. *Im NLM ist darüberhinaus die Variable*

$$\frac{(n-r)}{\sigma^2} \hat{\sigma}^2 = \frac{1}{\sigma^2} |Y - \hat{\mu}|^2$$

χ_{n-r}^2*-verteilt, und*

$\hat{\mu}$ *und* $\hat{\sigma}^2$ *sind unabhängig.*

Beweis. Alle Behauptungen wurden in 1.4, Satz 1, bewiesen.   □

Bemerkungen. 1. Mit Hilfe der Projektionsmatrizen P_L und $Q_L = I_n - P_L$ formt man um:

$$(n - r)\hat{\sigma}^2 = (Y - P_L Y)^\mathsf{T}(Y - P_L Y) = Y^\mathsf{T}(I_n - P_L)^\mathsf{T}(I_n - P_L)Y = Y^\mathsf{T} Q_L Y,$$

so dass $\hat{\sigma}^2 = \frac{1}{n-r} Y^\mathsf{T} Q_L Y$. Ferner sind im Fall $r = p$ auch $\hat{\sigma}^2$ und $\hat{\beta} = (X^\mathsf{T} X)^{-1} X^\mathsf{T} \hat{\mu}$ unabhängig.

2. (*) Wegen des Satzes von Pythagoras gilt

$$|Y - \mu|^2 = (n - r)\hat{\sigma}^2 + |\mu - \hat{\mu}|^2.$$

Es folgt über (3.2) aus dem Neyman-Kriterium II 3.3, dass im NLM $\hat{\mu}$ suffizient für μ ist und $(\hat{\mu}, \hat{\sigma}^2)$ suffizient für (μ, σ^2). Insbesondere ist im NLM mit $r = p$ die p-dimensionale Statistik $X^\mathsf{T} Y$ suffizient für β.

Residuen

Man bezeichnet $Y_i - \hat{\mu}_i$ als i-tes *Residuum*, $Y - \hat{\mu}$ als Residuenvektor, und dementsprechend

$$|Y - \hat{\mu}|^2 = \sum_{i=1}^{n}(Y_i - \hat{\mu}_i)^2 = (n - r)\hat{\sigma}^2$$

als *Residuenquadrat-Summe*. Für den Residuenvektor

$$\hat{e} \equiv Y - \hat{\mu} = (I_n - P_L)Y$$

rechnet man

$$\mathbb{E}(\hat{e}) = 0, \quad \mathbb{V}(\hat{e}) = \sigma^2(I_n - P_L).$$

Insbesondere gilt $\mathrm{Var}(\hat{e}_i) = \sigma^2(1 - h_{ii})$, wenn man mit h_{ii} die Diagonalelemente von P_L bezeichnet. Die h_{ii}-Werte werden auch *leverage-Werte* genannt. Mit ihnen bildet man die standardisierten Residuen $\hat{e}_i / \sqrt{\hat{\sigma}^2(1 - h_{ii})}$.

3.4 Beispiel: Einfache lineare Regression und Varianzanalyse

Wir greifen die beiden, in 1.1 eingeführten und in 2.1 und 2.2 beschriebenen linearen Modelle der einfachen linearen Regression und der einfachen Varianzanalyse wieder auf. Die (im ersten Fall nützliche, im zweiten Fall ganz wesentliche) Unterscheidung zwischen den Modellen a) und b) wird weiterhin durchgeführt.

Einfache lineare Regression

Modell a) Es ist mit der Abkürzung $\sum = \sum_{i=1}^{n}$

$$X^\top X = \begin{pmatrix} n & \sum x_i \\ \sum x_i & \sum x_i^2 \end{pmatrix}, \quad X^\top Y = \begin{pmatrix} \sum Y_i \\ \sum x_i Y_i \end{pmatrix}.$$

Damit lauten die Normalgleichungen

$$\alpha n + \beta_1 \sum x_i = \sum Y_i$$

$$\alpha \sum x_i + \beta_1 \sum x_i^2 = \sum x_i Y_i,$$

NG

die wir bereits in I 2.4 aufgestellt hatten. Setzen wir

$$\hat{\beta} = \begin{pmatrix} \hat{\alpha} \\ \hat{\beta}_1 \end{pmatrix}, \quad \bar{x} = (1/n) \sum x_i, \quad \bar{Y} = (1/n) \sum Y_i,$$

so heißt die Lösung von NG

$$\hat{\alpha} = \bar{Y} - \hat{\beta}_1 \bar{x} \qquad [\text{Ordinatenabschnitt}]$$

$$\hat{\beta}_1 = \frac{\sum x_i Y_i - n\bar{x}\bar{Y}}{\sum x_i^2 - n\bar{x}^2} = \frac{s_{xy}}{s_x^2} \qquad [\text{Regressionskoeffizient}],$$

mit $s_{xy} = \sum(x_i - \bar{x})(Y_i - \bar{Y})/(n-1)$ und $s_x^2 = s_{xx}$ als *empirische Kovarianz* bzw. *Varianz*. In einer anderen Schreibweise ist

$$\hat{\beta}_1 = \frac{\sum(x_i - \bar{x})Y_i}{(n-1)s_x^2}.$$

$(X\hat{\beta})_i = \hat{\alpha} + \hat{\beta}_1 x_i$ ist der Wert der empirischen *Regressionsgeraden* $y = \hat{\alpha} + \hat{\beta}_1 x$, $x \in \mathbb{R}$, an der Stelle $x = x_i$.

Eine Anwendung von Satz 3.2, mit $\Gamma_n = \text{Diag}(1/\sqrt{n})$ als Normierungsmatrix, liefert unter der Voraussetzung

$$\frac{1}{n} \sum x_{ni} \to \xi, \quad \frac{1}{n} \sum x_{ni}^2 \to \eta \quad (n \to \infty) \quad \text{und} \quad \eta - \xi^2 \neq 0 \qquad (3.8)$$

(dann $\eta - \xi^2 > 0$) an die Matrizenfolge $X_n, n \geq 1$, die *Konsistenz* von $\hat{\beta}_n$ für β. Gilt zusätzlich zu (3.8) noch

$$\max_{1 \leq i \leq n} \left(\frac{1}{\sqrt{n}} x_{ni} \right) \to 0$$

sowie Unabhängigkeit und identische Verteilung der $e_1, e_2, \ldots$, so erhalten wir die *asymptotische Normalität* in der Form

$$\sqrt{n}(\hat{\beta}_n - \beta) \to N_2(0, \sigma^2 V^{-1}), \quad V = \begin{pmatrix} 1 & \xi \\ \xi & \eta \end{pmatrix}.$$

Es bildet

$$\text{SQD} = |Y - X\hat{\beta}|^2 = \sum \left(Y_i - (\hat{\alpha} + \hat{\beta}_1 x_i)\right)^2$$

die Summe der Residuenquadrate und (mit $r = 2$ nach 3.3)

$$\hat{\sigma}^2 = \text{MQD}, \quad \text{MQD} = \frac{1}{n-2}\text{SQD},$$

einen erwartungstreuen Schätzer für σ^2 .

Modell b) Mit

$$X^\mathsf{T}X = \begin{pmatrix} n & 0 \\ 0 & \sum(x_i - \bar{x})^2 \end{pmatrix}, \quad X^\mathsf{T}Y = \begin{pmatrix} \sum Y_i \\ \sum(x_i - \bar{x})Y_i \end{pmatrix}, \quad \hat{\beta} = \begin{pmatrix} \hat{\beta}_0 \\ \hat{\beta}_1 \end{pmatrix}$$

erhalten wir $\hat{\beta}_0 = \bar{Y}$, während $\hat{\beta}_1$ und $\hat{\sigma}^2 = \text{MQD}$ wie im Modell a) ausfallen.

Die Schätzer $\hat{\beta}_0$ und $\hat{\beta}_1$ sind unkorreliert, denn die Matrix $(X^\mathsf{T}X)$ besitzt Diagonalgestalt.

Einfache Varianzanalyse

Modell a) Hier ist

$$XX^\mathsf{T} = \begin{pmatrix} n_1 & & \bigcirc \\ & \ddots & \\ \bigcirc & & n_k \end{pmatrix}, \quad X^\mathsf{T}Y = \begin{pmatrix} Y_{1\bullet} \\ \vdots \\ Y_{k\bullet} \end{pmatrix}, \quad \hat{\beta} = \begin{pmatrix} \hat{\mu}_1 \\ \vdots \\ \hat{\mu}_k \end{pmatrix},$$

wobei $Y_{i\bullet} = \sum_{j=1}^{n_i} Y_{ij}$ die Summe der Stichprobenwerte aus Gruppe (Stichprobe) i bedeutet. Bezeichnen wir mit $\bar{Y}_i = Y_{i\bullet}/n_i$ ihren Mittelwert, so folgt aus den Normalgleichungen für jedes i

$$\hat{\mu}_i = \bar{Y}_i \, .$$

Mit der Größe

$$\text{SQI} = |Y - X\hat{\beta}|^2 = \sum_{i=1}^{k}\sum_{j=1}^{n_i}(Y_{ij} - \bar{Y}_i)^2,$$

welche die *Variation innerhalb* der Gruppen beschreibt, erhalten wir den folgenden erwartungstreuen Schätzer für σ^2:

$$\hat{\sigma}^2 = \text{MQI}, \quad \text{MQI} = \frac{\text{SQI}}{n-k} \, .$$

Im speziellen Fall $k = p = r = 1$ reduziert sich Satz 3.3 auf die Teile b) und c) des Satzes I 1.3 von Student.

Modell b) Man rechnet hier

$$X^\top X = \begin{pmatrix} n & n_1 & \cdots & n_k \\ n_1 & n_1 & & \bigcirc \\ \vdots & & \ddots & \\ n_k & \bigcirc & & n_k \end{pmatrix}, \quad X^\top Y = \begin{pmatrix} Y_{\bullet\bullet} \\ Y_{1\bullet} \\ \vdots \\ Y_{k\bullet} \end{pmatrix},$$

mit der Summe $Y_{\bullet\bullet}$ der Werte der Gesamtstichprobe. Sei $\bar{Y} = Y_{\bullet\bullet}/n$ das *Gesamtstichprobenmittel.* Man rechnet nach, dass eine (aber nicht die einzige) Lösung von NG

$$\hat{\beta} \equiv \begin{pmatrix} \hat{\mu}_0 \\ \hat{\alpha}_1 \\ \vdots \\ \hat{\alpha}_k \end{pmatrix} = \begin{pmatrix} \bar{Y} \\ \bar{Y}_1 - \bar{Y} \\ \vdots \\ \bar{Y}_k - \bar{Y} \end{pmatrix}$$

lautet. Diese Lösung erfüllt die Gleichung

$$\sum_{i=1}^{k} n_i\, \hat{\alpha}_i = \sum_{i=1}^{k} n_i\, (\bar{Y}_i - \bar{Y}) = 0. \hspace{3cm} \text{NB}$$

Da der (eindeutig bestimmte) MQ-Schätzer $\hat{\mu} = (\hat{\mu}_{ij}) \in L$ des Erwartungswertvektors μ unter NB die eindeutige Darstellung $\hat{\mu}_{ij} = \hat{\mu}_0 + \hat{\alpha}_i$ besitzt, wie schon in Lemma 2.2 festgestellt wurde, ist $\hat{\beta}$ die einzige Lösung, welche NG *und* NB erfüllt.

4 Lineare Schätzer: Verteilung, Konfidenzintervalle

Der Parametervektor β besitzt im Fall $r < p$ (X nicht von vollem Rang) keinen erwartungstreuen Schätzer, vgl. 3.1, Bem. 2. In diesem Fall stellt sich die Frage, ob dann nicht wenigstens gewisse lineare Funktionen $c^\top\beta$ von β erwartungstreu schätzbar sind (die wir dann schätzbar schlechthin nennen wollen). Auch in der Praxis sind lineare Funktionen $c^\top\beta$ von Bedeutung, etwa einzelne Komponenten β_j von β oder ihre Differenzen $\beta_i - \beta_j$. Wir geben im folgenden Satz 4.2 von Gauß-Markov den linearen Schätzer von $c^\top\beta$ mit minimaler Varianz an; unter der Annahme der Normalverteilung ermitteln wir in 4.4 seine Verteilung.

Im Zusammenhang mit schätzbaren Funktionen $c^\top\beta$ ist es von großer praktischer Bedeutung, Konfidenzintervalle zu konstruieren. Es werden auch Konfidenzintervalle präsentiert, die gleichzeitig (simultan) für eine ganze Schar von

Koeffizientenvektoren c gelten. Sie erlauben es dem Statistiker, auch noch *nach* Stichprobenerhebung gewisse interessierende Vektoren c auszuwählen, ohne das Konfidenzniveau zu verlassen. Vielfältige Anwendungen dazu –über das Beispiel 4.6 hinaus– findet man in MILLER (1981).

4.1 Schätzbare Funktionen

Definitionen. Sei $c = (c_1, \ldots, c_p)^\mathsf{T} \in \mathbb{R}^p$. Die lineare Funktion $\psi \equiv \psi(\beta)$ von β, das ist

$$\psi = c^\mathsf{T}\beta = \sum_{i=1}^p c_i\,\beta_i,$$

heißt *schätzbar* (oder eine *schätzbare Funktion*), wenn es einen Vektor $a = (a_1, \ldots, a_n)^\mathsf{T} \in \mathbb{R}^n$ gibt, so dass $a^\mathsf{T}Y$ ein erwartungstreuer Schätzer für ψ ist:

$$\mathbb{E}_\beta(a^\mathsf{T}Y) = c^\mathsf{T}\beta \qquad \forall \beta \in \mathbb{R}^p. \tag{4.1}$$

Ein Schätzer der Form $a^\mathsf{T}Y$, der also Linearkombination der Beobachtungen $Y_1, \ldots, Y_n$ ist, heißt auch *linearer Schätzer*.

Die lineare Funktion $c^\mathsf{T}\beta$ heißt also schätzbar, falls es einen linearen Schätzer gibt, der erwartungstreu für $c^\mathsf{T}\beta$ ist. Das nächste Lemma sagt aus, dass schätzbare Funktionen auch Funktionen des Erwartungswert-Vektors μ sind, und dass in einem LM mit vollem Rang von X alle linearen Funktionen von β schätzbar sind.

Lemma. *(i) Eine lineare Funktion $\psi = c^\mathsf{T}\beta$ ist genau dann schätzbar, wenn es einen Vektor $a \in \mathbb{R}^n$ gibt mit*

$$c^\mathsf{T} = a^\mathsf{T}X, \tag{4.2}$$

das heißt mit $\psi = a^\mathsf{T}X\beta = a^\mathsf{T}\mu$.

(ii) Hat X vollen Rang $r = p$, so sind alle linearen Funktionen $c^\mathsf{T}\beta$ schätzbar.

Beweis. (i) Erfüllt der Vektor c der linearen Funktion $\psi = c^\mathsf{T}\beta$ die Bedingung (4.2), so folgt für den linearen Schätzer $a^\mathsf{T}Y$ sofort

$$\mathbb{E}(a^\mathsf{T}Y) = a^\mathsf{T}\mathbb{E}(Y) = a^\mathsf{T}X\beta = c^\mathsf{T}\beta.$$

Gilt umgekehrt (4.1), so auch $a^\mathsf{T}X\beta = c^\mathsf{T}\beta$ für alle $\beta \in \mathbb{R}^p$, woraus (4.2) folgt.

(ii) Setzen wir $a^\mathsf{T} = c^\mathsf{T}(X^\mathsf{T}X)^{-1}X^\mathsf{T}$, so ist (4.2) erfüllt.   □

Bemerkungen. 1. Sind $\psi_j = c_j^\mathsf{T}\beta$, $j = 1, \ldots, q$, schätzbare Funktionen, dann auch alle Linearkombinationen $\psi = \sum_{j=1}^q h_j\psi_j = (\sum_{j=1}^q h_j c_j^\mathsf{T})\beta$.
2. Im Fall $r = p$ ist insbesondere jede Komponente β_j von $\beta = (\beta_1, \ldots, \beta_p)^\mathsf{T}$ schätzbar.

4.2 Gauß-Markov Theorem

Als Vorbereitung auf den *Satz von Gauß-Markov* beweisen wir die folgende Eindeutigkeitsaussage

Lemma. *Es sei $\psi = a^\top \mu$ eine schätzbare Funktion. Ein linearer Schätzer $b^\top Y$ ist erwartungstreuer Schätzer für ψ genau dann, wenn*

$$P_L a = P_L b. \tag{4.3}$$

Zu jeder schätzbaren Funktion ψ existiert also genau ein $a^* \in L$, so dass $\psi = a^{*\top} \mu$ gilt und

$$\hat{\psi} = a^{*\top} Y$$

erwartungstreuer Schätzer für ψ ist.

Beweis. Es gilt $a^\top \mu = \psi = \mathbb{E}(b^\top Y) = b^\top \mu$, d. h. $(a^\top - b^\top) \cdot \mu = 0$ für alle $\mu \in L$ genau dann, wenn $a - b \in L^\perp$. Das ist äquivalent mit $P_L(a - b) = 0$, das heißt gleichbedeutend mit Gleichung (4.3). □

Zur Vereinfachung der Notation werden wir zukünftig den eindeutig bestimmten Vektor $a^* \in L$ mit a bezeichnen. Im Fall $r = p$ lässt sich zur schätzbaren Funktion β_i, das ist die i-te Komponente von β, der eindeutig bestimmte Vektor $a_i \in L$, der $\hat{\beta}_i = a_i^\top Y$ erfüllt, gemäß (3.4) zu

$$a_i^\top = [(X^\top X)^{-1} X^\top]_{i-\text{te Zeile}} \tag{4.4}$$

angeben.

Im Folgenden nennen wir einen linearen erwartungstreuen Schätzer $\hat{\psi}$ für ψ einen *Gauß-Markov Schätzer*, kurz *GM-Schätzer*, falls er unter allen linearen erwartungstreuen Schätzern für ψ minimale Varianz besitzt (bester linearer erwartungstreuer Schätzer).

Satz. *(Gauß-Markov Theorem)*
Ist $\psi = c^\top \beta$ eine schätzbare Funktion, dann existiert genau ein GM-Schätzer $\hat{\psi}$ für ψ. Er lässt sich mit dem MQ-Schätzer $\hat{\beta}$ für β bzw. mit dem eindeutig bestimmten Vektor $a \in L$ aus dem Lemma in den zwei Formen

$$\hat{\psi} = c^\top \hat{\beta} = a^\top Y$$

schreiben. Seine Varianz lautet $Var(\hat{\psi}) = \sigma^2 |a|^2$.

Beweis. (i) Nach dem Lemma gibt es genau einen erwartungstreuen Schätzer $\hat{\psi} = a^\top Y$ für ψ mit $a \in L$. Ist $\tilde{\psi} = b^\top Y$ ein weiterer erwartungstreuer Schätzer für ψ, so gilt $a = P_L b$. Wegen $\mathbf{V}(Y) = \sigma^2 I_n$ erhalten wir für die Varianzen dieser beiden Schätzer

$$Var(\hat{\psi}) = \sigma^2 a^\top I_n \, a = \sigma^2 \, |a|^2, \quad Var(\tilde{\psi}) = \sigma^2 \, |b|^2.$$

Aufgrund der orthogonalen Zerlegung $b = a + (I - P_L) b$ ist

$$|b|^2 = |a|^2 + |(I - P_L) b|^2 \geq |a|^2,$$

also $Var(\hat{\psi}) \leq Var(\tilde{\psi})$. Das Gleichheitszeichen gilt genau dann, wenn $|(I - P_L) b| = 0$, d. h. wenn $b = P_L b = a$, womit die Eindeutigkeit gezeigt ist.

(ii) Es bleibt nur noch zu zeigen, dass sich $\hat{\psi} = a^\top Y$ auch in der Form $\hat{\psi} = c^\top \hat{\beta}$ schreiben lässt. Wegen $a \in L$ und $X\hat{\beta} = P_L Y$ gilt

$$\hat{\psi} = a^\top Y = (P_L a)^\top Y = a^\top P_L Y = a^\top X\hat{\beta} = c^\top \hat{\beta},$$

wobei $a^\top X = c^\top$ wie im Lemma 4.1 aus der Erwartungstreue von $a^\top Y$ folgt. $\square$

Bemerkungen. 1. Im Fall $r = p$ (X voller Rang) haben wir neben der Formel $Var(\hat{\psi}) = \sigma^2 |a|^2$ noch aus 3.1

$$Var(\hat{\psi}) = c^\top \mathbf{V}(\hat{\beta}) c = \sigma^2 c^\top (X^\top X)^{-1} c.$$

2. Ist $\psi = \sum_{j=1}^q h_j \psi_j$ eine Linearkombination von schätzbaren Funktionen $\psi_j = c_j^\top \beta$, vgl. 4.1, Bem. 1, und ist $\hat{\psi}_j$ der GM-Schätzer für ψ_j, so stellt $\hat{\psi} = \sum_{j=1}^q h_j \hat{\psi}_j$ den GM-Schätzer für ψ dar. Haben wir $\hat{\psi}_j = c_j^\top \hat{\beta} = a_j^\top Y$, $a_j \in L$, so lauten die beiden Darstellungen von $\hat{\psi}$

$$\hat{\psi} = \Big(\sum_{j=1}^q h_j c_j^\top \Big) \hat{\beta} = \Big(\sum_{j=1}^q h_j a_j^\top \Big) Y.$$

4.3 Beispiel: Einfache Varianzanalyse

Für die beiden Modelle a) und b) der einfachen Varianzanalyse (siehe 2.2 und 3.4) stellen wir die GM-Schätzer für Linearkombinationen der Erwartungswerte μ_i bzw. der Effekte α_i auf.

Modell a) Hier ist $p = r = k$ und jede Linearkombination

$$\psi = \sum_{i=1}^k c_i \, \mu_i = c^\top \beta$$

der Parameter $\mu_1, \ldots, \mu_k$ ist nach Lemma 4.1 schätzbar. Der GM-Schätzer für ψ lautet nach Satz 4.2

$$\hat{\psi} = \sum_{i=1}^{k} c_i \bar{Y}_i = c^{\mathsf{T}} \hat{\beta}. \tag{4.5}$$

Der Vektor $a \in L$ der zweiten Darstellung $\hat{\psi} = a^{\mathsf{T}} Y$ ergibt sich aus (4.5) wegen

$$\bar{Y}_i = a_i^{\mathsf{T}} Y, \quad a_i = \left(0, \ldots, 0, \frac{1}{n_i}, \ldots, \frac{1}{n_i}, 0, \ldots, 0\right)^{\mathsf{T}}$$

zu $a = \sum c_i a_i$, d.h. zu

$$a = \left(\frac{c_1}{n_1}, \ldots, \frac{c_1}{n_1}, \ldots, \frac{c_k}{n_k}, \ldots, \frac{c_k}{n_k}\right)^{\mathsf{T}}$$

(man beachte, dass $a \in L$). Die Varianz von $\hat{\psi}$ ist

$$Var(\hat{\psi}) = \sigma^2 |a|^2 = \sigma^2 \sum_{i=1}^{k} \frac{c_i^2}{n_i}.$$

Zu diesem Ergebnis gelangt man auch über 4.2, Bem. 1.

Modell b) Da hier $r = k < p = k + 1$ ist, stellt sich die Frage, welche Linearkombinationen

$$\psi = \sum_{i=1}^{k} c_i \alpha_i = c^{\mathsf{T}} \beta, \quad c^{\mathsf{T}} = (0, c_1, \ldots, c_k) \in \mathbb{R}^{k+1}, \tag{4.6}$$

der Effekte $\alpha_1, \ldots, \alpha_k$ überhaupt schätzbar sind. Nach Lemma 4.1 ist ψ für solche $c^{\mathsf{T}} = (0, c_1, \ldots, c_k)$ schätzbar, für welche das Gleichungssystem

$$X^{\mathsf{T}} a = c$$

eine Lösung $a \in \mathbb{R}^n$ hat. Dieses System ist genau dann lösbar, wenn die Matrix $[X^{\mathsf{T}}, c]$ den gleichen Rang k hat wie die Matrix X^{T}. Die erste Zeile von $[X^{\mathsf{T}}, c]$, nämlich $(1, \ldots, 1, 0)$, ist als Linearkombination der übrigen Zeilen, welche c_i als letzte Komponente haben, genau dann darstellbar, wenn

$$\sum_{i=1}^{k} c_i = 0. \tag{4.7}$$

Genau im Fall (4.7) ist $\psi = \sum c_i \alpha_i$ schätzbare Funktion. Die Funktion ψ heißt dann auch ein *linearer Kontrast* der Effekte $\alpha_1, \ldots, \alpha_k$. Der GM-Schätzer für den linearen Kontrast (4.6) mit (4.7) lautet

$$\hat{\psi} = \sum_{i=1}^{k} c_i (\bar{Y}_i - \bar{Y}) = \sum_{i=1}^{k} c_i \bar{Y}_i.$$

4.4 Verteilung des GM-Schätzers

Sei $q \in \mathbb{N}$. Die linearen Funktionen

$$\psi_1 = c_1^\mathsf{T} \beta, \ldots, \psi_q = c_q^\mathsf{T} \beta$$

von β heißen *linear unabhängig* (l. u.), falls die q Vektoren $c_1, \ldots, c_q \in \mathbb{R}^p$ l. u. sind (das stimmt mit dem üblichen Begriff der linearen Unabhängigkeit für Funktionen überein). Selbstverständlich ist dann $q \leq p$. Sind die l. u. Funktionen $\psi_1, \ldots, \psi_q$ schätzbar, so gilt sogar $q \leq r$. In der Tat, wegen Lemma 4.1 gibt es Vektoren $a_1, \ldots, a_q \in \mathbb{R}^n$ mit $c_j^\mathsf{T} = a_j^\mathsf{T} X, j = 1, \ldots, q$, bzw. mit $C = AX$, wenn wir die $q \times p$- bzw. $q \times n$-Matrizen

$$C = \begin{pmatrix} c_1^\mathsf{T} \\ \vdots \\ c_q^\mathsf{T} \end{pmatrix}, \quad A = \begin{pmatrix} a_1^\mathsf{T} \\ \vdots \\ a_q^\mathsf{T} \end{pmatrix} \tag{4.8}$$

definieren. Es folgt

$$q = \mathrm{Rang}(C) \leq \mathrm{Rang}(X) = r.$$

Die linearen Funktionen $\psi_1, \ldots, \psi_q$ bzw. ihre *Gauß-Markov Schätzer* $\hat{\psi}_1, \ldots, \hat{\psi}_q$ fassen wir i. F. auch zu q-dimensionalen Vektoren

$$\psi = (\psi_1, \ldots, \psi_q)^\mathsf{T}, \quad \hat{\psi} = (\hat{\psi}_1, \ldots, \hat{\psi}_q)^\mathsf{T}$$

zusammen.

Satz. *Für ein LM mit Normalverteilungs-Annahme (NLM) seien mit $q \leq r$*

$$\psi = (\psi_1, \ldots, \psi_q)^\mathsf{T}$$

ein Vektor von l. u. schätzbaren Funktionen $\psi_j = c_j^\mathsf{T} \beta$ und

$$\hat{\psi} = (\hat{\psi}_1, \ldots, \hat{\psi}_q)^\mathsf{T}$$

der Vektor der GM-Schätzer $\hat{\psi}_j = c_j^\mathsf{T} \hat{\beta} = a_j^\mathsf{T} Y$ für ψ_j (mit $a_j \in L$). Dann gilt

(i) Der Zufallsvektor

$$\hat{\psi} \ ist \ N_q(\psi, \sigma^2 A A^\mathsf{T}) - verteilt,$$

wobei die $q \times n$-Matrix A aus (4.8) vom Rang q ist.

(ii) Der Zufallsvektor $\hat{\psi}$ und die Zufallsvariable $\hat{\sigma}^2 = |Y - X\hat{\beta}|^2/(n-r)$ sind stochastisch unabhängig.

Beweis. (i) Nach Lemma und Satz 4.2 gibt es eindeutig bestimmte Vektoren $a_j \in L$, so dass

$$\psi = AX\beta, \quad \hat{\psi} = AY.$$

Die Matrix A besitzt vollen Rang q. In der Tat, aus $C = AX$ erhalten wir

$$q = \text{Rang}(C) \leq \text{Rang}(A) \leq q.$$

Da Y $N_n(X\beta, \sigma^2 I_n)$-verteilt ist, besitzt $\hat{\psi} = AY$ gemäß Anhang A 2.2 eine

$$N_q(\psi, \sigma^2 AA^\mathsf{T}) - \text{Verteilung}.$$

(ii) Da jeder Vektor a_j aus L ist, sind nach Satz 1 aus 1.4 die Zufallsvariablen AY und $|Y - X\hat{\beta}|^2$ stochastisch unabhängig. $\qquad\qquad \square$

Anwendungen

Der Inhalt des folgenden Korollars ist schon weitgehend bekannt (vgl. 3.1, 3.3 und Bem. 1 in 4.2). Die Situation eines NLM mit vollem Rang $r = p$ wird zusammenfassend behandelt.

Korollar. *Hat in einem NLM die Matrix X vollen Rang p, dann hat der MQ-Schätzer $\hat{\beta}$ für β eine $N_p(\beta, \sigma^2(X^\mathsf{T}X)^{-1})$-Verteilung und ist stochastisch unabhängig von $(n-r)\hat{\sigma}^2/\sigma^2$, das χ^2_{n-r}-verteilt ist. Jede Komponente $\hat{\beta}_j$ von $\hat{\beta}$ ist bester linearer erwartungstreuer Schätzer für β_j. Weiter gilt*

$$AA^\mathsf{T} = (X^\mathsf{T}X)^{-1},$$

wobei $\hat{\beta}_j = a_j^\mathsf{T} Y$, $a_j \in L$, $j = 1,\ldots,p$, und die $p \times n$-Matrix A die j-te Zeile a_j^T besitzt.

Als Spezialfall dieses Korollar erhalten wir –wie auch schon in 3.4 oben– den *Satz von Student* aus I 1.3: Es seien $Y_1,\ldots,Y_n$ unabhängig und $N(\mu, \sigma^2)$-verteilt. Unter Anwendung des NLM der einfachen Varianzanalyse, Modell a), vgl. 2.2 und 3.4, mit

$$k = p = r = 1, \ \beta = \mu, \ X = (1,\ldots,1)^\mathsf{T},$$

erhalten wir die Teile a) – c) des Satzes I 1.3.

Die folgende Proposition stellt ein Konfidenzintervall für ψ zum Niveau $1 - \alpha$ zur Verfügung.

Proposition. *Ist $\psi = c^\mathsf{T}\beta$ eine schätzbare Funktion in einem NLM, dann gilt für $0 < \alpha < 1$*

$$\mathbb{P}\big(\hat{\psi} - t_0\, se(\hat{\psi}) \leq \psi \leq \hat{\psi} + t_0\, se(\hat{\psi})\big) = 1 - \alpha,$$

wobei wir $t_0 = t_{n-r,1-\alpha/2}$, $\hat{\psi} = c^\mathsf{T}\hat{\beta} = a^\mathsf{T}Y$ $(a \in L)$ und $se(\hat{\psi}) = \hat{\sigma}\,|a|$ gesetzt haben.

Beweis. Im Fall $q = 1$ liefert der obige Satz, dass $\hat{\psi} - \psi$ $N(0, \sigma^2|a|^2)$-verteilt ist, und dass $\hat{\psi} - \psi$ und die χ^2_{n-r}-verteilte Variable $(n-r)\hat{\sigma}^2/\sigma^2$ unabhängig sind. Folglich ist der Quotient $(\hat{\psi} - \psi)/(\hat{\sigma}|a|)$ t_{n-r}-verteilt.   □

Wir nennen die Wurzel aus einem Schätzer für die Varianz $\mathrm{Var}(\hat{\psi})$ eines Schätzers $\hat{\psi}$ seinen *Standardfehler* $\mathrm{se}(\hat{\psi})$ (*standard error*, vgl. I 4.1). Im Fall $r = p$ (X voller Rang) haben wir nach Bem. 1 in 4.2 mit

$$\mathrm{se}(\hat{\psi}) = \hat{\sigma}\sqrt{c^\mathsf{T}(X^\mathsf{T}X)^{-1}c} \tag{4.9}$$

eine weitere Formel für $\mathrm{se}(\hat{\psi})$ zur Verfügung. Im Spezialfall $\psi(\beta) = \beta_j$ erhalten wir $\mathrm{se}(\hat{\beta}_j) = \hat{\sigma}\sqrt{v_{jj}}$, mit v_{jj} als j-tem Diagonalelement von $(X^\mathsf{T}X)^{-1}$.

4.5 Simultane Konfidenzintervalle nach Scheffé (*)

Zur Vorbereitung beweisen wir die

Proposition. *Gegeben sei ein NLM, ein Vektor* $\psi = (\psi_1, \dots, \psi_q)^\mathsf{T}$ *von l. u. schätzbaren Funktionen* $\psi_j = c_j^\mathsf{T}\beta$ *und der Vektor*

$$\hat{\psi} = (\hat{\psi}_1, \dots, \hat{\psi}_q)^\mathsf{T}$$

der GM-Schätzer $\hat{\psi}_j = c_j^\mathsf{T}\hat{\beta} = a_j^\mathsf{T}Y$ *für* ψ_j *(*$a_j \in L$*). Dann besitzt die Zufallsvariable* $W/(q\hat{\sigma}^2)$, *mit*

$$W = (\hat{\psi} - \psi)^\mathsf{T}(AA^\mathsf{T})^{-1}(\hat{\psi} - \psi),$$

eine $F_{q,n-r}$-*Verteilung. Wie in (4.8) haben wir dabei* $A^\mathsf{T} = (a_1, \dots, a_q)$ *gesetzt.*

Beweis. Nach Teil i) des Satzes 4.4 ist

$$\hat{\psi} - \psi \quad N_q(0, \sigma^2 AA^\mathsf{T}) - \text{verteilt},$$

mit der positiv-definiten $q \times q$-Matrix AA^T. Also ist die Zufallsvariable $\frac{1}{\sigma^2}W$ nach Satz 1 aus Anhang A 2.3 χ^2_q-verteilt. Sie ist nach Teil ii) des Satzes 4.4 unabhängig von der Variablen

$$\frac{1}{\sigma^2}(n-r)\,\hat{\sigma}^2, \quad \text{die} \quad \chi^2_{n-r} - \text{verteilt ist}$$

gemäß Satz 3.3. Folglich besitzt der Quotient

$$\frac{W/(\sigma^2 q)}{\hat{\sigma}^2/\sigma^2} \quad \text{eine} \quad F_{q,n-r} - \text{Verteilung}.$$

□

Hat X vollen Rang und führen wir wie in (4.8) die $q \times p$-Matrix C vermöge $C^{\mathsf{T}} = (c_1, \ldots, c_q)$ ein, so lässt sich W wegen

$$A A^{\mathsf{T}} = C (X^{\mathsf{T}} X)^{-1} C^{\mathsf{T}} \qquad (4.10)$$

umformen zu

$$W = (\hat{\beta} - \beta)^{\mathsf{T}} C^{\mathsf{T}} [C (X^{\mathsf{T}} X)^{-1} C^{\mathsf{T}}]^{-1} C (\hat{\beta} - \beta). \qquad (4.11)$$

Wir betrachten i. F. wieder Linearkombinationen $\sum_{j=1}^{q} c_j \psi_j = c^{\mathsf{T}} \psi$ von l. u. schätzbaren Funktionen. Da wir eine Vielzahl von Koeffizientenvektoren $c = (c_1, \ldots, c_q)^{\mathsf{T}}$ gleichzeitig (simultan) berücksichtigen wollen, schreiben wir auch

$$\psi_c = c^{\mathsf{T}} \psi.$$

Entprechend wird der GM-Schätzer von ψ_c mit $\hat{\psi}_c = c^{\mathsf{T}} \hat{\psi}$ bezeichnet.

Satz. *(Simultane Konfidenzintervalle nach Scheffé)*
Im LM mit Normalverteilungsannahme (NLM) sei ein Vektor $\psi = (\psi_1, \ldots, \psi_q)^{\mathsf{T}}$ von l. u. schätzbaren Funktionen ψ_j gegeben [$q \leq r$], sowie der Vektor

$$\hat{\psi} = (\hat{\psi}_1, \ldots, \hat{\psi}_q)^{\mathsf{T}}$$

der GM-Schätzer für ψ. Dann gilt für $\psi_c = c^{\mathsf{T}} \psi$

$$\mathbb{P}\big(\hat{\psi}_c - S \cdot se(\hat{\psi}_c) \leq \psi_c \leq \hat{\psi}_c + S \cdot se(\hat{\psi}_c) \ \ \forall \, c \in \mathbb{R}^q\big) = 1 - \alpha, \qquad (4.12)$$

wobei wir

$$S^2 = q \cdot F_{q,n-r,1-\alpha}$$

$$\hat{\psi}_c = \sum_{j=1}^{q} c_j \hat{\psi}_j = a_c^{\mathsf{T}} Y, \ a_c \in L \qquad [\text{GM-Schätzer für } \psi_c]$$

$$se(\hat{\psi}_c) = \hat{\sigma} |a_c| \qquad\qquad [\text{standard error von } \hat{\psi}_c]$$

gesetzt haben.

Beweis. Wir führen mit der Abkürzung $F_0 = F_{q,n-r,1-\alpha}$ das q-dimensionale Ellipsoid

$$\mathcal{E}(\hat{\psi}) = \big\{ x \in \mathbb{R}^q : (x - \hat{\psi})^{\mathsf{T}} \cdot (A A^{\mathsf{T}})^{-1} \cdot (x - \hat{\psi}) \leq \hat{\sigma}^2 q F_0 \big\}$$

mit Zentrum $\hat{\psi}$ ein, vgl. Anhang A 1.2. Laut Proposition können wir

$$\mathbb{P}\big(\psi \in \mathcal{E}(\hat{\psi})\big) = 1 - \alpha \qquad (4.13)$$

schreiben. Gemäß dem Projektionslemma A 1.2 von Scheffé gilt $x \in \mathcal{E}(\hat{\psi})$ genau dann, wenn

$$|c^\mathsf{T}(x - \hat{\psi})|^2 \leq c^\mathsf{T}(AA^\mathsf{T})c\,\hat{\sigma}^2 q F_0 \qquad \forall\, c \in \mathbb{R}^q.$$

Aus (4.13) folgt damit

$$\mathbb{P}\big(|c^\mathsf{T}(\psi - \hat{\psi})|^2 \leq c^\mathsf{T}(AA^\mathsf{T})c\,\hat{\sigma}^2 q F_0 \ \forall c \in \mathbb{R}^q\big) = 1 - \alpha,$$

oder, wenn wir $c^\mathsf{T}(\psi - \hat{\psi}) = \psi_c - \hat{\psi}_c$ und

$$c^\mathsf{T}AA^\mathsf{T}c = a_c^\mathsf{T} a_c = |a_c|^2, \quad \text{mit } a_c = \sum_j c_j a_j,$$

beachten (die a_j^T bilden ja die Zeilen von A),

$$\mathbb{P}\big(|\psi_c - \hat{\psi}_c| \leq S\,\hat{\sigma}\,|a_c| \ \forall c \in R^q\big) = 1 - \alpha.$$

Dies ist aber gleichbedeutend mit (4.12).   □

4.6   Beispiel: Einfache Varianzanalyse (*)

Wir führen das Studium der einfachen Varianzanalyse aus 3.4 und 4.3 weiter. Wir betrachten im Modell a) Linearkombinationen der 1. u. schätzbaren Funktionen μ_i, nämlich

$$\psi_c = \sum_{i=1}^k c_i\,\mu_i = c^\mathsf{T}\beta. \tag{4.14}$$

Wir haben in 4.3 die Darstellung

$$\hat{\psi}_c = \sum_{i=1}^k c_i\,\bar{Y}_i = a_c^\mathsf{T} Y$$

des GM-Schätzers für ψ_c abgeleitet, wobei

$$a_c^\mathsf{T} = \big(\tfrac{c_1}{n_1}, \ldots, \tfrac{c_1}{n_1}, \ldots, \tfrac{c_k}{n_k}, \ldots, \tfrac{c_k}{n_k}\big) \in \mathcal{L}(X).$$

Ein *simultanes Konfidenzintervall* für ψ_c (simultan für alle Koeffizientenvektoren $c \in \mathbb{R}^k$) zum Niveau $1 - \alpha$ lautet nach Satz 4.5

$$\sum_{i=1}^k c_i\,\bar{Y}_i - S \cdot \mathrm{se}(\hat{\psi}_c) \leq \sum_{i=1}^k c_i\,\mu_i \leq \sum_{i=1}^k c_i\,\bar{Y}_i + S \cdot \mathrm{se}(\hat{\psi}_c). \tag{4.15}$$

Dabei ist

$$S^2 = k \cdot F_{k,n-k,1-\alpha}, \qquad (\text{se}(\hat{\psi}_c))^2 = \text{MQI} \sum_{i=1}^{k} \frac{c_i^2}{n_i} \qquad [\text{MQI} = \hat{\sigma}^2].$$

Betrachten wir dagegen nicht die Menge (4.14) der Linearkombinationen der μ_i, sondern die Untermenge der *linearen Kontraste*

$$\psi_c = \sum_{i=1}^{k} c_i \, \mu_i, \qquad \text{mit} \quad \sum_{i=1}^{k} c_i = 0, \qquad (4.16)$$

der μ_i, so dürfen wir $q = k - 1$ setzen und deshalb in (4.15)

$$S^2 = (k - 1) \cdot F_{k-1,n-k,1-\alpha}$$

eintragen. In der Tat, die Menge der linearen Kontraste (4.16) wird, wie wir jetzt zeigen werden, durch die $k - 1$ schätzbaren l. u. Funktionen

$$\psi_1 = \mu_2 - \mu_1, \dots, \psi_{k-1} = \mu_k - \mu_1$$

aufgespannt. Einerseits ist nämlich jede Linearkombination

$$\sum_{i=1}^{k-1} a_i \, \psi_i = \left(-\sum_{i=1}^{k-1} a_i \right) \mu_1 + a_1\mu_2 + \dots + a_{k-1}\mu_k \equiv \sum_{i=1}^{k} c_i \, \mu_i$$

der $\psi_1, \dots, \psi_{k-1}$ wegen $\sum_{i=1}^{k} c_i = 0$ ein linearer Kontrast (4.16). Andererseits ist jeder lineare Kontrast (4.16) wegen

$$\sum_{i=1}^{k} c_i \, \mu_i = \left(\sum_{i=1}^{k} c_i \right) \mu_1 + c_2(\mu_2 - \mu_1) + \dots + c_k(\mu_k - \mu_1) = \sum_{i=1}^{k-1} c_{i+1} \, \psi_i$$

eine Linearkombination der $\psi_1, \dots, \psi_{k-1}$.

Der Vorteil der Verwendung linearer Kontraste gegenüber beliebigen Linearkombinationen liegt darin, dass wir wegen

$$(q - 1) \cdot F_{q-1,n-k,1-\alpha} < q \cdot F_{q,n-k,1-\alpha}$$

(vgl. I 7.3) schmalere Konfidenzintervalle (4.15) erhalten.

5   Testen linearer Hypothesen (^{0})

Nach der Konstruktion von Konfidenzintervallen im Abschnitt 4 steht das Testen von Hypothesen über den unbekannten Modellparameter β an. Eine lineare Hypothese im linearen Modell (LM) $Y = \mu + e$, $\mu \in L$ (oder $\mu = X\beta$) wird durch

Vorgabe eines linearen Teilraumes L_H von $L = \mathcal{L}(X)$, in welchem der Mittel-
wertsvektor μ enthalten sein soll, formuliert –oder alternativ durch $H\beta = 0$, mit
einer vorgegebenen Matrix H. Auf dem Hauptergebnis dieses Abschnittes, das
ist Satz 5.2, basieren vielfältige Anwendungen in Form sogenannter *Tafeln der
Varianzanalyse*, die sich in der mehr anwendungsorientierten Literatur finden,
wie NOLLAU (1975), RASCH (1976), LINDER & BERCHTOLD (1982), PRUSCHA
(1996, Kap. IV, V).

Dieser Abschnitt über das Testen im LM lässt sich auch ohne Studium des
vorangehenden Abschnitts 4 lesen. Man benötigt nämlich nur in der Definition
der Hypothesenmatrix und im Lemma 5.1 unten die Tatsache, dass eine lineare
Funktion $c^\mathsf{T}\beta$ der Koeffizienten β *schätzbar* genau dann heißt, wenn es einen
(eindeutig bestimmten) Vektor $a \in L$ gibt mit $c^\mathsf{T} = a^\mathsf{T}X$, das heißt mit $c^\mathsf{T}\beta =
a^\mathsf{T}\mu$ (vgl. die Lemmata 4.1 und 4.2 oben; in einem LM mit vollem Rang von X
ist jede lineare Funktion schätzbar).

5.1   Hypothesenraum L_H, Hypothesenmatrix H

In einem LM $Y = \mu + e$, $\mu \in L$, wird eine lineare Hypothese durch

$$H_0 : \mu \in L_H$$

formuliert, wobei L_H ein vorgegebener $(r - q)$-dimensionaler Teilraum des r-
dimensionalen Raumes L ist (*Hypothesenraum*), $1 \le q < r$. Als *Hypothesenmatrix*
bezeichnen wir eine $q \times p$-Matrix $H = \begin{pmatrix} h_1^\mathsf{T} \\ \vdots \\ h_q^\mathsf{T} \end{pmatrix}$, $1 \le q < r$, so dass $\mathrm{Rang}(H) = q$
und die linearen Funktionen $\psi_i = h_i^\mathsf{T}\beta$, $i = 1,\dots,q$, schätzbar sind. Das nächste
Lemma zeigt, dass

$$H_0' : H\beta = 0$$

eine zu H_0 äquivalente Art ist, lineare Hypothesen zu formulieren.

Lemma. *Zu jeder $q \times p$-Hypothesenmatrix H gibt es einen $(r-q)$-dimensionalen
linearen Teilraum L_H von $L = \mathcal{L}(X)$ (und umgekehrt), so dass $H\beta = 0$ genau
dann, wenn $X\beta \in L_H$.*

Beweis. (i) Zu $\psi_1,\dots,\psi_q$, $\psi_i = h_i^\mathsf{T}\beta$, existieren nach Lemma 4.2 eindeutig bestimmte Vektoren $a_1,\dots,a_q \in \mathcal{L}(X)$, so dass $h_i^\mathsf{T} = a_i^\mathsf{T}X$, das heißt

$$\psi_i = a_i^\mathsf{T}X\beta, \quad i = 1,\dots,q. \tag{5.1}$$

Diese Vektoren $a_1,\dots,a_q$ sind l. u. In der Tat, mit $A^\mathsf{T} = (a_1,\dots,a_q)$ gilt $H =
AX$, so dass $q = \mathrm{Rang}(H) \le \mathrm{Rang}(A) \le q$. Definiere nun L_H als das orthogonale

Komplement von $\mathcal{L}(a_1, \ldots, a_q)$ im $\mathcal{L}(X)$, das einen $(r - q)$-dimensionalen Teilraum von $\mathcal{L}(X)$ bildet. Gemäß (5.1) ist $H\beta = 0$ äquivalent zu

$$\psi_i = a_i^\top X\beta = 0, \quad i = 1, \ldots, q, \tag{5.2}$$

also zu $X\beta \in L_H$.

(ii) Ist umgekehrt der $(r-q)$-dimensionale lineare Teilraum $L_H \subset \mathcal{L}(X)$ vorgegeben, so bildet man das orthogonale Komplement L^* von L_H im $\mathcal{L}(X)$. Sind dann $a_1, \ldots, a_q$ l. u. Vektoren aus L^*, so formt man die $n \times q$-Matrix $A^\top = (a_1, \ldots, a_q)$ und die $q \times p$-Matrix $H = AX$, die $a_i^\top X$ als i-te Zeile besitzt. Da die Spalten von $A^\top$ aus $\mathcal{L}(X)$ sind, gibt es eine $p \times q$-Matrix B mit $A^\top = XB$. Es folgt

$$q = \mathrm{Rang}(A) = \mathrm{Rang}(AA^\top) = \mathrm{Rang}(AXB) \leq \mathrm{Rang}(AX) \leq q,$$

also $\mathrm{Rang}(H) = q$. $\qquad\qquad\qquad\qquad\qquad\qquad\qquad\qquad\qquad$ $\square$

Bemerkung. Der Zusammenhang zwischen der Hypothesenmatrix H und dem Hypothesenraum L_H ist also

$$H = AX,$$

wobei das orthogonale Komplement von L_H im $L = \mathcal{L}(X)$ gerade durch die Zeilen der $q \times n$-Matrix A aufgespannt wird, also gleich $\mathcal{L}(A^\top)$ ist.

5.2 Hauptsatz über das Testen linearer Hypothesen

Beschreiben wir wie üblich die Projektionen auf $L = \mathcal{L}(X)$ und auf $L_H \subset L$ durch die $n \times n$-Projektionsmatrizen P_L bzw. P_{L_H} und setzen wir wieder

$$Q_L = I_n - P_L \quad \text{und} \quad Q_{L_H} = I_n - P_{L_H},$$

so stellen für $Y \in \mathbb{R}^n$

$$
\begin{aligned}
|Q_L Y|^2 &= |Y - P_L Y|^2 = \min_{\mu \in L} |Y - \mu|^2 = \min_{\beta \in \mathbb{R}^p} |Y - X\beta|^2 \\
&= |Y - X\hat{\beta}|^2 = (n - r)\,\hat{\sigma}^2, \\
|Q_{L_H} Y|^2 &= |Y - P_{L_H} Y|^2 = \min_{\mu \in L_H} |Y - \mu|^2 = \min_{\beta \in \mathbb{R}^p:\, H\beta = 0} |Y - X\beta|^2
\end{aligned}
$$

die quadrierten Euklidischen Längen der *Projektionsstrahlen* dar. Dabei ist die Hypothesenmatrix H gemäß Bemerkung zu Lemma 5.1 dem Teilraum L_H zugeordnet.

Die im folgenden Hauptsatz auftretende Teststatistik F nimmt auf eine lineare Hypothese der Form $\mu \in L_H$ Bezug; das in der anschließenden Proposition umgeformte F dagegen wird sich auf eine Hypothese der Form $H\beta = 0$ beziehen.

Satz. *(Hauptsatz über das Testen linearer Hypothesen)*
Gegeben ein lineares Modell mit Normalverteilungsannahme (NLM) und ein linearer Teilraum L_H von L der Dimension $(r - q)$. Die Zufallsvariable

$$F = \frac{n-r}{q} \frac{|Q_{L_H} Y|^2 - |Q_L Y|^2}{|Q_L Y|^2} \tag{5.3}$$

ist (nichtzentral) $F_{q,n-r}(\delta^2)$-verteilt mit NZP

$$\delta^2 = \frac{|\mu - P_{L_H}\mu|^2}{\sigma^2}.$$

Insbesondere ist unter der Hypothese $\mu \in L_H$ die Zufallsvariable F (zentral) $F_{q,n-r}$-verteilt.

Beweis. Aufgrund des Satzes von Pythagoras (vgl. Abb. III.5) gilt

$$(|Q_{L_H} Y|^2 - |Q_L Y|^2)/\sigma^2 = (|P_L Y|^2 - |P_{L_H} Y|^2)/\sigma^2.$$

Diese Größe ist wegen Satz 2 in 1.4 $\chi_q^2(\delta^2)$-verteilt und unabhängig vom χ_{n-r}^2-verteilten $|Q_L Y|^2/\sigma^2$. Also ist

$$F \quad \text{nichtzentral } F_{q,n-r}(\delta^2)\text{-verteilt.}$$

Dabei berechnet sich wiederum nach Satz 2 in 1.4 der NZP zu

$$\delta^2 = |\mu - P_{L_H}\mu|^2/\sigma^2.$$

Falls $\mu \in L_H$, so ist $\delta^2 = 0$ und F folglich zentral $F_{q,n-r}$-verteilt. □

Der eben bewiesene Satz geht von der Gestalt $\mu \in L_H$ der Hypothese aus, die folgende Proposition von der Form $H\beta = 0$.

Proposition. *Ist H die zum Hypothesenraum L_H gehörende $q \times p$-Hypothesenmatrix, und hat X vollen Rang, so lässt sich die Größe F in (5.3) schreiben als*

$$F = \frac{1}{q\hat{\sigma}^2} \hat{\beta}^\top H^\top [H(X^\top X)^{-1} H^\top]^{-1} H\hat{\beta}. \tag{5.4}$$

Beweis. Nach 5.1 gilt $H = AX$, wobei $\mathcal{L}(A^\top)$ gleich dem orthogonalen Komplement von L_H im L ist. Aus Anhang A 1.1 haben wir

$$P_L - P_{L_H} = A^\top (AA^\top)^{-1} A.$$

Die Matrix A ist durch $H = AX$ und $\mathcal{L}(A^\top) \subset \mathcal{L}(X)$ eindeutig bestimmt: $A = H(X^\top X)^{-1} X^\top$ erfüllt diese Eigenschaften, so dass sich

$$AA^\top = H(X^\top X)^{-1} H^\top$$

schreiben lässt (dies ist Gleichung (4.10) in 4.5). Damit, sowie wegen $P_{L_H} = P_{L_H} P_L$ und $P_L Y = X\hat{\beta}$, folgt für die Zählerstatistik des Quotienten (5.3)

$$
\begin{aligned}
|Q_{L_H} Y|^2 - |Q_L Y|^2 &= |P_L Y|^2 - |P_{L_H} Y|^2 = Y^\top (P_L - P_{L_H}) Y \\
&= Y^\top P_L^\top (P_L - P_{L_H}) P_L Y \\
&= \hat{\beta}^\top X^\top A^\top \left[H(X^\top X)^{-1} H^\top \right]^{-1} A X \hat{\beta} \\
&= \hat{\beta}^\top H^\top \left[H(X^\top X)^{-1} H^\top \right]^{-1} H \hat{\beta},
\end{aligned}
$$

so dass wir zu (5.4) gelangen. □

Dass die Teststatistik (5.4) unter $H\beta = 0$ gerade $F_{q,n-r}$-verteilt ist, folgt auch (ohne Benutzung des obigen Hauptsatzes) aus Proposition 4.5 und anschließender Formel (4.11).

Zum Spezialfall der Hypothese $H_0 : \beta_j = 0$ gehört die $1 \times p$-Hypothesenmatrix $H = (0, \dots, 0, 1, 0, \dots, 0)$, mit der 1 an der j-ten Stelle. Führen wir gemäß (4.9) den *standard error* $se(\hat{\beta}_j) = \hat{\sigma} \sqrt{v_{jj}}$ von $\hat{\beta}_j$ ein, mit v_{jj} als j-tem Diagonalelement von $(X^\top X)^{-1}$, so lautet die Teststatistik (5.4) hier $F = (\hat{\beta}_j / se(\hat{\beta}_j))^2$.

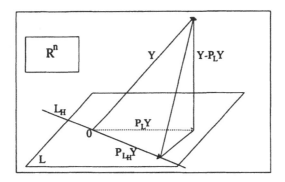

Abbildung III.5: Die Projektionen $P_L Y$ und $P_{L_H} Y$ von Y auf die Teilräume L und L_H, mit den zugehörigen Projektionsstrahlen $Q_L Y$ und $Q_{L_H} Y$.

5.3 Bemerkungen und Ergänzungen zum Hauptsatz

Man nennt die Zufallsvariable (5.3) die *F-Statistik* oder den *F-Quotienten* zum Prüfen linearer Hypothesen im NLM: Die Hypothese $H_0 : \mu \in L_H$ (bzw. $H\beta = 0$) wird zugunsten der Alternativen $\mu \notin L_H$ (bzw. $H\beta \neq 0$) verworfen, falls

$$F > F_{q,n-r,1-\alpha} \qquad \text{[\textit{F-Test im linearen Modell}]}.$$

Die Hypothese H_0 wird verworfen, wenn der Fußpunkt der Projektion des Beobachtungsvektors Y auf L zu weit entfernt ist vom Fußpunkt der Projektion auf L_H (diese Entfernung entspricht dem Zähler des F-Quotienten), wobei diese Entfernung in Einheiten von $\hat{\sigma}$ gemessen wird. Dabei ist $\hat{\sigma}$ proportional zur Länge des Projektionsstrahles von Y auf L (entsprechend dem Nenner des F-Quotienten). Man vergleiche zur Illustration die Abb. III.5.

Für den NZP gilt wegen $\mu = \mathbb{E}(Y) \in L$ und $|Q_L\mu|^2 = 0$

$$\sigma^2\delta^2 = |\mu - P_{L_H}\mu|^2 = |Q_{L_H}\mathbb{E}(Y)|^2 - |Q_L\mathbb{E}(Y)|^2.$$

Man erhält $\sigma^2\delta^2$ also gerade dadurch, dass man in der Zähler-Statistik $|Q_{L_H}Y|^2 - |Q_LY|^2$ des F-Quotienten (5.3) anstelle der Beobachtungen ihre Erwartungen einsetzt.

Man zeigt leicht, dass der F-Quotient (5.3) eine monotone Funktion $h(S_n)$ des *Likelihood-Quotienten*

$$S_n = \sup_L f(Y,(\mu,\sigma^2))/ \sup_{L_H} f(Y,(\mu,\sigma^2))$$

ist, wobei $f(y,(\mu,\sigma^2))$ die Dichte der $N_n(\mu,\sigma^2 I_n)$-Verteilung ist, das Supremum sich über alle (μ,σ^2) mit $\mu \in L$ bzw. $\mu \in L_H$, $\sigma^2 > 0$, erstreckt und

$$h(x) = \frac{n-r}{q}\left(x^{2/n} - 1\right)$$

gesetzt ist.

Zusammenhang mit Konfidenzintervallen (*)

Es besteht der folgende Zusammenhang zwischen der Proposition 5.2 über das Testen linearer Hypothesen

$$H_0 : H\beta = 0, \quad \text{mit } H = \begin{pmatrix} h_1^\mathsf{T} \\ \vdots \\ h_q^\mathsf{T} \end{pmatrix},$$

und dem Hauptsatz 4.5 über *simultane* Konfidenzintervalle $[A_c, B_c]$,

$$A_c = \hat{\psi}_c - S \cdot \text{se}(\hat{\psi}_c), \quad B_c = \hat{\psi}_c + S \cdot \text{se}(\hat{\psi}_c),$$

für Linearkombinationen $\psi_c = \sum_{i=1}^q c_i \psi_i$ der l. u. schätzbaren Funktionen $\psi_i = h_i^\mathsf{T}\beta$. Dabei bezeichnet $\hat{\psi}_c = \sum_i c_i \hat{\psi}_i$, $\hat{\psi}_i = h_i^\mathsf{T}\hat{\beta}$, den GM-Schätzer für ψ_c.

Proposition. *Im NLM gilt mit der Teststatistik F aus (5.3) (bzw. aus (5.4)) und mit den eben eingeführten ψ_c, $\hat{\psi}_c$*

$$F > F_{q,n-r,1-\alpha} \qquad [H_0 \text{ wird verworfen}] \tag{5.5}$$

genau dann, wenn es ein $c \in \mathbb{R}^q$ gibt mit

$$|\hat{\psi}_c| > S \cdot se(\hat{\psi}_c) \quad [\text{der Wert } \psi_c = 0 \text{ liegt nicht im Intervall } [A_c, B_c]]. \tag{5.6}$$

Beweis. SCHEFFÉ (1959, p. 72), SCHACH & SCHÄFER (1978, S. 89). $\qquad\square$

Man sagt im Fall (5.6) dann auch, dass die spezielle Hypothese $H_c : \psi_c = \sum_i c_i \psi_i = 0$ verworfen wird, während (5.5) ja besagt, dass die Hypothesen $\psi_i = 0$, für alle $i = 1, \ldots, q$, verworfen werden. Dieser Satz warnt davor, der Verwerfung (5.5) von $H_0 : H\beta = 0$ zuviel Bedeutung beizumessen. In der Tat, es könnten ja gänzlich uninteressante $c \in \mathbb{R}^q$ sein, für welche (5.6) gilt, für welche $H_c : \psi_c = 0$ also verworfen wird.

Gütefunktion, benötigter Stichprobenumfang (*)

Wie in I 7.3 bezeichnen wir mit $F_{m,n}(\delta^2, x)$, $x \in \mathbb{R}$, die Verteilungsfunktion und mit $F_{mn,\gamma}(\delta^2)$ das γ-Quantil der nichtzentralen $F_{m,n}(\delta^2)$-Verteilung. Die *Gütefunktion*

$$G(\delta^2) = \mathbb{P}_{(\beta,\sigma^2)}(F > F_{q,n-r,1-\alpha}) = 1 - F_{q,n-r}(\delta^2, F_{q,n-r,1-\alpha})$$

des F-Tests im NLM hängt nur über den NZP δ^2 von den unbekannten Modellparametern β, σ^2 ab. $G(\delta^2)$ erweist sich als eine monoton wachsende Funktion in δ^2, vgl. SCHACH & SCHÄFER (1978, S. 78).

Wir fordern nun mit vorgegebenen Werten von δ^2 und β_0, dass

$$G(\delta^2) \geq 1 - \beta_0$$

gilt, dass also die Wahrscheinlichkeit $\beta(\delta^2) = 1 - G(\delta^2)$ eines Fehlers 2. Art die Schranke β_0 nicht überschreitet, wenn δ^2 der zugrunde liegende Wert des NZP ist. Dann wird der benötigte Stichprobenumfang zum Erreichen dieser Teststärke aus

$$F_{q,n-r}(\delta^2, F_{q,n-r,1-\alpha}) \leq \beta_0,$$

das heißt aus

$$F_{q,n-r,\beta_0}(\delta^2) \geq F_{q,n-r,1-\alpha}$$

ermittelt. Unter Benutzung der Approximationsformel aus I 7.3 erhält man daraus die Forderung

$$\kappa \cdot F_{\mu,n-r,\beta_0} \geq F_{q,n-r,1-\alpha}, \qquad \text{mit} \quad \kappa = \frac{q + \delta^2}{q}, \quad \mu = \frac{(q + \delta^2)^2}{q + 2\delta^2}.$$

Spezialfälle und Anwendungen zur Planung des Stichprobenumfangs findet man in RASCH (1976, 8.3), PRUSCHA (1996, II 1; IV 1.3).

5.4   Beispiele: Einfache Varianz- und Regressionanalyse

Wir nehmen die beiden Standardbeispiele (vgl. 2.1, 2.2 sowie 3.4) wieder auf und leiten für sie den F-Test des linearen Modells ab.

Einfache Varianzanalyse

Wir setzen für die Anzahl k von Gruppen (Stichproben) $2 \leq k < n$ voraus und betrachten das Modell a). Die sogenannte *globale Nullhypothese*

$$H_0 : \mu_1 = \ldots = \mu_k$$

identisch gleicher Erwartungswerte in den Gruppen führt zu einem 1-dimensionalen Teilraum L_H von $L = \mathcal{L}(X)$, der aus den Vielfachen des Vektors $\mathbb{I}_n = (1,\ldots,1)^\mathsf{T} \in \mathbb{R}^n$ besteht, d. h. aus allen Vektoren

$$\mu \in \mathbb{R}^n \quad \text{mit} \quad \mu = \mathbb{I}_n \cdot \nu, \quad \nu \in \mathbb{R}.$$

L_H bildet also die „große Raumdiagonale" im $\mathbb{R}^n$. Äquivalent kann H_0 in der Form $H\beta = 0$ geschrieben werden, wobei die $(k-1) \times k$-Matrix

$$H = \begin{pmatrix} 1 & -1 & 0 & \ldots & 0 \\ 1 & 0 & -1 & \ldots & 0 \\ \vdots & \vdots & \ddots & \ddots & \vdots \\ 1 & 0 & 0 & \ldots & -1 \end{pmatrix}$$

den vollen Rang $q = k - 1$ besitzt. H_0 ist identisch mit $H_0' : \alpha_1 = \ldots = \alpha_k = 0$ im Modell b), denn H_0' führt zu demselben Teilraum L_H wie H_0 .
   Nach 3.4 ist

$$|Q_L Y|^2 = (n - k)\,\hat{\sigma}^2 = \sum_i \sum_j (Y_{ij} - \bar{Y}_i)^2 \equiv \mathrm{SQI},$$

wobei hier und i. F. $\sum_i \sum_j = \sum_{i=1}^{k} \sum_{j=1}^{n_i}$ gesetzt wird. Weiter rechnet man

$$\begin{aligned} |Q_{L_H} Y|^2 &= \min_{\mu \in L_H} |Y - \mu|^2 = \min_{\nu \in \mathbb{R}} |Y - \nu \cdot \mathbb{I}_n|^2 = \min_{\nu \in \mathbb{R}} \sum_i \sum_j (Y_{ij} - \nu)^2 \\ &= \sum_i \sum_j (Y_{ij} - \bar{Y})^2 \equiv \mathrm{SQT} \qquad [\textit{Variation total}]. \end{aligned}$$

Setzt man noch

$$\sum_{i=1}^{k} n_i\,(\bar{Y}_i - \bar{Y})^2 \equiv \mathrm{SQZ} \qquad [\textit{Variation zwischen} \text{ den Gruppen}],$$

so erhält man die *Streuungszerlegung* der Varianzanalyse, d. i.

$$SQT = SQI + SQZ.$$

Die Zähler-Statistik des F-Quotienten (5.3) lautet also

$$|Q_{L_H}Y|^2 - |Q_L Y|^2 = SQT - SQI = SQZ.$$

Führen wir noch die Bezeichnungen

$$MQI = SQI/(n-k) = \hat{\sigma}^2, \quad MQZ = SQZ/(k-1)$$

ein, so liefert der Hauptsatz 5.2 unter der Normalverteilungs-Annahme:

$$F = \frac{MQZ}{MQI} \text{ ist } F_{k-1,n-k}(\delta^2) - \text{verteilt,}$$

mit NZP δ^2. Setzen wir in die Formel für SQZ die Erwartungswerte

$$\mathbb{E}(\bar{Y}_i) = \mu_i \quad \text{und} \quad \mathbb{E}(\bar{Y}) = \sum_{i=1}^{k} n_i \mu_i / n \equiv \mu_0$$

anstelle von $\bar{Y}_i$ und $\bar{Y}$ ein, so bestimmt sich nach 5.3 der NZP δ^2 zu

$$\sigma^2 \delta^2 = \sum_{i=1}^{k} n_i (\mu_i - \mu_0)^2 = \sum_{i=1}^{k} n_i \alpha_i^2.$$

Nach 5.3 ist die Gütefunktion $G(\delta^2)$ monoton wachsend in δ^2: Je weiter die μ_i auseinander liegen, desto wahrscheinlicher wird die Verwerfung von H_0. Diese erfolgt bei

$$\frac{MQZ}{MQI} > F_{k-1,n-k,1-\alpha}.$$

Einfache lineare Regression

Im Modell a) mit $\beta = (\alpha, \beta_1)^\top$ betrachten wir die Nullhypothese

$$H_0 : \beta_1 = 0,$$

zu welcher derselbe 1-dimensionale Teilraum L_H wie in bei der einfachen Varianzanalyse gehört. Die zugehörige 1×2-Hypothesenmatrix $H = (0,1)$ ist vom Rang $q = 1$. Gemäß 3.4 ist

$$|Q_L Y|^2 = (n-2)\hat{\sigma}^2 = \sum_{i=1}^{n} \left(Y_i - (\hat{\alpha} + \hat{\beta}_1 x_i) \right)^2$$

$$\equiv SQD \quad \text{[Residuenquadrat-Summe].}$$

Ferner rechnet man wie eben

$$|Q_{L_H}Y|^2 = \min_{\mu \in L_H} |Y - \mu|^2 = \min_{\nu \in \mathbb{R}} \sum_{i=1}^{n} (Y_i - \nu)^2$$

$$= \sum_{i=1}^{n} (Y_i - \bar{Y})^2 \equiv \mathrm{SQT} \qquad [\text{Variation total}] \,.$$

Setzt man noch mit dem *predicted value* $\hat{Y}_i = \hat{\alpha} + \hat{\beta}_1 x_i$

$$\mathrm{SQR} = \sum_{i=1}^{n} (\hat{Y}_i - \bar{Y})^2 \qquad [\text{Variation der predicted values}],$$

so erhält man die *Streuungszerlegung* der Regressionsanalyse

$$\mathrm{SQT} = \mathrm{SQD} + \mathrm{SQR}.$$

Diese Zerlegung ist gültig, weil der gemischte Term $\sum_i (Y_i - \hat{Y}_i)(\hat{\alpha} + \hat{\beta}_1 x_i - \bar{Y})$ verschwindet. In der Tat, gemäß der Definition des MQ-Schätzers $\hat{\beta}$ ist

$$\sum_i (Y_i - \hat{Y}_i) = -\frac{1}{2} \partial \mathrm{SQD}/\partial \alpha \big|_{\hat{\beta}} = 0$$

$$\sum (Y_i - \hat{Y}_i) x_i = -\frac{1}{2} \partial \mathrm{SQD}/\partial \beta_1 \big|_{\hat{\beta}} = 0.$$

Die Zähler-Statistik des F-Quotienten (5.3) lautet also

$$|Q_{L_H}Y|^2 - |Q_L Y|^2 = \mathrm{SQT} - \mathrm{SQD} = \mathrm{SQR}.$$

Führen wir noch die Abkürzung

$$\mathrm{MQD} = \mathrm{SQD}/(n-2), \quad \mathrm{MQR} = \mathrm{SQR}$$

ein, so ist nach Satz 5.2 unter der Normalverteilungs-Annahme

$$F = \frac{\mathrm{MQR}}{\mathrm{MQD}} \quad F_{1,n-2}(\delta^2) - \text{verteilt},$$

mit NZP δ^2. Zur Berechnung von δ^2 gemäß 5.3 setzen wir $\mathbb{E}(\hat{Y}_i) = \alpha + \beta_1 x_i$ und $\mathbb{E}(\bar{Y}) = \alpha + \beta_1 \bar{x}$ anstelle von $\hat{Y}_i$ und $\bar{Y}$ in die Formel für SQR ein, was zu

$$\sigma^2 \delta^2 = \beta_1^2 \sum_{i=1}^{n} (x_i - \bar{x})^2 = \beta_1^2 (n-1) s_x^2$$

führt. Die Nullhypothese $H_0 : \beta_1 = 0$ wird verworfen, falls

$$\sqrt{\frac{\mathrm{MQR}}{\mathrm{MQD}}} = \sqrt{\sum_i (x_i - \bar{x})^2} \cdot \frac{|\hat{\beta}_1|}{\hat{\sigma}} > t_{n-2,1-\alpha/2}.$$

Je weiter β_1 von Null entfernt ist und je breiter die x-Werte streuen, desto wahrscheinlicher ist nach Auskunft des NZP δ^2 die Verwerfung von H_0.

IV Einfache nichtparametrische Modelle

Bei den Testverfahren im linearen Modell des Kapitels III ist die zugrunde liegende Verteilung –bis auf einen endlich-dimensionalen Parameter– festgelegt. In diesem Kapitel behandeln wir einige einfache statistische Modelle, bei denen ein endlich-dimensionaler Parameter nicht mehr ausreicht, um die Verteilung der Zufallsstichprobe $X_1, \ldots, X_n$ zu spezifizieren. Vielmehr setzen wir i. F. (neben der Unabhängigkeit) nur voraus, dass die Variablen X_i eine stetige Verteilungsfunktion F besitzen. Gelegentlich treten weitere Voraussetzungen an F hinzu. Wir besprechen zunächst Statistiken, die aus den Rangzahlen der Beobachtungen berechnet werden. Dann werden Statistiken vorgestellt, die auf der empirischen Verteilungsfunktion der Stichprobe basieren.

Die Modelle, die wir zugrunde legen werden, sind einfacher Natur: Nur den 1-Stichproben und den 2-Stichproben Fall werden wir behandeln. Von der Reichhaltigkeit der linearen statistischen Modelle aus Kap. III bleiben wir weit entfernt.

Die diversen (Rang-) Statistiken, die im ersten Abschnitt dieses Kapitels auftreten, gehören zur Klasse der U-Statistiken. Im letzten Abschnitt leiten wir die asymptotische Verteilung von U-Statistiken ab, ein Ergebnis, das uns mit den asymptotischen Versionen der entsprechenden Rangtests versorgt.

1 Auf Rängen basierende Statistiken (^{0})

Zunächst werden Aussagen zur Verteilung des schon in I 5.2 eingeführten Rangvektors bewiesen. Ein auf den Rängen definierter 2-Stichproben Test nach Mann-Whitney wird vorgestellt, und zwar vor dem entsprechenden 1-Stichproben Test (nach Wilcoxon). Der Grund für diese Vertauschung liegt darin begründet, dass Letzterer einen komplizierten Begriff des Rangs benötigt, nämlich des sogenannten signierten Rangs. Im Fall zweier Stichproben testen wir die Hypothese identisch gleicher Verteilungen, im Fall einer Stichprobe Hypothesen über den Median der Verteilung. Diese Tests können als die nichtparametrischen Gegenstücke zu den t-Tests in I 3.4 angesehen werden.

Auch die asymptotischen Versionen dieser Tests werden besprochen; ihre theoretische Begründung durch entsprechende zentrale Grenzwertsätze wird im Rahmen von U-Statistiken im Abschnitt 3 gegeben.

1.1 Verteilung des Rangvektors

Wir setzen im Folgenden voraus, dass

$$\text{unabhängige Zufallsvariable } X_1, \ldots, X_n, \text{ mit (identisch gleicher)}$$
$$\textit{stetiger } \text{Verteilungsfunktion } F(x) = \mathbb{P}(X_i \leq x), \ x \in \mathbb{R}, \tag{1.1}$$

gegeben sind. Unsere Verteilungsannahme auf $(\mathbb{R}^n, \mathcal{B}^n)$ lautet also

$$\mathcal{V}_0 = \Big\{ \underset{i=1}{\overset{n}{\times}} \mathbb{Q}_i : \ \mathbb{Q}_i \equiv \mathbb{Q}_1 \text{ Wahrscheinlichkeitsverteilung auf } (\mathbb{R}, \mathcal{B}^1)$$
$$\text{mit einer stetigen Verteilungsfunktion} \Big\}. \tag{1.2}$$

Unter (1.1) ist der *Rangvektor*

$$R = (R_1, \ldots, R_n)$$

der Stichprobe $X_1, \ldots, X_n$ nach I 5.2 $\mathbb{P}$-fast sicher eindeutig bestimmt. R nimmt (fast sicher) Werte in der $n!$-elementigen Menge

$$S_n = \big\{ \sigma = (\sigma(1), \ldots, \sigma(n)) : \ \sigma \text{ Permutation von } (1, \ldots, n) \big\}$$

an.

Satz. *Unter der Voraussetzung* (1.1) *ist der Rangvektor R gleichverteilt über der Menge S_n.*

Beweis. Sei $\sigma \in S_n$ beliebig, $\varepsilon = (1, \ldots, n) \in S_n$ die identische Permutation. Wir werden zeigen, dass

$$\mathbb{P}(R = \sigma) = \mathbb{P}(R = \varepsilon)$$

gilt, womit der Satz bewiesen wäre. Dazu setzen wir $\tau = \sigma^{-1}$, d. h. $\sigma(\tau(k)) = k$ für $k = 1, \ldots, n$, und berechnen

$$\begin{aligned}
\mathbb{P}(R = \sigma) &= \mathbb{P}(R_1 = \sigma(1), \ldots, R_n = \sigma(n)) \\
&= \mathbb{P}(R_{\tau(1)} = 1, \ldots, R_{\tau(n)} = n) \\
&= \mathbb{P}(X_{\tau(1)} < \cdots < X_{\tau(n)}) \\
&\underset{(*)}{=} \mathbb{P}(X_1 < \cdots < X_n) = \mathbb{P}(R = \varepsilon).
\end{aligned}$$

Das = Zeichen $(*)$ gilt dabei aus folgendem Grund:
Bezeichnen $G^{(\varepsilon)}$ und $G^{(\tau)}$ die gemeinsamen Verteilungsfunktionen der Zufallsvektoren $(X_1, \ldots, X_n)$ bzw. $(X_{\tau(1)}, \ldots, X_{\tau(n)})$, so ist

$$G^{(\varepsilon)}(x_1, \ldots, x_n) = \prod_{i=1}^{n} \mathbb{P}(X_i \leq x_i) = \prod_{i=1}^{n} F(x_i)$$

$$G^{(\tau)}(x_1, \ldots, x_n) = \prod_{i=1}^{n} \mathbb{P}(X_{\tau(i)} \leq x_i) = \prod_{i=1}^{n} F(x_i).$$

Also besitzen die Zufallsvariablen

$$\varphi(X_1, \ldots, X_n) \quad \text{und} \quad \varphi(X_{\tau(1)}, \ldots, X_{\tau(n)})$$

für jedes (messbare) $\varphi : \mathbb{R}^n \to \mathbb{R}$ identische Verteilungen, insbesondere auch im Fall

$$\varphi(x_1, \ldots, x_n) = 1_D(x_1, \ldots, x_n), \quad D = \{x \in \mathbb{R}^n : x_1 < \cdots < x_n\},$$

womit das = Zeichen $(*)$ bewiesen ist.   □

Bemerkung. Eine (messbare) Funktion $T_n : \mathbb{R}^n \to \mathbb{R}$, die auf den Rangzahlen der $(x_1, \ldots, x_n)$ definiert ist, wird *Rangstatistik* genannt. Liegt die in (1.2) eingeführte Verteilungsklasse $\mathcal{V}_0$ auf $(\mathbb{R}^n, \mathcal{B}^n)$ vor, so hängt laut Satz die Verteilung einer solchen Statistik T_n nicht vom zugrunde liegenden F ab: T_n heißt *verteilungsfrei* bezüglich $\mathcal{V}_0$.

Korollar. *Unter der Voraussetzung (1.1) gilt für $i,j = 1, \ldots, n$, $i \neq j$, und für $r,s = 1, \ldots, n$, $r \neq s$*

$$\mathbb{P}(R_i = r) = \frac{1}{n}, \quad \mathbb{P}(R_i = r, R_j = s) = \frac{1}{n(n-1)}$$

$$\mathbb{E}(R_i) = \frac{1}{2}(n+1), \quad Var(R_i) = \frac{1}{12}(n-1)(n+1) \tag{1.3}$$

$$Cov(R_i, R_j) = -\frac{1}{12}(n+1).$$

Beweis. 1. Zeile: Benutzung der Laplaceformel. 2. und 3. Zeile: Benutzung der Formeln

$$\sum_{k=1}^{n} k = \frac{1}{2}n(n+1), \quad \sum_{k=1}^{n} k^2 = \frac{1}{6}n(n+1)(2n+1)$$

und der Verschiebungsformeln für Var und Cov.   □

1.2 2-Stichproben Rangsummen

Im Folgenden besprechen wir die Situation zweier Stichproben vom Umfang n_1 und n_2 und treffen die Voraussetzung:

$$X_1, \dots, X_{n_1} \quad \text{besitzen die stetige Verteilungsfunktion } F_X$$
$$Y_1, \dots, Y_{n_2} \quad \text{besitzen die stetige Verteilungsfunktion } F_Y \tag{1.4}$$
$$X'_1, \dots, X'_{n_1}, X'_{n_1+1}, \dots, X'_n \equiv X_1, \dots, X_{n_1}, Y_1, \dots, Y_{n_2} \text{ unabhängig}$$

$(n = n_1 + n_2)$. Es bezeichne

$$X'_{(1)} < X'_{(2)} < \cdots < X'_{(n)}$$

die *Ordnungsstatistik* der Gesamtstichprobe $X'_1, X'_2, \dots, X'_n$, sowie

$$R = (R_1, \dots, R_{n_1}, R_{n_1+1}, \dots, R_n)$$

den Rangvektor der Gesamtstichprobe. Für beide Stichproben getrennt werden die *Rangsummen* R_x und R_y gebildet,

$$R_x = \sum_{i=1}^{n_1} R_i = \sum_{i=1}^{n} i \cdot Z_x(i)$$

$$R_y = \sum_{i=n_1+1}^{n} R_i = \sum_{i=1}^{n} i \cdot Z_y(i),$$

wobei $Z_x(i) = 1$ indiziert, dass die Beobachtung mit dem Gesamtrang i gerade ein x-Wert ist; genauer:

$$Z_x(i) = \begin{cases} 1 & \text{falls } X'_{(i)} = X_j \text{ für ein } j \in \{1, \dots, n_1\} \\ 0 & \text{sonst} \end{cases}, \quad Z_y(i) = 1 - Z_x(i).$$

Zur Kontrolle dient die Gleichung $R_x + R_y = n(n+1)/2$. Da die Ungleichungen

$$R_x \geq \frac{1}{2} n_1(n_1 + 1), \quad R_y \geq \frac{1}{2} n_2(n_2 + 1)$$

gelten, geht man von den Rangsummen $R.$ zu den zahlenmäßig kleineren Ranggrößen $U.$ über,

$$U_x = R_x - \frac{1}{2} n_1(n_1 + 1), \qquad U_y = R_y - \frac{1}{2} n_2(n_2 + 1). \tag{1.5}$$

Eine andere, fast sicher geltende Darstellung der Größe U_x lautet

$$U_x = \sum_{i=1}^{n_1} \sum_{j=1}^{n_2} \Psi(X_i - Y_j), \qquad \Psi(x) = \begin{cases} 1 & \text{falls } x > 0 \\ 0 & \text{sonst,} \end{cases}, \tag{1.6}$$

mit entsprechend dargestelltem U_y, vgl. GIBBONS (1971, p. 167). Zur Kontrolle dient die Gleichung $U_x + U_y = n_1 \cdot n_2$. Wegen

$$\mathbb{E}\big(\Psi(X_i - Y_j)\big) = \mathbb{P}(Y_1 < X_1) \equiv p$$

besagt (1.6), dass $U_x/(n_1 \cdot n_2)$ ein erwartungstreuer Schätzer für p ist.

1.3   Verteilung der Rangsummen

Wir leiten Aussagen über die Verteilung der Rangsumme R_x unter der Hypothese gleicher Verteilungen in den beiden Stichproben ab, d. h. unter

$$H_0: \; F_X = F_Y.$$

Dann sind uns entsprechende Aussagen auch für die Größen R_y, U_x, U_y bekannt. Den kleinsten und den größten R_x-Wert bezeichnen wir im Folgenden mit r_1 und r_2, das heißt

$$r_1 = \frac{1}{2}n_1(n_1 + 1) \quad \text{und} \quad r_2 = \frac{1}{2}n_1(2n_2 + n_1 + 1) = n_1(n+1) - r_1,$$

ihr arithmetisches Mittel mit

$$\rho_0 = \frac{1}{2}(r_1 + r_2) = \frac{1}{2}n_1(n + 1).$$

Sei $N(n, n_1, r)$ die Anzahl aller Teilmengen aus $\{1, \ldots, n\}$, welche n_1 Elemente umfassen, die sich zu r addieren. Eine Rekursionsformel für $N(n, n_1, r)$ bietet GIBBONS (1971, p. 166).

Satz 1. *Unter der Voraussetzung (1.4) ist die (diskrete) Verteilung von R_x unter H_0 gegeben durch*

$$\mathbb{P}_0(R_x = r) = \frac{N(n, n_1, r)}{\binom{n}{n_1}}, \quad r = r_1, \ldots, r_2. \tag{1.7}$$

Beweis. Satz 1.1 und die Laplaceformel liefern (1.7), denn die $\binom{n}{n_1}$ n_1-elementigen Teilmengen aus $\{1, 2, \ldots, n\}$, welche die Rangzahlen der x-Stichprobe umfassen, sind gleich wahrscheinlich. □

Satz 2. *Unter der Voraussetzung (1.4) ist die (diskrete) Verteilung von R_x unter H_0, das ist (1.7), symmetrisch bezüglich ρ_0; das heißt es ist*

$$\mathbb{P}_0(R_x = \rho_0 + r) = \mathbb{P}_0(R_x = \rho_0 - r), \quad 0 \le r \le \frac{1}{2}n_1 \cdot n_2. \tag{1.8}$$

Beweis. Wir schreiben $A \overset{D}{=} B$ für zwei Zufallsgrößen mit identischer Verteilung. Unter H_0 ist der Rangvektor R^- der Stichprobe

$$-X_1, \ldots, -X_{n_1}, -Y_1, \ldots, -Y_{n_2}$$

nach Satz 1.1 auf S_n gleichverteilt; d. h. es gilt $R^- \overset{D}{=} R$. Aus $R_i^- = n + 1 - R_i$ folgt

$$\sum_{i=1}^{n_1} R_i \overset{D}{=} \sum_{i=1}^{n_1} R_i^- = \sum_{i=1}^{n_1} (n + 1 - R_i) = n_1(n+1) - \sum_{i=1}^{n_1} R_i,$$

bzw. $R_x - \rho_0 \overset{D}{=} \rho_0 - R_x$; das bedeutet aber (1.8). □

Neben dem schon eingeführten $\rho_0 = \frac{1}{2} n_1(n+1)$ definieren wir

$$\sigma_0^2 = \frac{1}{12} n_1 n_2 (n+1).$$

Korollar. *Unter Voraussetzung* (1.4) *und unter* H_0 *gelten*

$$\mathbb{E}_0(R_x) = \rho_0, \qquad \mathrm{Var}_0(R_x) = \sigma_0^2. \tag{1.9}$$

Beweis. Die erste Aussage folgt aus Satz 2. Mit Hilfe von Korollar 1.1 rechnet man

$$\begin{aligned}
\mathrm{Var}_0(R_x) &= \sum_{i=1}^{n_1} \mathrm{Var}_0(R_i) + \sum_{i \neq j} \mathrm{Cov}_0(R_i, R_j) \\
&= \frac{1}{12} n_1(n-1)(n+1) - \frac{1}{12} n_1(n_1-1)(n+1) = \frac{1}{12} n_1 n_2 (n+1),
\end{aligned}$$

womit auch die zweite Gleichung bewiesen ist. □

Da die Summanden in $R_x = \sum_1^{n_1} R_i$ nicht unabhängig sind, kann der klassische ZGWS nicht angewandt werden. Die folgende Aussage über die asymptotische Normalität von R_x leitet sich aus Beispiel 3 in 3.5 unten ab.

Satz 3. *Für die Standardisierte von* R_x, *das heißt für* $R_{x,n}^* = (R_x - \rho_0)/\sigma_0$, *gilt unter der Voraussetzung* (1.4) *und unter* H_0 *bei* $n \to \infty$, $n_1/n \to \lambda \in (0,1)$ *die Verteilungskonvergenz* $R_{x,n}^* \overset{D_0}{\longrightarrow} N(0,1)$, *d. i.*

$$\mathbb{P}_0(R_{x,n}^* \leq x) \longrightarrow \Phi(x) \qquad \forall x \in \mathbb{R}.$$

Für $U_x = R_x - n_1(n_1+1)/2$ folgt dann aus den Sätzen 1 bis 3

$$\mathbb{E}_0(U_x) = \frac{1}{2} n_1 n_2 \equiv \mu_0, \quad \mathrm{Var}_0(U_x) = \sigma_0^2, \quad \frac{U_x - \mu_0}{\sigma_0} \overset{D_0}{\longrightarrow} N(0,1). \tag{1.10}$$

1.4 2-Stichproben U-Test

Zum Prüfen der Hypothese gleicher Verteilungsfunktionen in den beiden Grundgesamtheiten, d. h. der Hypothese $H_0 : F_X = F_Y$ versus $H_1 : F_X \neq F_Y$, verwenden wir die in (1.5) definierte Teststatistik $U_x = R_x - n_1(n_1 + 1)/2$. Es bezeichne $c_\gamma \equiv c_{n_1,n_2,\gamma} \in \mathbb{N}_0$ für $0 < \gamma < 1$ das γ-Quantil der Verteilung von U_x unter H_0, also

$$\mathbb{P}_0(U_x \leq c_\gamma) \leq \gamma < \mathbb{P}_0(U_x \leq c_\gamma + 1). \tag{1.11}$$

Man verwirft H_0 zugunsten von H_1 zum Signifikanzniveau α, falls

$$U_x \leq c_{\alpha/2} \quad \text{oder} \quad U_x \geq n_1 n_2 - c_{\alpha/2}.$$

Setzt man

$$U = \min(U_x, U_y),$$

so ist wegen $U_x + U_y = n_1 n_2$ diese Verwerfungsregel äquivalent zu

$$U \leq c_{\alpha/2}.$$

Dies ist der *Mann-Whitney U-Test*, manchmal auch 2-Stichproben Wilcoxon-Test genannt. Für kleinere n_1, n_2 gewinnt man die Quantile c_γ aus den Sätzen 1 und 2 in 1.3 durch kombinatorische Überlegungen.

Numerisches Beispiel: $n_1 = 4, n_2 = 4$. Es ist $\binom{n}{n_1} = 70$, $\frac{1}{2} n_1(n_1 + 1) = 10$.

Geordnete Stichprobe	r_x	u_x	$N(8,4,r_x)$	$\mathbb{P}_0(U_x \leq u_x)$
xxxxyyyy	10	0	1	$1/70 = 0.014$
xxxyxyyy	11	1	1	$2/70 = 0.029$
xxxyyxyy	12	2		
xxyxxyyy	12	2	2	$4/70 = 0.057$
xxxyyyxy	13	3		
xxyxyxyy	13	3		
xyxxxyyy	13	3	3	$7/70 = 0.100$

Man erhält die Quantile

γ	0.10	0.05	0.025	0.01
$c_{4,4,\gamma}$	3	1	0	-

Ein Quantil $c_{4,4,0.01}$ existiert also nicht.

Für größere n_1, n_2 verwendet man die $N(0,1)$-Approximation aus 1.3, Satz 3, und verwirft H_0, falls für die (unter H_0) Standardisierte von U_x, das ist

$$U_{x,n}^* = \frac{U_x - \mu_0}{\sigma_0}, \qquad \mu_0 = \frac{1}{2} n_1 n_2, \quad \sigma_0^2 = \frac{1}{12} n_1 n_2 (n + 1),$$

gilt

$$|U_{x,n}^*| > u_{1-\alpha/2} \qquad [u_\gamma \text{ das } \gamma\text{-Quantil der } N(0,1)\text{-Verteilung}].$$

Lokalisations-/Skalenunterschiede

Während die Nullhypothese des Mann-Whitney U-Tests sehr eng formuliert ist, fällt die Alternative

$$H_1 : \quad F_X(x) \neq F_Y(x) \quad \text{für mindestens ein } x \in \mathbb{R}$$

entsprechend weit aus. Tatsächlich deckt der Mann-Whitney U-Test nicht alle möglichen Alternativen gleich gut ab. Geeignet ist er zur Aufdeckung von Unterschieden, die sich in der zentralen Lage der Verteilungen manifestieren. Ein solcher *Lokalisationsunterschied* wird mit einem $\Delta \in \mathbb{R}$ durch die Gleichung

$$F_X(x - \Delta) = F_Y(x) \quad \forall x \in \mathbb{R}$$

formuliert. Die Hypothesen lauten dann

$$H_0 : \quad \Delta = 0 \quad \text{versus} \quad H_1 : \Delta \neq 0.$$

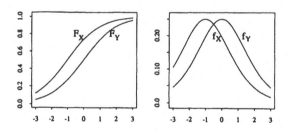

Abbildung IV.1: Lokalisationsunterschied $\Delta > 0$, ausgedrückt durch die Verteilungsfunktionen (links) bzw. –falls vorhanden– durch die Dichten (rechts)

Nicht geeignet ist der Mann-Whitney U-Test zur Aufdeckung unterschiedlicher Streuungen. Mit einem $\vartheta > 0$ formuliert man einen solchen *Skalenunterschied* durch

$$F_X(x \cdot \vartheta) = F_Y(x) \quad \forall x \in \mathbb{R}.$$

Zum Prüfen der zugehörigen Hypothesen

$$H_0 : \quad \vartheta = 1 \quad \text{versus} \quad H_1 : \vartheta \neq 1$$

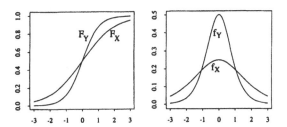

Abbildung IV.2: Skalenunterschied $\vartheta > 1$, ausgedrückt durch die Verteilungs-funktionen (links) bzw. –falls vorhanden– durch die Dichten (rechts)

kann man den *Siegel-Tukey Test* verwenden. Bei diesem erhalten die Beobach-tungen *Gewichte* A_i nach folgendem Schema:

Ränge R	1	2	3	...	n-2	n-1	n
Gewichte A	1	4	5	...	6	3	2

Die kleinste Beobachtung erhält also das Gewicht $A = 1$, die größte und zweitgrößte erhalten $A = 2$ und $A = 3$, usw., wie im Schema angedeutet. Dann wird der U-Test angewandt, mit

$$U_x = \sum_{i=1}^{n_1} A_i - \frac{1}{2} n_1(n_1 + 1) \quad \text{anstelle von} \quad \sum_{i=1}^{n_1} R_i - \frac{1}{2} n_1(n_1 + 1).$$

1.5 Absolute und Vorzeichen-Ränge

Wir gehen von der in (1.1) beschriebenen Annahme unabhängiger, identisch und stetig verteilter Zufallsvariablen $X_1, \ldots, X_n$ aus. Zusätzlich verlangen wir jetzt, dass die X_i *symmetrisch verteilt* sind bezüglich eines Punktes $\vartheta_0 \in \mathbb{R}$ (ϑ_0 ist dann der Median von X_i). Für die Verteilungsfunktion F der X_i bedeutet das

$$F(\vartheta_0 - x) = 1 - F(\vartheta_0 + x) \qquad \forall\, x \in \mathbb{R}. \tag{1.12}$$

Die zugrunde liegende Verteilungsklasse auf $(\mathbb{R}^n, \mathcal{B}^n)$ lautet also

$$\mathcal{V}_0 = \big\{ \underset{i=1}{\overset{n}{\times}} \mathbb{Q}_i : \mathbb{Q}_i \equiv \mathbb{Q}_1 \text{ bez. } \vartheta_0 \text{ symmetrische Verteilung auf} \tag{1.13}$$
$$(\mathbb{R}, \mathcal{B}^1) \text{ mit einer stetigen Verteilungsfunktion}\big\}.$$

Man bildet die –bez. 0 symmetrisch verteilten– unabhängigen Zufallsvariablen

$$Z_i = X_i - \vartheta_0, \quad i = 1, \ldots, n,$$

und die Ränge R_i^+ der absolut genommenen Z_i, das sind die Ränge

$$R_1^+, \ldots, R_n^+ \quad \text{der Zufallsvariablen} \quad |Z_1|, \ldots, |Z_n|.$$

Diese R_i^+ werden *absolute Ränge* der Z_i genannt. Ferner definiert man die unabhängigen, $\{0,1\}$-wertigen Zufallsvariablen

$$\Psi_i = 1(X_i > \vartheta_0) = 1(Z_i > 0), \quad i = 1, \ldots, n,$$

sowie *signierte Ränge* $\Psi_1 R_1^+, \ldots, \Psi_n R_n^+$, die auch *Vorzeichen-Ränge* genannt werden. Durch die Notation $\mathbb{P}_0 \equiv \mathbb{P}_{\vartheta_0}$ weisen wir i. F. auf den Symmetriepunkt ϑ_0 hin.

Satz. *Unter den Annahmen (1.1) und (1.12) gilt für die oben eingeführten Ψ_i und den Vektor $R^+ = (R_1^+, \ldots, R_n^+)$ der absoluten Ränge*

a) $\mathbb{P}_0(\Psi_i = 1) = \frac{1}{2}, \quad i = 1, \ldots, n$

b) R^+ *ist auf S_n gleichverteilt*

c) *Die $n+1$ Zufallsgrößen $\Psi_1, \ldots, \Psi_n, R^+$ sind unabhängig.*

Beweis. Die Behauptung a) folgt aus $\mathbb{P}_0(Z_i > 0) = 1/2$, während sich b) aus Satz 1.1 ergibt, denn R^+ ist der Rangvektor der unabhängigen und identisch verteilten $|Z_1|, \ldots, |Z_n|$. Zum Nachweis von c) reicht es, für $Z = Z_i$ und $\Psi = 1(Z > 0)$ zu zeigen, dass

$$|Z| \quad \text{und} \quad \Psi \quad \text{unabhängig} \tag{1.14}$$

sind. Dann sind nämlich die $2n$ Variablen $\Psi_1, \ldots, \Psi_n, Z_1, \ldots, Z_n$ unabhängig, und die Aussage c) ist gültig. Für jedes $z > 0$ rechnet man

$$\mathbb{P}_0(\Psi = 1, |Z| \leq z) = \mathbb{P}_0(0 < Z \leq z)$$
$$= \frac{1}{2} \mathbb{P}_0(-z \leq Z \leq z) = \mathbb{P}_0(\Psi = 1) \mathbb{P}_0(|Z| \leq z),$$

wobei beim zweiten $=$ Zeichen Stetigkeit und Symmetrie der Verteilung von Z ausgenutzt wurde. Damit ist aber (1.14) gezeigt. $\qquad\square$

Bemerkung. Eine (messbare) Funktion $T_n : \mathbb{R}^n \to \mathbb{R}$, die auf den signierten Rängen der $(x_1, \ldots, x_n)$ definiert ist, heißt *Vorzeichen-Rang Statistik*. Liegt die in (1.13) eingeführte Verteilungsklasse $\mathcal{V}_0$ auf $(\mathbb{R}^n, \mathcal{B}^n)$ zugrunde, so ist laut Satz eine solche Statistik T_n *verteilungsfrei* bezüglich $\mathcal{V}_0$. In der Tat, die Verteilung des Zufallsvektors $(\psi_1 R_1^+, \ldots, \psi_n R_n^+)$, mit festen Werten $\psi_i \in \{0,1\}$, ist nach b) nicht vom zugrunde liegenden F abhängig. Ein Kalkül mit bedingten Wahrscheinlichkeiten (siehe II 5 oben) zeigt unter Verwendung von c), dass dies dann auch für die Verteilung von $(\Psi_1 R_1^+, \ldots, \Psi_n R_n^+)$ richtig ist.

1.6   Verteilung der Vorzeichen-Rang Summe

Wir bezeichnen i. F. mit $N(n,r)$ die Anzahl der Teilmengen von $\{1, 2, \dots, n\}$, deren Elemente sich zu r addieren. Eine Rekursionsformel für $N(n,r)$ bietet GIBBONS (1971, p. 112). Für die *Vorzeichen-Rang Summe*

$$T^+ = \sum_{i=1}^{n} \Psi_i R_i^+$$

beweisen wir

Satz. *Es mögen die Voraussetzungen* (1.1) *und* (1.12) *gelten.*

a) *Die (diskrete) Verteilung von* T^+ *ist gegeben durch*

$$\mathbb{P}_0(T^+ = r) = \frac{N(n,r)}{2^n}, \quad r = 0, \dots, \frac{1}{2} n(n+1). \tag{1.15}$$

b) *Die Verteilung* (1.15) *ist symmetrisch bezüglich* $\mu_0 = \frac{1}{4} n(n+1)$.

Beweis. a) Es bezeichne $\mathcal{M}_q$ die Menge aller q-elementigen Teilmengen von $\{1, 2, \dots, n\}$, $|\mathcal{M}_q| = \binom{n}{q}$, und $N(n,q,r)$ wie in 1.3 die Anzahl derjenigen $M_q \in \mathcal{M}_q$, deren Elemente sich zu r addieren. Es ist $N(n,r) = \sum_{q=0}^{n} N(n,q,r)$, $r = 0, \dots, \frac{1}{2} n(n+1)$. Zunächst gilt für ein $q \in \{0, 1, \dots, n\}$ und ein $M_q^0 \in \mathcal{M}_q$

$$\left| \left\{ \sigma \in S_n : \sum_{i \in M_q^0} \sigma(i) = r \right\} \right|$$
$$= \left| \left\{ M_q \in \mathcal{M}_q : \sum_{i \in M_q} i = r \right\} \right| q! \, (n-q)! = N(n,q,r) \, q! \, (n-q)!$$

Es folgt dann mit Satz 1.5

$$\mathbb{P}_0(T^+ = r)$$
$$= \sum_{q=0}^{n} \sum_{M_q \in \mathcal{M}_q} \mathbb{P}_0 \left(\Psi_i = 1 \text{ für } i \in M_q, \Psi_i = 0 \text{ für } i \notin M_q, \sum_{i \in M_q} R_i^+ = r \right)$$
$$= \left(\frac{1}{2} \right)^n \sum_{q=0}^{n} \sum_{M_q \in \mathcal{M}_q} \mathbb{P}_0 \left(\sum_{i \in M_q} R_i^+ = r \right)$$
$$= \frac{1}{2^n} \sum_{q=0}^{n} \sum_{M_q \in \mathcal{M}_q} \frac{1}{n!} \left| \left\{ \sigma \in S_n : \sum_{i \in M_q} \sigma(i) = r \right\} \right|$$
$$= \frac{1}{2^n} \sum_{q=0}^{n} \binom{n}{q} \frac{1}{n!} q! \, (n-q)! \, N(n,q,r) = \frac{1}{2^n} N(n,r).$$

b) Analog zu Satz 2 in 1.3, mit Übergang von $|Z_1|, \dots, |Z_n|$ zu $-|Z_1|, \dots, -|Z_n|$.

□

Korollar. *Unter* (1.1) *und* (1.12) *gelten*

$$\mathbb{E}_0(T^+) = \mu_0, \quad Var_0(T^+) = \frac{1}{24}\, n(n+1)(2n+1) \equiv \sigma_0^2.$$

Beweis. Die erste Gleichung folgt aus Satzteil b), die zweite unter Verwendung der Formeln

$$\mathbb{E}_0(\Psi_i R_i^+ \Psi_j R_j^+) = \begin{cases} \frac{1}{12}(n+1)(2n+1) & \text{falls } i = j \\ \frac{1}{48}\frac{n+1}{n-1}(3n^2 - n - 2) & \text{falls } i \neq j, \end{cases}$$

die mit Hilfe von Satz 1.5 gewonnen werden.   □

Bemerkungen. 1. Ein alternativer Zugang zu Satz und Korollar eröffnet sich durch den Beweis der folgenden Darstellung (1.16) von T^+ unter H_0. Dabei bezeichne P^+ die Menge aller $i \in \{1, \dots, n\}$, für welche dasjenige Z_j, das den absoluten Rang i hat, positiv ist. Mit unabhängigen und $B(1, 1/2)$-verteilten $\Phi(1), \dots, \Phi(n)$ gilt $\mathbb{P}_0$-fast sicher

$$T^+ = \sum_{i=1}^{n} i \cdot \Phi(i), \qquad \Phi(i) = \begin{cases} 1 & \text{falls } i \in P^+ \\ 0 & \text{falls } i \notin P^+, \end{cases} \tag{1.16}$$

siehe GIBBONS (1971, p. 108), RANDLES & WOLFE (1979, p. 57).

2. Eine weitere Darstellung der Vorzeichen-Rang Summe T^+ lautet nach RANDLES & WOLFE (1979, p.83)

$$T^+ = \sum_{1 \leq i < j \leq n} \Psi(Z_i + Z_j) + \sum_{i=1}^{n} \Psi(Z_i), \quad \Psi(x) = \begin{cases} 1 & \text{falls } x > 0 \\ 0 & \text{falls } x < 0. \end{cases} \tag{1.17}$$

1.7   1-Stichproben Wilcoxon-Test

Ausgehend von der Verteilungsannahme (1.1) setzen wir wie in 1.6 eine symmetrische Verteilung der Zufallsvariablen X_i voraus. Das bedeutet für die Verteilungsfunktion F der X_i die Existenz eines $\vartheta \in \mathbb{R}$ mit

$$F(\vartheta - x) = 1 - F(\vartheta + x) \qquad \forall x \in \mathbb{R}.$$

Ferner nehmen wir an, dass der (unbekannte) *Median* $M = \vartheta$ von X_i eindeutig ist. Zum Prüfen der Hypothese

$$H_0 : M = \vartheta_0 \quad \text{versus} \quad H_1 : M \neq \vartheta_0$$

verwenden wir als Prüfgröße die *Vorzeichen-Rang Summe*

$$T^+ = \sum_{i=1}^{n} \Psi_i R_i^+.$$

Bezeichne $c_\gamma \equiv c_{n,\gamma} \in \mathbb{N}_0$ das γ-Quantil der Verteilung von T^+ unter H_0; analog zu (1.11) ist also

$$\mathbb{P}_0(T^+ \le c_\gamma) \le \gamma < \mathbb{P}_0(T^+ \le c_\gamma + 1).$$

Man verwirft H_0 zugunsten von H_1 zum Signifikanzniveau α, falls

$$T^+ \le c_{\alpha/2} \quad \text{oder} \quad T^+ \ge \frac{1}{2} n(n+1) - c_{\alpha/2}.$$

Dieser Test wird (1-Stichproben) *Wilcoxon-Test* genannt. Beim einseitigen Testproblem

$$H_0 : M \le \vartheta_0 \quad \text{versus} \quad H_1 : M > \vartheta_0$$

verwirft man H_0, falls $T^+ \ge n(n+1)/2 - c_\alpha$. Tatsächlich kann man hier zeigen, dass die Ungleichung

$$\mathbb{P}_{M \le \vartheta_0}(T^+ > t) \le \mathbb{P}_{M = \vartheta_0}(T^+ > t)$$

gilt. Für kleinere n gewinnt man die Quantile c_γ aus Satz 1.6 durch kombinatorische Überlegungen.

Numerisches Beispiel: $n = 4$. Es ist $2^n = 16$, $\mu_0 = 5$.

Teilmengen $\subset \{1, \dots, n\}$	t^+	$N(4, t^+)$	$\mathbb{P}_0(T^+ \le t^+)$
$\emptyset$	0	1	$1/16 = 0.0625$
$\{1\}$	1	1	$2/16 = 0.125$
$\{2\}$	2	1	$3/16 = 0.1875$
$\{3\}, \{1,2\}$	3	2	$5/16 = 0.3125$
$\{4\}, \{1,3\}$	4	2	$7/16 = 0.4375$
$\{2,3\}, \{1,4\}$	5	2	$9/16 = 0.5625$

Der Rest der Tabelle lässt sich über die Symmetrie der Verteilung bezüglich μ_0 ergänzen.

Man erhält die Quantile

γ	0.20	0.10	0.05
$c_{4,\gamma}$	2	0	-

Für große n macht man von der $N(0,1)$-Approximation der Standardisierten von T^+, das ist

$$T_n^* = \frac{T^+ - \mu_0}{\sigma_0}, \qquad \mu_0 = \frac{1}{4} n(n+1), \quad \sigma_0^2 = \frac{1}{24} n(n+1)(2n+1),$$

Gebrauch. Es gilt nämlich unter (1.1), (1.12), dass für $n \to \infty$

$$T_n^* \xrightarrow{\mathcal{D}_0} N(0,1).$$

Zum Beweis siehe man Beispiel 1 in 3.5 unten.

2 Auf der empirischen Verteilungsfunktion basierende Statistiken $\binom{0}{}$

Der in I 5.3 zitierte (und unten in 2.1 bewiesene) Satz von Glivenko-Cantelli, nach dem die empirische Verteilungsfunktion F_n fast sicher gleichmäßig gegen die zugrunde liegende Verteilungsfunktion F konvergiert, weist F_n als geeignetes Hilfsmittel zum Testen von Hypothesen über Verteilungsfunktionen aus.

Im 1-Stichproben Fall läuft ein solcher Test darauf hinaus, eine bestimmte Verteilungsannahme zu überprüfen, z. B. die Annahme einer Normalverteilung (*Anpassungstest*). Wird diese Hypothese dann nicht verworfen, so arbeitet der Statistiker mit dieser Verteilungsannahme weiter. Dabei kann er einen Fehler 2. Art begehen, dessen Wahrscheinlichkeit sehr groß, nämlich bis zu $1 - \alpha$, werden kann. Bei solchen Anpassungstests sollte man also einen größeren α-Wert als üblich wählen.

Im 2-Stichproben Fall befinden wir uns in der Situation 1.2 oben, nur dass wir nun die Ordnungsstatistik (auf die die empirische Verteilungsfunktion ja aufbaut) verwenden und nicht –wie dort– eine Rangstatistik.

Statistiken und Tests, die den Namen *Kolmogorov-Smirnov* tragen, werden mit dem Kürzel KS versehen.

2.1 KS-Statistik d_n

Vorgegeben sind im Folgenden

> unabhängige, identisch verteilte Zufallsvariable $X_1, \ldots, X_n$ mit Verteilungsfunktion F. $\qquad$ (2.1)

Es gilt die Hypothese zu prüfen, dass die unbekannte Verteilungsfunktion F gleich einer (vollständig) spezifizierten *stetigen* Verteilungsfunktion F_0 ist,

$$H_0 : F(x) = F_0(x) \qquad \forall x \in \mathbb{R}.$$

Wie in I 5.3 definiert

$$F_n(x) = \frac{1}{n} \Big| \{i \in \{1, \ldots, n\} : X_i \le x\} \Big|, \quad x \in \mathbb{R},$$

die *empirische Verteilungsfunktion* der $X_1, \ldots, X_n$. Mit ihrer Hilfe führt man die *KS-Statistik*

$$d_n = \sup_{x \in \mathbb{R}} |F_n(x) - F_0(x)| \qquad (2.2)$$

ein. Es ist $d_n = \max(d_n^+, d_n^-)$, mit

$$d_n^+ = \sup_{x \in \mathbb{R}} \big(F_n(x) - F_0(x) \big), \quad d_n^- = \sup_{x \in \mathbb{R}} \big(F_0(x) - F_n(x) \big).$$

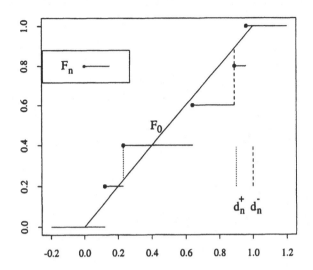

Abbildung IV.3: Empirische Verteilungsfunktion der Stichprobe $(x_1, \ldots, x_5) =$ $(0.64, 0.12, 0.89, 0.96, 0.23)$ vom Umfang $n = 5$ und hypothetische Verteilungsfunktion $F_0(x) = x$, $0 \leq x \leq 1$. Eingezeichnet sind d_n^+ und d_n^-.

Unter Benutzung der *Ordnungsstatistik* $X_{(1)} \leq \ldots \leq X_{(n)}$ von $X_1, \ldots, X_n$ finden wir Rechenformeln, die es erlauben, sich bei der Bestimmung von $\sup_{x \in \mathbb{R}}$ auf die Sprungstellen von $F_n(x)$ zu beschränken.

Lemma. *Unter der Voraussetzung* (2.1) *gelten für die eben definierten* d_n^+ *und* d_n^- *die Darstellungen*

$$d_n^+ = \max_{1 \leq i \leq n} \left[\frac{i}{n} - F_0(X_{(i)}) \right]$$

$$d_n^- = \max_{1 \leq i \leq n} \left[F_0(X_{(i)}) - \frac{i-1}{n} \right].$$

Beweis. Setzt man $X_{(0)} = -\infty$, $X_{(n+1)} = \infty$ und $\sup \emptyset = -\infty$, so ist

$$d_n^+ = \max_{0 \leq i \leq n} \sup_{X_{(i)} \leq x < X_{(i+1)}} \left[F_n(x) - F_0(x) \right]$$

$$= \max_{0 \leq i \leq n} \sup_{X_{(i)} \leq x < X_{(i+1)}} \left[\frac{i}{n} - F_0(x) \right]$$

$$= \max_{0 \leq i \leq n} \left[\frac{i}{n} - \inf_{X_{(i)} \leq x < X_{(i+1)}} F_0(x) \right] = \max_{1 \leq i \leq n} \left[\frac{i}{n} - F_0(X_{(i)}) \right],$$

denn wegen $\frac{i}{n} - F_0(X_{(i)}) \geq 0$ $[= 0]$ für $i = n$ $[i = 0]$ trägt der Term $i = 0$ nichts zum Maximum bei. Für d_n^- gibt es eine ähnliche Herleitung. $\qquad \square$

Es bezeichne $\mathcal{F}_0$ die Klasse der *stetigen* Verteilungsfunktionen. Für ein vorgegebenes $F_0 \in \mathcal{F}_0$ bezeichnet

$$H_0 : \quad F = F_0$$

die Hypothese, dass F_0 die Verteilungsfunktion der Beobachtungsvariablen X_i ist. Die Notationen $\mathbb{P}_0$ und $\mathbb{E}_0$ beziehen sich dann auf dieses stetige F_0 als zugrunde liegende Verteilungsfunktion.

Proposition. *(Glivenko-Cantelli) Für die oben definierte KS-Statistik d_n gilt unter Voraussetzung (2.1)*

$$d_n \longrightarrow 0 \qquad \mathbb{P}_0 - fast\ sicher.$$

Beweis. Wir werden die beiden Hilfssätze aus dem Anhang A 3.4 benutzen. Zunächst gilt nach dem starken Gesetz A 3.3 der großen Zahlen für jedes $x \in \mathbb{R}$

$$F_n(x) = \frac{1}{n} \sum_{i=1}^{n} 1_{(-\infty,x]}(X_i) \longrightarrow \mathbb{E}_0\left(1_{(-\infty,x]}(X_1)\right) = F_0(x) \quad \mathbb{P}_0 - \text{fast sicher.}$$

Da $\mathbb{P}_0\left(\bigcap_{x \in \mathbb{Q}} A_x\right) = 1$, falls $\mathbb{P}_0(A_x) = 1$ für jedes $x \in \mathbb{Q}$, so gilt dann auch

$$F_n(x) \longrightarrow F_0(x) \qquad \forall x \in \mathbb{Q} \quad \mathbb{P}_0 - \text{fast sicher.}$$

Aus Hilfssatz 2 (A 3.4) folgt

$$F_n(x) \longrightarrow F_0(x) \qquad \forall x \in \mathbb{R} \quad \mathbb{P}_0 - \text{fast sicher,}$$

so dass Hilfssatz 1 (A 3.4) die Behauptung liefert. $\square$

Die Grenzverteilung von $\sqrt{n}\,d_n$ liefert der folgende Satzteil b), den wir aber nicht beweisen werden.

Satz. *Für die oben definierte KS-Statistik d_n gilt unter Voraussetzung (2.1):*

a) Für alle $F_0 \in \mathcal{F}_0$ ist die Verteilung von d_n unter H_0 dieselbe.

b) $\lim_{n \to \infty} \mathbb{P}_0(\sqrt{n}\,d_n \leq x) = K(x)$, *wobei*

$$K(x) = \begin{cases} 1 - 2\sum_{i=1}^{\infty}(-1)^{i-1}e^{-2i^2x^2}, & x > 0 \\ 0, & x \leq 0. \end{cases}$$

Beweis. a) Nach dem Lemma ist d_n eine Funktion der folgenden, in Anordnung geschriebenen Zufallsvariablen:

$$F_0(X_{(1)}) \leq F_0(X_{(2)}) \leq \cdots \leq F_0(X_{(n)}). \tag{2.3}$$

Wegen der Monotonie von F_0 stellt (2.3) die Ordnungsstatistik der unabhängigen Zufallsvariablen

$$F_0(X_1), F_0(X_2), \ldots, F_0(X_n)$$

dar, die nach Teil b) des Lemmas aus Exkurs 2.4 unter H_0 auf $[0, 1]$ gleichverteilt sind. Die gemeinsame Verteilung dieser Zufallsvariablen hängt also nicht vom speziellen $F_0 \in \mathcal{F}_0$ ab. Dasselbe gilt dann auch für die gemeinsame Verteilung der Zufallsvariablen in (2.3) und für die Verteilung von d_n (jeweils unter H_0).
b) siehe GÄNSSLER & STUTE (1977, S. 152).   □

Bemerkung. Wegen Aussage a) gilt: Die Statistik d_n ist *verteilungsfrei* bezüglich der Klasse $\mathcal{V}_0$ aus (1.2) in 1.1 oben. Die in a) angesprochene Verteilung von d_n unter H_0 ist eine *stetige* Verteilung, vergleiche SHAO (1999, p. 400).

2.2   1-Stichproben KS-Test

Nun prüfen wir die Hypothese, dass die unbekannte Verteilungsfunktion F der X_i gleich einer vollständig spezifizierten, stetigen Verteilungsfunktion F_0 ist; für ein $F_0 \in \mathcal{F}_0$ testen wir also

$$H_0 : F = F_0 \quad \text{versus} \quad H_1 : F \neq F_0.$$

Bezeichnet $k_{n,\gamma}$ das γ-Quantil der (stetigen) Verteilung von d_n unter H_0,

$$\mathbb{P}_0(d_n \leq k_{n,\gamma}) = \gamma \qquad [0 < \gamma < 1],$$

dann verwirft man H_0 zugunsten H_1, falls

$$d_n > k_{n,1-\alpha}.$$

Dieser *1-Stichproben KS-Test* dient als eine Art „Omnibus-Test" zur Aufdeckung von Abweichungen von F_0 aller Art. Für kleinere n können Quantile $k_{n,\gamma}$ durch Integral- oder Summenauswertungen der Wahrscheinlichkeiten $\mathbb{P}_0(d_n \leq c)$ gewonnen werden, vgl. GIBBONS (1971, p. 77-83). Für größere n kann man sich der im Satz 2.1 angegebenen Grenzverteilung $K(x)$ von $\sqrt{n}\, d_n$ bedienen. Bestimmt man nämlich x_γ aus $K(x_\gamma) = \gamma$, so ist für große n

$$k_{n,\gamma} \approx \frac{x_\gamma}{\sqrt{n}}.$$

Die Funktion $K(x)$ lässt sich für nicht zu kleine x (etwa für $x \geq 1$) annähern durch $K(x) \approx 1 - 2\exp(-2x^2)$, woraus

$$x_{1-\alpha} \approx \sqrt{-\frac{1}{2}\log\left(\frac{\alpha}{2}\right)} \tag{2.4}$$

folgt. Numerische Vergleiche mit $n = 50$ bestätigen die Brauchbarkeit dieser Approximation an die exakten Quantile $\sqrt{50}\,k_{50,1-\alpha}$:

α	0.10	0.05	0.01
$\sqrt{50}k_{50,1-\alpha}$	1.202	1.330	1.598
$\sqrt{-(1/2)\ln(\alpha/2)}$	1.224	1.358	1.628

Ein praktisches Anwendungsbeispiel des 1-Stichproben KS-Tests ist das Prüfen von Computer-erzeugten (Pseudo-)Zufallszahlen auf eine $[0,1]$-Gleichverteilung hin. Tatsächlich gibt es nicht viele solcher Beispiele, denn die meisten für die Anwendung wichtigen Verteilungen enthalten einen zu schätzenden Parameter. Von diesen Verteilungen wollen wir nur die Normalverteilung behandeln.

Prüfen der Normalverteilung

Auf der Grundlage von unabhängigen, identisch verteilten $X_1, \ldots, X_n$ prüfen wir die Hypothese, dass die X_i normalverteilt sind; wir testen also die Hypothese

$$H_0 : F_X \in \mathcal{F} = \{\Phi_{\mu,\sigma^2} : \mu \in \mathbb{R}, \sigma^2 > 0\},$$

wobei Φ_{μ,σ^2} die Verteilungsfunktion der $N(\mu, \sigma^2)$ ist (die Werte von μ, σ^2 werden in H_0 zahlenmäßig nicht spezifiziert). Die *modifizierte* KS-Statistik zum Prüfen dieser Hypothese lautet

$$d_n^* = \sup_{x \in \mathbb{R}} \left| F_n(x) - \Phi_{\bar{X},S^2}(x) \right|,$$

mit

$$\bar{X} = \frac{1}{n} \sum_{i=1}^n X_i, \quad S^2 = \frac{1}{n-1} \sum_{i=1}^n (X_i - \bar{X})^2.$$

Aufgrund der Beziehung $\Phi_{\mu,\sigma^2}(x) = \Phi\left(\frac{x-\mu}{\sigma}\right)$, mit $\Phi \equiv \Phi_{0,1}$, können wir auch

$$d_n^* = \sup_{x \in \mathbb{R}} \left| F_n(x) - \Phi\left(\frac{x - \bar{X}}{S}\right) \right| \tag{2.5}$$

schreiben. Wie in Lemma 2.1 erhalten wir $d_n^* = \max(d_n^{*+}, d_n^{*-})$, mit

$$d_n^{*+} = \max_{1 \le i \le n} \left(\frac{i}{n} - \Phi(Z_{(i)}^*)\right), \quad d_n^{*-} = \max_{1 \le i \le n} \left(\Phi(Z_{(i)}^*) - \frac{i-1}{n}\right),$$

und mit $Z_{(i)}^* = (X_{(i)} - \bar{X})/S$.

Schreiben wir $\mathbb{P}_{\mu,\sigma^2}$ für Wahrscheinlichkeiten, die unter der $N(\mu, \sigma^2)$-Verteilung berechnet werden, so bezeichnet die Zahl $k_{n,\gamma}^*$ mit

$$\mathbb{P}_{\mu,\sigma^2}(d_n^* \le k_{n,\gamma}^*) = \gamma \qquad [0 < \gamma < 1]$$

das γ-Quantil der Verteilung von d_n^* unter H_0. Die Quantile $k_{n,\gamma}^*$ hängen nicht von (μ, σ^2) ab, vgl. DAVID & JOHNSON (1948) und LILLIEFOURS (1967). Für $n > 30$ gibt Lilliefours die Approximation $k_{n,\gamma}^* \approx x_\gamma^* / \sqrt{n}$ an, sowie die Zahlenwerte

γ	0.90	0.95	0.99
x_γ^*	0.81	0.89	1.04
x_γ	1.22	1.36	1.63

Zum Vergleich wurden in der unteren Zeile die gemäß der rechten Seite von (2.4) berechneten x_γ-Werte aufgeführt. An Hand der Tabelle erkennt man, dass das Lilliefours-Quantil $k_{n,\gamma}^*$ ungefähr $\frac{2}{3}$ des entsprechenden $k_{n,\gamma}$-Wertes ist. Die Benutzung der „falschen" Quantile $k_{n,\gamma}$ (für die modifizierte KS-Teststatistik d_n^*) verringert die Teststärke deutlich: Die Hypothese der Normalverteilung wird zu häufig fälschlicherweise beibehalten.

2.3   2-Stichproben KS-Test (*)

Wir setzen die gleiche 2-Stichproben Situation wie in 1.2 voraus, nämlich

$$n_1 + n_2 \text{ unabhängige Zufallsvariable } X_1, \ldots, X_{n_1}, Y_1, \ldots, Y_{n_2},$$
$$X_i \text{ mit stetiger Verteilungsfunktion } F, \qquad\qquad (2.6)$$
$$Y_j \text{ mit stetiger Verteilungsfunktion } G.$$

Zum Prüfen der Hypothesen

$$H_0 : F = G \quad \text{versus} \quad F \neq G$$

bilden wir zunächst die empirischen Verteilungsfunktionen

$$F_{n_1} \text{ von } X_1, \ldots, X_{n_1}, \quad G_{n_2} \text{ von } Y_1, \ldots, Y_{n_2},$$

und dann die *2-Stichproben KS-Statistik*

$$d_{n_1, n_2} = \sup_{x \in \mathbb{R}} \left| F_{n_1}(x) - G_{n_2}(x) \right|.$$

Satz. *Unter der Annahme (2.6) und unter H_0 ($F = G$) gilt: Die Verteilung von d_{n_1, n_2} hängt nicht von F ab.*

Beweis. Die $n = n_1 + n_2$ Zufallsvariablen

$$U_1, \ldots, U_{n_1}, U_1', \ldots, U_{n_2}'$$

seien unabhängig und gleichverteilt auf $[0, 1]$. Die empirische Verteilungsfunktion der $U_1, \ldots, U_{n_1}$ werde mit $\bar{F}_{n_1}$, die der $U_1', \ldots, U_{n_2}'$ mit $\bar{G}_{n_2}$ bezeichnet. Dann gilt mit Exkurs 2.4, nämlich Eigenschaft 2 und Teil a) des Lemmas, dass

$$\left(F_{n_1}(x),\, x \in \mathbb{R}\right) = \left(\frac{1}{n_1}\left|\{i \in \{1,\dots,n_1\}: X_i \le x\}\right|,\, x \in \mathbb{R}\right)$$

$$\overset{\mathcal{D}}{=} \left(\frac{1}{n_1}\left|\{i \in \{1,\dots,n_1\}: \Psi(U_i) \le x\}\right|,\, x \in \mathbb{R}\right)$$

$$= \left(\frac{1}{n_1}\left|\{i \in \{1,\dots,n_1\}: U_i \le F(x)\}\right|,\, x \in \mathbb{R}\right)$$

$$= \left(\bar{F}_{n_1}(F(x)),\, x \in \mathbb{R}\right).$$

Völlig analog schließt man

$$\left(G_{n_2}(x), x \in \mathbb{R}\right) \overset{\mathcal{D}}{=} \left(\bar{G}_{n_2}(G(x)), x \in \mathbb{R}\right).$$

Aus diesen beiden Verteilungsgleichheiten erhalten wir aufgrund der Stetigkeit von F unter H_0 ($F = G$)

$$d_{n_1,n_2} \overset{\mathcal{D}}{=} \sup_{x \in \mathbb{R}} \left|\bar{F}_{n_1}(F(x)) - \bar{G}_{n_2}(F(x))\right|$$

$$= \sup_{u \in [0,1]} \left|\bar{F}_{n_1}(u) - \bar{G}_{n_2}(u)\right|,$$

also einen Ausdruck, der nicht mehr von F abhängt. $\square$

Es bezeichne $k_{n_1,n_2,\gamma}$ das γ-Quantil der (diskreten) Verteilung von d_{n_1,n_2} unter H_0 ($F = G$), das analog zu (1.11) definiert ist ($n_1 n_2\, d_{n_1,n_2}$ ist ganzzahlig). Laut obigem Satz hängt es nicht von F ab. Dann wird H_0 zugunsten H_1 ($F \ne G$) zum Signifikanzniveau α verworfen, falls

$$d_{n_1,n_2} \ge k_{n_1,n_2,1-\alpha}$$

(*2-Stichproben KS-Test*). Dieser Test kann als eine Art „Omnibus-Test" aufgefasst werden, zur Aufdeckung von Unterschieden aller Art zwischen F und G (vergleiche dagegen die mehr spezialisierten 2-Stichproben Tests in 1.4). Für größere n_1, n_2 kann der Grenzwertsatz von Smirnov für Grenzübergänge mit konstantem Quotienten $n_1/n_2 \in (0,1)$, nämlich

$$\lim_{n_1,n_2 \to \infty} \mathbb{P}_0\left(\sqrt{\frac{n_1 n_2}{n_1 + n_2}}\, d_{n_1,n_2} \le x\right) = K(x)$$

verwendet werden, wobei $K(x)$ im Satz 2.1 eingeführt wurde. Ähnlich wie in 2.2 haben wir die Näherungsformeln

$$k_{n_1,n_2,1-\alpha} \approx \sqrt{\frac{n_1 + n_2}{n_1 n_2}}\, x_{1-\alpha}, \quad x_{1-\alpha} \approx \sqrt{-\frac{1}{2}\log\left(\frac{\alpha}{2}\right)}.$$

2.4   Exkurs: Verteilungsfunktionen und ihr Inverses

Ist $F(x)$, $x \in \mathbb{R}$, eine nicht notwendig stetige Verteilungsfunktion, so definiert man ihr *verallgemeinertes Inverses* $\Psi \equiv F^{-1} : (0,1) \to \mathbb{R}$ durch

$$\Psi(y) = \inf\{x \in \mathbb{R} : F(x) \geq y\}, \quad y \in (0,1),$$

wozu wir auch kurz Inverses von F sagen. Ein anderer Name ist *Quantilfunktion*. $\Psi(y)$ ist eine monoton wachsende Funktion auf $(0,1)$. Folgende Zusammenhänge bestehen zwischen F und Ψ:

1. $F(\Psi(y)) \geq y \quad \forall y \in (0,1), \qquad \Psi(F(x)) \leq x \quad \forall x \in \mathbb{R}$ mit $0 < F(x) < 1$,
   $F(\Psi(y)) = y \quad \forall y \in (0,1)$, falls F stetig

2. $\Psi(y) \leq x \quad \Leftrightarrow \quad y \leq F(x) \quad \forall x \in \mathbb{R},\, y \in (0,1)$
   $x \leq \Psi(y) \quad \Leftrightarrow \quad F(x) \leq y \quad \forall x \in \mathbb{R},\, y \in (0,1)$, falls F stetig ist und streng monoton in einer Umgebung von x

3. Ist F stetig und Verteilungsfunktion von X, und bezeichnet I_n die abgeschlossenen, disjunkten Intervalle positiver Länge mit $F(x) = const\ \forall x \in I_n$, so gilt $\mathbb{P}(X \in \bigcup_n I_n) = 0$.

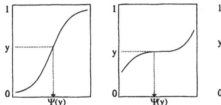
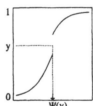

Abbildung IV.4: Verteilungsfunktion F mit ihrem Inversen $\Psi(y)$ an einer Stelle y, bei der F stetig und streng monoton ist (links), bei der F stetig ist und ein Plateau besitzt (mitte), bei der F springt (rechts).

Lemma. *Sei Ψ das oben eingeführte Inverse der Verteilungsfunktion F.*

a) Ist U auf $[0,1]$ gleichverteilt, so besitzt die Zufallsvariable $\Psi(U)$ die Verteilungsfunktion F.

b) (probability integral transformation) Ist die Verteilungsfunktion F von X stetig, so ist die Zufallsvariable $F(X)$ auf dem Intervall $[0,1]$ gleichverteilt.

Beweis. a) Wegen $\mathbb{P}(0 < U < 1) = 1$ ist die Zufallsvariable $\Psi(U)$ mit Wahrscheinlichkeit 1 definiert. Dann gilt mit Eigenschaft 2. oben

$$\mathbb{P}(\Psi(U) \leq x) \underset{2.}{=} \mathbb{P}(U \leq F(x)) = F(x),$$

weil U gleichverteilt ist.

b) Wegen der Stetigkeit von F gilt mit Hilfe der Eigenschaften 1. - 3. für $y \in (0,1)$

$$
\begin{aligned}
\mathbb{P}\big(F(X) \le y\big) &\underset{3.}{=} \mathbb{P}\big(F(X) \le y, X \notin \bigcup_n I_n\big) \\
&\underset{2.}{=} \mathbb{P}\big(X \le \Psi(y), X \notin \bigcup_n I_n\big) \\
&\underset{3.}{=} \mathbb{P}\big(X \le \Psi(y)\big) = F(\Psi(y)) \underset{1.}{=} y.
\end{aligned}
$$

Das vorletzte $=$ Zeichen gilt, weil F Verteilungsfunktion von X ist.   □

3   U-Statistiken und ihre asymptotische Normalität

Eine große Klasse von Statistiken lässt sich in der Form einer sogenannten U-Statistik schreiben. Als Beispiele seien das arithmetische Mittel $\bar{X}$, die empirische Varianz S^2, der Kendallsche Korrelationskoeffizient K, die empirische Verteilungsfunktion $F_n(x)$ und die Rangsummen bzw. Vorzeichen-Rang Summen nach Mann-Whitney bzw. nach Wilcoxon genannt. In nichtparametrischen Problemen erhält man über eine U-Statistik oft beste erwartungstreue Schätzer, vgl. V 2.2 unten.

Unser Hauptinteresse an diesen Statistiken liegt in der Herleitung ihrer asymptotischen Normalität. Mit ihrer Hilfe wurden die asymptotischen Varianten der nichtparametrischen Tests in 1.4 und 1.7 begründet. Der Schwerpunkt unserer Analysen liegt auf dem 1-Stichproben Fall, die entsprechenden Begriffe und Resultate für zwei Stichproben werden nur kurz referiert. Für Letztere wird auf RANDLES & WOLFE (1979, sec. 3.4) oder DENKER (1985, sec. 1.4) verwiesen.

3.1   U-Statistiken

Gegeben seien eine Klasse $\mathcal{F}$ von Verteilungsfunktionen auf $\mathbb{R}$ sowie unabhängige und gemäß $F \in \mathcal{F}$ verteilte Zufallsvariable $X_1, \ldots, X_n$. Für ein natürliches $m \le n$ sei $h : \mathbb{R}^m \to \mathbb{R}$ eine messbare Funktion, welche für alle $F \in \mathcal{F}$ die Voraussetzung

$$
\mathbb{E}_F\big(|h(X_1, \ldots, X_m)|\big) < \infty \tag{3.1}
$$

erfüllt und symmetrisch in den m Argumenten ist. Letzteres bedeutet

$$
h(x_1, \ldots, x_m) = h(x_{\sigma(1)}, \ldots, x_{\sigma(m)}) \tag{3.2}
$$

für jede Permutation $\sigma = (\sigma(1), \ldots, \sigma(m))$ der Zahlen $1, \ldots, m$. Eine Funktion h mit (3.1) und (3.2) heißt ein *Kern der Ordnung m*. Es bezeichne $C(m, n)$ die Menge aller

$$m - \text{tupel} \quad i^{(m)} = (i(1), \ldots, i(m)) \quad \text{mit} \quad 1 \le i(1) < \ldots < i(m) \le n.$$

Ein Kern h der Ordnung m definiert eine *U-Statistik der Ordnung m*, nämlich

$$U_n = \frac{1}{\binom{n}{m}} \sum_{i^{(m)} \in C(m,n)} h(X_{i(1)}, \ldots, X_{i(m)}).$$

Die Statistik $U_n = U_n(X_1, \ldots, X_n)$ ist symmetrisch in den n Argumenten. Ihr Erwartungswert unter $F \in \mathcal{F}$ lautet

$$\mathbb{E}_F(U_n) = \mathbb{E}_F\big(h(X_1, \ldots, X_m)\big) \equiv \vartheta_F. \tag{3.3}$$

In konkreten Beispielen liest man Gleichung (3.3) in umgekehrter Richtung. Ist der Parameter ϑ_F vorgegeben (wie z. B. der Erwartungswert μ der Verteilungsfunktion F), so sucht man einen Kern h einer möglichst geringen Ordnung m, so dass $\vartheta_F = \mathbb{E}_F\big(h(X_1, \ldots, X_m)\big)$ gilt (im Beispiel ist es der Kern $h(x) = x$ der Ordnung 1), und hat die U-Statistik gefunden, die ϑ_F erwartungstreu schätzt (im Beipiel das arithmetische Mittel $U_n = \bar{X}_n$).

Im 2-Stichproben Fall sind n_1 bzw. n_2 unabhängige Zufallsvariable

$$X_1, \ldots, X_{n_1} \quad \text{und} \quad Y_1, \ldots, Y_{n_2}, \qquad n_1, n_2 \in \mathbb{N},$$

gegeben, die X_i's identisch gemäß $F \in \mathcal{F}$, die Y_j's identisch gemäß $G \in \mathcal{F}$ verteilt. Ferner liege für natürliche $m_1 \le n_1$, $m_2 \le n_2$ ein *Kern der Ordung (m_1, m_2)* vor, das ist eine messbare Funktion $h: \mathbb{R}^{m_1+m_2} \to \mathbb{R}$, die symmetrisch in den ersten m_1 und (getrennt) symmetrisch in den letzten m_2 Argumenten ist, sowie für alle $F, G \in \mathcal{F}$

$$\mathbb{E}_{F,G}\big(|h(X_1, \ldots, X_{m_1}; Y_1, \ldots, Y_{m_2})|\big) < \infty$$

erfüllt. Mit der oben eingeführten Bezeichnung $C(m, n)$ bildet dann

$$U_{n_1,n_2} = \frac{1}{\binom{n_1}{m_1}} \frac{1}{\binom{n_2}{m_2}} \sum_{i^{(m_1)} \in C(m_1,n_1)} \sum_{j^{(m_2)} \in C(m_2,n_2)}$$
$$h(X_{i(1)}, \ldots, X_{i(m_1)}; Y_{j(1)}, \ldots, X_{j(m_2)})$$

eine *2-Stichproben U-Statistik der Ordnung (m_1, m_2)*. In Verallgemeinerung von (3.3) haben wir hier

$$\mathbb{E}_{F,G}(U_{n_1,n_2}) = \mathbb{E}_{F,G}\big(h(X_1, \ldots, X_{m_1}; Y_1, \ldots, Y_{m_2})\big) \equiv \vartheta_{F,G}.$$

Im Folgenden verzichten wir bei der Bildung des Erwartungswertes meistens auf die ausdrückliche Angabe $F \in \mathcal{F}$ bzw. $F, G \in \mathcal{F}$.

3.2 Varianz einer U-Statistik

Zur Berechnung der Varianz einer U-Statistik U_n der Ordnung m führen wir für $k = 1, \ldots, m$ messbare Funktionen $h_k : \mathbb{R}^k \to \mathbb{R}$ gemäß

$$h_k(x_1, \ldots, x_k) = \mathbb{E}\big(h(x_1, \ldots, x_k, X_{k+1}, \ldots, X_m)\big) \tag{3.4}$$

ein. Zur Berechnung von h_k werden also bei der Bildung des Erwartungswertes in (3.4) die ersten k Argumente von h fixiert. Speziell ist

$$h_1(x) = \mathbb{E}\big(h(x, X_2, \ldots, X_m)\big), \quad h_m(x_1, \ldots, x_m) = h(x_1, \ldots, x_m).$$

Für alle $k = 1, \ldots, m$ gilt gemäß Fubini $\mathbb{E}_F\big(h_k(X_1, \ldots, X_k)\big) = \vartheta_F$, und es ist

$$h_k(x_1, \ldots, x_k) = \mathbb{E}\big(h(X_1, \ldots, X_m) | X_1 = x_1, \ldots, X_k = x_k\big) \tag{3.5}$$

aufgrund der Unabhängigkeit der X_i's, vgl. Exkurs II 5.1 oben. Wir werden $\mathrm{Var}(U_n)$ als eine gewichtete Summe der Varianzen der $h_k(X_1, \ldots, X_k)$ darstellen. Zur Abkürzung setzen wir

$$\zeta_k = \mathrm{Var}\big(h_k(X_1, \ldots, X_k)\big).$$

Da für $2m - k \leq n$ wegen der Unabhängigkeits-Annahme $h_k^2(x_1, \ldots, x_k) = \mathbb{E}\big[h(x_1, \ldots, x_k, X_{k+1}, \ldots, X_m) \cdot h(x_1, \ldots, x_k, X_{m+1}, \ldots, X_{2m-k})\big]$ gilt, haben wir

$$\zeta_k = \mathbb{E}\big[h(X_1, \ldots, X_k, X_{k+1}, \ldots, X_m) \cdot \\ \cdot h(X_1, \ldots, X_k, X_{m+1}, \ldots, X_{2m-k})\big] - \vartheta_F^2. \tag{3.6}$$

Proposition. *Unter der Annahme* $\mathbb{E}_F\big(h(X_1, \ldots, X_m)\big)^2 < \infty$ *gilt*

$$Var(U_n) = \frac{1}{\binom{n}{m}} \sum_{k=1}^{m} \binom{m}{k} \binom{n-m}{m-k} \zeta_k. \tag{3.7}$$

Beweis. Zunächst ergeben kombinatorische Überlegungen, dass die Menge aller Paare von m-tupeln $i^{(m)}, j^{(m)} \in C(m, n)$, die genau k Zahlen gemeinsam haben ($1 \leq k \leq m$), die Mächtigkeit

$$N(k, m, n) = \binom{n}{m} \binom{m}{k} \binom{n-m}{m-k}$$

besitzt. In der Tat, die Anzahl verschiedener Möglichkeiten,
(i) m Zahlen aus n zu ziehen, ist $\binom{n}{m}$
(ii) k gemeinsame aus den m Zahlen zu wählen, ist $\binom{m}{k}$
(iii) $m - k$ Zahlen aus den restlichen $n - m$ zu ziehen, ist $\binom{n-m}{m-k}$.
Für solche m-tupel $i^{(m)}, j^{(m)}$ ist wegen der Symmetrie von h und wegen (3.6)

$$\mathbb{E}\big[\big(h(X_{i(1)}, \ldots, X_{i(m)}) - \vartheta_F\big) \cdot \big(h(X_{j(1)}, \ldots, X_{j(m)}) - \vartheta_F\big)\big] = \zeta_k.$$

Ferner ist $\mathbb{E}\big[(h(X_{i(1)},\dots,X_{i(m)}) - \vartheta_F) \cdot (h(X_{j(1)},\dots,X_{j(m)}) - \vartheta_F)\big] = 0$ für solche $i^{(m)}, j^{(m)}$, die keine Zahl gemeinsam haben. Da wir

$$U_n = \vartheta_F + \frac{1}{\binom{n}{m}} \sum_{i^{(m)} \in C(m,n)} \big(h(X_{i(1)},\dots,X_{i(m)}) - \vartheta_F\big)$$

schreiben können, erhalten wir also

$$
\begin{aligned}
\mathrm{Var}(U_n) &= \frac{1}{\binom{n}{m}^2} \sum_{i^{(m)} \in C(m,n)} \sum_{j^{(m)} \in C(m,n)} \\
&\qquad \mathbb{E}\big[(h(X_{i(1)},\dots,X_{i(m)}) - \vartheta_F) \cdot (h(X_{j(1)},\dots,X_{j(m)}) - \vartheta_F)\big] \\
&= \frac{1}{\binom{n}{m}^2} \sum_{k=1}^{m} N(k,m,n)\,\zeta_k,
\end{aligned}
$$

was Gleichung (3.7) ergibt. $\qquad\qquad\square$

Lemma. *Unter der Annahme $\mathbb{E}_F\big(h(X_1,\dots,X_m)\big)^2 < \infty$ und unter $\zeta_1 > 0$ gilt*

$$Var(U_n) = \frac{m^2}{n}\zeta_1 + O\left(\frac{1}{n^2}\right). \qquad\qquad (3.8)$$

Beweis. Schreiben wir (3.7) in der Form $\mathrm{Var}(U_n) = \sum_{k=1}^{m} u_{k,m}$, so ergibt sich nach einfacher Rechnung

$$
\begin{aligned}
u_{1,m} &= \frac{m^2}{n}\zeta_1 \cdot v_{m,n}, \\
v_{m,n} &= \frac{(n-m) \cdot \dots \cdot (n-2m+2)}{(n-1) \cdot \dots \cdot (n-m+1)},
\end{aligned}
$$

so dass $1 - v_{m,n} = O(1/n)$, während man $u_{k,m} = O(1/n^k)$ für jedes k nachrechnet. $\qquad\qquad\square$

Für eine 2-Stichproben U-Statistik ergibt sich

$$\mathrm{Var}(U_{n_1,n_2}) = \frac{1}{\binom{n_1}{m_1}}\frac{1}{\binom{n_2}{m_2}} \sum_{k=0}^{m_1}\sum_{l=0}^{m_2} \binom{m_1}{k}\binom{n_1-m_1}{m_1-k}\binom{m_2}{l}\binom{n_2-m_2}{m_2-l}\zeta_{k,l},$$

wobei wir $\zeta_{0,0} = 0$ und in Verallgemeinerung von (3.6)

$$
\begin{aligned}
\zeta_{k,l} = \mathbb{E}\big[&h(X_1,\dots,X_{m_1};Y_1,\dots,Y_{m_2}) \cdot h(X_1,\dots,X_k,X_{m_1+1},\dots,X_{2m_1-k}; \\
&Y_1,\dots,Y_l,Y_{m_2+1},\dots,Y_{2m_2-l})\big] - \vartheta_{F,G}^2
\end{aligned}
$$

gesetzt haben.

3.3 Beispiele von U-Statistiken

a) Für den Erwartungswert $\mu = \mathbb{E}_F(X_1)$ haben wir den Kern $h(x) = x$ der Ordnung $m = 1$, der die U-Statistik

$$U_n = \frac{1}{n} \sum_{i=1}^{n} X_i \equiv \bar{X}_n$$

definiert. Es gilt $\zeta_1 = Var(X_1) \equiv \sigma^2$ und gemäß (3.7) die wohlbekannte Gleichung $Var(\bar{X}_n) = \frac{1}{n}\sigma^2$.

In ähnlicher Weise führt der Kern $h(x) = 1_{(-\infty,t]}(x)$ zur U-Statistik $U_n = F_n(t)$, das ist die empirische Verteilungsfunktion als ein erwartungstreuer Schätzer für $F(t) = \mathbb{E}_F(h(X_1))$.

b) Die Varianz $\sigma^2 = Var(X_1)$ lässt sich auch in der Form

$$\sigma^2 = \frac{1}{2}\left[Var(X_1) + Var(X_2)\right] = \frac{1}{2}\mathbb{E}\big((X_1 - X_2)^2\big)$$

schreiben, so dass wir über den Kern $h(x_1, x_2) = \frac{1}{2}(x_1 - x_2)^2$ der Ordnung $m = 2$ die U-Statistik

$$U_n = \frac{2}{n(n-1)} \sum_{1 \le i < j \le n} \frac{1}{2}(X_i - X_j)^2 = \frac{1}{n-1}\left(\sum_{i=1}^{n} X_i^2 - n\bar{X}_n^2\right) = S_n^2$$

erhalten.

c) Für die Wahrscheinlichkeit, dass die Summe $X_1 + X_2$ zweier unabhängiger, nach F verteilter Zufallsvariabler einen positiven Wert annimmt, d. i. für $p = \mathbb{P}_F(X_1 + X_2 > 0)$, schreibt man

$$p = \mathbb{E}_F\big(\Psi(X_1 + X_2)\big), \qquad \Psi(x) = \begin{cases} 1, & x > 0 \\ 0, & x \le 0 \end{cases}.$$

Mit dem Kern $h(x_1, x_2) = \Psi(x_1 + x_2)$ der Ordnung $m = 2$ erhalten wir die U-Statistik

$$U_n = \frac{2}{n(n-1)} \sum_{1 \le i < j \le n} \Psi(X_i + X_j) \equiv \frac{2}{n(n-1)} N^+.$$

Dabei steht N^+ gemäß Gleichung (1.17) aus 1.6 mit der *Vorzeichen-Rang Summe* T^+ in der Beziehung $T^+ = N^+ + \sum_{i=1}^{n} \Psi(X_i)$ (die X_i hier heißen dort Z_i). Man rechnet mit Hilfe von Gleichung (3.6)

$$\zeta_1 = \mathbb{P}(X_1 + X_2 > 0, X_1 + X_3 > 0) - \big(\mathbb{P}(X_1 + X_2 > 0)\big)^2 = Var(F(-X_1)),$$

letzteres nach der Definitionsformel für ζ_1.

Es folgen zwei Beispiele für 2-Stichproben U-Statistiken.

d) Die Differenz $\mu_x - \mu_y = \mathbb{E}_F(X_1) - \mathbb{E}_G(Y_1)$ der Erwartungswerte kann mit Hilfe des Kernes $h(x; y) = x - y$ der Ordnung $(1,1)$ durch die Differenz $U_{n_1, n_2} = \bar{X}_{n_1} - \bar{Y}_{n_2}$ der Mittelwerte erwartungstreu geschätzt werden. Man erhält

$$\zeta_{1,0} = \mathbb{E}\big((X_1 - Y_1)(X_1 - Y_2)\big) - (\mu_x - \mu_y)^2 = \sigma_x^2$$

und $\zeta_{0,1} = \sigma_y^2$.

e) Die Wahrscheinlichkeit $p = \mathbb{P}(Y_1 < X_1)$, dass die Variable X_1 größer ist als Y_1, schreibt man mit Hilfe der Sprungfunktion Ψ aus c) in der Form $p = \mathbb{E}\big(\Psi(X_1 - Y_1)\big)$. Mit Hilfe des Kerns $h(x; y) = \Psi(x - y)$ der Ordnung $(1,1)$ gelangt man zur U-Statistik

$$U_{n_1, n_2} = \frac{1}{n_1 \cdot n_2} \sum_{i=1}^{n_1} \sum_{j=1}^{n_2} \Psi(X_i - Y_j) = \frac{1}{n_1 \cdot n_2} U_x,$$

wobei U_x die in 1.2 eingeführte *Rangsummen*-Statistik ist, vgl. dort die Darstellung (1.6). Man rechnet

$$\begin{aligned} \zeta_{1,0} &= \mathbb{P}(Y_1 < X_1, Y_2 < X_1) - \big(\mathbb{P}(Y_1 < X_1)\big)^2, \\ \zeta_{0,1} &= \mathbb{P}(Y_1 < X_1, Y_1 < X_2) - \big(\mathbb{P}(Y_1 < X_1)\big)^2. \end{aligned}$$

Auch auf p-dimensionale Zufalls*vektoren* lässt sich das Konzept der U-Statistik ausdehnen (jetzt nur den 1-Stichproben Fall betrachtet). Ein Kern $h(x_1, \ldots, x_m)$ der Ordnung m ist dann eine integrierbare, symmetrische Funktion $h : \mathbb{R}^{m \times p} \to \mathbb{R}$. Das folgende Bespiel behandelt den Fall $p = 2$, in welchem wir die beiden Komponenten des Zufallsvektors mit X und Y bezeichnen. Es mögen also i. F. unabhängige und identisch verteilte Paare $\binom{X_1}{Y_1}, \ldots, \binom{X_n}{Y_n}$ vorliegen.

f) Jedes Paar $\binom{X_i}{Y_i}$ besitze eine stetige zweidimensionale Verteilungsfunktion $F(x, y)$. Der Parameter

$$p = \mathbb{P}\big((Y_2 - Y_1)(X_2 - X_1) > 0)\big)$$

kann mit Hilfe des Kernes

$$h\left(\binom{x_1}{y_1}, \binom{x_2}{y_2}\right) = \Psi\big((y_2 - y_1)(x_2 - x_1)\big) \qquad [\Psi \text{ wie oben in c)}]$$

der Ordnung 2 mittels der U-Statistik

$$U_n = \frac{2}{n(n-1)} \sum_{1 \leq i < j \leq n} h\left(\binom{X_i}{Y_i}, \binom{X_j}{Y_j}\right)$$

erwartungstreu geschätzt werden. Die Statistik $\binom{n}{2} \cdot U_n$ gibt die Anzahl der Paare $i < j$ an, die konkordant sind, d. h. bei denen die Differenz der X-Komponenten und die Differenz der Y-Komponenten gleiches Vorzeichen besitzen. Der Parameter $\tau = 2p - 1$ kann als ein Maß der Korrelation zwischen der X- und der Y-Komponente dienen (*Kendalls Tau*). Sind die X- und Y-Komponenten unabhängig, so ist $\tau = 0$. Die Statistik $K = 2U_n - 1$ stellt einen nichtparametrischen Korrelationskoeffizienten dar und wird als *Kendalls Korrelationskoeffizient* bezeichnet.

3.4 H-Projektionen von U-Statistiken

Die $\binom{n}{m}$ Summanden der U-Statistik U_n sind für $m \geq 2$ nicht unabhängig, so dass eine direkte Anwendung des ZGWS aus Anhang A 3.5 nicht möglich ist. *Hoeffdings Projektions*methode besteht in der Approximation von U_n durch eine Summe $\tilde{U}_n$ von unabhängigen Zufallsvariablen, so dass die Differenz $U_n - \tilde{U}_n$ geeignet gegen Null geht.

Gegeben sei eine Statistik $T_n = T_n(X_1, \ldots, X_n)$ mit $\mathbb{E}(|T_n|) < \infty$. Die *H-Projektion* von T_n ist definiert durch

$$\tilde{T}_n = \mathbb{E}(T_n) + \sum_{i=1}^{n} \big[\mathbb{E}(T_n|X_i) - \mathbb{E}(T_n) \big]. \tag{3.9}$$

Falls T_n symmetrisch in den n Argumenten $X_1, \ldots, X_n$ ist, so sind die $k(X_i) \equiv \mathbb{E}(T_n|X_i)$, $i = 1, \ldots, n$, unabhängig und identisch verteilt. In der Tat, die Funktion $k(x) = \mathbb{E}(T_n|X_i = x)$ hängt wegen

$$\mathbb{E}(T_n|X_i = x) = \mathbb{E}\big(T(X_1, \ldots, X_{i-1}, x, X_{i+1}, \ldots, X_n)\big) = \mathbb{E}\big(T(x, X_2, \ldots, X_n)\big)$$

nicht von i ab. Es gilt

$$\mathbb{E}(\tilde{T}_n) = \mathbb{E}(T_n) = \mathbb{E}\big(k(X_i)\big),$$

und falls $\mathbb{E}(T_n^2) < \infty$, so ist auch $\mathbb{E}(\tilde{T}_n^2) < \infty$. Die Berechnung der Varianz offenbart eine Orthogonalitätseigenschaft von $T_n - \tilde{T}_n$ und $\tilde{T}_n$. In der Tat, es gilt

Lemma. *Ist die Statistik T_n symmetrisch in den Argumenten $X_1, \ldots, X_n$ und ist $\mathbb{E}(T_n^2) < \infty$, so gilt*

$$\mathit{Var}(T_n - \tilde{T}_n) = \mathit{Var}(T_n) - \mathit{Var}(\tilde{T}_n). \tag{3.10}$$

Beweis. Ausgehend von (3.9) erhält man zunächst

$$\mathrm{Var}(\tilde{T}_n) = n \cdot \mathrm{Var}\big(\mathbb{E}(T_n|X_1)\big).$$

Ferner ist $\mathbb{E}\big(T_n \cdot \mathbb{E}(T_n|X_i)\big) = \mathbb{E}\big(T_n \cdot \mathbb{E}(T_n|X_1)\big)$, $i = 1, \ldots, n$, wegen der Symmetrie von T_n, so dass sich für die Kovarianz von T_n und $\tilde{T}_n$, wiederum nach (3.9),

$$
\begin{aligned}
\mathrm{Cov}(T_n, \tilde{T}_n) &= \mathbb{E}(T_n \cdot \tilde{T}_n) - \big(\mathbb{E}(T_n)\big)^2 \\
&= n\,\mathbb{E}\big(T_n \cdot \mathbb{E}(T_n|X_1)\big) - n \cdot \big(\mathbb{E}(T_n)\big)^2 \\
&= n\,\mathbb{E}\big[\mathbb{E}\big(T_n \cdot \mathbb{E}(T_n|X_1)|X_1\big)\big] - n \cdot \big(\mathbb{E}(T_n)\big)^2 \\
&= n\,\mathbb{E}\big[\big(\mathbb{E}(T_n|X_1)\big)^2\big] - n \cdot \big(\mathbb{E}(T_n)\big)^2 \\
&= n\,\mathrm{Var}\big(\mathbb{E}(T_n|X_1)\big) = \mathrm{Var}(\tilde{T}_n)
\end{aligned}
$$

ergibt. Aus

$$
\mathrm{Var}(T_n - \tilde{T}_n) = \mathrm{Var}(T_n) + \mathrm{Var}(\tilde{T}_n) - 2\,\mathrm{Cov}(T_n, \tilde{T}_n)
$$

folgt schließlich die Behauptung. □

Speziell für die symmetrische Statistik $T_n = U_n$ erhalten wir

Satz. *Gegeben unabhängige und gemäß F verteilte Zufallsvariablen $X_1, \ldots, X_n$, sowie einen Kern h der Ordnung m mit $\mathbb{E}\big(h(X_1, \ldots, X_m)\big)^2 < \infty$. Mit $\vartheta_F = \mathbb{E}\big(h(X_1, \ldots, X_m)\big)$ und mit $h_1(x)$ und $\zeta_1 = \mathrm{Var}(h_1(X_1))$ wie in 3.2 oben lautet die H-Projektion der U-Statistik U_n*

$$
\tilde{U}_n = \vartheta_F + \frac{m}{n} \sum_{i=1}^{n} \big(h_1(X_i) - \vartheta_F\big). \tag{3.11}
$$

Ferner gilt

$$
\mathrm{Var}(\tilde{U}_n) = \frac{m^2}{n}\,\zeta_1. \tag{3.12}
$$

Beweis. Sei i fixiert und bezeichne $A(m,n)$ $[B(m,n)]$ die Teilmenge von $C(m,n)$, deren m-Tupel $i^{(m)}$ die Zahl i enthalte [nicht enthalte]. Dann gilt unter Verwendung von (3.5)

$$
\begin{aligned}
\mathbb{E}(U_n|X_i) &= \frac{1}{\binom{n}{m}} \sum_{i^{(m)} \in C(m,n)} \mathbb{E}\big(h(X_{i(1)}, \ldots, X_{i(m)})|X_i\big) \\
&= \frac{1}{\binom{n}{m}} \left(|B(m,n)| \cdot \vartheta_F + \sum_{i^{(m)} \in A(m,n)} \mathbb{E}\big(h(X_{i(1)}, \ldots, X_{i(m)})|X_i\big) \right) \\
&= \binom{n-1}{m} \Big/ \binom{n}{m} \cdot \vartheta_F + \left(1 - \binom{n-1}{m} \Big/ \binom{n}{m}\right) \cdot h_1(X_i) \\
&= \frac{n-m}{n} \cdot \vartheta_F + \frac{m}{n} \cdot h_1(X_i) = \vartheta_F + \frac{m}{n} \cdot \big(h_1(X_i) - \vartheta_F\big),
\end{aligned}
$$

so dass (3.11) aus der Definitionsgleichung (3.9) folgt. Gleichung (3.12) ist schließlich eine Konsequenz der Definition von ζ_1. □

3.5   Asymptotische Normalität von U-Statistiken

Wir kommen zum Hauptsatz des Abschnitts über U-Statistiken, dem folgenden *Satz von Hoeffding* über die *asymptotische Normalität* der standardisierten Statistik U_n bei $n \to \infty$.

Satz 1. *(Hoeffding)*
Gegeben unabhängige und gemäß F verteilte Zufallsvariablen $X_1, \dots, X_n$, sowie einen Kern h der Ordnung m mit $\mathbb{E}\big(h(X_1, \dots, X_m)\big)^2 < \infty$. Mit $\vartheta_F = \mathbb{E}\big(h(X_1, \dots, X_m)\big)$ und mit $h_1(x)$ und $\zeta_1 = Var\big(h_1(X_1)\big)$ wie in 3.2 oben gilt für $n \to \infty$

$$\sqrt{n}\,(U_n - \vartheta_F) \xrightarrow{\mathcal{D}_F} N(0, m^2 \zeta_1), \tag{3.13}$$

vorausgesetzt, dass $\zeta_1 > 0$.

Beweis. Wir gehen von der Identität

$$\sqrt{n}(U_n - \vartheta_F) = \sqrt{n}(U_n - \tilde{U}_n) + \sqrt{n}(\tilde{U}_n - \vartheta_F)$$

aus. Aus (3.12) ergibt sich $Var\big(\sqrt{n}(\tilde{U}_n - \vartheta_F)\big) = m^2 \zeta_1$, und aus (3.11) folgt mit Hilfe des ZGWS A 3.5, Kor. 1, dass

$$\sqrt{n}\,(\tilde{U}_n - \vartheta_F) \xrightarrow{\mathcal{D}_F} N(0, m^2 \zeta_1). \tag{3.14}$$

Unter Benutzung von (3.10) erhalten wir aus (3.12) und Lemma 3.2

$$\begin{aligned}
Var\big(\sqrt{n}(U_n - \tilde{U}_n)\big) &= n\big[\,Var(U_n) - Var(\tilde{U}_n)\,\big] \\
&= n\Big[\frac{m^2}{n}\zeta_1 + O\Big(\frac{1}{n^2}\Big) - \frac{m^2}{n}\zeta_1\Big] = O\Big(\frac{1}{n}\Big),
\end{aligned}$$

so dass die Tschebyschev-Ungleichung

$$\sqrt{n}\,(U_n - \tilde{U}_n) \xrightarrow{\mathcal{P}_F} 0 \tag{3.15}$$

liefert. Nach dem Satz A 3.4 von Cramér-Slutsky folgt aus (3.14) und (3.15) die Behauptung (3.13). □

Beispiel 1. *Vorzeichen-Rang Summe T^+ aus 1.6.* Gemäß Beispiel 3.3 c) haben wir die Beziehung

$$T^+ - \mathbb{E}(T^+) = [M^+ - \mathbb{E}(M^+)] + [N^+ - \mathbb{E}(N^+)],$$

$$M^+ = \sum_{i=1}^{n} \Psi(X_i), \quad N^+ = \frac{n(n-1)}{2} U_n, \tag{3.16}$$

mit der U-Statistik U_n zum Kern $h(x_1, x_2) = \Psi(x_1 + x_2)$ der Ordnung $m = 2$. Es gilt $\mathbb{E}\big(\Psi(X_1 + X_2)\big)^2 < \infty$ und $\zeta_1 = \mathrm{Var}\big(F(-X_1)\big)$ gemäß 3.3 c), so dass $\zeta_1 > 0$ für nicht-entartetes X_1. Satz 1 liefert

$$\nu(n)\big(N^+ - \mathbb{E}(N^+)\big) \xrightarrow{\mathcal{D}_F} N(0, 4\zeta_1),$$

wobei wir $\nu(n) = 2\sqrt{n}/(n(n-1))$ gesetzt haben. Auf Grund des Gesetzes der großen Zahlen geht $\nu(n)\big(M^+ - \mathbb{E}(M^+)\big)$ stochastisch gegen Null, so dass aus (3.16)

$$\nu(n)\big(T^+ - \mathbb{E}(T^+)\big) \xrightarrow{\mathcal{D}_F} N(0, 4\zeta_1)$$

folgt. Unter der Nullhypothese H_0, dass F stetig und symmetrisch bezüglich 0 ist, besitzt $F(-X_1) = 1 - F(X_1)$ eine Gleichverteilung auf $[0, 1]$, vergleiche Lemma 2.4 oben. Also gilt $4\zeta_1 = 1/3$. Nun ist nach 1.6

$$\mathrm{Var}_0(T^+) = \frac{1}{24}\, n(n+1)(2n+1) \equiv \sigma_{0,n}^2,$$

und es gilt $\sqrt{3}\,\nu(n)\,\sigma_{0,n} \to 1$ für $n \to \infty$. Daraus folgt schließlich:

$$\frac{T^+ - \mathbb{E}_0(T^+)}{\sqrt{Var_0(T^+)}} \quad \text{ist unter } H_0 \text{ asymptotisch } N(0, 1)\text{-verteilt.}$$

Beispiel 2. *Kendalls Korrelationskoeffizient K aus 3.3 f).* Eine Ausdehnung von Satz 1 auf vektorwertige Variablen liefert, dass $\sqrt{n}(K - \tau)$ asymptotisch eine $N(0, 16\,\zeta_1)$-Verteilung besitzt. Im Fall der Hypothese H_0 unabhängiger Komponenten X_i und Y_i (dann ist $\tau = 0$) erhalten wir $\zeta_1 = \frac{1}{36}$, vgl. GIBBONS (1971, sec. 12.2). Für großes n wird H_0 verworfen, falls

$$\frac{3}{2}\sqrt{n}\,K > u_{1-\alpha/2} \quad [\text{ nichtparametrischer Unabhängigkeitstest}].$$

Eine bessere Approximation an die $N(0, 1)$-Verteilung als $\frac{3}{2}\sqrt{n}\,K$ bildet nach GIBBONS (1971, p. 218) die Größe $\frac{3}{2}\frac{\sqrt{n(n-1)}}{\sqrt{n+5/2}}\,K$.

2-Stichproben Fall

Satz 2. *(Hoeffding)*
Gegeben unabhängige Zufallsvariablen $X_1, \ldots, X_{n_1}$ und $Y_1, \ldots, Y_{n_2}$ mit Verteilungsfunktion $F(x)$ bzw. $G(y)$, sowie einen Kern h der Ordnung (m_1, m_2) mit

$$\mathbb{E}\big(h(X_1, \ldots, X_{m_1}; Y_1, \ldots, Y_{m_2})\big)^2 < \infty.$$

Mit $\vartheta_{F,G} = \mathbb{E}\big(h(X_1,\ldots,X_{m_1};Y_1,\ldots,Y_{m_2})\big)$ *und* $\zeta_{1,0}, \zeta_{0,1}$ *wie in 3.2 gilt für* $n_1 \to \infty$, $n_1/(n_1+n_2) \to \lambda \in (0,1)$,

$$\sqrt{n_1+n_2}\,(U_{n_1,n_2} - \vartheta_{F,G}) \xrightarrow{\mathcal{D}_{F,G}} N(0,v^2), \quad v^2 = \frac{m_1^2}{\lambda}\zeta_{1,0} + \frac{m_2^2}{1-\lambda}\zeta_{0,1}, \quad (3.17)$$

wobei $v^2 > 0$ *vorausgesetzt wird.*

Beispiel 3. *Rangsummen*-Statistik U_x aus 1.2. Gemäß 3.3 e) besteht die Beziehung $U_x = n_1 n_2 U_{n_1,n_2}$, mit der U-Statistik U_{n_1,n_2} zum Kern $h(x;y) = \Psi(x-y)$ der Ordnung $(1,1)$. Es folgt aus (3.17)

$$\nu(n_1,n_2)\,(U_x - \mathbb{E}(U_x)) \xrightarrow{\mathcal{D}_{F,G}} N(0,v^2), \qquad \nu(n_1,n_2) = \frac{\sqrt{n_1+n_2}}{n_1 \cdot n_2}.$$

Unter der Nullhypothese H_0, dass F stetig ist und $F = G$ gilt, rechnet man

$$\mathbb{P}(Y_1 < X_1, Y_1 < X_2) = \frac{1}{3}, \quad \mathbb{P}(Y_1 < X_1) = \frac{1}{2},$$

so dass $\zeta_{0,1} = \zeta_{1,0} = \frac{1}{12}$ und $v^2 = \frac{1}{12\lambda} + \frac{1}{12(1-\lambda)} = \frac{1}{12\lambda(1-\lambda)} > 0$. Nach 1.3 ist

$$\mathrm{Var}_0(U_x) = \frac{1}{12}\,n_1 n_2(n_1+n_2+1) \equiv \sigma_{0,n_1,n_2}^2,$$

und es gilt $(1/v)\,\nu(n_1,n_2)\,\sigma_{0,n_1,n_2} \to 1$. Wir erhalten:

$$\frac{U_x - \mathbb{E}_0(U_x)}{\sqrt{\mathrm{Var}_0(U_x)}} \text{ ist unter } H_0 \text{ asymptotisch } N(0,1)-\text{verteilt}.$$

V Schätztheorie

In diesem Kapitel wird eine allgemeine mathematische Schätztheorie entwickelt. Konkurrierende Schätzfunktionen (Statistiken) werden durch eine Risikofunktion bewertet, die mittels einer quadratischen Verlustfunktion definiert ist. Im Fall einer eindimensionalen Statistik T bildet $\mathrm{Var}_\vartheta(T)$ das Gütekriterium, für höherdimensionale T werden wir (im Abschnitt 1) die Kovarianzmatrix

$$\mathbf{V}_\vartheta(T) = \mathbb{E}_\vartheta\left((T - \mathbb{E}_\vartheta(T)) \cdot (T - \mathbb{E}_\vartheta(T))^\top\right)$$

oder (im Abschnitt 2) die Funktion

$$R(\vartheta) = \mathbb{E}_\vartheta\left((T - \mathbb{E}_\vartheta(T))^\top \cdot (T - \mathbb{E}_\vartheta(T))\right)$$

als Risikofunktion verwenden. Im Sinne von II 4.3 suchen wir nach optimalen Schätzfunktionen. Zunächst wird das Erreichen einer unteren Schranke, die für die Kovarianzmatrix $\mathbf{V}_\vartheta(T)$ von Schätzern aufgestellt wird, als eine Optimalitätseigenschaft ausgezeichnet (*Effizienz*). Dann verwenden wir *suffiziente* und *vollständige* Statistiken zur Charakterisierung von Optimalität innerhalb erwartungstreuer Schätzfunktionen.

In der asymptotischen Schätztheorie des Abschnitts 3 stehen keine Optimalitätsfragen im Vordergrund, sondern die Fragen nach der Existenz konsistenter Schätzer und nach ihrer asymptotischen Normalität. Die dort behandelten Schätzer sind (asymptotische) Lösungen von allgemeinen Schätzgleichungen, in Spezialfällen Lösungen von Maximum-Likelihood- oder Normal-Gleichungen. Im Abschnitt 4 werden die *resampling* Schätzer aus I 6 wieder aufgegriffen. Wir werden asymptotische Eigenschaften des *bootstrap* Schätzers ableiten, insbesondere die Konsistenz des bootstrap Schätzers für die unbekannte Verteilungsfunktion einer Statistik.

1 Cramér-Rao Ungleichung und Effizienz (^{0})

Für die Kovarianzmatrix einer c-dimensionalen Schätzfunktion T werden untere Schranken angegeben. Die Eigenschaft, eine solche untere Schranke anzunehmen, wird mit *Effizienz* bezeichnet. Die Funktion $t(x)$ im Exponenten einer Exponentialfamilie erweist sich wieder als ein Musterbeispiel der Theorie. Während sich damit das Stichprobenmittel im Fall der $N(\mu, \sigma^2)$-Verteilung als effizient für μ herausstellt, und zwar im Sinne der Cramér-Rao Ungleichung, bedarf es einer verbesserten Ungleichung, um auch die Stichprobenvarianz als effizient für σ^2 nachzuweisen.

1.1 Reguläre Verteilungsklassen

Wir legen für die folgende Darstellung eine parametrische Verteilungsannahme

$$\mathbb{Q}_\vartheta, \ \vartheta \in \Theta \subset \mathbb{R}^d, \ \Theta \text{ offen}, \quad \text{über} \quad (\mathcal{X}, \mathfrak{B}) = (\mathbb{R}^n, \mathcal{B}^n) \tag{1.1}$$

zugrunde, die dominiert wird durch das Lebesgue- (oder Zähl-) Maß auf $(\mathbb{R}^n, \mathcal{B}^n)$. Die zu $\mathbb{Q}_\vartheta$ gehörende Dichte wird mit $f(x, \vartheta)$, $x \in \mathbb{R}^n$, $\vartheta \in \Theta$, bezeichnet, ihr Logarithmus mit

$$\ell_n(\vartheta) \equiv \ell_n(x, \vartheta) = \log f(x, \vartheta)$$

(log-*Likelihoodfunktion*; man beachte, dass $\mathbb{Q}_\vartheta(\{x : f(x, \vartheta) = 0\}) = 0$). Für eine Statistik oder Stichprobenfunktion

$$T : (\mathbb{R}^n, \mathcal{B}^n) \longrightarrow (\mathbb{R}^c, \mathcal{B}^c)$$

bezeichnet

$$\mathbb{V}_\vartheta(T) = \mathbb{E}_\vartheta \left((T - \mathbb{E}_\vartheta(T)) \cdot (T - \mathbb{E}_\vartheta(T))^\top \right)$$

die *Kovarianzmatrix*. Sie existiert unter der –stillschweigend getroffenen– Voraussetzung, dass $\mathrm{Var}_\vartheta(T_j) < \infty$ für jede Komponente T_j von T, $j = 1, \ldots, c$. Die folgenden Bedingungen V_i und V_i^* sollen für alle $\vartheta \in \Theta$ gelten.

Die Dichten $f(x, \vartheta)$ besitzen $\forall x$ stetige Ableitungen nach $\vartheta = \begin{pmatrix} \vartheta_1 \\ \vdots \\ \vartheta_d \end{pmatrix}$ V_0

$$\frac{d}{d\vartheta} \int f(x, \vartheta)\, dx = \int \frac{d}{d\vartheta} f(x, \vartheta)\, dx, \qquad \frac{d}{d\vartheta} = \begin{pmatrix} \frac{d}{d\vartheta_1} \\ \vdots \\ \frac{d}{d\vartheta_d} \end{pmatrix}. \qquad V_1$$

Dabei bezeichne $\int \cdot dx$ stets das Lebesgue-Integral $\int_{\mathbb{R}^n} \cdot\, d(x_1, \ldots, dx_n)$, oder im diskreten Fall eine Summe (Reihe). Die linke Seite der *Vertauschbarkeitsbedingung* V_1 hat wegen $\int f(x, \vartheta)\, dx = 1$ den Wert 0. Hinreichend für V_1 ist

$$\int \sup_{\vartheta' \in \mathcal{N}(\vartheta)} \left| \frac{d}{d\vartheta} f(x, \vartheta') \right| dx < \infty$$

für eine Umgebung $\mathcal{N}(\vartheta)$ von ϑ. Wir bilden den $d \times 1$-Zufallsvektor

$$U_n(\vartheta) = \frac{d}{d\vartheta} \ell_n(\vartheta) = \frac{\frac{d}{d\vartheta} f(x, \vartheta)}{f(x, \vartheta)} \qquad [Scorevektor]$$

und die $d \times d$-Matrix

$$I_n(\vartheta) = \mathbb{E}_\vartheta \left[U_n(\vartheta) \cdot U_n^\top(\vartheta) \right] \qquad [Fisher\text{-}Informationsmatrix],$$

für die wir voraussetzen:

Die Matrix $I_n(\vartheta)$ existiert und ist positiv-definit. $\qquad\qquad\qquad I$

Zur Existenz der Matrix reicht die Endlichkeit ihrer Diagonalelemente aus. Man beachte, dass $I_n(\vartheta)$ aufgrund der Bauart auf jeden Fall positiv-semidefinit ist.

Definition. Eine Klasse (1.1), welche V_0, V_1 und I erfüllt, heißt eine *reguläre Verteilungsklasse*.

Lemma 1. *Unter* V_0, V_1 *gilt* $\mathbb{E}_\vartheta(U_n(\vartheta)) = 0$, *insbesondere unter* I *auch*

$$I_n(\vartheta) = \mathbf{V}_\vartheta(U_n(\vartheta)).$$

Beweis. Man rechnet mit V_1

$$\mathbb{E}_\vartheta(U_n(\vartheta)) = \int \frac{(d/d\vartheta) f(x, \vartheta)}{f(x, \vartheta)} f(x, \vartheta) \, dx = \int (d/d\vartheta) f(x, \vartheta) \, dx = 0. \qquad \square$$

Zwei weitere –nur gelegentlich verwendete– Voraussetzung V_0^* und V_1^* beziehen sich auf die zweiten Ableitungen nach ϑ.

Die Dichten $f(x, \vartheta)$ haben $\forall x$ stetige Ableitungen 2. Ordnung nach ϑ $\quad V_0^*$

Unter V_0^* können wir die $d \times d$-Zufallsmatrix

$$W_n(\vartheta) = \frac{d^2}{d\vartheta \, d\vartheta^\top} \ell_n(\vartheta) = \left(\frac{\partial^2}{\partial \vartheta_j \partial \vartheta_k} \ell_n(\vartheta), \, 1 \leq j, k \leq d \right)$$

definieren. Mit Hilfe der *Vertauschbarkeitsbedingung*

$$\frac{d^2}{d\vartheta \, d\vartheta^\top} \int f(x, \vartheta) \, dx \; = \; \int \frac{d^2}{d\vartheta \, d\vartheta^\top} f(x, \vartheta) \, dx \,, \qquad\qquad V_1^*$$

wobei die linke Seite wieder wie in V_1 gleich 0 ist, beweisen wir

Lemma 2. *Unter* V_0^*, V_1^* *gilt* $I_n(\vartheta) = -\mathbb{E}_\vartheta(W_n(\vartheta))$.

Beweis. Aufgrund der Gleichung

$$\frac{d^2}{d\vartheta d\vartheta^\top} \log f(x, \vartheta) = \frac{(d^2/d\vartheta d\vartheta^\top) f(x, \vartheta)}{f(x, \vartheta)} - \frac{[(d/d\vartheta) f(x, \vartheta)] \cdot [(d/d\vartheta) f(x, \vartheta)]^\top}{(f(x, \vartheta))^2}$$

erhält man

$$\mathbb{E}_\vartheta (W_n(\vartheta)) = \int \frac{d^2}{d\vartheta d\vartheta^\top} \log f(x, \vartheta)\, f(x, \vartheta)\, dx = \frac{d^2}{d\vartheta d\vartheta^\top} \int f(x, \vartheta)\, dx$$

$$- \int [(d/d\vartheta) \log f(x, \vartheta)] \cdot [(d/d\vartheta) \log f(x, \vartheta)]^\top \cdot f(x, \vartheta)\, dx$$

$$= - \mathbb{E}_\vartheta \left[U_n(\vartheta) \cdot U_n^\top(\vartheta) \right],$$

Letzteres wegen V_1^* und aufgrund der Definition von $U_n(\vartheta)$. $\square$

1.2   Reguläre Schätzfunktionen, Strukturlemma

Definition. Eine Schätzfunktion oder Statistik T,

$$T : (\mathbb{R}^n, \mathcal{B}^n) \to (\mathbb{R}^c, \mathcal{B}^c), \tag{1.2}$$

heißt *regulär*, falls $\mathbb{E}_\vartheta(T)$, $\vartheta \in \Theta$, stetig differenzierbar nach ϑ ist und falls die folgende *Vertauschbarkeitsbedingung* gilt:

$$\frac{d}{d\vartheta_j} \int T(x) f(x, \vartheta)\, dx = \int T(x) \frac{d}{d\vartheta_j} f(x, \vartheta)\, dx, \quad j = 1, \ldots, d. \qquad V_2$$

Führen wir die $d \times c$-Funktionalmatrix

$$C_n(\vartheta) = \frac{d}{d\vartheta} \mathbb{E}_\vartheta(T^\top)$$

von $\mathbb{E}_\vartheta(T)$ ein, so lässt sich V_2 in der Matrixform

$$C_n(\vartheta) = \mathbb{E}_\vartheta \left[U_n(\vartheta) \cdot T^\top \right] \tag{1.3}$$

schreiben. Wegen $\mathbb{E}_\vartheta(U_n(\vartheta)) = 0$ gemäß 1.1, Lemma 1, ergibt sich unter V_0, V_1 für eine reguläre Statistik T die Gleichung

$$C_n(\vartheta) = \mathbb{E}_\vartheta \left[U_n(\vartheta) \cdot (T - \mathbb{E}_\vartheta(T))^\top \right], \tag{1.4}$$

so dass sich $C_n(\vartheta)$ auch als Kovarianzmatrix von T und $U_n(\vartheta)$ erweist. Die Beziehung (1.4) wird sich als Schlüssel zu den Beweisen der unten folgenden Ungleichungen von Cramér-Rao und von Bhattacharyya herausstellen. Diese basieren nämlich auf dem folgenden „Strukturlemma", das noch keinen Bezug auf die Regularität von Verteilungsklasse und Schätzfunktion nimmt und in dessen Formulierung das Symbol ϑ ganz fehlen könnte.

Die Bezeichnung $A \geq B$ für zwei quadratische $c \times c$-Matrizen A und B bedeutet i. F., dass die Matrix $A - B$ positiv-semidefinit ist, was gleichbedeutend mit $a^\top A\, a \geq a^\top B\, a$ für alle $a \in \mathbb{R}^c$ ist.

Lemma. *Gegeben eine Verteilung* $\mathbb{Q}_\vartheta$ *auf* $(\mathbb{R}^n, \mathcal{B}^n)$, *eine Schätzfunktion* T *wie in* (1.2), *einen d-dimensionalen Zufallsvektor* $V(\vartheta)$ *mit* $\mathbb{E}_\vartheta(V(\vartheta)) = 0$ *und mit positiv-definiter* $d \times d$-*Kovarianzmatrix* $J(\vartheta) = \mathbb{E}_\vartheta(V(\vartheta) \cdot V^\top(\vartheta))$. *Definiert man noch die* $d \times c$-*Matrix*

$$D(\vartheta) = \mathbb{E}_\vartheta\left[V(\vartheta) \cdot (T - \mathbb{E}_\vartheta(T))^\top\right],$$

dann gilt

$$\mathbf{V}_\vartheta(T) \geq D^\top(\vartheta) J^{-1}(\vartheta) D(\vartheta), \tag{1.5}$$

mit Gleichheitszeichen genau dann, wenn

$$T = \mathbb{E}_\vartheta(T) + D^\top(\vartheta) J^{-1}(\vartheta) V(\vartheta) \quad \mathbb{Q}_\vartheta - f.\,s. \tag{1.6}$$

Beweis. Der Beweis fußt auf der Tatsache, dass für jeden Zufallsvektor Y gilt

(i) $\qquad \mathbb{E}(Y \cdot Y^\top) \geq 0$

(ii) $\qquad \mathbb{E}(Y \cdot Y^\top) = 0 \Leftrightarrow Y = 0 \quad$ f. s.

Ungleichung (i) gilt wegen $a^\top \mathbb{E}(Y \cdot Y^\top) a = \mathbb{E}\left((a^\top Y)^2\right) \geq 0$; zur Äquivalenz (ii) beachte man, dass die linke Seite insbesondere $\mathbb{E}(Y_i^2) = 0$ für alle i aussagt. Für den $c \times 1$-Zufallsvektor

$$Y = T - \mathbb{E}_\vartheta(T) - D^\top(\vartheta) J^{-1}(\vartheta) V(\vartheta)$$

gilt dann unter Ausnützung der Definitionen von $J(\vartheta)$ und $D(\vartheta)$

$$\begin{aligned}
0 \leq \mathbb{E}_\vartheta(Y \cdot Y^\top) = {} & \mathbf{V}_\vartheta(T) - \mathbb{E}_\vartheta\left[(T - \mathbb{E}_\vartheta(T)) V^\top(\vartheta)\right] J^{-1}(\vartheta) D(\vartheta) \\
& - D^\top(\vartheta) J^{-1}(\vartheta) \mathbb{E}_\vartheta\left[V(\vartheta)(T - \mathbb{E}_\vartheta(T))^\top\right] \\
& + D^\top(\vartheta) J^{-1}(\vartheta) \mathbb{E}_\vartheta\left[V(\vartheta) V^\top(\vartheta)\right] J^{-1}(\vartheta) D(\vartheta) \\
= {} & \mathbf{V}_\vartheta(T) - 2 D^\top(\vartheta) J^{-1}(\vartheta) D(\vartheta) + D^\top(\vartheta) J^{-1}(\vartheta) D(\vartheta) \\
= {} & \mathbf{V}_\vartheta(T) - D^\top(\vartheta) J^{-1}(\vartheta) D(\vartheta).
\end{aligned}$$

Das ist aber Ungleichung (1.5). Das Gleichheitszeichen gilt genau dann, wenn $Y = 0$ f. s., das heißt aber Gleichung (1.6) gilt. □

1.3 Cramér-Rao Ungleichung

Die Kovarianzmatrix einer regulären Schätzfunktion in regulären Verteilungsklassen besitzt eine untere Schranke, die durch den folgenden *Satz von Cramér-Rao* (CR) angegeben wird. Diese *CR-Schranke* ist durch die Fisher-Informationsmatrix $I_n(\vartheta)$, welche auf der Verteilungsklasse $\mathbb{Q}_\vartheta$ basiert, und durch die Funktionalmatrix $C_n(\vartheta)$ von $\mathbb{E}_\vartheta(T)$ festgelegt.

Satz. *(Cramér-Rao) Die dominierte Klasse $\mathbb{Q}_\vartheta$, $\vartheta \in \Theta$, aus (1.1) sei regulär, ebenso die Schätzfunktion T aus (1.2). Dann gilt für jedes $\vartheta \in \Theta$*

$$\mathbf{V}_\vartheta(T) \geq C_n^\mathsf{T}(\vartheta) I_n^{-1}(\vartheta) C_n(\vartheta), \tag{1.7}$$

mit Gleichheitszeichen genau dann, wenn

$$T = \mathbb{E}_\vartheta(T) + C_n^\mathsf{T}(\vartheta) I_n^{-1}(\vartheta) U_n(\vartheta) \quad \mathbb{Q}_\vartheta - f.\ s. \tag{1.8}$$

Beweis. Setzt man in Lemma 1.2

$$V(\vartheta) = U_n(\vartheta), \quad J(\vartheta) = I_n(\vartheta),$$

so folgt $D(\vartheta) = C_n(\vartheta)$ wegen (1.4), während Voraussetzung I die positive Definitheit von $J(\vartheta)$ garantiert. $\qquad\square$

Bemerkungen. 1. Ist $\gamma(\vartheta)$ eine vorgegebene Funktion von $\vartheta \in \Theta$, so fällt die rechte Seite von (1.7) für alle T, die erwartungstreu für $\gamma(\vartheta)$ sind, gleich aus.

2. Ist $c = d$ und T erwartungstreu für ϑ, so wird $C_n(\vartheta) = I_d$ und (1.7), (1.8) schreiben sich als

$$\mathbf{V}_\vartheta(T) \geq I_n^{-1}(\vartheta), \qquad T = \vartheta + I_n^{-1}(\vartheta) U_n(\vartheta) \quad \text{f. s.}$$

3. Ist $\mathbb{Q}_\vartheta$ die Verteilung von n unabhängigen und identisch verteilten Zufallsvariablen, so folgt aus $f = \prod_1^n f(i)$, dass $\ell_n = \sum_1^n \ell(i)$, $U_n = \sum_1^n U(i)$, $U(1), \ldots, U(n)$ unabhängig und identisch verteilt, und damit dass $I_n(\vartheta) = n \cdot I_1(\vartheta)$. Die CR-Schranke geht bei wachsendem n gegen 0.

4. Im Spezialfall eindimensionaler T und ϑ lautet (1.7)

$$\mathrm{Var}_\vartheta(T) \geq \frac{(\gamma'(\vartheta))^2}{I_n(\vartheta)}, \qquad \gamma(\vartheta) = \mathbb{E}_\vartheta(T).$$

Mit Hilfe des *Bias* $\mathrm{B}(\vartheta) = \mathbb{E}_\vartheta(T) - \vartheta$ schreibt sich diese Ungleichung

$$\mathrm{Var}_\vartheta(T) \geq \frac{\left(1 + B'(\vartheta)\right)^2}{I_n(\vartheta)}.$$

Bhattacharyya-Ungleichung

Die Cramér-Rao Ungleichung ist mit Hilfe der ersten Ableitungen der Funktion $\gamma(\vartheta) = \mathbb{E}_\vartheta(T)$, $\vartheta \in \Theta$, formuliert. Die *Bhattacharyya-Ungleichung* (kurz: B-Ungleichung) erweitert die CR-Ungleichung auf m-te Ableitungen von $\gamma(\vartheta)$. Wir geben ihre eindimensionale Fassung wieder ($c = d = 1$). Für ein $m \in \mathbb{N}$ verallgemeinern wir die für die erste und zweite Ableitungsordnung formulierten Voraussetzungen V_0, V_1 bzw. V_0^*, V_1^* aus 1.1 auf Ableitungen der Ordnung m, und nennen sie dann $V_0^{(m)}$ und $V_1^{(m)}$. Entsprechend schreiben wir die Vertauschbarkeitsbedingung V_2 aus 1.2, mit Ableitungen der Ordnung m formuliert, als $V_2^{(m)}$.

Satz. *(Bhattacharyya) Gegeben eine Verteilungsklasse $\mathbb{Q}_\vartheta, \vartheta \in \Theta$, auf $(\mathbb{R}^n, \mathcal{B}^n)$, welche für ein $m \in \mathbb{N}$ Voraussetzungen $V_0^{(m)}$ und $V_1^{(m)}$ erfüllt; ferner eine Statistik T, für welche die Funktion $\gamma(\vartheta) = \mathbb{E}_\vartheta(T)$, $\vartheta \in \Theta$, m-mal stetig differenzierbar ist und welche $V_2^{(m)}$ erfüllt. Definieren wir dann die m-dimensionalen Vektoren*

$$g_n(\vartheta) = \big(\gamma'(\vartheta), \dots, \gamma^{(m)}(\vartheta)\big)^\top, \qquad v_n(\vartheta) = \left(\frac{f'(x,\vartheta)}{f(x,\vartheta)}, \dots, \frac{f^{(m)}(x,\vartheta)}{f(x,\vartheta)}\right)^\top$$

und setzen voraus, dass die $m \times m$-Matrix $J_n(\vartheta) = \mathbb{E}_\vartheta(v_n(\vartheta) \cdot v_n^\top(\vartheta))$ positiv definit ist, so gilt

$$\mathrm{Var}_\vartheta(T) \geq g_n^\top(\vartheta) \, J_n^{-1}(\vartheta) \, g_n(\vartheta). \tag{1.9}$$

Beweis. Ähnlich wie in 1.1 und in Gleichung (1.4) oben folgen aus $V_0^{(m)}$, $V_1^{(m)}$ und $V_2^{(m)}$

$$\mathbb{E}_\vartheta\big(v_n(\vartheta)\big) = 0, \qquad g_n(\vartheta) = \mathbb{E}_\vartheta\big(v_n(\vartheta)\,(T - \gamma(\vartheta))\big),$$

so dass Lemma 1.2 anwendbar ist.   □

Im Fall $m = 1$ reduziert sich die B-Ungleichung (1.9) auf die eindimensionale CR-Ungleichung aus Bem. 4 oben.

1.4 Effizienz von Schätzfunktionen

Gegeben sei eine reguläre Verteilungsklasse $\mathbb{Q}_\vartheta$, $\vartheta \in \Theta$; also eine Klasse von Verteilungen auf $(\mathbb{R}^n, \mathcal{B}^n)$, welche V_0, V_1 und I aus 1.1 erfüllen. Eine Schätzfunktion

$$T : (\mathbb{R}^n, \mathcal{B}^n) \to (\mathbb{R}^c, \mathcal{B}^c)$$

heißt *CR-effizient*, falls das Gleichheitszeichen in der CR-Ungleichung (1.7) gilt. Eine CR-effiziente Schätzfunktion erfüllt die Vertauschbarkeitsbedingung V_2, ist also regulär. Es gilt nämlich

Lemma. *Gegeben sei eine reguläre Verteilungsklasse und eine Schätzfunktion T, für welche $\mathbb{E}_\vartheta(T)$ stetig differenzierbar in $\vartheta \in \Theta$ ist und Gleichung (1.8) gültig ist. Dann gilt auch die Vertauschbarkeitsbedingung V_2.*

Beweis. Durch Transponieren und Multiplikation mit $U_n(\vartheta)$ folgt aus (1.8)

$$U_n(\vartheta)\, T^\top = U_n(\vartheta)\, \mathbb{E}_\vartheta(T^\top) + U_n(\vartheta)\, U_n^\top(\vartheta) I_n^{-1}(\vartheta)\, C_n(\vartheta).$$

Wegen $\mathbb{E}_\vartheta(U_n(\vartheta)) = 0$ und $\mathbb{E}_\vartheta\big(U_n(\vartheta) \cdot U_n^\top(\vartheta)\big) = I_n(\vartheta)$ erhalten wir nach Bildung des Erwartungswertes

$$\mathbb{E}_\vartheta\big(U_n(\vartheta)\, T^\top\big) = C_n(\vartheta),$$

was gerade (1.3), das ist Gleichung V_2 in Matrixform, bedeutet.   □

Exponentialfamilien

Prominentestes Beispiel einer CR-effizienten Statistik bildet die Größe $t(x)$ in einer *Exponentialfamilie*. Wie in II 2.2 betrachten wir die dominierte Klasse von Verteilungen

$$\mathbb{Q}_\vartheta = \underset{i=1}{\overset{n}{\times}} \mathbb{Q}_{i,\vartheta}, \ \vartheta \in \Theta \subset \mathbb{R}^d, \ \text{auf} \ (\mathbb{R}^n, \mathcal{B}^n),$$

mit Lebesgue- (oder Zähl-) Dichten

$$\begin{aligned}
f_\vartheta(x_1,\ldots,x_n) &= \prod_{i=1}^n f_{i,\vartheta}(x_i) = \prod_{i=1}^n \left(\exp\left\{\vartheta^\top t(x_i) - b_i(\vartheta)\right\} \cdot h_i(x_i)\right) \\
&= \exp\left\{\vartheta^\top \sum_{i=1}^n t(x_i) - \sum_{i=1}^n b_i(\vartheta)\right\} \cdot \prod_{i=1}^n h_i(x_i)
\end{aligned} \tag{1.10}$$

aus einer Exponentialfamilie mit natürlichem Parameter $\vartheta \in \Theta$. Dabei haben wir (messbare) Funktionen $t : \mathbb{R} \to \mathbb{R}^d$, $b_i : \mathbb{R} \to \mathbb{R}$ verwendet. Mit

$$T(x) = \sum_{i=1}^n t(x_i), \quad x = (x_1,\ldots,x_n), \tag{1.11}$$

erhalten wir

$$\begin{aligned}
\ell_n(\vartheta) &= \vartheta^\top \cdot \sum_{i=1}^n t(x_i) - \sum_{i=1}^n b_i(\vartheta) + \sum_{i=1}^n \log h_i(x_i), \\
U_n(\vartheta) &= \sum_{i=1}^n \left(t(x_i) - \frac{d}{d\vartheta} b_i(\vartheta)\right) = T(x) - \mathbb{E}_\vartheta(T), \\
I_n(\vartheta) &= \mathbb{V}_\vartheta(T) = \sum_{i=1}^n \mathbb{V}_{i,\vartheta}(t) = \sum_{i=1}^n \frac{d^2}{d\vartheta d\vartheta^\top} b_i(\vartheta), \\
W_n(\vartheta) &= -\sum_{i=1}^n \frac{d^2}{d\vartheta d\vartheta^\top} b_i(\vartheta) = -\mathbb{V}_\vartheta(T).
\end{aligned} \tag{1.12}$$

In (1.12) beziehen sich $\mathbb{E}_{i,\vartheta}$ und $\mathbb{V}_{i,\vartheta}$ auf die Verteilung $\mathbb{Q}_{i,\vartheta}$ mit Dichte $f_{i,\vartheta}$, und wir haben $\frac{d}{d\vartheta} b_i(\vartheta) = \mathbb{E}_{i,\vartheta}(t)$ und $\frac{d^2}{d\vartheta d\vartheta^\top} b_i(\vartheta) = \mathbb{V}_{i,\vartheta}(t)$ gemäß II 2.3 ausgenützt. Man beachte, dass $W_n(\vartheta)$ hier deterministisch ist. Wir treffen stillschweigend die Voraussetzung, dass

$$\frac{d^2}{d\vartheta d\vartheta^\top} b_i(\vartheta) \ \text{positiv definit ist, für} \ i = 1,\ldots,n.$$

Nach Auskunft von Lemma II 2.3 bildet $\mathbb{Q}_\vartheta, \vartheta \in \Theta$, dann eine reguläre Verteilungsklasse und T ist eine reguläre Statistik.

Satz 1. *Für die Exponentialfamilie* $\mathbb{Q}_\vartheta, \vartheta \in \Theta$, *mit Dichten* (1.10) *ist die Statistik* T *aus* (1.11) *CR-effizient.*

Beweis. Aus (1.12) folgt zunächst

$$T = \mathbb{E}_\vartheta(T) + U_n(\vartheta).\tag{1.13}$$

Da ferner

$$C_n(\vartheta) = \frac{d}{d\vartheta}\,\mathbb{E}_\vartheta(T^\top) = \sum_{i=1}^{n} \frac{d^2}{d\vartheta\, d\vartheta^\top}\, b_i(\vartheta) = I_n(\vartheta)$$

gilt, ist $C_n^\top(\vartheta)\, I_n^{-1}(\vartheta) = I_d$, so dass (1.13) bereits (1.8) bedeutet. □

Im eindimensionalen Fall lässt sich eine Umkehrung von Satz 1 im dem Sinne formulieren, dass es außerhalb von Exponentialfamilien keine Effizienz gibt.

Satz 2. *Ist für eine reguläre Verteilungsklasse* $\mathbb{Q}_\vartheta, \vartheta \in \Theta \subset \mathbb{R}$, *auf* $(\mathbb{R}^n, \mathcal{B}^n)$ *die (reguläre) Schätzfunktion* $T : \mathbb{R}^n \to \mathbb{R}$ *CR-effizient und ist, mit stetig differenzierbarem* $\gamma(\vartheta) = \mathbb{E}_\vartheta(T)$,

$$\gamma'(\vartheta) \neq 0 \quad \text{für alle } \vartheta \in \Theta,\tag{1.14}$$

so besitzt $\mathbb{Q}_\vartheta$ *eine Dichte*

$$f_\vartheta(x) = \exp\left\{ c(\vartheta)T(x) - b(\vartheta) + a(x) \right\}, \quad x \in \mathbb{R}^n,$$

einer einparametrigen Exponentialfamilie.

Beweis. Es ist $C_n(\vartheta) = \gamma'(\vartheta)$, und aus Gleichung (1.8) folgt durch Auflösen nach $U_n(\vartheta)$

$$\frac{d}{d\vartheta} \log f_\vartheta(x) = \frac{I_n(\vartheta)}{\gamma'(\vartheta)} \left(T(x) - \gamma(\vartheta) \right) \qquad \mathbb{Q}_\vartheta\text{-f. s.}\tag{1.15}$$

Bezeichnen wir die Menge aller x, für welche die Gleichung (1.15) gilt, mit A_ϑ, so haben wir zunächst $\mathbb{Q}_\vartheta(A_\vartheta) = 1$ für jedes $\vartheta \in \Theta$. Nun zeigt WIJSMAN (1974), vgl. auch WINKLER (1983, S.146), dass sogar

$$\mathbb{Q}_\vartheta \left(\bigcap_{\vartheta' \in \Theta} A_{\vartheta'} \right) = 1$$

für jedes $\vartheta \in \Theta$. Gemäß (1.14) kann man also (1.15) über endliche ϑ-Intervalle integrieren zu

$$\log f_\vartheta(x) = c(\vartheta) \cdot T(x) - b(\vartheta) + a(x) \qquad \mathbb{Q}_\vartheta\text{-f. s.,}$$

wobei $a(x)$ eine Integrationskonstante ist. Es folgt

$$f_\vartheta(x) = \exp\left\{ c(\vartheta) \cdot T(x) - b(\vartheta) + a(x) \right\} \qquad \mathbb{Q}_\vartheta\text{-f. s.,}$$

wie behauptet. □

Bemerkung. (*) Im Fall $c = d = 1$ ist unter den Bedingungen des Satzes jeder effiziente Schätzer auch suffizient, vgl. Satz II 3.4, die CR-Effizienz also eine verschärfte Form der Suffizienz.

1.5   Beispiel Normalverteilung

Wir spezialisieren die Exponentialfamilie aus 1.4 auf die Verteilungsklasse

$$\mathbb{Q}_\vartheta = \bigtimes_{i=1}^{n} N(\mu, \sigma^2), \quad \vartheta = (\mu, \sigma^2) \in \mathbb{R} \times (0, \infty) = \Theta, \quad \text{auf} \ (\mathbb{R}^n, \mathcal{B}^n),$$

das ist die Verteilung von n unabhängigen, $N(\mu, \sigma^2)$-verteilten Zufallsvariablen. Aus der log-Likelihoodfunktion

$$\ell_n(\vartheta) = -\frac{1}{2} \sum_{i=1}^{n} \left(\frac{x_i - \mu}{\sigma} \right)^2 - \frac{n}{2} \log(\sigma^2) - \frac{n}{2} \log(2\pi)$$

leitet man die beiden Komponenten der Scorefunktion ab, vgl. I 2.2, nämlich

$$U_n^{(\mu)}(\vartheta) = \frac{1}{\sigma^2} \sum_{i=1}^{n} (x_i - \mu),$$

$$U_n^{(\sigma^2)}(\vartheta) = -\frac{n}{2\sigma^2} + \frac{1}{2\sigma^4} \sum_{i=1}^{n} (x_i - \mu)^2.$$

Mit Hilfe der Gleichungen $\mathbb{E}_\vartheta\big((x_i - \mu)^3\big) = 0$ und $\mathbb{E}_\vartheta\big((x_i - \mu)^4\big) = 3\sigma^4$ erhält man die Informationsmatrix

$$I_n(\vartheta) = \begin{pmatrix} \frac{n}{\sigma^2} & 0 \\ 0 & \frac{n}{2\sigma^4} \end{pmatrix}, \tag{1.16}$$

so dass gemäß 1.3, Bem. 2, für jede reguläre Schätzfunktion $T = (T_1, T_2)$ mit $\mathbb{E}_\vartheta(T) = \vartheta$ gilt

$$\mathrm{Var}_\vartheta(T_1) \geq \frac{\sigma^2}{n}, \quad \mathrm{Var}_\vartheta(T_2) \geq \frac{2\sigma^4}{n}.$$

Wir betrachten die spezielle – für (μ, σ^2) erwartungstreue– Schätzfunktion $T = (\bar{x}, s^2)$. Wir wissen aus I 1.3, dass $\mathrm{Cov}_\vartheta(\bar{x}, s^2) = 0$ und aus I 1.2, dass $\mathrm{Var}_\vartheta(\bar{x}) = \sigma^2/n$ gilt. Unter Beachtung von $\mu_4 = 3\sigma^4$ erhalten wir ferner aus I 1.2

$$\mathrm{Var}_\vartheta(s^2) = \frac{1}{n}\left(\mu_4 - \frac{n-3}{n-1}\sigma^4\right) = \frac{2\sigma^4}{n-1}, \quad \text{d. h.} \quad \mathbf{V}_\vartheta(T) = \begin{pmatrix} \frac{\sigma^2}{n} & 0 \\ 0 & \frac{2\sigma^4}{n-1} \end{pmatrix}.$$

$T_1(x) = \bar{x}$ ist also CR-effizient, $T_2(x) = s^2$ aber wegen $\mathrm{Var}_\vartheta(s^2) > 2\sigma^4/n$ nicht. Wir werden aber in 2.2 unten feststellen, dass $T_2 = s^2$ unter den erwartungstreuen Schätzern für σ^2 kleinste Varianz besitzt. Das bedeutet, dass die CR-Ungleichung hier keine optimale Schärfe aufweist, die CR-Schranke also nicht optimal hoch ist.

Es zeigt sich, dass im hier diskutierten Normalverteilungsfall die Statistik $T_2 = s^2$ das Gleichheitszeichen in der B-Ungleichung (1.9) annimmt, und zwar mit der Ordnung $m = 2$, also B-*effizient* ist, vgl. WITTING (1985, S. 319).

2 Optimale erwartungstreue Schätzer

Für eine vorgegebene Funktion $\gamma(\vartheta)$ des Parameters ϑ betrachten wir die Klasse aller für $\gamma(\vartheta)$ erwartungstreuen Schätzer. Ist S eine suffiziente Statistik für ϑ, so lässt sich jeder Schätzer aus dieser Klasse zunächst verbessern (Blackwell-Rao), und zwar durch Bildung der bedingten Erwartung bezüglich S. Ist S suffizient und vollständig, so gewinnen wir sogar einen gleichmäßig besten Schätzer (Lehmann-Scheffé). Die Güte eines erwartungstreuen Schätzers wird mit Hilfe einer quadratischen Risikofunktion gemessen. Im Normalverteilungsfall werden sich $(\bar{x}, s^2)$ als optimale erwartungstreue Schätzer für (μ, σ^2) erweisen.

2.1 Erwartungstreue Schätzer und ihre Verbesserung

Im ganzen Abschnitt liegt eine parametrische Verteilungsklasse

$$\mathbb{Q}_\vartheta, \quad \vartheta \in \Theta \subset \mathbb{R}^d, \quad \text{auf } (\mathcal{X}, \mathfrak{B})$$

zugrunde. Ferner betrachten wir eine (messbare) c-dimensionale Funktion γ vom Parameter ϑ, $\gamma : \Theta \longrightarrow \mathbb{R}^c$, sowie c-dimensionale Schätzfunktionen

$$T : (\mathcal{X}, \mathfrak{B}) \longrightarrow (\mathbb{R}^c, \mathcal{B}^c)$$

für $\gamma(\vartheta)$, $\vartheta \in \Theta$. Wie in II 4.1 bewerten wir solche Schätzfunktionen mit Hilfe einer Risikofunktion R. Wir werden im Folgenden die Funktion

$$R(\vartheta, T) = \mathbb{E}_\vartheta \left[(T - \mathbb{E}_\vartheta(T))^\mathsf{T} (T - \mathbb{E}_\vartheta(T)) \right] = \sum_{i=1}^c \text{Var}_\vartheta(T_i)$$

verwenden. Im Sinne von II 4.3 beschränken wir uns bei der Suche nach optimalen Schätzfunktionen auf eine Klasse von Schätzern, nämlich auf die für $\gamma(\vartheta)$ erwartungstreuen. Wir definieren also

$$\Gamma(\Theta) = \{ T : (\mathcal{X}, \mathfrak{B}) \longrightarrow (\mathbb{R}^c, \mathcal{B}^c), \ \mathbb{E}_\vartheta(T) = \gamma(\vartheta) \quad \forall \vartheta \in \Theta \},$$

und setzen $\Gamma(\Theta)$ als nichtleer voraus. Der nächste *Satz von Rao-Blackwell* sagt aus, dass durch Bildung der *bedingten Erwartung* bezüglich einer suffizienten Statistik eine Schätzfunktion mit gleichmäßig nicht größerem Risiko entsteht. Genauer gilt

Satz. *(Rao-Blackwell) Ist $T \in \Gamma(\Theta)$, ist die Statistik $S : (\mathcal{X}, \mathfrak{B}) \longrightarrow (\mathbb{R}^m, \mathcal{B}^m)$ suffizient für $\vartheta \in \Theta$, und setzt man*

$$g(S) = \mathbb{E}.(T|S),$$

so gilt $g(S) \in \Gamma(\Theta)$ und

$$R(\vartheta, g(S)) \le R(\vartheta, T) \quad \forall \vartheta \in \Theta. \tag{2.1}$$

Das Gleichheitszeichen gilt in (2.1) genau dann, wenn T $\sigma(S)$-messbar ist (f. s.), das heißt wenn

$$T = g(S) \quad \mathbb{Q}_\vartheta - \text{fast sicher}, \quad \forall \vartheta \in \Theta.$$

Beweis. Tatsächlich ist $g(S)$ ein Schätzer, da es aufgrund der Suffizienz von S eine Version von $\mathbb{E}.(T|S)$ gibt, die nicht von ϑ abhängt. Er ist erwartungstreu für $\gamma(\vartheta)$, denn

$$\mathbb{E}_\vartheta(g(S)) = \mathbb{E}_\vartheta\big(\mathbb{E}_\vartheta(T|S)\big) = \mathbb{E}_\vartheta(T) = \gamma(\vartheta).$$

Unter Verwendung der Zerlegung $T - \gamma(\vartheta) = T - g(S) + g(S) - \gamma(\vartheta)$ rechnet man

$$\begin{aligned}
R(\vartheta, T) = & \mathbb{E}_\vartheta\left[(T - g(S))^\top(T - g(S))\right] \\
& + \mathbb{E}_\vartheta\left[(g(S) - \gamma(\vartheta))^\top(g(S) - \gamma(\vartheta))\right],
\end{aligned} \tag{2.2}$$

denn für den gemischten Term gilt

$$\begin{aligned}
\mathbb{E}_\vartheta\left[(T - g(S))^\top(g(S) - \gamma(\vartheta))\right] &= \mathbb{E}_\vartheta\left[\mathbb{E}_\vartheta\left[(T - g(S))^\top(g(S) - \gamma(\vartheta))|S\right]\right] \\
&= \mathbb{E}_\vartheta\left[\mathbb{E}_\vartheta[(T - g(S))^\top|S]\,(g(S) - \gamma(\vartheta))\right] \\
&= \mathbb{E}_\vartheta\left[(g(S) - g(S))^\top(g(S) - \gamma(\vartheta))\right] = 0.
\end{aligned}$$

Aus (2.2) folgt die Behauptung (2.1), mit einem Gleichheitszeichen in (2.1) genau dann, wenn der erste Summand auf der rechten Seite von (2.2) gleich 0 ist, d. h. wenn $T - g(S) = 0$ $\mathbb{Q}_\vartheta$-fast sicher. □

Dieser Satz von Rao-Blackwell lässt sich auch mit Hilfe von Satz II 4.2 beweisen, vergleiche SCHERVISH (1995, p. 153).

2.2   Beste Schätzfunktion

Wenn die suffiziente Statistik S sogar vollständig ist, so liefert $g(S) = \mathbb{E}.(T|S)$ bereits eine *gleichmäßig beste* Schätzfunktion unter allen erwartungstreuen, und in dieser Eigenschaft ist $g(S)$ fast sicher eindeutig bestimmt, wie der nächste *Satz von Lehmann-Scheffé* aussagt.

Satz. *(Lehmann-Scheffé) Ist $T \in \Gamma(\Theta)$, ist die Statistik $S : (\mathcal{X}, \mathfrak{B}) \longrightarrow (\mathbb{R}^m, \mathcal{B}^m)$ suffizient und vollständig für $\vartheta \in \Theta$, und setzt man*

$$g(S) = \mathbb{E}.(T|S),$$

so gilt $g(S) \in \Gamma(\Theta)$ und

$$R(\vartheta, g(S)) \leq R(\vartheta, U) \quad \forall U \in \Gamma(\Theta), \ \forall \vartheta \in \Theta. \tag{2.3}$$

Gilt (2.3) mit einer Statistik $U^* \in \Gamma(\Theta)$ anstelle von $g(S)$, so haben wir

$$U^* = g(S) \quad \mathbb{Q}_\vartheta - \text{fast sicher}, \quad \forall \vartheta \in \Theta.$$

Beweis. Nach Satz 2.1 ist $g(S)$ erwartungstreu für $\gamma(\vartheta)$, also $\in \Gamma(\Theta)$. Angenommen, es gäbe eine Schätzfunktion $U_1 \in \Gamma(\Theta)$ und ein $\vartheta_1 \in \Theta$ mit

$$R(\vartheta_1, U_1) < R(\vartheta_1, g(S)).$$

Dann gilt wieder nach Satz 2.1 für den Schätzer $h_1(S) = \mathbb{E}.(U_1|S) \in \Gamma(\Theta)$

$$R(\vartheta_1, h_1(S)) \leq R(\vartheta_1, U_1) < R(\vartheta_1, g(S)). \tag{2.4}$$

Andererseits folgt nach II 3.5 aus der Vollständigkeit von S und aus $\mathbb{E}_\vartheta(g(S)) = \mathbb{E}_\vartheta(h_1(S))$ für alle $\vartheta \in \Theta$, dass

$$h_1(S) = g(S) \qquad \mathbb{Q}_\vartheta - \text{fast sicher}, \ \forall \vartheta \in \Theta,$$

was im Widerspruch zu (2.4) steht. Also gilt für jedes $U \in \Gamma(\Theta)$,

$$R(\vartheta, g(S)) \leq R(\vartheta, U) \qquad \forall \vartheta \in \Theta,$$

womit die erste Behauptung, nämlich Gleichung (2.3), bewiesen ist. Zum Beweis der Eindeutigkeit sei U^* ein Schätzer $\in \Gamma(\Theta)$ mit

$$R(\vartheta, U^*) \leq R(\vartheta, U) \qquad \forall U \in \Gamma(\Theta), \ \forall \vartheta \in \Theta. \tag{2.5}$$

Mit $h^*(S) = \mathbb{E}.(U^*|S) \in \Gamma(\Theta)$ haben wir dann nach Satz 2.1

$$R(\vartheta, h^*(S)) \leq R(\vartheta, U^*) \leq R(\vartheta, h^*(S)) \qquad \forall \vartheta \in \Theta, \tag{2.6}$$

letztere Ungleichung wegen (2.5) mit der speziellen Wahl $U = h^*(S)$. Also gilt Gleichheit in (2.6), worauf der zweite Teil von Satz 2.1 dann $U^* = h^*(S)$ $\mathbb{Q}_\vartheta$-fast sicher liefert. Zusammen mit $\mathbb{E}_\vartheta(g(S)) = \mathbb{E}_\vartheta(h^*(S))$ für alle $\vartheta \in \Theta$ ergibt die Vollständigkeit von S schließlich über II 3.5

$$U^* = h^*(S) = g(S) \qquad \mathbb{Q}_\vartheta - \text{fast sicher}, \ \forall \vartheta \in \Theta,$$

womit der Satz bewiesen ist. □

Anwendung findet dieser Satz vor allem in Situationen, in welchen der erwartungstreue Schätzer bereits als Funktion einer suffizienten und vollständigen Statistik vorliegt.

Korollar. *Ist S suffizient und vollständig für $\vartheta \in \Theta$ und $g(S)$ erwartungstreu für $\gamma(\vartheta)$, so ist $g(S)$ gleichmäßig bester erwartungstreuer Schätzer für $\gamma(\vartheta)$ (nach Maßgabe der Risikofunktion R).*

Beweis. Folgt aus dem Satz von Lehmann-Scheffé wegen $\mathbb{E}.(g(S)|S) = g(S)$. □

Beispiel. Eine *U-Statistik* U_n mit Kern h stellt eine Funktion $g(S)$ der Ordnungsstatistik $S(x) = (x_{(1)}, \dots, x_{(n)})$ dar, vergleiche IV 3.1. S ist suffizient und vollständig für die Klasse $\mathcal{V} = \left\{ \mathbb{Q} = \bigtimes_1^n \mathbb{Q}_i : \mathbb{Q}_i \equiv \mathbb{Q}_1 \text{ Verteilung auf } (\mathbb{R}, \mathcal{B}) \text{ mit Lebesguedichte} \right\}$. Die Suffizienz ist in II 3.2 (bzw. II 3.3) bewiesen worden, die Vollständigkeit wird in WINKLER (1983, S. 110) und WITTING (1985, S. 358) gezeigt. Folglich ist U_n gleichmäßig bester erwartungstreuer Schätzer für $\vartheta \equiv \mathbb{E}(h)$.

Beispiel: Normalverteilung

Wie in 1.5 legen wir die Verteilungsklasse

$$\underset{i=1}{\overset{n}{\times}} N(\mu, \sigma^2), \quad \vartheta = (\mu, \sigma^2) \in \mathbb{R} \times (0, \infty) = \Theta,$$

zugrunde. Gemäß II 3.4 und II 3.5 ist die Schätzfunktion $\tilde{S}$,

$$\tilde{S}(x) = \left(\sum_{i=1}^{n} x_i, \sum_{i=1}^{n} x_i^2 \right), \quad x = (x_1, \ldots, x_n) \in \mathbb{R}^n,$$

suffizient und vollständig für $\vartheta = (\mu, \sigma^2)$. Dasselbe gilt auch für die –durch eine Bijektion $\mathbb{R}^2 \to \mathbb{R}^2$ mit $\tilde{S}$ verknüpfte– Schätzfunktion

$$S(x) = (\bar{x}, s^2),$$

die zudem erwartungstreu für ϑ ist. Nach dem Korollar, mit $g = \mathrm{Id}$, $\gamma = \mathrm{Id}$, ist S gleichmäßig bester erwartungstreuer Schätzer für ϑ. Das gilt auch komponentenweise:

1. $\bar{x}$ ist gleichmäßig bester erwartungstreuer Schätzer für μ

2. s^2 ist gleichmäßig bester erwartungstreuer Schätzer für σ^2.

In der Tat, mit Hilfe der Projektionsabbildungen $g_i(t_1, t_2) = t_i$, $\gamma_i(\tau_1, \tau_2) = \tau_i$, $i = 1, 2$, ergibt sich nämlich

$$\bar{x} = g_1(S), \quad \mu = \gamma_1(\vartheta) \quad \text{und} \quad s^2 = g_2(S), \quad \sigma^2 = \gamma_2(\vartheta).$$

Man beachte dabei, dass wir in II 3.4 wohl $(\bar{x}, s^2)$ als suffizient für (μ, σ^2) und $\bar{x}$ als suffizient für μ, nicht aber s^2 als suffizient für σ^2 nachweisen konnten, so dass die Aussage 2 oben durch den funktionalen Ansatz $\gamma(\vartheta)$, $\vartheta \in \Theta$, der hier gewählt wurde, ermöglicht wird.

3 Asymptotische Lösungen von Schätzgleichungen

Beim linearen Modell mit Normalverteilungsannahme konnten wir relativ einfach die Verteilung von Schätzern, wie z. B. der Schätzer $c^\top \hat{\beta}$ und $\hat{\sigma}^2$ für $c^\top \beta$ und σ^2, bestimmen. Die daraus abgeleiteten F-Quotienten zum Prüfen linearer Hypothesen über die Modellparameter besitzen „exakte" Verteilungen, also Verteilungen, die unter der Hypothese –für jeden Stichprobenumfang n– von keinem unbekannten Parameter mehr abhängen. Schaut man auf die Vielfalt möglicher statistischer Inferenzprobleme, stellt diese Situation eine Ausnahme dar: Verteilungen der Schätzer für endliches n sind meistens nur mühsam zu ermitteln, exakte Tests (bzw. exakte Konfidenzintervalle) selten zu bekommen. Weichen wir zum Beispiel von einer der drei Voraussetzungen

- Normalverteilung der Fehlervariablen

- Lineare Abhängigkeit des Erwartungswertes von den Modellparametern

- Varianzhomogenität (Homoskedastizität)

des linearen Modells ab, so stehen in der Regel keine exakten Tests und Konfidenzintervalle mehr zur Verfügung. Der Statistiker behilft sich in solchen Situationen oft mit der Anwendung asymptotischer Verfahren, das sind Verfahren, für die sich erst bei einem gegen ∞ konvergierenden Stichprobenumfang n praktisch verwendbare Verteilungsaussagen aufstellen lassen. In der Praxis bedeutet die Anwendung solcher asymptotischer Verfahren immer eine Näherung (Approximation), die in der Hoffnung durchgeführt wird, dass der vorliegende Stichprobenumfang n groß genug ist.

I. F. steht zunächst das Grenzwert-Verhalten, nämlich die Konsistenz und die asymptotische Normalität, einer Schätzerfolge $\hat{\vartheta}_n$, $n \geq 1$, für einen Modellparameter ϑ im Vordergrund. Diese Folge gewinnt man als (asymptotische) Lösung einer Schätzgleichung $U_n(\vartheta) = 0$. Als erste Anwendung werden wir dann asymptotische Konfidenzintervalle ableiten. Dieser Abschnitt findet in der Testtheorie seine Fortsetzung, und zwar in VI 4 mit der asymptotischen Analyse mehrerer großer Klassen von Teststatistiken.

Im Anhang A 3 sind diejenigen Grenzwert-Begriffe und -Sätze der Stochastik zusammengestellt, die zur technischen Durchführung unseres Programms benötigt werden. Als Matrix- und Vektornorm $|.|$ wird durchweg die Euklidische verwendet:

$$|A|^2 = \sum_i \sum_j a_{ij}^2, \qquad |x|^2 = \sum_i x_i^2$$

für eine Matrix $A = (a_{ij})$ bzw. einen Vektor $x = (x_i)$. Mit $\mathcal{N}_\delta(x) = \{x' \in \mathbb{R}^d : |x - x'| \leq \delta\}$ bezeichnen wir dann die abgeschlossene δ-Umgebung des Vektors x bez. dieser Norm. Wir führen noch die Bezeichnung

$$A^{-\mathsf{T}} = (A^{-1})^{\mathsf{T}}$$

für eine invertierbare Matrix A ein. Man beachte, dass $(A^{-1})^{\mathsf{T}} = (A^{\mathsf{T}})^{-1}$.

3.1 Schätzgleichungen, Z-Schätzer

Wir greifen in diesem Abschnitt Notationen der ML-Methode in I 2.1 und der MQ-Methode in I 2.3 auf. Wir verallgemeinern diese Methoden dahingehend, dass der Ausgangspunkt der Analyse eine Kriteriumsfunktion $\ell_n(\vartheta), \vartheta \in \mathbb{R}^d$, ist, die es zu maximieren gilt. Dabei kann die Kriteriumsfunktion wie in I 2.1 und 1.1 die log-Likelihoodfunktion

$$\ell_n(\vartheta) = \log f(x_1, \ldots, x_n, \vartheta)$$

einer Beobachtung $x_1, \ldots, x_n$ sein, oder wie in I 2.3, die Summe

$$\ell_n(\vartheta) = -\frac{1}{2} \sum_{i=1}^n \left(x_i - \mu_i(\vartheta)\right)^2$$

der negativen Fehlerquadrate, oder noch anders definiert sein. Entscheidend wird nur sein, dass die Ableitungen von $\ell_n(\vartheta)$ gewisse „Regularitätsvoraussetzungen" erfüllen. Sei $\ell_n(\vartheta)$ für alle ϑ eine messbare Funktion von Zufallsgrößen $X_1, \ldots, X_n$. Es bezeichne

$$U_n(\vartheta) = \frac{d}{d\vartheta} \ell_n(\vartheta)$$

den d-dimensionalen Ableitungsvektor von $\ell_n(\vartheta)$ und

$$W_n(\vartheta) = \frac{d}{d\vartheta} U_n^\mathsf{T}(\vartheta)$$

die $d \times d$-Funktionalmatrix von $U_n(\vartheta)$. Der Zufallsvektor $U_n(\vartheta)$ wird auch *estimation function* genannt (den Begriff *Schätzfunktion* verwenden wir ja für eine Stichprobenfunktion, wenn sie als Schätzer fungiert). Wir können (und werden) auch gleich mit der Vorgabe eines $U_n(\vartheta)$ beginnen, ohne ein $\ell_n(\vartheta)$ benennen zu müssen oder zu können: Die Funktionalmatrix $W_n(\vartheta)$ von $U_n(\vartheta)$ ist dann nicht mehr notwendig symmetrisch, was wir auch nicht voraussetzen werden.

Wir nennen nach VAN DER VAART & WELLNER (1996, p. 309) einen Schätzer $\hat\vartheta_n$ des Parameters ϑ einen Z-Schätzer, wenn er sich als Lösung (zero) der

Schätzgleichung $U_n(\vartheta) = 0$

ergibt. Unter gewissen Regularitätsvoraussetzungen an U_n und W_n (siehe unten) existiert ein konsistenter und asymptotisch normal-verteilter Z-Schätzer. Dabei heißt eine Folge $\hat\vartheta_n = \hat\vartheta_n(X_1, \ldots, X_n)$, $n \geq 1$, von d-dimensionalen Zufallsvektoren ein *konsistenter Z-Schätzer* für ϑ, falls für jedes $\vartheta \in \Theta \subset \mathbb{R}^d$ und $\delta > 0$

$$\mathbb{P}_\vartheta\big(|\hat\vartheta_n - \vartheta| \leq \delta, \, U_n(\hat\vartheta_n) = 0\big) \longrightarrow 1 \qquad [n \to \infty]. \tag{3.1}$$

gilt. Ein ausführlicher Name ist: konsistente asymptotische Lösung der Schätzgleichung; siehe PFANZAGL (1994, 7.4). Stellt die estimation function $U_n(\vartheta)$ den Ableitungsvektor einer Kriteriumsfunktion $\ell_n(\vartheta)$ dar, und ist $\ell_n(\vartheta)$ die log-Likelihoodfunktion (diesen Spezialfall wollen wir den Likelihood-Fall nennen), so bildet

$U_n(\vartheta)$ den *Scorevektor*, und eine Folge $\hat\vartheta_n$, $n \geq 1$, die (3.1) erfüllt, heißt *konsistenter ML-Schätzer*.

Wir sind an möglichst schwachen Bedingungen interessiert, welche die Existenz eines konsistenten Z-Schätzers garantieren. An die Abhängigkeitsstruktur der Zufallsgrößen $X_1, X_2, \ldots$ stellen wir keine ausdrückliche Forderung. Stillschweigend angenommen wird stets

- ein vorgegebener d-dimensionaler Zufallsvektor $U_n(\vartheta) = U_n(X_1, \ldots, X_n; \vartheta)$,

  $U_n(\vartheta)$ mindestens einmal stetig differenzierbar nach $\vartheta \in \Theta$,

- Θ als eine offene Teilmenge des $\mathbb{R}^d$.

Wir führen eine *Normierungsfolge* Γ_n, $n \geq 1$, von $d \times d$-Diagonalmatrizen ein, die gegen die Nullmatrix konvergieren,

$$\Gamma_n = \mathrm{Diag}(\gamma_{nj}, j = 1, \ldots, d), \qquad \gamma_{nj} > 0, \ \gamma_{nj} \longrightarrow 0 \quad \forall j \quad \text{bei } n \to \infty.$$

Im Spezialfall von unabhängigen und identisch verteilten Zufallsvariablen z. B. wird $\Gamma_n = \mathrm{Diag}(1/\sqrt{n})$ verwendet, siehe 3.6 unten.

Definition. Eine Folge $\hat\vartheta_n$, $n \geq 1$, von d-dimensionalen Zufallsvektoren heißt ein Γ_n^{-1}-*konsistenter Z-Schätzer* für ϑ, falls für jedes $\vartheta \in \Theta \subset \mathbb{R}^d$ gilt

$$\begin{aligned}
&\mathbb{P}_\vartheta\big(U_n(\hat\vartheta_n) = 0\big) \longrightarrow 1 \qquad [n \to \infty] \\
&\Gamma_n^{-1}(\hat\vartheta_n - \vartheta), \ n \geq 1, \ \text{ist } \mathbb{P}_\vartheta - \text{stochastisch beschränkt.}
\end{aligned} \tag{3.2}$$

Ein Γ_n^{-1}-konsistenter Z-Schätzer ist auch konsistenter Z-Schätzer im Sinne von (3.1). Es bezeichne für $s > 0$

$$\mathcal{N}_{n,s}(\vartheta) = \big\{\vartheta' \in \mathbb{R}^d : |\Gamma_n^{-1}(\vartheta' - \vartheta)| \leq s\big\}$$

eine ellipsoidenförmige Umgebung von $\vartheta \in \Theta$. Mit $c_n = \max_j \gamma_{nj}$ gilt $\mathcal{N}_{n,s}(\vartheta) \subset \mathcal{N}_{c_n \cdot s}(\vartheta)$. Für jedes $s > 0$ finden wir wegen $c_n \to 0$ stets ein genügend großes n, damit $\mathcal{N}_{c_n \cdot s}(\vartheta) \subset \Theta$ gilt, was in der Regel auch stillschweigend vorausgesetzt wird.

3.2 Existenz eines konsistenten Z-Schätzers

Mit Hilfe der Bezeichnungen aus 3.1 formulieren wir zwei Bedingungen für alle $\vartheta \in \Theta$, nämlich eine Forderung an $U_n(\vartheta)$,

$$\Gamma_n U_n(\vartheta), \ n \geq 1, \ \text{ist } \mathbb{P}_\vartheta\text{-stochastisch beschränkt} \qquad \text{U}$$

und die folgende Forderung an $W_n(\vartheta)$:

Es gibt ein $a > 0$ und für alle $\varepsilon > 0, s > 0$ ein $n_0 \geq 1$, so dass

$$\mathbb{P}_\vartheta\big(y^\top \Gamma_n W_n(\vartheta') \Gamma_n y \leq -a \quad \forall \vartheta' \in \mathcal{N}_{n,s}(\vartheta), \, y \in \mathbb{R}^d, \, |y| = 1\big) \geq 1 - \varepsilon \qquad \text{W}$$

für alle $n \geq n_0$.

Die Größen a und n_0 hängen i. A. noch von ϑ ab. Gilt W, so gilt auch eine Version von W, bei der die Matrix $W_n(\cdot)$ *spaltenweise* verschiedene $\vartheta' \in \mathcal{N}_{n,s}(\vartheta)$ enthält. Diese Version wird bei der Anwendung des mehrdimensionalen Mittelwertsatzes benötigt.

Satz. *Unter den Bedingungen U und W existiert ein Γ_n^{-1}-konsistenter Z-Schätzer $\hat{\vartheta}_n$, $n \geq 1$, für ϑ.*

Bemerkung. Sei der zugrunde liegende Parameter aus Θ fixiert und (nur hier) mit ϑ_0 bezeichnet. Zu zeigen ist die Existenz einer Folge $\hat{\vartheta}_n, n \geq 1$, von $d \times 1$-Zufallsvektoren, für welche gilt: Für jedes $\varepsilon > 0$ existieren $s > 0$, $n_0 \geq 1$ mit

$$\mathbb{P}_{\vartheta_0}\big(\hat{\vartheta}_n \in \mathcal{N}_{n,s}(\vartheta_0), \, U_n(\hat{\vartheta}_n) = 0\big) \geq 1 - \varepsilon$$

für alle $n \geq n_0$.

Beweis. Der Mittelwertsatz in A 1.3 liefert für jedes $\vartheta \in \Theta$, für welches die Verbindungsstrecke $\overline{\vartheta_0, \vartheta}$ von ϑ und ϑ_0 ganz in Θ liegt,

$$U_n(\vartheta) = U_n(\vartheta_0) + W_n^\top(\vartheta^*)(\vartheta - \vartheta_0), \qquad (3.3)$$

wobei $\vartheta^* \equiv \vartheta_n^* \in \overline{\vartheta_0, \vartheta}$ für jede Komponente der Vektorgleichung (3.3), also für jede Zeile von $W_n^\top(\cdot)$, verschieden sein kann. Definiere die $d \times 1$-Vektoren

$$z_n(\vartheta) = \Gamma_n^{-1}(\vartheta - \vartheta_0), \quad y_n(\vartheta) = z_n(\vartheta)/|z_n(\vartheta)|,$$

und multipliziere die Gleichung (3.3) von links mit $z_n^\top(\vartheta)\Gamma_n$:

$$z_n^\top(\vartheta)\Gamma_n U_n(\vartheta) = z_n^\top(\vartheta)\Gamma_n U_n(\vartheta_0) + z_n^\top(\vartheta)\Gamma_n W_n(\vartheta^*)\Gamma_n z_n(\vartheta), \qquad (3.4)$$

mit spaltenweise verschiedenen ϑ^* in $W_n(\cdot)$. Sei $\varepsilon > 0$. Als Folge der Voraussetzung U gibt es eine positive Zahl M, ein $n_1 \geq 1$ und messbare Mengen C_n, so dass $\mathbb{P}_{\vartheta_0}(C_n) \geq 1 - \varepsilon$ für alle $n \geq n_1$ und auf C_n die Ungleichung

$$|\Gamma_n U_n(\vartheta_0)| \leq M \qquad (3.5)$$

gelten. Im Hinblick auf Voraussetzung W wähle $s > 0$ mit $M/s < a$ und ein $n_0 \geq 1$, so dass auf einem C_n' mit $\mathbb{P}_{\vartheta_0}(C_n') \geq 1 - \varepsilon$ für alle $n \geq n_0$

$$y^\top \Gamma_n W_n(\vartheta^*)\Gamma_n y \leq -a \quad \forall \vartheta^* \in \mathcal{N}_{n,s}(\vartheta_0), \, y \in \mathbb{R}^d, \, |y| = 1, \qquad (3.6)$$

gilt. Ohne Einschränkung kann n_0 so groß gewählt werden, dass $n_0 \geq n_1$ und dass $\mathcal{N}_{c_n \cdot s}(\vartheta_0) \subset \Theta$ für alle $n \geq n_0$. Wähle nun ein $n \geq n_0$ und ein $\vartheta \in \Theta$ mit $|z_n(\vartheta)| = s$. Solche ϑ existieren wegen $\mathcal{N}_{n,s}(\vartheta_0) \subset \mathcal{N}_{c_n \cdot s}(\vartheta_0)$. Es gilt dann auch

$$\vartheta^* \in \mathcal{N}_{n,s}(\vartheta_0) \qquad \text{für alle } \vartheta^* \in \overline{\vartheta_0, \vartheta}.$$

Für alle $\vartheta \in \Theta$ mit $|z_n(\vartheta)| = s$ gilt dann auf $C_n \cap C'_n$ vermöge (3.4) bis (3.6)

$$
\begin{aligned}
z_n^\top(\vartheta)\Gamma_n U_n(\vartheta) &\leq |z_n(\vartheta)||\Gamma_n U_n(\vartheta_0)| + |z_n(\vartheta)|^2\, y_n^\top(\vartheta)\Gamma_n W_n(\vartheta^*)\Gamma_n y_n(\vartheta) \\
&\leq s^2(M/s - a) < 0.
\end{aligned}
$$

Dabei ist $\mathbb{P}_{\vartheta_0}(C_n \cap C'_n) \geq 1 - 2\varepsilon$. Schreibt man $\vartheta = \Gamma_n z_n + \vartheta_0$ als Funktion von $z \equiv z_n$ und führt man die Funktion V_n von z vermöge $V_n(z) = \Gamma_n U_n(\vartheta)$ ein, so haben wir

$$z^\top \cdot V_n(z) < 0 \quad \text{für alle } z \text{ mit } |z| = s$$

erhalten. Das Lemma von Michels (siehe unten) liefert dann einen Vektor $\hat{z}_n$, $|\hat{z}_n| < s$, welcher $V_n(\hat{z}_n) = 0$, d. h.

$$U_n(\hat{\vartheta}_n) = 0$$

erfüllt, mit $\hat{\vartheta}_n = \Gamma_n \hat{z}_n + \vartheta_0$. Aus $|\hat{z}_n| < s$ folgt $\hat{\vartheta}_n \in \overset{\circ}{\mathcal{N}}_{n,s}(\vartheta_0)$.

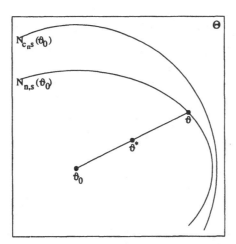

Abbildung V.1: Kreis- und ellipsenförmige Umgebungen von ϑ_0 und Verbindungs-strecke $\overline{\vartheta_0, \vartheta}$.

Von der (für vorgegebenes $\varepsilon > 0$) konstruierten Folge $\hat{\vartheta}_n(\varepsilon)$, $n \geq 1$, ausgehend gelangt man durch ein Diagonalfolgen-Argument schließlich zu einer Folge $\hat{\vartheta}_n$, $n \geq 1$ mit der behaupteten Eigenschaft. Die Größen $\hat{\vartheta}_n$ können als messbare Funktionen der $X_1, \ldots, X_n$ angenommen werden; vgl WITTING & NÖLLE (1970, 2.30b, S. 76). □

Bemerkungen. Zunächst zwei Aussagen zur (Nicht-)Eindeutigkeit:

1. Außerhalb der Menge $C_n \cap C'_n$ und für $n < n_0$ kann $\hat{\vartheta}_n$ beliebig (messbar) aus Θ festgelegt werden. Die Folge $\hat{\vartheta}_n$, $n \geq 1$, ist nicht eindeutig bestimmt, selbst nicht auf $C_n \cap C'_n$ für große n.

2. Ist die Schätzgleichung $U_n(\vartheta) = 0$ f. s. eindeutig lösbar, mit Lösung $\tilde{\vartheta}_n$, so gilt unter den Voraussetzungen U und W die fast sichere Gleichheit $\hat{\vartheta}_n = \tilde{\vartheta}_n$.

3. Es möge ein $\ell_n(\vartheta)$ geben mit $U_n(\vartheta) = d\ell_n(\vartheta)/d\vartheta$. Mit einer $\mathbb{P}_\vartheta$-Wahrscheinlichkeit, die bei $n \to \infty$ gegen 1 konvergiert, nimmt $\ell_n(\vartheta)$ bei $\hat{\vartheta}_n$ ein lokales Maximum an, vgl. PRUSCHA (1996, S. 224). Tatsächlich zeigt man unter U,W, dass es für jedes $\varepsilon > 0$ ein $n_0 \geq 1$ und eine Folge $\delta(n) > 0$ gibt mit

$$\mathbb{P}_{\vartheta_0}\big(\ell_n(\hat{\vartheta}_n) > \ell_n(\vartheta) \quad \forall \vartheta \in \mathcal{N}_{\delta(n)}(\hat{\vartheta}_n), \vartheta \neq \hat{\vartheta}_n\big) \geq 1 - \varepsilon \qquad \text{für alle } n \geq n_0.$$

4. Es bleiben noch das Lemma von J.M. Michels zu formulieren und zu beweisen, vgl. AITCHISON & SILVEY (1958).

Lemma. *Die Funktion $g : \mathbb{R}^d \to \mathbb{R}^d$ sei stetig auf $B = \{y \in \mathbb{R}^d : |y| \leq 1\}$. Gilt dann*

$$y^\top \cdot g(y) < 0 \quad \text{für alle } y \in \mathbb{R}^d \text{ mit } |y| = 1,$$

dann gibt es ein $\hat{y}$ mit $|\hat{y}| < 1$ und $g(\hat{y}) = 0$.

Beweis. Man nehme an, es existiere kein $y \in B$ mit $g(y) = 0$. Dann bildet

$$h(y) = \frac{g(y)}{|g(y)|}$$

eine stetige Abbildung von B in sich. Nach Brouwers Fixpunkttheorem gibt es ein $\hat{y} \in B$ mit $h(\hat{y}) = \hat{y}$. Weil $|h(y)| = 1$ für alle $y \in B$, so ist auch $|\hat{y}| = 1$ sowie $\hat{y}^\top \cdot h(\hat{y}) = 1$, d. h. $\hat{y}^\top \cdot g(\hat{y}) > 0$, im Widerspruch zur Voraussetzung. □

3.3 Bedingungen zur asymptotischen Normalität

Zum Nachweis der asymptotischen Normalität eines konsistenten Z-Schätzers $\hat{\vartheta}_n$, $n \geq 1$, bedarf es schärferer Bedingungen als U und W. Wie in 3.1 ist Γ_n, $n \geq 1$, wieder eine Normierungsfolge von Diagonalmatrizen, die gegen 0 konvergiert; $\Sigma(\vartheta), B(\vartheta)$ bezeichnen i. F. positiv-definite $d \times d$-Matrizen, $\Sigma(\vartheta)$ symmetrisch.

Wir werden Folgen d-dimensionaler Zufallsvektoren $\vartheta_n^* = \vartheta_n^*(X_1, \ldots, X_n)$ betrachten, welche die Eigenschaft

$$\Gamma_n^{-1}(\vartheta_n^* - \vartheta), \ n \geq 1, \quad \mathbb{P}_\vartheta - \text{stochastisch beschränkt} \qquad \text{B}^*$$

erfüllen. Insbesondere konvergieren solche Folgen ϑ_n^*, $n \geq 1$, $\mathbb{P}_\vartheta$-stochastisch gegen ϑ. Ein Γ_n^{-1}-konsistenter Schätzer besitzt gemäß (3.2) aus 3.1 die Eigenschaft B*. Wir formulieren für jedes $\vartheta \in \Theta$ und für $n \to \infty$ die Bedingungen

$$\Gamma_n U_n(\vartheta) \xrightarrow{\ \mathcal{D}_\vartheta\ } N_d(0, \Sigma(\vartheta)) \qquad \text{U}^*$$

$$\Gamma_n W_n(\vartheta_n^*)\,\Gamma_n \xrightarrow{\ \mathbf{P}_\vartheta\ } -B(\vartheta) \qquad \text{W}^*$$

für alle Folgen von Zufallsvektoren ϑ_n^* mit Eigenschaft B*.

Durch Zulassen aller Folgen ϑ_n^*, $n \geq 1$, die stochastisch gegen ϑ konvergieren, anstatt wie hier Beschränkung auf solche, welche B* erfüllen, würde Bedingung W* zu restriktiv ausfallen. Aufgrund der Diagonalgestalt von Γ_n folgt aus W* eine Version von W*, in der die Matrix $W_n(\cdot)$ *spaltenweise* verschiedene ϑ_n^*, die jeweils B* erfüllen, enthält.

Nach 1.1 gilt im Likelihood-Fall in der Regel die Gleichung $-\mathbb{E}_\vartheta(W_n(\vartheta)) = \mathbb{V}_\vartheta(U_n(\vartheta))$, so dass man in diesem Spezialfall von der Gleichheit $\Sigma(\vartheta) = B(\vartheta)$ der Grenzmatrizen ausgehen kann. Wir formulieren noch für jedes $\vartheta \in \Theta$:

Für alle $b > 0$, $\varepsilon > 0$, $s > 0$ gibt es ein $n_0 \geq 1$ mit

$$\mathbb{P}_\vartheta\big(|\Gamma_n W_n(\vartheta^*)\Gamma_n + B(\vartheta)| \leq b \ \ \forall\, \vartheta^* \in \mathcal{N}_{n,s}(\vartheta)\big) \geq 1 - \varepsilon \qquad \text{W}_1^*$$

für alle $n \geq n_0$.

Lemma. *W* und W$_1^*$ sind äquivalent.*

Beweis. (i) $W^* \Rightarrow W_1^*$. Gelte W^*, aber nicht W_1^*. Dann gibt es $b_0 > 0$, $\varepsilon_0 > 0$, $s > 0$, so dass für alle $n_0 \geq 1$ gilt

$$\mathbb{P}_\vartheta\big(|B_n(\vartheta^*) - B(\vartheta)| > b_0 \text{ für ein } \vartheta^* \in \mathcal{N}_{n,s}(\vartheta)\big) > \varepsilon_0 \qquad (3.7)$$

für ein $n \geq n_0$, wobei wir zur Abkürzung

$$B_n(\vartheta^*) = -\Gamma_n W_n(\vartheta^*)\,\Gamma_n$$

gesetzt haben. Wähle einen Zufallsvektor $\vartheta_n^* \in \mathcal{N}_{n,s}(\vartheta)$, so dass

$$|B_n(\vartheta_n^*) - B(\vartheta)| = \max_{\vartheta' \in \mathcal{N}_{n,s}(\vartheta)} |B_n(\vartheta') - B(\vartheta)|$$

(wegen der Messbarkeit von ϑ_n^* siehe WITTING & NÖLLE (1970, 2.30b, S. 76)). Dann folgt aus (3.7)

$$\mathbb{P}_\vartheta\big(|B_n(\vartheta_n^*) - B(\vartheta)| > b_0\big) > \varepsilon_0 \qquad (3.8)$$

für ein $n \geq n_0$. Bezeichnen wir jetzt n_0 mit k, so haben wir gezeigt: Es existiert eine Folge $n = n(k)$, $k \in \mathbb{N}$, o. E. $n(k)$ streng monoton wachsend, mit

$$|\Gamma_n^{-1}(\vartheta_n^* - \vartheta)| \leq s \quad \text{und} \quad (3.8).$$

Man bildet eine Folge $\tilde{\vartheta}_n, n \in \mathbb{N}$, vermöge $\tilde{\vartheta}_{n(k)} = \vartheta_{n(k)}^*$, $\tilde{\vartheta}_n = \vartheta$, falls $n(k-1) < n < n(k)$. Für diese Folge gilt B*. Zusammen mit (3.8) steht das im Widerspruch zu W*.

(ii) $W_1^* \Rightarrow W^*$. Siehe PRUSCHA (1996, S. 259). $\square$

U* und W* implizieren die Bedingungen U und W und damit auch nach Satz 3.2 die Existenz eines Γ_n^{-1}-konsistenten Z-Schätzers. In der Tat, es gilt

Proposition. *Aus U* folgt U, aus W* folgt W.*

Beweis. Der Schluss von U* auf U ist nach Anhang A 3.4, Prop. 1, klar. Gemäß Lemma reicht es, von W_1^* auf W zu schließen. Aufgrund der Ungleichung $\max_{|y|=1} (y^\top A y) \leq |A|$ gelingt mit der Festsetzung

$$a = b = \frac{1}{2} \min_{|y|=1} \left(y^\top B(\vartheta) y \right)$$

dieser Schluss. Denn wegen der Stetigkeit von $y^\top B(\vartheta) y$ auf dem Kompaktum $\{y \in \mathbb{R}^d : |y| = 1\}$ ist $a > 0$. $\square$

3.4   Asymptotische Normalität

Satz. *Unter den Bedingungen U* und W* gilt für einen Γ_n^{-1}-konsistenten Z-Schätzer $\hat{\vartheta}_n$, $n \geq 1$, für ϑ die asymptotische Normalität in der Form*

$$\Gamma_n^{-1}(\hat{\vartheta}_n - \vartheta) \xrightarrow{\mathcal{D}_\vartheta} N_d\big(0, B^{-\top}(\vartheta)\,\Sigma(\vartheta)\,B^{-1}(\vartheta)\big) \qquad [n \to \infty]. \qquad (3.9)$$

Beweis. Sei $\delta > 0$ so klein, dass $\mathcal{N}_\delta(\vartheta)$ ganz in Θ liegt. Wir setzen $M_n = \{\hat{\vartheta}_n \in \mathcal{N}_\delta(\vartheta)\}$ und berücksichtigen i. F., dass $1_{M_n} \xrightarrow{P_\vartheta} 1$. Der Mittelwertsatz A 1.3 liefert auf der Menge M_n

$$U_n(\hat{\vartheta}_n) = U_n(\vartheta) + W_n^\top(\vartheta_n^*)(\hat{\vartheta}_n - \vartheta), \qquad (3.10)$$

wobei ϑ_n^*, das für jede Komponente der Vektorgleichung (3.10) verschieden sein kann, die Ungleichung $|\vartheta_n^* - \vartheta| \leq |\hat{\vartheta}_n - \vartheta|$ erfüllt. Die Folge ϑ_n^*, $n \geq 1$, besitzt Eigenschaft B*. Wir erhalten aus (3.10) nach Multiplikation mit $1_{M_n}\Gamma_n$:

$$-1_{M_n}\Gamma_n W_n^\top(\vartheta_n^*)\Gamma_n\Gamma_n^{-1}(\hat{\vartheta}_n - \vartheta) = 1_{M_n}\big(\Gamma_n U_n(\vartheta) - \Gamma_n U_n(\hat{\vartheta}_n)\big). \qquad (3.11)$$

Die rechte Seite von (3.11) konvergiert nach Voraussetzungen U* und wegen $U_n(\hat{\vartheta}_n) \xrightarrow{\mathbf{P}_\vartheta} 0$ in Verteilung gegen die $N_d(0, \Sigma(\vartheta))$-Verteilung. Als Folge von W* und mit Hilfe von A 3.4, Prop. 2, erhalten wir dann

$$\Gamma_n^{-1}(\hat{\vartheta}_n - \vartheta) \xrightarrow{\mathcal{D}_\vartheta} B^{-\top}(\vartheta) \cdot N_d(0, \Sigma(\vartheta)),$$

das heißt die Behauptung (3.9).   □

Bemerkung. Der Satz gilt sogar für jede Folge $\hat{\vartheta}_n$, $n \geq 1$, von d-dimensionalen Zufallsvektoren, für welche gilt

$$\begin{aligned} \Gamma_n^{-1}(\hat{\vartheta}_n - \vartheta), \; n \geq 1, \quad & \mathbb{P}_\vartheta - \text{stochastisch beschränkt} \\ \Gamma_n U_n(\hat{\vartheta}_n) \xrightarrow{\mathbf{P}_\vartheta} 0 \quad & [n \to \infty]. \end{aligned} \qquad (3.12)$$

Wir listen für eine spätere Verwendung einige Folgerungen aus Gleichung (3.11) auf. Wir setzen dazu

$$\hat{X}_n(\vartheta) = \Gamma_n^{-1}(\hat{\vartheta}_n - \vartheta), \qquad (3.13)$$

wobei hier und i. F. $\hat{\vartheta}_n$, $n \geq 1$, stets einen Γ_n^{-1}-konsistenten Z-Schätzer für ϑ meint, so dass $\hat{X}_n(\vartheta)$ die Verteilungskonvergenz (3.9) zeigt.

Proposition. *Unter den Bedingungen U* und W* gilt für einen Zufallsvektor ϑ_n^*, der die Eigenschaft B* erfüllt, bei $n \to \infty$*

(a) $\Gamma_n W_n^\top(\vartheta_n^*) \Gamma_n \hat{X}_n(\vartheta) + \Gamma_n U_n(\vartheta) \xrightarrow{\mathbf{P}_\vartheta} 0$

(b) $\hat{X}_n(\vartheta) - B^{-\top}(\vartheta) \Gamma_n U_n(\vartheta) \xrightarrow{\mathbf{P}_\vartheta} 0$

(c) $-\hat{X}_n^\top(\vartheta) \Gamma_n W_n(\vartheta_n^*) \Gamma_n \hat{X}_n(\vartheta) \xrightarrow{\mathcal{D}_\vartheta} \chi_d^2$, *falls* $\Sigma(\vartheta) = B(\vartheta)$.

Beweis. (a) folgt direkt aus (3.11) mit Hilfe der zweiten Gleichung von (3.12) und wegen $1_{M_n} \xrightarrow{\mathbf{P}_\vartheta} 1$.

(b) folgt aus (a) durch Vormultiplikation mit $B^{-\top}(\vartheta)$ und unter Beachtung von

$$B^{-\top}(\vartheta) \Gamma_n W_n^\top(\vartheta_n^*) \Gamma_n \xrightarrow{\mathbf{P}_\vartheta} -I_d.$$

(c) Auf Grund von W* und von $\Sigma = B$ konvergiert die Differenz

[linke Seite von (c)   minus $\hat{X}_n^\top(\vartheta) \Sigma(\vartheta) \hat{X}_n(\vartheta)$]

stochastisch gegen 0. Mit Hilfe des continuous mapping Theorems aus A 3.4 gilt mit einem $N_d(0, \Sigma^{-1}(\vartheta))$-verteilten $X(\vartheta)$

$$\hat{X}_n^\top(\vartheta) \Sigma(\vartheta) \hat{X}_n(\vartheta) \xrightarrow{\mathcal{D}_\vartheta} X^\top(\vartheta) \Sigma(\vartheta) X(\vartheta).$$

Die rechte Seite ist aber nach Satz 1 aus A 2.3 gerade χ_d^2-verteilt.   □

3.5 Weitere Konvergenzaussagen, Konfidenzintervalle

Um im Fall ungleicher Matrizen Σ und B asymptotische χ^2-Aussagen wie im Teil c) der Prop. 3.4 zu bekommen, benötigen wir eine weitere Voraussetzung, i. F. S* genannt. Diese soll sicherstellen, dass auch die asymptotische Kovarianzmatrix Σ durch eine Schätzerfolge approximiert werden kann (wie das für B aufgrund der Voraussetzung W* der Fall ist).

> Es existiert eine Folge $S_n(\vartheta)$, $n \geq 1$, von zufälligen, fast sicher invertierbaren symmetrischen $d \times d$-Matrizen, so dass bei $n \to \infty$
>
> $$\Gamma_n S_n(\vartheta_n^*) \Gamma_n \xrightarrow{P_\vartheta} \Sigma(\vartheta)$$ S*
>
> für alle Folgen von Zufallsvektoren ϑ_n^*, $n \geq 1$, mit Eigenschaft B*.

Im Spezialfall $\Sigma(\vartheta) = B(\vartheta)$ wird unter der, dann stillschweigend getroffenen, Voraussetzung der Symmetrie und der (fast sicheren) Invertierbarkeit von W_n

$$S_n(\vartheta) = -W_n(\vartheta)$$

gesetzt. Mit Hilfe der Folge $S_n(\vartheta)$ aus S* definiert man die *Score-Statistik*

$$T_n^{(S)}(\vartheta) = U_n^{\top}(\vartheta)\, S_n^{-1}(\vartheta)\, U_n(\vartheta),$$

und mit Hilfe der Folge $\hat{\vartheta}_n$, $n \geq 1$, die auch weiterhin einen Γ_n^{-1}-konsistenten Z-Schätzer für ϑ darstellt, die *Wald-Statistik*

$$T_n^{(W)}(\vartheta) = (\hat{\vartheta}_n - \vartheta)^{\top} W_n(\hat{\vartheta}_n)\, S_n^{-1}(\hat{\vartheta}_n)\, W_n^{\top}(\hat{\vartheta}_n)(\hat{\vartheta}_n - \vartheta).$$

Die asymptotische χ^2-Verteilung dieser beiden Statistiken wird in der nächsten Proposition nachgewiesen.

Proposition. *Unter U*, W*, S* gilt bei $n \to \infty$*

(a) $T_n^{(S)}(\vartheta) \xrightarrow{\mathcal{D}_\vartheta} \chi_d^2$,   (b) $T_n^{(W)}(\vartheta) \xrightarrow{\mathcal{D}_\vartheta} \chi_d^2$.

Beweis. Setze zur Abkürzung

$$B_n(\vartheta) = -\Gamma_n W_n(\vartheta)\Gamma_n, \quad \Sigma_n(\vartheta) = \Gamma_n S_n(\vartheta)\Gamma_n, \quad \Delta_n(\vartheta) = \Gamma_n U_n(\vartheta),$$

sowie $\hat{X}_n(\vartheta)$ wie in (3.13). Weiter bezeichne $Z(\vartheta)$ einen $N_d(0, \Sigma(\vartheta))$-verteilten und $X(\vartheta)$ einen $N_d\big(0, B^{-\top}(\vartheta)\,\Sigma(\vartheta)\,B^{-1}(\vartheta)\big)$-verteilten Zufallsvektor. Dann gelten die Verteilungskonvergenzen

$$T_n^{(S)}(\vartheta) = \Delta_n^{\top}(\vartheta)\,\Sigma_n^{-1}(\vartheta)\,\Delta_n(\vartheta) \xrightarrow{\mathcal{D}_\vartheta} Z^{\top}(\vartheta)\,\Sigma^{-1}(\vartheta)\,Z(\vartheta),$$

$$T_n^{(W)}(\vartheta) = \hat{X}_n^{\top}(\vartheta)\,B_n(\hat{\vartheta}_n)\,\Sigma_n^{-1}(\hat{\vartheta}_n)\,B_n^{\top}(\hat{\vartheta}_n)\,\hat{X}_n(\vartheta)$$

$$\xrightarrow{\mathcal{D}_\vartheta} X^{\top}(\vartheta)\,B(\vartheta)\,\Sigma^{-1}(\vartheta)\,B^{\top}(\vartheta)\,X(\vartheta),$$

wobei wir Satz 3.4 und das continuous mapping Theorem angewandt haben. Satz 1 aus A 2.3 liefert nun die Behauptungen a) und b).   □

Beide Teile der Proposition werden in VI 4.1 auf das Testen einfacher Hypothesen angewandt; Teil b) kann auch zur Konstruktion von *Konfidenzbereichen* verwendet werden, wie jetzt gezeigt wird.

a) Asymptotisches Konfidenzellipsoid für ϑ.
Teil b) der Proposition bedeutet ausgeschrieben

$$(\hat{\vartheta}_n - \vartheta)^{\mathsf{T}} W_n(\hat{\vartheta}_n) S_n^{-1}(\hat{\vartheta}_n) W_n^{\mathsf{T}}(\hat{\vartheta}_n)(\hat{\vartheta}_n - \vartheta) \xrightarrow{\mathcal{D}_\vartheta} \chi_d^2.$$

Folglich bildet, mit dem $(1 - \alpha)$-Quantil $\chi_{d,1-\alpha}^2$ der χ_d^2-Verteilung,

$$\mathcal{E}_n(\hat{\vartheta}_n) = \{x \in \mathbb{R}^d : (x - \hat{\vartheta}_n)^{\mathsf{T}} W_n(\hat{\vartheta}_n) S_n^{-1}(\hat{\vartheta}_n) W_n^{\mathsf{T}}(\hat{\vartheta}_n)(x - \hat{\vartheta}_n) \leq \chi_{d,1-\alpha}^2\}$$

ein *asymptotisches Konfidenzellipsoid* für ϑ zum Niveau $1 - \alpha$. In der Tat, es gilt für $n \to \infty$

$$\mathbb{P}_\vartheta(\vartheta \in \mathcal{E}_n(\hat{\vartheta}_n)) \longrightarrow 1 - \alpha.$$

Im Spezialfall $\Sigma = B$ wird $W_n S_n^{-1} W_n^{\mathsf{T}} = -W_n$ gesetzt.

b) Asymptotisches Konfidenzintervall für ϑ_j.
Wir setzen die f. s. Invertierbarkeit von W_n voraus. Definiert man

$$\hat{w}_{nj} = [W_n^{-\mathsf{T}}(\hat{\vartheta}_n) S_n(\hat{\vartheta}_n) W_n^{-1}(\hat{\vartheta}_n)]_{jj} \qquad [j\text{-tes Diagonalelement}],$$

so stellt

$$\hat{\vartheta}_{nj} - u_{1-\alpha/2}\sqrt{\hat{w}_{nj}} \leq \vartheta_j \leq \hat{\vartheta}_{nj} + u_{1-\alpha/2}\sqrt{\hat{w}_{nj}} \tag{3.14}$$

ein *asymptotisches Konfidenzintervall* für ϑ_j zum Niveau $1 - \alpha$ dar, $j = 1, \dots, d$. In der Tat, mit $\Gamma_n = \mathrm{Diag}(\gamma_{nj})$ und mit den Abkürzungen $B_n(\vartheta)$, $\Sigma_n(\vartheta)$ des Beweises der Proposition gilt

$$\frac{1}{\gamma_{nj}^2} \hat{w}_{nj} = [B_n^{-\mathsf{T}}(\hat{\vartheta}_n) \Sigma_n(\hat{\vartheta}_n) B_n^{-1}(\hat{\vartheta}_n)]_{jj} \xrightarrow{\mathbf{P}_\vartheta} [B^{-\mathsf{T}}(\vartheta) \Sigma(\vartheta) B^{-1}(\vartheta)]_{jj}.$$

Bezeichnen wir die rechte Seite mit $[V(\vartheta)]_{jj}$, so liefert Satz 3.4

$$\frac{1}{\sqrt{\hat{w}_{nj}}}(\hat{\vartheta}_{nj} - \vartheta_j) = \frac{\gamma_{nj}}{\sqrt{\hat{w}_{nj}}} \frac{1}{\gamma_{nj}} (\hat{\vartheta}_{nj} - \vartheta_j) \xrightarrow{\mathcal{D}_\vartheta} [V(\vartheta)]_{jj}^{-1/2} \cdot N(0, [V(\vartheta)]_{jj}).$$

Auf der rechten Seite steht aber die $N(0,1)$-Verteilung, so dass die $\mathbb{P}_\vartheta$-Wahrscheinlichkeit des Ereignisses (3.14) gegen $1 - \alpha$ konvergiert.

Die Größe $\sqrt{\hat{w}_{nj}}$ bildet eine Approximation für den *Standardfehler* $se(\hat{\vartheta}_{nj})$ von $\hat{\vartheta}_{nj}$. Im Spezialfall $\Sigma = B$ wird $\hat{w}_{nj} = [-W_n^{-1}(\hat{\vartheta}_n)]_{jj}$ in (3.14) eingesetzt.

3.6 Spezialfall unabhängiger Zufallsvariabler

Wir setzen voraus, dass die Folge $X_1, X_2, \ldots$ von Zufallsvariablen unabhängig ist. Einen wichtigen Spezialfall der hier behandelten Z-Schätzer stellen dann die sog. *GEE-Schätzer* dar, welche sich als Lösung einer Schätzgleichung $\sum_{i=1}^n \psi_i(X_i, \vartheta) = 0$ ergeben, mit messbaren Funktionen ψ_i auf $\mathbb{R} \times \Theta$, vgl. SHAO (1999, sec. 5.4). Wir schränken uns i. F. noch weiter ein, und zwar auf ML-Schätzer, bei denen $\psi_i = f_i'/f_i$ ist, mit der Dichte f_i von X_i.

Die gemeinsame Dichte f der $X_1, \ldots, X_n$ ist unter der Unabhängigkeit gleich dem Produkt der Randdichten f_i von X_i,

$$f(x_1, \ldots, x_n) = f_1(x_1) \cdot \ldots \cdot f_n(x_n).$$

Wir führen *Vertauschbarkeitsbedingung*en wie in 1.1 ein, nämlich, mit $\int \cdot = \int_{-\infty}^{\infty} \cdot$,

$$\frac{d}{d\vartheta} \int f_i(x, \vartheta)\, dx = \int \frac{d}{d\vartheta} f_i(x, \vartheta)\, dx, \quad \text{für } i = 1, 2, \ldots, \qquad\qquad \text{D}$$

und D* entsprechend mit $d^2/d\vartheta^2$. Die linke Seite der Gleichung ist gleich 0. Ferner definieren wir die Zufallsvektoren bzw. Zufallsmatrizen

$$u_i(\vartheta) = \frac{d}{d\vartheta} \log f_i(x_i, \vartheta), \quad w_i(\vartheta) = \frac{d^2}{d\vartheta\, d\vartheta^\top} \log f_i(x_i, \vartheta), \quad i = 1, 2, \ldots.$$

Da sich die log-Likelihoodfunktion in der Form $\ell_n(\vartheta) = \sum_{i=1}^n \log f_i(x_i, \vartheta)$ schreiben lässt, haben der Scorevektor U_n und die Hessematrix W_n die Gestalt

$$U_n(\vartheta) = \sum_{i=1}^n u_i(\vartheta), \qquad W_n(\vartheta) = \sum_{i=1}^n w_i(\vartheta).$$

Unter der stillschweigenden Voraussetzung

$$\mathbb{E}_\vartheta\left(|u_i(\vartheta)|^2\right) < \infty \quad \text{für } i = 1, 2, \ldots$$

sind die Elemente der $d \times d$-*Fisher-Informationsmatrix*

$$I_n(\vartheta) = \mathbb{E}_\vartheta[U_n(\vartheta) \cdot U_n^\top(\vartheta)]$$

endlich und stellen gleichzeitig Kovarianzen von U_n und Erwartungswerte von $-W_n$ dar:

Lemma. *Ist die Folge $X_1, X_2, \ldots$ unabhängig und sind D, D* erfüllt, so gilt*

$$\mathbb{E}_\vartheta(U_n(\vartheta)) = 0, \qquad -\mathbb{E}_\vartheta(W_n(\vartheta)) = \mathbb{V}_\vartheta(U_n(\vartheta)) = I_n(\vartheta).$$

Beweis. Die drei behaupteten Gleichungen ergeben sich wie in 1.1. Unter der Unabhängigkeit folgen nämlich aus D, D* die Bedingungen V_1, V_1^*. □

Satz. *Ist die Folge $X_1, X_2, \ldots$ unabhängig, sind D, D* erfüllt, und gelten für $n \to \infty$ die beiden Bedingungen*

$$L_n(\vartheta, \varepsilon) \equiv \sum_{i=1}^{n} \mathbb{E}_\vartheta\left[|\Gamma_n u_i(\vartheta)|^2 \cdot \mathbf{1}\big(|\Gamma_n u_i(\vartheta)| > \varepsilon\big) \right] \longrightarrow 0, \qquad \forall\, \varepsilon > 0 \qquad \text{L*}$$

(Γ_n Normierungsmatrizen) und

$$\Gamma_n\, I_n(\vartheta)\, \Gamma_n \longrightarrow \Sigma(\vartheta) \qquad \text{[positiv-definit]}, \qquad\qquad\qquad \text{E*}$$

so ist Bedingung U* erfüllt.

Beweis. Die Behauptung folgt aus dem multivariaten zentralen Grenzwertsatz A 3.6 für die Folge $u_n(\vartheta)$, $n \geq 1$. In der Tat, es gilt

$$\mathbb{E}_\vartheta(u_i(\vartheta)) = 0, \qquad \Gamma_n \sum_{i=1}^{n} u_i(\vartheta) = \Gamma_n U_n(\vartheta),$$

$$\Gamma_n \sum_{i=1}^{n} \mathbf{V}_\vartheta(u_i(\vartheta))\, \Gamma_n = \Gamma_n\, \mathbf{V}_\vartheta(U_n(\vartheta))\, \Gamma_n = \Gamma_n\, I_n(\vartheta)\, \Gamma_n \longrightarrow \Sigma(\vartheta),$$

die letzten zwei Ausdrücke wegen des Lemmas und nach Voraussetzung E*. □

Bemerkung. Gilt zusätzlich zu D, D* noch $I_n^{-1}(\vartheta) \to 0$, so lassen sich $I_n^{-1/2}(\vartheta)$ als Normierungsmatrizen Γ_n wählen und E* ist erfüllt. Es ist dann Σ die $d \times d$-Einheitsmatrix. Tatsächlich kann man die hier präsentierte Entwicklung der asymptotischen Theorie auch mit Folgen invertierbarer $d \times d$-Matrizen Γ_n durchführen, die nicht notwendig Diagonalgestalt besitzen und die noch vom zugrunde liegenden Parameter ϑ abhängen (wie es bei $I_n^{-1/2}(\vartheta)$ der Fall ist; vgl. PRUSCHA (1996, Kap. VI)).

Unabhängig und identisch verteilt

Sind die unabhängigen Zufallsvariablen $X_1, X_2, \ldots$ sogar identisch verteilt, so spielen sog. *M-Schätzer*, das sind Lösungen einer Schätzgleichung $\sum_{i=1}^{n} \psi(X_i, \vartheta) = 0$, eine große Rolle. Wir beschränken uns auch weiterhin auf den Likelihood-Fall, bei dem $\psi = f_1'/f_1$ ist (f_1 Dichte von X_i) und setzen

$$\Gamma_n = \text{Diag}\left(\frac{1}{\sqrt{n}}\right).$$

Im Satz oben kann die Lindeberg-Bedingung L* gestrichen werden (vgl. A 3.6, Kor. 1). Im Hinblick auf Bedingung W* formulieren wir mit dem schon oben eingeführten $w_1 = (d^2/d\vartheta d\vartheta^\top) \log f_1$ für alle $\vartheta \in \Theta$ die Bedingung

$$\begin{cases} \text{Es gibt ein } \delta > 0, \text{ so dass } \mathbb{E}_\vartheta\big(M(\delta)\big) < \infty \text{ gilt} \\ \text{für } M(\delta) = \sup_{\vartheta' \in \mathcal{N}_\delta(\vartheta)} |w_1(\vartheta') - w_1(\vartheta)|. \end{cases} \qquad (3.15)$$

Diese Bedingung, zusammen mit D, D* und dem folgenden (3.16), ist hinreichend für die Existenz eines konsistenten und asymptotisch normalverteilten Maximum-Likelihood Schätzers.

Proposition. *Sind* $X_1, X_2, \ldots$ *unabhängig und identisch verteilt, gilt D, D* *sowie* (3.15), *und ist*

$$- \mathbb{E}_\vartheta \big(w_1(\vartheta) \big) \quad positiv\text{-}definit, \tag{3.16}$$

so existiert ein $\sqrt{n}$-*konsistenter ML-Schätzer* $\hat{\vartheta}_n$, $n \geq 1$, *welcher asymptotisch normalverteilt ist,*

$$\sqrt{n}(\hat{\vartheta}_n - \vartheta) \xrightarrow{\mathcal{D}_\vartheta} N_d \big(0, \Sigma^{-1}(\vartheta) \big), \qquad \Sigma(\vartheta) = - \mathbb{E}_\vartheta \big(w_1(\vartheta) \big).$$

Beweis. Voraussetzung E* des Satzes ist wegen $I_n(\vartheta) = - n \cdot \mathbb{E}_\vartheta(w_1(\vartheta))$ und (3.16) erfüllt, wenn $\Gamma_n = \mathrm{Diag}(1/\sqrt{n})$ gewählt wird. Ferner gilt aufgrund des starken Gesetzes der großen Zahlen A 3.3 für $n \to \infty$

$$\frac{1}{n} W_n(\vartheta) = \frac{1}{n} \sum_{i=1}^{n} w_i(\vartheta) \xrightarrow{\mathbf{P}_\vartheta} \mathbb{E}_\vartheta(w_1(\vartheta)) \equiv -B(\vartheta), \tag{3.17}$$

so dass hier Gleichheit $\Sigma(\vartheta) = B(\vartheta) = -\mathbb{E}_\vartheta(w_1(\vartheta))$ der Grenzmatrizen vorliegt. Der obige Satz liefert dann U*.

Zum Beweis von W*: Aus (3.15) folgt zunächst

Für alle $b > 0, \varepsilon > 0, s > 0$ gibt es ein $n_0 \geq 1$, so dass für alle $n \geq n_0$

$$\mathbb{P}_\vartheta \left(|\frac{1}{n}[W_n(\vartheta^*) - W_n(\vartheta)]| \leq b \quad \forall \vartheta^* \in \mathcal{N}_{n,s}(\vartheta) \right) \geq 1 - \varepsilon \quad \text{gilt.} \qquad W_2^*$$

In der Tat, zu vorgegebenen $b > 0, s > 0$ gilt mit Hilfe der Markov-Ungleichung

$$\mathbb{P}_\vartheta \left(|\frac{1}{n}[W_n(\vartheta^*) - W_n(\vartheta)]| > b \quad \text{für ein } \vartheta^* \in \mathcal{N}_{n,s}(\vartheta) \right)$$

$$\leq \mathbb{P}_\vartheta \left(\frac{1}{n} \sum_{i=1}^{n} \sup_{\vartheta^* \in \mathcal{N}_{n,s}(\vartheta)} |w_i(\vartheta^*) - w_i(\vartheta)| > b \right)$$

$$\leq \frac{1}{b} \mathbb{E}_\vartheta \left(\frac{1}{n} \sum_{i=1}^{n} \sup_{\vartheta^* \in \mathcal{N}_{n,s}(\vartheta) \cap \mathbb{Q}^d} |w_i(\vartheta^*) - w_i(\vartheta)| \right)$$

$$\leq \frac{1}{b} \mathbb{E}_\vartheta \left(\sup_{\vartheta^* \in \mathcal{N}_{n,s}(\vartheta) \cap \mathbb{Q}^d} |w_1(\vartheta^*) - w_1(\vartheta)| \right) \leq \frac{1}{b} \mathbb{E}_\vartheta(M(\delta))$$

für solche $n \geq n_0$, die $\mathcal{N}_{n,s}(\vartheta) \subset \mathcal{N}_\delta(\vartheta)$ erfüllen. Wegen $\lim_{\eta \to 0} M(\eta) = 0$ und (3.15) gilt aufgrund des Satzes von der majorisierten Konvergenz (Prop. A 3.1), dass $\lim_{\eta \to 0} \mathbb{E}_\vartheta(M(\eta)) = 0$. Zu gegebenem $\varepsilon > 0$ gibt es also ein $\eta < \delta$ mit $(1/b)\,\mathbb{E}_\vartheta(M(\eta)) \leq \varepsilon$, womit wir bei W_2^* angelangt sind. Von W_2^* und (3.17) aus schließt man auf W_1^* (und damit auch auf W* gemäß Lemma 3.3) wie folgt: Setze $B_n(\vartheta) = -(1/n)W_n(\vartheta)$. Für $b > 0, \varepsilon > 0, s > 0$ gibt es gemäß W_2^* und (3.17) ein $n_0 \geq 1$ mit

$$\mathbb{P}_\vartheta\big(|B_n(\vartheta^*) - B(\vartheta)| \leq 2b \quad \forall \vartheta^* \in \mathcal{N}_{n,s}(\vartheta)\big)$$

$$\geq \mathbb{P}_\vartheta\big(|B_n(\vartheta^*) - B_n(\vartheta)| \leq b,\ |B_n(\vartheta) - B(\vartheta)| \leq b \quad \forall \vartheta^* \in \mathcal{N}_{n,s}(\vartheta)\big)$$

$$\underset{(*)}{\geq} 1 - \big[1 - \mathbb{P}_\vartheta\big(|B_n(\vartheta^*) - B_n(\vartheta)| \leq b \quad \forall \vartheta^* \in \mathcal{N}_{n,s}(\vartheta)\big)\big]$$

$$- \big[1 - \mathbb{P}_\vartheta\big(|B_n(\vartheta) - B(\vartheta)| \leq b\big)\big] \geq 1 - \varepsilon - \varepsilon$$

für alle $n \geq n_0$. Bei $(*)$ wurde die Bonferroni-Ungleichung angewandt. Die Sätze 3.2 und 3.4 schließlich liefern die Behauptungen der Proposition.   □

Die Aussage dieser Proposition stimmt im wesentlichen mit denen in WITTING & NÖLLE (1970, Satz 2.32, S. 78), SERFLING (1980, sec. 4.2.2) und anderen überein. Die Bedingung (3.15) ist für die meisten bekannten Dichten $f(x, \vartheta)$, $x \in \mathbb{R}$, $\vartheta \in \mathbb{R}^d$, erfüllt, z. B. für die Dichte $f(x, \vartheta) = \exp\{\vartheta^\top \cdot t(x) + a(x) - b(\vartheta)\}$ einer Exponentialfamilie, für die ja $w_1(\vartheta) = -d^2/(d\vartheta d\vartheta^\top)\,b(\vartheta)$ deterministisch ist (vgl. 1.4).

3.7 Spezialfall eines deterministischen W_n (*)

Wir behandeln den Likelihood-Fall, in welchem $\ell_n(\vartheta)$ die log-Likelihoofunktion darstellt und $W_n(\vartheta)$ die (symmetrische) Hessematrix von $\ell_n(\vartheta)$ ist. Ferner wird vorausgesetzt, dass $W_n(\vartheta)$ deterministisch ist. Dieser Fall tritt gemäß 1.4 bei Exponentialfamilien auf; Anwendung findet er in VII 2 bei der Analyse verallgemeinerter linearer Modelle.

Der folgende, von SWEETING (1980) und FAHRMEIR & KAUFMANN (1985) stammende Satz, benutzt in seinem Beweis die sogenannte (Momenten-) *erzeugende Funktion*

$$\mathbb{E}\big(\exp(sX)\big),\ s \in \mathbb{R},$$

einer Zufallsvariablen X. Sie braucht, anders als die verwandte charakteristische Funktion $\mathbb{E}(\exp(\iota s X))$, $s \in \mathbb{R}$, nicht notwendig zu existieren; ähnlich zu dieser gibt es auch für erzeugende Funktionen einen Eindeutigkeitssatz und einen Stetigkeitssatz zur Verteilungskonvergenz. Die erzeugende Funktion der $N(\mu, \sigma^2)$-Verteilung lautet

$$\exp\left(s\mu + \frac{1}{2}s^2\sigma^2\right).$$

Mehr Informationen über erzeugende Funktionen bieten z. B. FELLER (1971, sec. XII.1) oder RICHTER (1966, S. 282). Der folgende Satz greift auf die Bedingung W_1^* aus 3.3 zurück, die für nicht-zufälliges $W_n(\vartheta)$ lautet

> Für alle $b > 0$ und $s > 0$ gibt es ein $n_0 \geq 1$ mit
>
> $|\Gamma_n W_n(\tilde{\vartheta})\Gamma_n + B(\vartheta)| \leq b$ für alle $n \geq n_0$, $\tilde{\vartheta} \in \mathcal{N}_{n,s}(\vartheta)$.
$$\tag{3.18}$$

Satz. *Ist $\ell_n(\vartheta)$ die log-Likelihoodfunktion und ist $W_n(\vartheta)$, $n \geq 1$, deterministisch, so folgt die Bedingung U^* aus W_1^*, und es gilt $\Sigma(\vartheta) = B(\vartheta)$.*

Beweis. Wir bezeichnen das in W_1^* auftretende B innerhalb dieses Beweises mit Σ. Wir werden zeigen, dass für jedes $s \in \mathbb{R}$, $t \in \mathbb{R}^d$

$$\mathbb{E}_\vartheta \left[\exp \left(s\, t^\top \Gamma_n U_n(\vartheta) \right) \right] \longrightarrow \exp \left(\frac{1}{2} s^2 \, t^\top \Sigma(\vartheta)\, t \right) \qquad [n \to \infty] \tag{3.19}$$

gilt. Dann folgt nämlich aus (3.19) mit dem Stetigkeitssatz für erzeugende Funktionen, dass

$$t^\top \Gamma_n U_n(\vartheta) \xrightarrow{\mathcal{D}_\vartheta} t^\top Z, \qquad \forall\, t \in \mathbb{R}^d, \quad Z \; N_d(0, \Sigma) - \text{verteilt},$$

so dass Satz 1 iv) in A 3.4 gerade U* liefert. Um nun (3.19) zu zeigen, setzen wir für $s > 0$, $t \in \mathbb{R}^d$, $|t| = 1$

$$\vartheta_n = \vartheta + s\, \Gamma_n\, t.$$

Es ist also $\vartheta_n \in \mathcal{N}_{n,s}(\vartheta)$. Taylor-Entwicklung von $\ell_n(\vartheta_n)$ bei ϑ liefert

$$\ell_n(\vartheta_n) = \ell_n(\vartheta) + (\vartheta_n - \vartheta)^\top U_n(\vartheta) + \frac{1}{2}(\vartheta_n - \vartheta)^\top W_n(\tilde{\vartheta}_n)(\vartheta_n - \vartheta)$$

mit (zufallsabhängiger) Zwischenstelle $\tilde{\vartheta}_n$. Einsetzen von $\vartheta_n - \vartheta = s\, \Gamma_n t$ in diese Gleichung ergibt

$$\ell_n(\vartheta_n) - \frac{1}{2} s^2 \, t^\top \Gamma_n W_n(\tilde{\vartheta}_n) \Gamma_n\, t = \ell_n(\vartheta) + s\, t^\top \Gamma_n U_n(\vartheta).$$

Exponieren liefert unter Beachtung von $\exp(\ell_n(\vartheta)) = L_n(\vartheta)$ (L_n die Likelihoodfunktion) und mit der Abkürzung $\tilde{\Sigma}_n = -\Gamma_n W_n(\tilde{\vartheta}_n)\Gamma_n$, dass

$$L_n(\vartheta_n) \exp \left(\frac{1}{2} s^2 \, t^\top \tilde{\Sigma}_n\, t \right) = L_n(\vartheta) \exp \left(s\, t^\top \Gamma_n U_n(\vartheta) \right).$$

Die Bildung des Integrals $\int \ldots \int dx_1 \ldots dx_n$ führt schließlich zu

$$\mathbb{E}_{\vartheta_n} \left[\exp \left(\frac{1}{2} s^2 \, t^\top \tilde{\Sigma}_n\, t \right) \right] = \mathbb{E}_\vartheta \left[\exp \left(s\, t^\top \Gamma_n U_n(\vartheta) \right) \right]. \tag{3.20}$$

Wegen $\vartheta_n \in \mathcal{N}_{n,s}(\vartheta)$ gilt auch $\tilde{\vartheta}_n \in \mathcal{N}_{n,s}(\vartheta)$. In Hinblick auf (3.18) führen wir

$$M(b) = \exp\left\{\frac{1}{2}s^2(|\Sigma(\vartheta)| + b)\right\}$$

ein. Unter Ausnützung der Ungleichung $|e^\alpha - e^\beta| \leq e^\alpha\, e^{|\beta-\alpha|}\,|\beta - \alpha|$ folgt dann, dass

$$\left| \mathbb{E}_{\vartheta_n}\left[\exp\left(\frac{1}{2}\,s^2\,t^\top \tilde{\Sigma}_n\,t\right) \right] - \exp\left(\frac{1}{2}\,s^2\,t^\top \Sigma(\vartheta)\,t\right) \right|$$

$$\leq \frac{1}{2}\,s^2 M(b)\,\mathbb{E}_{\vartheta_n}\left(|\tilde{\Sigma}_n - \Sigma(\vartheta)|\right) \leq \frac{1}{2}\,s^2 M(b)\,b \quad \forall\, n \geq n_0.$$

Die linke Seite von (3.20) konvergiert also gegen $\exp(\frac{1}{2}\,s^2 t^\top \Sigma(\vartheta)\,t)$. Folglich gilt dies auch für die rechte Seite von (3.20), was die Behauptung (3.19) ergibt. $\square$

Wegen der Äquivalenz von W_1^* und W^* (Lemma 3.3) garantiert der Satz unter der in (3.18) formulierten Bedingung W_1^* bereits die zur asymptotischen Theorie hinreichenden Bedingungen U* und W*, falls die Kriteriumsfunktion $\ell_n(\vartheta)$ die log-Likelihoodfunktion und falls $W_n(\vartheta)$ deterministisch ist.

4 Bootstrap-Schätzer

In I 6.3 führten wir den Begriff der *bootstrap* Stichprobe $X_1^*, \ldots, X_n^*$ ein. Auf dieser Stichprobe basieren bootstrap Schätzer für die Varianz und den Bias eines Schätzers $\hat{\vartheta}_n$, Letzterer eine Funktion $\hat{\vartheta}_n(X_1, \ldots, X_n)$ der ursprünglichen Stichprobenwerte $X_1, \ldots, X_n$. In einfachen Fällen reduziert sich der bootstrap Schätzer auf den klassischen Schätzer für $\mathrm{Var}(\hat{\vartheta}_n)$ bzw. für $\mathrm{Bias}(\hat{\vartheta}_n)$. In den meisten Fällen aber lässt er sich nicht als eine (praktisch nutzbare) Funktion der Stichprobenwerte $X_1, \ldots, X_n$ schreiben, so dass Monte-Carlo Methoden zu seiner Berechnung angesagt sind, vgl. I 6.4. Im Mittelpunkt des nächsten Abschnitts steht der bootstrap Schätzer für die Verteilung einer Statistik T_n, d. h. für

$$H_n(x) = \mathbb{P}(T_n \leq x), \quad x \in \mathbb{R}^d,$$

aus dem sich dann weitere Größen, wie Schätzer für $\mathrm{Bias}(T_n)$ oder für $\mathrm{Var}(T_n)$, gewinnen lassen. Hauptsächlich verwenden wir die –im Hinblick auf die asymptotische Analyse bereits zentrierte und mit dem Faktor $\sqrt{n}$ versehene– Statistiken

$$T_n = \sqrt{n}(\bar{X}_n - \mu) \quad \text{bzw.} \quad T_n = \sqrt{n}(g(\bar{X}_n) - g(\mu)).$$

Wir werden den bootstrap Schätzer $H_{n,\mathrm{boot}}$ für H_n einführen, seine asymptotische Normalität und seine (starke) Konsistenz im Sinne von

$$H_{n,\mathrm{boot}} - H_n \longrightarrow 0 \quad \text{gleichmäßig} \quad \mathbb{P}\text{-f. s.}$$

beweisen. Betrachtet man $H_{n,\text{boot}}$ als Alternative zur Normalverteilungsapproximation von H_n, so weist Ersterer im Fall der Statistik $T_n = \sqrt{n}(\bar{X}_n - \mu)$ sogar eine bessere Anpassungsgüte auf. Als ein weiteres asymptotisches Ergebnis werden wir die (starke) Konsistenz des bootstrap Schätzers für $\text{Var}(T_n)$ zeigen.

Eine wichtige Anwendung der bootstrap Schätzer für H_n und für $\text{Var}(T_n)$ bildet die Konstruktion von Konfidenzintervallen.

4.1   Verteilungsfunktion einer Statistik

Gegeben seien unabhängige, p-dimensionale Zufallsvektoren $X_1, \ldots, X_n$ mit identischer Verteilungsfunktion F,

$$F(x) = \mathbb{P}(X_1 \leq x), \quad x \in \mathbb{R}^p.$$

Dabei bedeutet $y \leq x$ für $x, y \in \mathbb{R}^p$, dass $y_i \leq x_i$ für alle Komponenten gilt. Ferner liege eine d-dimensionale Statistik T_n vor,

$$T_n : \mathbb{R}^{pn} \to \mathbb{R}^d, \quad T_n = T_n(X_1, \ldots, X_n),$$

deren Verteilungsfunktion H_n, das ist

$$H_n(x) = \mathbb{P}(T_n \leq x) = \int 1\big(T_n(y) \leq x\big) \, F^{(n)}(dy) \equiv H_{n,F}(x), \quad x \in \mathbb{R}^d,$$

mit $F^{(n)}(y) = F(y_1) \cdot \ldots \cdot F(y_n)$, geschätzt werden soll.

Für eine gegebene Zufallsstichprobe

$$X^{(n)} = (X_1, \ldots, X_n)$$

sei $F_n(x)$, $x \in \mathbb{R}^p$, die empirische Verteilungsfunktion, und –wie in I 6.3–

$$X^{*(n)} = X_1^*, \ldots, X_n^* \quad \text{eine } \textit{bootstrap} \text{ Stichprobe.}$$

Das bedeutet: Die X_i^* sind unabhängige, p-dimensionale Zufallsvektoren mit identischer Verteilungsfunktion F_n. Im Folgenden bezeichnen wir mit

$$\mathbb{P}_*(\,\cdot\,) \equiv \mathbb{P}_*(\,\cdot\,|X^{(n)})$$

die bedingte Wahrscheinlichkeitsverteilung von $X^{*(n)}$, gegeben $X^{(n)}$, das ist

$$\mathbb{P}_*\big(X^{*(n)} \in A^{(n)} | X^{(n)} = x^{(n)}\big) = \frac{1}{n^n} \sum_{i^{(n)} \in \{1,\ldots,n\}^n} 1\big((x_{i_1}, \ldots, x_{i_n}) \in A^{(n)}\big).$$

Die gemeinsame Verteilung von $(X^{*(n)}, X^{(n)})$ ist dann durch

$$\mathbb{P}_{(X^{*(n)}, X^{(n)})}(A^{(n)}, B^{(n)}) = \int_{B^{(n)}} \mathbb{P}_*\big(X^{*(n)} \in A^{(n)} | X^{(n)} = x^{(n)}\big) \mathbb{P}_{X^{(n)}}(dx^{(n)}),$$

mit $A^{(n)}, B^{(n)} \in \mathcal{B}^{pn}$, definiert. Durch diese beiden Gleichungen ist das kombinierte Zufallsexperiment, bestehend aus Zufallsstichprobe $X^{(n)}$ und bootstrap Stichprobe $X^{*(n)}$, wahrscheinlichkeitstheoretisch vollständig beschrieben. Die zur (bedingten) Wahrscheinlichkeitsverteilung $\mathbb{P}_*$ gehörenden Momente werden entsprechend mit $\mathbb{E}_*$, Var_* etc. bezeichnet. Wir erhalten insbesondere die Formeln

$$\mathbb{E}_*(X_1^*) = \bar{X}_n \equiv \frac{1}{n}\sum_{i=1}^n X_i, \quad \mathrm{Var}_*(X_1^*) = \hat{\sigma}_n^2 \equiv \frac{1}{n}\sum_{i=1}^n (X_i - \bar{X}_n)^2,$$

wobei wir im bootstrap Kontext bei $\hat{\sigma}_n^2$ die $(1/n)$-Normierung vereinbaren. Mittels der bootstrap Version

$$T_n^* = T_n(X_1^*, \ldots, X_n^*)$$

der Statistik T_n lautet der *bootstrap Schätzer* für $H_n(x)$

$$H_{n,boot}(x) = \mathbb{P}_*(T_n^* \le x) = \frac{1}{n^n} \sum_{i^{(n)} \in \{1,\ldots,n\}^n} 1\big(T_n(X_{i_1}, \ldots, X_{i_n}) \le x\big)$$

$$= \int 1\big(T_n(y) \le x\big)\, F_n^{(n)}(dy) \equiv H_{n,F_n}(x),$$

mit $F_n^{(n)}(y) = F_n(y_1) \cdot \ldots \cdot F_n(y_n)$. Als Beispiele wählen wir die Schätzer $\bar{X}_n$ und $g(\bar{X}_n)$, g eine reellwertige Funktion, und zwar gleich in zentrierter und (für die asymptotische Betrachtung) geeignet normierter Form.

Beispiel 1. $T_n = \sqrt{n}(\bar{X}_n - \mu)$, $\mu = \mathbb{E}(X_1)$. Hier ist $d = p$, und der bootstrap Schätzer für

$$H_n(x) = \mathbb{P}\big(\sqrt{n}(\bar{X}_n - \mu) \le x\big), \quad x \in \mathbb{R}^p,$$

lautet

$$H_{n,boot}(x) = \mathbb{P}_*\big(\sqrt{n}(\bar{X}_n^* - \bar{X}_n) \le x\big), \quad x \in \mathbb{R}^p.$$

Beispiel 2. $T_n = \sqrt{n}(g(\bar{X}_n) - g(\mu))$, $\mu = \mathbb{E}(X_1)$. Hier ist d = 1 und $g : \mathbb{R}^p \to \mathbb{R}$ in einer Umgebung von μ stetig differenzierbar. Der bootstrap Schätzer für die Verteilungsfunktion H_n von T_n lautet

$$H_{n,boot}(x) = \mathbb{P}_*\big(\sqrt{n}(g(\bar{X}_n^*) - g(\bar{X}_n)) \le x\big), \quad x \in \mathbb{R}.$$

Alle Sätze und Propositionen in 4.2 bis 4.5 beziehen sich auf Beispiel 1 oder 2; der Einfachheit halber sogar nur auf den eindimensionalen Fall ($p = d = 1$). Viele wichtige Statistiken lassen sich mit einer Funktion $g : \mathbb{R}^p \to \mathbb{R}$ in der Form $g(\bar{X}_n)$ schreiben, werden also durch Beispiel 2 abgedeckt:

a) Der Schätzer $\hat{\sigma}_{xy}$ für die Kovarianz zweier Zufallsvariablen X und Y, insbesondere der Schätzer $\hat{\sigma}_x^2$ für die Varianz von X. Bilden $(X_1, Y_1, Z_1), \ldots, (X_n, Y_n, Z_n)$ unabhängige, identisch verteilte Tripel, mit $Z_i = X_i \cdot Y_i$, so ist

$$\hat{\sigma}_{xy} = g(\bar{X}_n, \bar{Y}_n, \bar{Z}_n),$$

mit $g(x, y, z) = z - xy$.

b) Der Schätzer $\hat{\rho}_{xy}$ für die Korrelation hat die Darstellung

$$\hat{\rho}_{xy} = g(\bar{X}_n, \bar{Y}_n, \bar{X}'_n, \bar{Y}'_n, \bar{Z}_n), \quad X'_i = X_i^2, \, Y'_i = Y_i^2, \, Z_i = X_i Y_i,$$

mit $g(x, y, x', y', z) = \dfrac{z - xy}{\sqrt{(x' - x^2)(y' - y^2)}}$.

4.2 ZGWS und Konvergenzgeschwindigkeiten

Der *zentrale Grenzwertsatz* (ZGWS) für unabhängige und identisch verteilte Zufallsvariablen $X_1, \ldots, X_n$ besagt, dass unter der Annahme $\mathbb{E}(X_1^2) < \infty$ für

$$H_n(x) = \mathbb{P}(T_n \leq x), \qquad T_n = \sqrt{n}(\bar{X}_n - \mu)$$

bei $n \to \infty$ gilt

$$\sup_{x \in \mathbb{R}} |H_n(x) - \Phi_\sigma(x)| \longrightarrow 0, \tag{4.1}$$

vgl. Kor. 1 im Anhang A 3.5 und Hilfssatz 1 in A 3.4. Dabei haben wir $\mu = \mathbb{E}(X_1)$, $\sigma^2 = \mathrm{Var}(X_1) > 0$ und $\Phi_\sigma(x) = \Phi(x/\sigma)$ gesetzt, $\Phi(x)$ die Verteilungsfunktion der $N(0, 1)$-Verteilung (und zur Vereinfachung $d = p = 1$ gewählt). Die Geschwindigkeit der Konvergenz von (4.1) wird durch die folgende *Berry-Esséen Ungleichung* (4.2) und die *Edgeworth-Entwicklung* (4.3) beschrieben, vgl. auch Anhang A 3.5. Unter der Annahme $\mathbb{E}(|X_1|^3) < \infty$ gibt es eine Konstante $c < \infty$ mit

$$\sup_x |H_n(x) - \Phi_\sigma(x)| \leq \frac{c}{\sqrt{n}} \frac{\nu_3}{\sigma^3}, \quad \nu_3 = \mathbb{E}(|X_1 - \mu|^3). \tag{4.2}$$

Unter $\mathbb{E}(|X_1|^3) < \infty$ und der Annahme einer stetigen Verteilungsfunktion von X_1 gilt für $n \to \infty$

$$\sup_x \sqrt{n} \left| H_n(\sigma x) - \Phi(x) - \frac{1}{6} \frac{1}{\sqrt{n}} \frac{\mu_3}{\sigma^3} \psi(x) \right| \longrightarrow 0, \tag{4.3}$$

wobei

$$\mu_3 = \mathbb{E}((X_1 - \mu)^3), \quad \psi(x) = (1 - x^2)\Phi'(x)$$

gesetzt wurde. Die Aussagen (4.1) bis (4.3) sollen jetzt auf die bootstrap Stichprobe $X_1^*, \ldots, X_n^*$ und die bootstrap Größen

$$H_{n,boot}(x) = \mathbb{P}_*(T_n^* \leq x), \qquad T_n^* = \sqrt{n}(\bar{X}_n^* - \bar{X}_n)$$

übertragen werden. In Beweisen von bootstrap Grenzwertsätzen, konkret in den Beweisen zum folgenden Satz 1 und zum Satz 4.3, ist die Schwierigkeit zu überwinden, dass eine bootstrap Stichprobe keine Folge, sondern ein Dreiecksschema $(X_{n1}^*, \ldots, X_{nn}^*)$, $n \geq 1$, bildet. Wir wenden aber i. F. keinen ZGWS für Dreiecksschemata an (was möglich wäre) und wir bleiben auch bei der Einfach-Indizierung X_i^* statt X_{ni}^*.

Satz 1. *Unter der Annahme* $\mathbb{E}(X_1^2) < \infty$ *gilt bei* $n \to \infty$

$$\sup_x |H_{n,boot}(x) - \Phi_\sigma(x)| \longrightarrow 0 \qquad \mathbb{P} - f.\ s. \tag{4.4}$$

Beweis. Wir folgen dem Beweis des ZGWS mit Hilfe charakteristischer Funktionen, vgl. SCHMITZ (1996, S. 217, 249). Die charakteristische Funktion einer zentrierten Zufallsvariablen Z mit $\mathbb{E}(Z^2) \equiv \sigma^2$ und $\mathbb{E}(|Z|^3) < \infty$ erfüllt die Gleichung

$$\varphi(t) = 1 - \frac{1}{2}\sigma^2 t^2 + r(t), \qquad \frac{|r(t)|}{t^2} \leq |t|\,\mathbb{E}(|Z^3|). \tag{4.5}$$

Demnach erhalten wir für die charakteristische Funktion $\varphi_n^* = \mathbb{E}_*\big(\exp(\iota\, t\, T_n^*)\big)$ der Zufallsvariablen

$$T_n^* = \sqrt{n}(\bar{X}_n^* - \bar{X}_n) = \frac{1}{\sqrt{n}} \sum_{i=1}^n (X_i^* - \bar{X}_n)$$

wegen $\mathbb{E}_*\big((X_1^* - \bar{X}_n)^2\big) = \hat{\sigma}_n^2$ und $\mathbb{E}_*\big(|X_1^* - \bar{X}_n|^3\big) < \infty$ $\mathbb{P}-$ f. s.

$$\varphi_n^*(t) = \prod_{i=1}^n \mathbb{E}_* \left(\exp\big(\iota\frac{t}{\sqrt{n}}(X_i^* - \bar{X}_n)\big) \right)$$

$$= \left(1 - \frac{1}{2}\hat{\sigma}_n^2 \frac{t^2}{n} + r_n^*\big(\frac{t}{\sqrt{n}}\big)\right)^n = \left(1 - \frac{1}{2}\hat{\sigma}_n^2 \frac{t^2}{n}(1 + \alpha(t_n))\right)^n,$$

mit $\alpha(t_n) = (2/\hat{\sigma}_n^2)\, r_n^*(t_n)/t_n^2$, $t_n = t/\sqrt{n}$. Es ist

$$\frac{r_n^*(t_n)}{t_n^2} \leq |t_n|\, \mathbb{E}_*\big(|X_1^* - \bar{X}_n|^3\big)$$

$$= |t_n|\frac{1}{n}\sum_{i=1}^n |X_i - \bar{X}_n|^3 \leq |t_n|\frac{8}{n}\sum_{i=1}^n |X_i - \mu|^3 \longrightarrow 0$$

$\mathbb{P} -$ f. s. bei $n \to \infty$, nach dem starken Gesetz der großen Zahlen A 3.3 von *Marcinkiewicz* unter der Existenz zweiter Momente. Da auch $\hat{\sigma}_n^2 \to \sigma^2$ $\mathbb{P}$-f. s., folgt $\alpha(t_n) \to 0$ $\mathbb{P} -$ f. s. und daraus $\varphi_n^*(t) \to \exp(-\sigma^2 t^2/2)$, das heißt die Konvergenz von $H_{n,boot}(x)$ gegen $\Phi_\sigma(x)$ $\mathbb{P}$-f.s. Wegen der Stetigkeit der Grenzfunktion ist diese nach Hilfssatz 1 in A 3.4 gleichmäßig in $x \in \mathbb{R}$. $\qquad\square$

Proposition. *Es gilt* $\mathbb{P}$−*fast sicher*

$$\sup_x |H_{n,boot}(x) - \Phi_{\hat{\sigma}_n}(x)| \leq \frac{c}{\sqrt{n}} \frac{\hat{\nu}_{3,n}}{\hat{\sigma}_n^3}, \tag{4.6}$$

mit $\hat{\nu}_{3,n} = \frac{1}{n}\sum_{i=1}^n |X_i - \bar{X}_n|^3$ *und mit einem* $c < \infty$.

Beweis. Die Behauptung folgt aus der Berry-Esséen Ungleichung (4.2) oben nach Ersetzen von H_n, σ^2, ν_3 durch die entsprechenden bootstrap Größen $H_{n,boot}$, $\hat{\sigma}_n^2$ und $\hat{\nu}_{3,n}$. □

Die Aussage von Satz 1 folgt auch aus dieser Proposition. In der Tat, unter der Annahme der Existenz zweiter Momente ($\mathbb{E}(X_1^2) < \infty$) gilt $\hat{\sigma}_n \to \sigma$, $\sup_x |\Phi_{\hat{\sigma}}(x) - \Phi_\sigma(x)| \to 0$ und $\hat{\nu}_{3,n}/\sqrt{n} \to 0$ $\mathbb{P}$− f. s., Letzteres laut starkem Gesetz der großen Zahlen nach Marcinkiewicz. Die Beweistechnik von Satz 1 trägt aber weiter als es die Berry-Esséen Ungleichung tut, vergleiche SHAO & TU (1995, p. 76).

Satz 2. *Unter der Voraussetzung* $\mathbb{E}(|X_1|^3) < \infty$ *gilt* $\mathbb{P}$− *fast sicher für* $n \to \infty$

$$\sup_x \sqrt{n} \left| H_{n,boot}(\hat{\sigma}_n x) - \Phi(x) - \frac{1}{6} \frac{1}{\sqrt{n}} \frac{\hat{\mu}_{3,n}}{\hat{\sigma}_n^3} \psi(x) \right| \longrightarrow 0, \tag{4.7}$$

wobei

$$\hat{\mu}_{3,n} = \frac{1}{n}\sum_{i=1}^n (X_i - \bar{X})^3, \quad \psi(x) = (1 - x^2)\Phi'(x).$$

Der sehr langwierige und schwierige **Beweis** findet sich bei SINGH (1981) und HALL (1992, sec. 5.2). Die Aussage (4.7) ist die rein formale Übertragung der *Edgeworth-Entwicklung* (4.3) auf die bootstrap Stichprobe. Die Zufallsvariable X_1^* ist aber diskret verteilt, während bei (4.3) stetig verteiltes X_1 angenommen wurde.

4.3 ZGWS für Funktionen des Mittelwertes

Wie schon im Beispiel 2 aus 4.1 betrachten wir jetzt eine Funktion $g(\bar{X}_n)$ des Mittelwerts $\bar{X}_n$ und das entsprechende bootstrap Analogon $g(\bar{X}_n^*)$. Seien also $X_1, \ldots, X_n$ unabhängige und identisch verteilte Zufallsvariable und sei g eine (messbare) Funktion mit

$g : \mathbb{R} \to \mathbb{R}$ ist stetig differenzierbar in einer Umgebung   G*
von $\mu = \mathbb{E}(X_1)$, mit $g'(\mu) \neq 0$.

Dann gewinnt man mit Hilfe der *Delta-Methode* die Gleichung

$$\sqrt{n}\big(g(\bar{X}_n) - g(\mu)\big) = \sqrt{n}\, g'(\mu)(\bar{X}_n - \mu) + \eta_n, \tag{4.8}$$

mit einer stochastischen Nullfolge η_n, und diese Gleichung führt zur asymptotischen Normalität von $g(\bar{X}_n)$, das ist

$$\sqrt{n}\big(g(\bar{X}_n) - g(\mu)\big) \xrightarrow{\mathcal{D}} N(0, \sigma^2(g'(\mu))^2), \tag{4.9}$$

vgl. Anhang A 3.4. Die Linearisierung (4.8) führt auch zur asymptotischen Normalität von $g(\bar{X}_n^*)$, denn wir zeigen jetzt für

$$H_{n,boot}(x) = \mathbb{P}_*\big(\sqrt{n}(g(\bar{X}_n^*) - g(\bar{X}_n)) \le x\big), \quad x \in \mathbb{R}:$$

Satz. *Unter den Voraussetzungen G^* und $\mathbb{E}(X_1^2) < \infty$ gilt für $n \to \infty$*

$$\sup_x |H_{n,boot}(x) - \Phi_{\sigma_g}(x)| \longrightarrow 0 \qquad \mathbb{P}-f.\,s., \tag{4.10}$$

mit $\sigma_g^2 = (g'(\mu))^2\,\sigma^2$, $\sigma^2 = Var(X_1)$.

Beweis. Anwendung der Gleichung (4.8) auf die bootstrap Stichprobe liefert nach Ersetzen von μ durch $\bar{X}_n$ und von $\bar{X}_n$ durch $\bar{X}_n^*$

$$\sqrt{n}(g(\bar{X}_n^*) - g(\bar{X}_n)) = \sqrt{n}\,g'(\bar{X}_n)(\bar{X}_n^* - \bar{X}_n) + \eta_n^*. \tag{4.11}$$

Man beweist jetzt die $\mathbb{P}_*$–stochastische Konvergenz von η_n^* gegen 0 ($\mathbb{P}$–f. s.), das heißt für jedes $\varepsilon > 0$

$$\mathbb{P}_*(|\eta_n^*| > \varepsilon) \longrightarrow 0 \qquad \mathbb{P}-f.\,s. \tag{4.12}$$

In der Tat, mit Hilfe der Funktionenfolge

$$f_n(x) = \frac{g(x) - g(\bar{X}_n)}{x - \bar{X}_n} - g'(\bar{X}_n), \quad n \ge 1,$$

gilt zunächst $\eta_n^* = f_n(\bar{X}_n^*)\sqrt{n}(\bar{X}_n^* - \bar{X}_n)$. Für die Folgen $\bar{X}_n$ und $\bar{X}_n^*$ haben wir

$$\bar{X}_n \to \mu \qquad \mathbb{P}-f.\,s.$$
$$\bar{X}_n^* = \bar{X}_n + (\bar{X}_n^* - \bar{X}_n) \xrightarrow{\mathbb{P}_*} \mu \qquad \mathbb{P}-f.\,s.,$$

Letzteres wegen der $\mathbb{P}$–fast sicheren $\mathbb{P}_*$-stochastischen Beschränktheit von $\sqrt{n}(\bar{X}_n^* - \bar{X}_n)$, $n \ge 1$, gemäß Satz 1 aus 4.2. Nach Voraussetzung G^* ist also

$$f_n(\bar{X}_n^*) \xrightarrow{\mathbb{P}_*} g'(\mu) - g'(\mu) = 0 \qquad \mathbb{P}-f.\,s.$$

Es folgt $\eta_n^* \xrightarrow{\mathbb{P}_*} 0$ $\mathbb{P}$–f. s., das heißt (4.12). Wegen $g'(\bar{X}_n) \to g'(\mu)$ $\mathbb{P}$–f. s. ergibt Satz 1 in 4.2, zusammen mit (4.12), für die rechte Seite von (4.11)

$$\sqrt{n}\,g'(\bar{X}_n)(\bar{X}_n^* - \bar{X}_n) + \eta_n^* \xrightarrow{\mathcal{D}} N(0, \sigma_g^2) \qquad \mathbb{P}-f.\,s.,$$

so dass diese Konvergenz auch für die linke Seite von (4.11) gilt. $\qquad\square$

Dieser Satz lässt sich genauso für p-dimensionale Zufallsvektoren mit $\mathbb{E}(|X_1|^2) < \infty$ und für eine in einer Umgebung von $\mu \in \mathbb{R}^p$ stetig differenzierbare Funktion $g : \mathbb{R}^p \to \mathbb{R}$ mit $g'(\mu) \equiv dg(x)/dx|_{x=\mu} \ne 0$ beweisen. Wir erhalten dann

$$\sigma_g^2 = (g'(\mu))^\top \cdot \mathbf{V}(X_1) \cdot g'(\mu).$$

4.4 Konsistenz von $H_{n,boot}$ und Anpassungsgüte

Liegt wie in 4.1 eine Statistik $T_n : \mathbb{R}^{pn} \to \mathbb{R}^d$ vor, mit einer (unbekannten) Verteilungsfunktion $H_n(x) = \mathbb{P}(T_n \leq x)$, $x \in \mathbb{R}^d$, so interessiert uns die Güte des bootstrap Schätzers

$$H_{n,boot}(x) = \mathbb{P}_*(T_n^* \leq x), \quad x \in \mathbb{R}^d,$$

für H_n. Eine Minimalforderung ist die nach der Konsistenz. Dabei heißt $H_{n,boot}$ ein *stark konsistenter* Schätzer für H_n, falls

$$\sup_{x \in \mathbb{R}^d} |H_{n,boot}(x) - H_n(x)| \longrightarrow 0 \qquad \mathbb{P} - \text{f. s.}$$

Auch weiterhin sind $X_1, \ldots, X_n$ unabhängige und identisch verteilte Zufallsvariable. Wie in 4.2 und 4.3 beschränken wir uns auf den eindimensionalen Fall $p = d = 1$ und setzen wieder $\mu = \mathbb{E}(X_1)$, $\sigma^2 = \text{Var}(X_1)$.

Satz 1. *Sei $\mathbb{E}(X_1^2) < \infty$ und Voraussetzung G^* erfüllt. Für die Statistik T_n und ihre bootstrap Version T_n^*, mit*

$$T_n = \sqrt{n}\big(g(\bar{X}_n) - g(\mu)\big), \qquad T_n^* = \sqrt{n}\big(g(\bar{X}_n^*) - g(\bar{X}_n)\big),$$

ist $H_{n,boot}$ ein stark konsistenter Schätzer für H_n.

Beweis. Die Behauptung folgt über die Ungleichung

$$|H_{n,boot}(x) - H_n(x)| \leq |H_{n,boot}(x) - \Phi_{\sigma_g}(x)| + |H_n(x) - \Phi_{\sigma_g}(x)| \qquad (4.13)$$

aus (4.9) und (4.10) in 4.3.   □

Dieser Satz, der auch den wichtigen Spezialfall $g(x) = x$ umfasst, lässt sich genauso für p-dimensionale Zufallsvektoren mit $\mathbb{E}(|X_1|^2) < \infty$ und für eine Funktion $g : \mathbb{R}^p \to \mathbb{R}$ beweisen.

Wir studieren jetzt die Konvergenzrate von $H_{n,boot} - H_n$ und vergleichen sie mit der Rate der Normal(verteilungs)-Approximation, das ist die Konvergenzrate von $\Phi_\sigma - H_n$.

Satz 2. *X_1 sei stetig verteilt, mit $\mathbb{E}(|X_1|^3) < \infty$. Für die Statistik T_n und ihre bootstrap Version T_n^*, mit*

$$T_n = \sqrt{n}(\bar{X}_n - \mu), \qquad T_n^* = \sqrt{n}(\bar{X}_n^* - \bar{X}_n),$$

gilt bei $n \to \infty$

$$\sqrt{n} \sup_x \big|H_{n,boot}(\hat{\sigma}_n x) - H_n(\sigma x)\big| \longrightarrow 0 \qquad \mathbb{P} - \text{f. s.},$$

wobei $H_n(x) = \mathbb{P}(T_n \leq x)$, $H_{n,boot}(x) = \mathbb{P}_*(T_n^* \leq x)$ und $\hat{\sigma}_n^2 = \frac{1}{n}\sum_{i=1}^n (X_i - \bar{X}_n)^2$ gesetzt wurden.

Beweis. Definiere $A_n(x) = \frac{1}{6}\frac{1}{\sqrt{n}}\frac{\mu_3}{\sigma^3}(1-x^2)\Phi'(x)$ und $\hat{A}_n(x)$ entsprechend mit $\hat{\mu}_{3,n}$, $\hat{\sigma}_n$ anstelle von μ_3, σ. Dann gilt

$$
\begin{aligned}
\left| H_{n,boot}(\hat{\sigma}_n x) - H_n(\sigma x) \right| &\leq \left| H_{n,boot}(\hat{\sigma}_n x) - (\Phi(x) + \hat{A}_n(x)) \right| \\
&+ \left| H_n(\sigma x) - (\Phi(x) + A_n(x)) \right| + \left| \hat{A}_n(x) - A_n(x) \right|.
\end{aligned}
$$

Wegen $\hat{\mu}_{3,n} \to \mu_3$ und $\hat{\sigma}_n \to \sigma$ $\mathbb{P}$–f. s. erhalten wir

$$
\sqrt{n}\left| \hat{A}_n(x) - A_n(x) \right| \leq \frac{1}{6}\sup_x\{|1-x^2|\Phi'(x)\}\left| \frac{\hat{\mu}_{3,n}}{\hat{\sigma}_n^3} - \frac{\mu_3}{\sigma^3} \right| \longrightarrow 0 \qquad \mathbb{P}-f.\,s.,
$$

so dass Gleichung (4.3) und Satz 2 in 4.2 die Behauptung liefern. $\qquad\square$

Die Größe $H_{n,boot}(\hat{\sigma}_n x) = \mathbb{P}_*\left(\sqrt{n}(\bar{X}_n^* - \bar{X}_n)/\hat{\sigma}_n \leq x\right)$ bildet die bootstrap Approximation an $H_n(\sigma x) = \mathbb{P}\left(\sqrt{n}(\bar{X}_n - \mu)/\sigma \leq x\right)$. Nach dem eben bewiesenen Satz 2 beträgt die zugehörige Konvergenzrate $o(1/\sqrt{n})$ $\mathbb{P}$–f. s. Die Alternative zur bootstrap Approximation ist die traditionelle Normal-Approximation $\Phi(x)$. Für diese gilt nach der Berry-Esséen Ungleichung (4.2) aus 4.2

$$
\sqrt{n}\,\sup_x\left|\Phi(x) - H_n(\sigma x)\right| \leq C.
$$

Die Konvergenzrate, die sich i. A. nicht mehr verbessern lässt, beträgt also $O(1/\sqrt{n})$. Im Fall der Mittelwert-Statistik $\bar{X}_n$ ist also der bootstrap Schätzer – im Sinne der Konvergenzrate– besser als die traditionelle Normal-Approximation. Dieses Ergebnis ist auch noch für Funktionen $g(\bar{X}_n)$ des Mittelwertes gültig, vgl. SHAO & TU (1995, p. 94). Eine Ausdehnung auf weitere Statistiken scheitert meistens an einer fehlenden Edgeworth-Entwicklung ihrer Verteilungsfunktion.

4.5 Konsistenz des Varianzschätzers (*)

Eine weitere wichtige Größe, die aus der bootstrap Stichprobe $X_1^*, \ldots, X_n^*$, gegeben die Stichprobe $X_1, \ldots, X_n$ unabhängiger, identisch verteilter Zufallsvariabler, gebildet werden kann, ist der *bootstrap Varianzschätzer* $V_{n,boot}$ für die Varianz einer Statistik T_n. Dieser wurde bereits in I 6.3 definiert durch

$$
V_{n,boot} \equiv \operatorname{Var}_*(T_n^*) = \int \left(x - \mathbb{E}_*(T_n^*)\right)^2 H_{n,boot}(dx), \quad T_n^* = T_n(X_1^*, \ldots, X_n^*),
$$

mit $H_{n,boot}(x) = \mathbb{P}_*(T_n^* \leq x)$. Wir beschränken uns hier wieder –wie schon in 4.3 und 4.4– auf Funktionen des Mittelwerts, das heißt auf Statistiken der Form

$$
T_n = g(\bar{X}_n) \quad \text{bzw.} \quad T_n^* = g(\bar{X}_n^*),
$$

wobei die Bedingung G* aus 4.3 an die Funktion g gestellt wird. Der bootstrap Schätzer $V_{n,boot}$ wird sich als (stark) konsistent für $\operatorname{Var}(T_n)$ erweisen, und zwar in dem Sinne, dass der Quotient gegen 1 konvergiert. Da $\mathrm{Var}(T_n)$ unter unserer Standard-Voraussetzung $\mathbb{E}(X_1^2) < \infty$ gar nicht zu existieren braucht (z. B. im Fall $\mathbb{E}(X_1^4) = \infty$ und der Statistik $T_n = (\bar{X}_n)^2$), ersetzen wir $\mathrm{Var}(T_n)$ durch die asymptotische Varianz

$$\sigma_{g,n}^2 = \frac{1}{n}\,(g'(\mu))^2\,\sigma^2,$$

von T_n, vergleiche den ZGWS (4.9) in 4.3. Der unten stehende Beweis nach SHAO & TU (1995, sec. 3.2.2) benötigt eine Folge τ_n,

$$\tau_n = C_0\,e^{n^q},\ n \geq 1,\quad \text{mit}\ C_0 < \infty,\ q \in \left(0, \frac{1}{2}\right),$$

sowie eine Bedingung, die ein extremes Anwachsen der Differenzen $T_n^* - T_n$ verbietet, nämlich

$$\max_{i^{(n)}} \frac{1}{\tau_n}\big|T_n(X_{i_1}, \ldots, X_{i_n}) - T_n\big| \longrightarrow 0 \qquad \mathbb{P}-\text{f. s.,} \tag{4.14}$$

wobei sich max über alle n-tupel $i^{(n)} = (i_1, \ldots, i_n)$ mit $1 \leq i_1 \leq \ldots \leq i_n \leq n$ erstreckt und wobei $T_n = T_n(X_1, \ldots, X_n)$ ist. (4.14) wird sich als eine recht schwache Voraussetzung erweisen (siehe unten).

Satz. *Sei $\mathbb{E}(X_1^2) < \infty$. Die Funktion g erfülle G^* und die Statistik $T_n = g(\bar{X}_n)$ die Voraussetzung (4.14). Dann gilt*

$$\frac{V_{n,boot}}{\sigma_{g,n}^2} \longrightarrow 1 \qquad \mathbb{P}-f.\ s.$$

Beweis. (i) In den Teilen (i) - (iii) beweisen wir (mit Blick auf Prop. 1 (ii) in A 3.4) die gleichgradige Integrierbarkeit der Folge

$$\left(\sqrt{n}(T_n^* - T_n)\right)^2,\ n \geq 1,$$

bezüglich $\mathbb{E}_*$, und zwar $\mathbb{P}-$f. s. Hinreichend dafür ist gemäß A 3.2 die Existenz eines (von ω abhängigen) $C^* < \infty$ mit

$$\mathbb{E}_*\left(\sqrt{n}(T_n^* - T_n)\right)^4 \leq C^*, \quad \forall n \geq 1, \quad \mathbb{P}-\text{f. s.} \tag{4.15}$$

Wir definieren die bei τ_n gestutzte Version von $T_n^* - T_n$, das ist

$$\Delta_n^* = \begin{cases} \tau_n, & T_n^* - T_n > \tau_n \\ T_n^* - T_n, & |T_n^* - T_n| \leq \tau_n \\ -\tau_n, & T_n^* - T_n < -\tau_n. \end{cases}$$

Da wegen (4.14) $\mathbb{P}$–f. s

$$\mathbb{E}_*(T_n^* - T_n)^4 = \mathbb{E}_*(\Delta_n^*)^4$$

für genügend große n gilt, reicht zum Nachweis von (4.15) aus, dass

$$\mathbb{E}_*(\sqrt{n}\Delta_n^*)^4 \leq C^*, \quad \forall n \geq 1, \quad \mathbb{P}-\text{f. s.} \tag{4.16}$$

(ii) Einige Vorbereitungen. Aufgrund der Voraussetzung G* gibt es positive Konstanten δ und M, so dass

$$(g'(x))^4 \leq M, \quad \text{falls } |x - \mu| \leq 2\delta.$$

Ferner gilt $\mathbb{P}$–f. s.

$$\bar{X}_n \to \mu, \quad \frac{1}{n}\sum_{i=1}^n (X_i - \bar{X}_n)^2 \to \sigma^2, \quad \frac{1}{n^2}\sum_{i=1}^n (X_i - \bar{X}_n)^4 \leq$$

$$\leq \frac{8}{n^2}\Big[\sum_{i=1}^n (X_i - \mu)^4 + n(\bar{X}_n - \mu)^4\Big] \leq \frac{16}{n^2}\sum_{i=1}^n (X_i - \mu)^4 \to 0.$$

Im Teil (iii) werden wir uns stillschweigend auf solche ω's beschränken. Die zweite Ungleichung oben folgt aus der Jensenschen Ungleichung und die Konvergenz gegen 0 aus dem starken Gesetz der großen Zahlen nach *Marcienkiewicz*, vgl. Anhang A 3.3. Schließlich werden wir die *Bernstein-Ungleichung* verwenden: Sind $Y_1, \ldots, Y_n$ unabhängige und identisch verteilte Zufallsvariable, die $\mathbb{P}$–f. s. beschränkt sind, so gilt für alle $\varepsilon > 0$, vgl. SERFLING (1980, p. 95),

$$\mathbb{P}\left(|\frac{1}{n}\sum_{i=1}^n (Y_i - \mu)| > \varepsilon\right) \leq 2\exp\left(-\frac{n\varepsilon^2}{2\sigma^2 + \varepsilon M}\right),$$

wobei $\mu = \mathbb{E}(Y_1)$, $\sigma^2 = \text{Var}(Y_1)$ und $\mathbb{P}(|Y_1 - \mu| \leq M) = 1$.

(iii) Eine Zerlegung von $\mathbb{E}_*(\Delta_n^*)^4$ liefert

$$\begin{aligned}
\mathbb{E}_*(\Delta_n^*)^4 &= \mathbb{E}_*\big[(\Delta_n^*)^4 \cdot 1(|\bar{X}_n^* - \bar{X}_n| \leq \delta) + (\Delta_n^*)^4 \cdot 1(|\bar{X}_n^* - \bar{X}_n| > \delta)\big] \\
&\leq \mathbb{E}_*\big[(T_n^* - T_n)^4 \cdot 1(|\bar{X}_n^* - \bar{X}_n| \leq \delta)\big] + \tau_n^4 \mathbb{P}_*(|\bar{X}_n^* - \bar{X}_n| > \delta) \\
&\equiv A_n^* + B_n^*.
\end{aligned}$$

ad A_n^*: Für große n ist $|\bar{X}_n - \mu| \leq \delta$ und damit nach dem Mittelwertsatz

$$(T_n^* - T_n)^4 = \big(g'(\xi_n^*)(\bar{X}_n^* - \bar{X}_n)\big)^4 \leq M(\bar{X}_n^* - \bar{X}_n)^4,$$

denn die Zwischenstelle ξ_n^* erfüllt unter $|\bar{X}_n - \mu| \leq \delta$ und $|\bar{X}_n^* - \bar{X}_n| \leq \delta$

$$|\xi_n^* - \mu| \leq |\xi_n^* - \bar{X}_n| + |\bar{X}_n - \mu| \leq 2\delta.$$

Es folgt mit $Z_i^* = X_i^* - \bar{X}_n$

$$n^2 A_n^* \leq M n^2 \, \mathbb{E}_* (\bar{X}_n^* - \bar{X}_n)^4 = M \frac{1}{n^2} \mathbb{E}_* \Big(\sum_{i=1}^n Z_i^* \Big)^4.$$

Bezüglich $\mathbb{P}_*$ sind $Z_1^*, \ldots, Z_n^*$ unabhängig und identisch verteilt, mit $\mathbb{E}_*(Z_i^*) = 0$. Also

$$
\begin{aligned}
\frac{1}{n^2} \mathbb{E}_* \Big(\sum_{i=1}^n Z_i^* \Big)^4 &= \frac{1}{n^2} \mathbb{E}_* \sum_{i=1}^n (Z_i^*)^4 + \frac{6}{n^2} \mathbb{E}_* \sum_{i<j} (Z_i^*)^2 (Z_j^*)^2 \\
&\leq \frac{1}{n^2} \sum_{i=1}^n (X_i - \bar{X}_n)^4 + 6 \, \mathbb{E}_*(Z_1^*)^2 \, \mathbb{E}_*(Z_1^*)^2 \\
&= \frac{1}{n^2} \sum_{i=1}^n (X_i - \bar{X}_n)^4 + 6 \left(\frac{1}{n} \sum_{i=1}^n (X_i - \bar{X}_n)^2 \right)^2,
\end{aligned}
$$

so dass nach Teil (ii) die Folge $n^2 A_n^*$, $n \geq 1$, $\mathbb{P}$–f. s. beschränkt ist.

ad B_n^*: Wir wenden die Bernstein-Ungleichung aus Teil (ii) auf die $X_1^*, \ldots, X_n^*$ an. Für diese gilt

$$\mathbb{E}_*(X_1^*) = \bar{X}_n, \quad \mathrm{Var}_*(X_1^*) = \hat{\sigma}_n^2, \quad |X_1^* - \bar{X}_n| \leq |m_n| + |M_n|,$$

mit $m_n = \min_{1 \leq i \leq n} X_i$, $M_n = \max_{1 \leq i \leq n} X_i$. Also

$$\mathbb{P}_*(|\bar{X}_n^* - \bar{X}_n| > \varepsilon) \leq 2 \exp \left(-\frac{n\varepsilon^2}{2\hat{\sigma}_n^2 + \varepsilon Y_n} \right) \leq 2 \exp \left(-\sqrt{n} \frac{\varepsilon^2}{2 S_n} \right),$$

mit $Y_n = |m_n| + |M_n|$ und $S_n = \hat{\sigma}_n^2 / \sqrt{n} + \varepsilon Y_n / \sqrt{n}$. Es gilt $\hat{\sigma}_n^2 \to \sigma^2$ und, wegen $(\min_i X_i)^2 + (\max_i X_i)^2 \leq 2 \sum_{i=1}^n X_i^2$,

$$\left(\frac{1}{\sqrt{n}} Y_n \right)^2 \leq \frac{2}{n} (m_n^2 + M_n^2) \leq \frac{4}{n} \sum_{i=1}^n X_i^2 \longrightarrow 4 \, \mathbb{E}(X_1^2),$$

so dass $1/S_n \geq c_o > 0$ $\mathbb{P}$–f. s. Es folgt für solche ω's, mit $c_1 = c_0 \varepsilon^2 / 2$, nach Voraussetzung (4.14)

$$n^2 B_n^* \leq n^2 \tau_n^4 \, 2 \exp(-\sqrt{n} c_1) = 2 n^2 C_0^4 \exp(4 n^q - c_1 \sqrt{n}),$$

was wegen $q < 1/2$ gegen 0 konvergiert. Insgesamt ist damit (4.15) nachgewiesen.

(iv) Wir setzen $Z_n = \sqrt{n}(T_n^* - T_n)$. Für die Folgen Z_n, $n \geq 1$, und Z_n^2, $n \geq 1$, gilt also nach (4.15) und mit Satz 4.3 $\mathbb{P}$–f. s.

- die gleichgradige Integrierbarkeit bez. $\mathbb{P}_*$

- die Verteilungskonvergenz bez. $\mathbb{P}_*$ gegen ein Z bzw. Z^2, mit $N(0, \sigma_g^2)$−verteiltem Z und mit $\sigma_g^2 = (g'(\mu))^2 \, \sigma^2$.

Nach A 3.4, Prop. 1 (ii), folgt $\mathbb{P}$−f. s.

$$\mathbb{E}_*(Z_n^2) \to \mathbb{E}(Z^2) = \sigma_g^2, \quad \mathbb{E}_*(Z_n) \to \mathbb{E}(Z) = 0.$$

Für $\mathrm{Var}_*(\sqrt{n}(T_n^* - T_n)) = \mathbb{E}_*(Z_n^2) - (\mathbb{E}_*(Z_n))^2$ haben wir demnach Konvergenz gegen σ_g^2 $\mathbb{P}$−f. s. Die Behauptung schließlich folgt aus

$$n \mathrm{Var}_*(T_n^* - T_n) = n \mathrm{Var}_*(T_n^*) = n V_{n,boot},$$

mit dem mittleren Gleichheitszeichen, weil T_n eine $\mathbb{P}_*$−Konstante ist. $\square$

Zur Voraussetzung (4.14)

Die Forderung (4.14) ist nicht sehr restriktiv. Man betrachte zum Beispiel den Fall $T_n = \bar{X}_n$, in welchem g also die Identität ist. Bedingung (4.14) ist dann unter

$$\frac{1}{\tau_n}|X_{(1)}| \to 0 \quad \text{und} \quad \frac{1}{\tau_n}|X_{(n)}| \to 0 \quad \mathbb{P}-\text{f. s.} \tag{4.17}$$

erfüllt, mit dem Minimum $X_{(1)}$ und dem Maximum $X_{(n)}$ der $X_1, \ldots, X_n$, und mit $\tau_n = \exp(n^q)$, $0 < q < 1$.

Ist X_1 $N(0,1)$−verteilt, so gilt

$$\frac{1}{\kappa_n} X_{(n)} \longrightarrow 1 \quad \mathbb{P}-\text{f. s.}, \quad \kappa_n = \sqrt{2 \log n}.$$

Ist X_1 exponentialverteilt mit Parameter 1, so gilt

$$\frac{1}{\kappa_n} X_{(n)} \longrightarrow 1 \quad \mathbb{P}-\text{f. s.}, \quad \kappa_n = \log n,$$

vgl. SEN & SINGER (1993, sec. 4.4) oder DAVID (1981, sec. 9.3) bezüglich stochastischer Konvergenz gegen 1 und EMBRECHTS ET AL (1997, sec. 3.5) für die Verschärfung auf fast sichere Konvergenz. In beiden Fällen oben ist $\kappa_n/\tau_n \to 0$, so dass (4.17) erfüllt ist.

4.6   Konfidenzintervalle

Es gibt eine Reihe von Verfahren, die auf der Grundlage der bootstrap Methode *bootstrap Konfidenzintervalle* für einen interessierenden Parameter erstellen, vgl. EFRON & TIBSHIRANI (1993, chap. 12-14) und SHAO & TU (1995, chap. 4).

Drei dieser Verfahren werden wir im Folgenden vorstellen. Dabei wird das Konfidenzniveau $1 - \alpha$ immer nur *approximativ* eingehalten werden. Erst im Limes $n \to \infty$ wird die Überdeckungswahrscheinlichkeit genau $1 - \alpha$ betragen.

Seien $X_1, \ldots, X_n$ unabhängige und identisch verteilte Zufallsvariable und sei $\vartheta \in \mathbb{R}$ ein Parameter der Verteilungsfunktion $F = F_\vartheta$ von X_1; ferner bezeichne wieder $X_1^*, \ldots, X_n^*$ eine bootstrap Stichprobe. Die auf den X_i bzw. den X_i^* basierenden Schätzer für ϑ schreiben wir

$$\hat{\vartheta}_n = \hat{\vartheta}_n(X_1, \ldots, X_n) \quad \text{bzw.} \quad \hat{\vartheta}_n^* = \hat{\vartheta}_n(X_1^*, \ldots, X_n^*).$$

a) bootstrap percentile (bp).
Wir bezeichnen mit $K_{n,boot}$ den bootstrap Schätzer der Verteilungsfunktion von $\hat{\vartheta}_n$, das ist

$$K_{n,boot}(x) = \mathbb{P}_*(\hat{\vartheta}_n^* \leq x), \quad x \in \mathbb{R},$$

und mit $k_{n,\gamma}^{boot}$ das γ-Quantil von $K_{n,boot}$, also

$$k_{n,\gamma}^{boot} \equiv K_{n,boot}^{-1}(\gamma) = \inf\{x : K_{n,boot}(x) \geq \gamma\}.$$

Dann stellt bei vorgegebenem α, wobei $0 < \alpha < 1$,

$$[\, k_{n,\alpha/2}^{boot}, \, k_{n,1-\alpha/2}^{boot}\,] \equiv C_{n,\alpha}^{bp}$$

ein bp-Intervall für ϑ zum Niveau $1 - \alpha$ dar.

b) bootstrap t (bt).
Hier geht man von dem studentisierten Schätzer

$$t_n = \frac{\hat{\vartheta}_n - \vartheta}{\hat{v}_n}, \quad \hat{v}_n^2 \text{ Schätzer für } \mathrm{Var}(\hat{\vartheta}_n),$$

und seiner Verteilungsfunktion $G_n(x) = \mathbb{P}_\vartheta(t_n \leq x)$, $x \in \mathbb{R}$, aus und bildet die bootstrap Versionen

$$t_n^* = \frac{\hat{\vartheta}_n^* - \hat{\vartheta}_n}{\hat{v}_n^*}, \quad (\hat{v}_n^*)^2 \text{ bootstrap Schätzer für } \mathrm{Var}(\hat{\vartheta}_n),$$

und $G_{n,boot}(x) = \mathbb{P}_*(t_n^* \leq x)$, $x \in \mathbb{R}$. Mit dem γ-Quantil $g_{n,\gamma}^{boot}$ von $G_{n,boot}$ stellt

$$[\, \hat{\vartheta}_n - \hat{v}_n \, g_{n,1-\alpha/2}^{boot}, \, \hat{\vartheta}_n + \hat{v}_n \, g_{n,1-\alpha/2}^{boot}\,] \equiv C_{n,\alpha}^{bt}$$

ein bt-Intervall für ϑ zum Niveau $1 - \alpha$ dar. Anstelle von $\hat{v}_n$ lässt sich auch $\hat{v}_n^*$ wählen. Man beachte, dass nach 4.5 oft $\hat{v}_n^*/\hat{v}_n \to 1$ f. s. gilt.

c) hybrid bootstrap (hb).
Bei dieser Methode wird die bootstrap Verteilungsfunktion

$$H_{n,boot}(x) = \mathbb{P}_*(\sqrt{n}(\hat{\vartheta}_n^* - \hat{\vartheta}_n) \leq x), \quad x \in \mathbb{R}, \tag{4.18}$$

der Statistik $\sqrt{n}(\hat{\vartheta}_n^* - \hat{\vartheta}_n)$ eingeschaltet. Diese nähert sich gemäß 4.2 – 4.4 in vielen Fällen der Verteilungsfunktion

$$H_n(x) = \mathbb{P}_\vartheta(\sqrt{n}(\hat{\vartheta}_n - \vartheta) \leq x), \quad x \in \mathbb{R}, \tag{4.19}$$

von $\sqrt{n}(\hat{\vartheta}_n - \vartheta)$ sehr gut an. Mit dem γ-Quantil $h_{n,\gamma}^{boot} \equiv H_{n,boot}^{-1}(\gamma)$ von $H_{n,boot}$ lautet ein hb-Intervall für ϑ zum Niveau $1 - \alpha$

$$[\hat{\vartheta}_n - \frac{1}{\sqrt{n}} h_{n,1-\alpha/2}^{boot}, \hat{\vartheta}_n + \frac{1}{\sqrt{n}} h_{n,1-\alpha/2}^{boot}] \equiv C_{n,\alpha}^{hb}.$$

Im nächsten Satz wird eine Art *Konsistenz* der Konfidenzintervalle $C_{n,\alpha}^{bt}$ aus b) und $C_{n,\alpha}^{hb}$ aus c) bewiesen.

Satz. *(i) Mit einer Verteilungsfunktion H, welche die Eigenschaften*

• *Stetigkeit, strenge Monotonie, Symmetrie bez. 0 (d.h. H(-x) = 1 - H(x))*

besitze, gelte für die Verteilungsfunktionen H_n wie in (4.19) und $H_{n,boot}$ wie in (4.18)

$$H_n(x) \to H(x), \quad x \in \mathbb{R}, \qquad H_{n,boot}(x) \to H(x), \quad x \in \mathbb{R}, \quad \mathbb{P} - f. \ s.$$

Dann ist

$$\lim_{n \to \infty} \mathbb{P}_\vartheta(\vartheta \in C_{n,\alpha}^{hb}) = 1 - \alpha. \tag{4.20}$$

(ii) Teil (i) gilt auch mit $G_{n,boot}, G_n, C_{n,\alpha}^{bt}$ anstelle von $H_{n,boot}, H_n, C_{n,\alpha}^{hb}$.

Beweis. Wir benutzen den Hilfssatz, dass für streng monotones F

$$F_n(x) \to F(x) \quad \forall x \in C(F) \Rightarrow F_n^{-1}(\gamma) \to F^{-1}(\gamma) \quad \forall \gamma \in (0,1) \tag{4.21}$$

gilt, wobei F_n^{-1} und F^{-1} die (verallgemeinerten) inversen Funktionen der Verteilungsfunktionen F_n und F bezeichnen, siehe WITTING & NÖLLE (1970, S. 53, Satz 2.11). Gemäß (4.21) existiert eine Folge $\eta_n, n \geq 1, \eta_n \to 0$ $\mathbb{P}_\vartheta$-f. s., mit

$$H_{n,boot}^{-1}(\gamma) = H^{-1}(\gamma) + \eta_n. \tag{4.22}$$

Folglich

$$\lim_{n\to\infty} \mathbb{P}_\vartheta\big(\vartheta \le \hat{\vartheta}_n + \frac{1}{\sqrt{n}} H_{n,boot}^{-1}(\gamma)\big)$$

$$= \lim_{n\to\infty} \mathbb{P}_\vartheta\big(\sqrt{n}(\vartheta - \hat{\vartheta}_n) \le H_{n,boot}^{-1}(\gamma)\big)$$

$$= \lim_{n\to\infty} \mathbb{P}_\vartheta\big(\sqrt{n}(\vartheta - \hat{\vartheta}_n) \le H^{-1}(\gamma) + \eta_n\big)$$

$$= 1 - \lim_{n\to\infty} \mathbb{P}_\vartheta\big(\sqrt{n}(\hat{\vartheta}_n - \vartheta) < -H^{-1}(\gamma)\big)$$

$$= 1 - H\big(-H^{-1}(\gamma)\big) = H\big(H^{-1}(\gamma)\big) = \gamma,$$

die letzten drei Gleichheitszeichen wegen Stetigkeit und Symmetrie von H, vgl. auch IV 2.4. Ähnlich $\lim_n \mathbb{P}_\vartheta\big(\hat{\vartheta}_n - \frac{1}{\sqrt{n}} H_{n,boot}^{-1}(\gamma) \le \vartheta\big) = H\big(H^{-1}(\gamma)\big) = \gamma$. Teil (ii) des Satzes wird völlig analog bewiesen. $\square$

Das Konfidenzintervall $C_{n,\alpha}^{bp}$ aus a) wird in der folgenden Proposition behandelt.

Proposition. *Es mögen die Voraussetzungen von Satzteil (i) gelten. Dann ist*

$$\lim_{n\to\infty} \mathbb{P}_\vartheta\big(\vartheta \in C_{n,\alpha}^{bp}\big) = 1 - \alpha.$$

Beweis. Zunächst stellen wir fest, dass

$$K_{n,boot}(x) = \mathbb{P}_*\big(\sqrt{n}(\hat{\vartheta}_n^* - \hat{\vartheta}_n) \le \sqrt{n}(x - \hat{\vartheta}_n)\big)$$

$$= H_{n,boot}\big(\sqrt{n}(x - \hat{\vartheta}_n)\big).$$

Dann rechnet man nach, dass für die Quantile zweier Verteilungsfunktionen K und H, für die $K(x) = H(b(x - a))$ gilt ($b > 0$), die Beziehung

$$K^{-1}(\gamma) = \inf\{x : K(x) \ge \gamma\}$$

$$= \inf\big\{x : H(b(x - a)) \ge \gamma\big\} = \inf\big\{\frac{x}{b} + a : H(x) \ge \gamma\big\}$$

$$= \frac{1}{b} \inf\big\{x : H(x) \ge \gamma\big\} + a = \frac{1}{b} H^{-1}(\gamma) + a$$

besteht. Aus diesen beiden Resultaten folgt

$$C_{n,\alpha}^{bp} = \big\{K_{n,boot}^{-1}(\frac{\alpha}{2}) \le \vartheta \le K_{n,boot}^{-1}(1 - \frac{\alpha}{2})\big\}$$

$$= \big\{\frac{1}{\sqrt{n}} H_{n,boot}^{-1}(\frac{\alpha}{2}) + \hat{\vartheta}_n \le \vartheta \le \frac{1}{\sqrt{n}} H_{n,boot}^{-1}(1 - \frac{\alpha}{2}) + \hat{\vartheta}_n\big\}$$

$$= \big\{H_{n,boot}^{-1}(\frac{\alpha}{2}) \le \sqrt{n}(\vartheta - \hat{\vartheta}_n) \le H_{n,boot}^{-1}(1 - \frac{\alpha}{2})\big\}.$$

Unter Benutzung der Gleichung (4.22) fahren wir fort wie im obigen Beweis. $\square$

VI Testtheorie

Dieses Kapitel ist einer allgemeinen mathematischen Testtheorie gewidmet. Eine Hypothese über die zugrunde liegende

Verteilungsklasse $\mathbb{Q}_\vartheta$, $\vartheta \in \Theta$, auf $(\mathcal{X}, \mathfrak{B})$

wird durch Auswahl einer nichtleeren, echten Teilmenge $\Theta_0 \subset \Theta$ gebildet, eine Alternative dazu durch $\Theta_1 \subset \Theta \setminus \Theta_0$. Man schreibt die Hypothese und ihre Alternative dann in der gewohnten Form

$$H_0 : \vartheta \in \Theta_0 \quad \text{versus} \quad H_1 : \vartheta \in \Theta_1.$$

Zunächst wird in den ersten 3 Abschnitten die Neyman-Pearson Theorie der gleichmäßig besten Tests zum Signifikanzniveau α vorgestellt. Diese schon klassisch gewordene Theorie wird schrittweise aufgebaut. Als erstes wird der Fall einfacher, d. h. einelementiger Hypothesen $\Theta_0 = \{\vartheta_0\}$ und $\Theta_1 = \{\vartheta_1\}$ behandelt. Dann werden einseitige Hypothesen unter der Annahme einer Verteilungsklasse mit monotonem Dichtequotienten und schließlich zweiseitige Hypothesen bearbeitet, und zwar im Rahmen einparametriger Exponentialfamilien. Innerhalb der Tests mit Normalverteilungsannahme werden mit diesem Programm nur die Gaußtests erfasst. Um auch die t-Tests aus Kap. I 3.4 abzudecken, bedarf es eines technisch aufwendigeren Programms; es müssen mehrparametrige Exponentialfamilien herangezogen sowie die Begriffe der bedingten Verteilung und der Suffizienz aktiviert werden (im Abschnitt 3).

Den Abschluss des Kapitels bilden aymptotische Testverfahren. Hier werden wir auf die in V 3 entwickelten asymptotischen Methoden zurückgreifen und die asymptotische χ^2-Verteilung der Likelihood-, der Wald- und der Fisher-Pearson-Teststatistiken beweisen. Anwenden werden wir diese Ergebnisse auf χ^2-Tests in Kontingenztafeln, sowie (im Kapitel VII) auf Tests in nichtlinearen Regressionsmodellen und in verallgemeinerten linearen Modellen.

1 Randomisierte Tests und einfache Hypothesen (^{0})

Die Theorie von Neyman-Pearson (NP) beantwortet die Frage nach Existenz, Eindeutigkeit und Bauart bester Tests aus einer Klasse von zugelassenen Tests. Bei vorgegebenem $\alpha \in [0,1]$ sind diejenigen Tests zugelassen, deren Wahrscheinlichkeit für einen Fehler 1. Art den Wert α nicht übersteigt. Gegebenenfalls werden noch weitere Forderungen gestellt, wie die der Unverfälschtheit im Abschnitt 2. Wir beginnen mit der allgemeinen Begriffsbildung zur NP-Theorie, um dann das einfachste Testproblem, nämlich das Problem einelementiger Hypothesen, vollständig zu lösen.

Die ersten beiden Abschnitte können auch ohne vorausgehendes Studium von II 1.2 über dominierte Verteilungsklassen gelesen werden. Man wähle als Stichprobenraum $(\mathcal{X}, \mathfrak{B})$ die Räume $(\mathbb{R}^n, \mathcal{B}^n)$ oder $(\mathbb{N}_0, \mathfrak{P}(\mathbb{N}_0))$ und als dominierendes (σ-endliches) Maß μ das Lebesguemaß auf $(\mathbb{R}^n, \mathcal{B}^n)$ oder das Zählmaß auf $\mathbb{N}_0$. Integrale der Form $\int g(x)\,\mu(dx)$ lese man dann als $\int_{\mathbb{R}^n} g(x)\,dx$ oder als $\sum_{x \in \mathbb{N}_o} g(x)$.

1.1 Beste Tests zum Niveau α

Vorgegeben sind eine Verteilungsklasse

$$\mathbb{Q}_\vartheta, \ \vartheta \in \Theta, \ \text{auf } (\mathcal{X}, \mathfrak{B}),$$

und nichtleere echte Teilmengen $\Theta_0 \subset \Theta$ und $\Theta_1 \subset \Theta \setminus \Theta_0$. Zum Prüfen der Hypothesen

$$H_0 : \vartheta \in \Theta_0 \quad \text{versus} \quad H_1 : \vartheta \in \Theta_1$$

erweist sich der folgende allgemeine Testbegriff als geeignet. Ein *randomisierter Test* ist eine messbare Funktion

$$\varphi : (\mathcal{X}, \mathfrak{B}) \longrightarrow ([0,1], [0,1] \cap \mathcal{B}^1),$$

der wir folgende Interpretation geben: Bei Vorliegen eines Wertes $x \in \mathcal{X}$ mit $\varphi(x) = 1$ bzw. $\varphi(x) = 0$ wird die Hypothese H_0 zugunsten H_1 verworfen bzw. H_0 nicht verworfen. Im Fall eines Wertes x mit $0 < \varphi(x) < 1$ wird ein zusätzliches $B(1,p)$-Bernoulliexperiment durchgeführt, das mit Wahrscheinlichkeit $p \equiv \varphi(x)$ zur Verwerfung von H_0 führt. Dementsprechend heißen die drei Mengen

$$B = \{x \in \mathcal{X} : \varphi(x) = 1\}, \ A = \{x \in \mathcal{X} : \varphi(x) = 0\}, \ C = \{x \in \mathcal{X} : 0 < \varphi(x) < 1\}$$

Verwerfungsbereich, Annahmebereich bzw. *Randomisierungsbereich*. Randomisierte Tests sind für uns hauptsächlich von theoretischem Interesse, und zwar zum Ausschöpfen der Irrtumswahrscheinlichkeit α bei diskret verteilten Teststatistiken. Die *Gütefunktion* eines (randomisierten) Tests wird durch

$$G_\varphi(\vartheta) = \mathbb{E}_\vartheta(\varphi), \quad \vartheta \in \Theta,$$

definiert, die sich im Fall, dass $\mathbb{Q}_\vartheta$ die μ-Dichte $f(x, \vartheta)$, $x \in \mathcal{X}$ besitzt, in der Form

$$G_\varphi(\vartheta) = \int\limits_{\mathcal{X}} \varphi(x) f(x, \vartheta) \mu(dx), \quad \vartheta \in \Theta,$$

schreiben lässt. Im Spezialfall eines *nicht-randomisierten* Tests ist

$$\varphi(x) \in \{0, 1\} \quad \forall x \in \mathcal{X} \quad \text{und} \quad G_\varphi(\vartheta) = \mathbb{Q}_\vartheta(B).$$

Definition. Die Zahl $\sup_{\vartheta \in \Theta_0} G_\varphi(\vartheta)$ wird *Umfang* des Tests φ genannt. Ist ein $\alpha \in [0, 1]$ vorgegeben und der Umfang von φ nicht größer als α, so heißt φ ein *Test zum Niveau* α, kurz ein Niveau-α Test:

$$G_\varphi(\vartheta) \le \alpha \quad \forall \vartheta \in \Theta_0.$$

Ein Test φ ist immer Test zum Niveau seines Umfangs $\sup_{\Theta_0} G_\varphi(\vartheta)$. Der (in der Praxis unbrauchbare) Test φ mit $\varphi(x) = \alpha \ \forall x \in \mathcal{X}$ ist ein Test zum Niveau α.

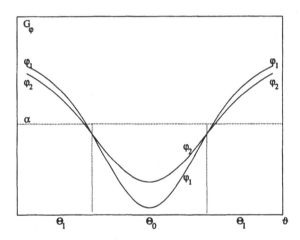

Abbildung VI.1: Gütefunktionen der Niveau-α Tests φ_1, φ_2. Der Test φ_1 ist besser als φ_2.

Sei $\Phi(\alpha)$ eine Teilmenge der Menge aller Tests zum Niveau α. Der Test $\varphi_1 \in \Phi(\alpha)$ heißt *gleichmäßig besser* als ein Test $\varphi_2 \in \Phi(\alpha)$, falls

$$G_{\varphi_1}(\vartheta) \ge G_{\varphi_2}(\vartheta) \quad \forall \vartheta \in \Theta_1.$$

Ein Test $\varphi^* \in \Phi(\alpha)$ heißt *gleichmäßig bester* Test in $\Phi(\alpha)$, falls

$$G_{\varphi^*}(\vartheta) \ge G_\varphi(\vartheta) \quad \forall \vartheta \in \Theta_1, \ \forall \varphi \in \Phi(\alpha). \tag{1.1}$$

Den Zusatz *gleichmäßig* lassen wir bei diesen Begriffen im Folgenden weg. Ist $\Phi(\alpha)$ die Gesamtheit aller Tests zum Niveau α, so heißt φ^* mit (1.1) dann bester Test zum Niveau α.

Ein bester Test in $\Phi(\alpha)$ existiert nur unter Einschränkungen bei mehreren der Größen $\mathbb{Q}_\vartheta$, Θ_0, Θ_1, $\Phi(\alpha)$.

1.2   Neyman-Pearson Tests (bei einfachen Hypothesen)

Wir betrachten den Fall einfacher, d. h. einelementiger Hypothesen

$$\Theta_0 = \{\vartheta_0\}, \quad \Theta_1 = \{\vartheta_1\} \qquad [\vartheta_0, \vartheta_1 \in \Theta, \vartheta_0 \neq \vartheta_1],$$

und bezeichnen die μ-Dichten bzw. die Erwartungswerte, die unter den Wahrscheinlichkeitsmaßen

$$\mathbb{Q}_0 \equiv \mathbb{Q}_{\vartheta_0}, \quad \mathbb{Q}_1 \equiv \mathbb{Q}_{\vartheta_1} \quad \text{auf } (\mathcal{X}, \mathfrak{B})$$

gebildet werden, mit

$$f_0(x), \; f_1(x), \; x \in \mathcal{X}, \quad \text{bzw.} \quad \mathbb{E}_0, \; \mathbb{E}_1.$$

Ein *Neyman-Pearson Test* (NP-Test) gibt den Verwerfungsbereich B in der Form $\{x \in \mathcal{X} : f_1(x) > \kappa\, f_0(x)\}$ an, mit einer geeigneten Konstante κ.

Definition. Ein (randomisierter) Test φ heißt NP-Test für die einfachen Hypothesen $\mathbb{Q}_0$ versus $\mathbb{Q}_1$, falls es ein $\kappa \geq 0$ gibt, so dass

$$\varphi(x) \equiv \varphi_\kappa(x) = \begin{cases} 1, & \text{falls } f_1(x) > \kappa\, f_0(x) \\ \gamma, & \text{falls } f_1(x) = \kappa\, f_0(x) \\ 0, & \text{falls } f_1(x) < \kappa\, f_0(x) \end{cases} \qquad (1.2)$$

gilt, mit einem $\gamma \in [0,1]$.

Der Umfang des NP-Tests φ_κ berechnet sich zu

$$\mathbb{E}_0(\varphi_\kappa) = \mathbb{Q}_0(f_1 > \kappa f_0) + \gamma \cdot \mathbb{Q}_0(f_1 = \kappa f_0). \qquad (1.3)$$

Es wird sich als nützlich erweisen, einen NP-Test φ_κ unter Benutzung des Dichte-Quotienten

$$T(x) = \begin{cases} f_1(x)/f_0(x), & \text{falls } f_0(x) > 0 \\ \infty, & \text{falls } f_0(x) = 0 \end{cases} \qquad (1.4)$$

umzuschreiben. Wir definieren den Test

$$\tilde{\varphi}_\kappa(x) = \begin{cases} 1, & \text{falls } T(x) > \kappa \\ \gamma, & \text{falls } T(x) = \kappa \\ 0, & \text{falls } T(x) < \kappa. \end{cases} \qquad (1.5)$$

Da allein der Fall $f_0(x) = f_1(x) = 0$ in (1.2) und (1.5) verschieden eingestuft wird, ist $\varphi_\kappa(x) = \tilde\varphi_\kappa(x)$ für $\mathbb{Q}_0$- und $\mathbb{Q}_1$-fast alle $x \in \mathcal{X}$, so dass wir φ_κ und $\tilde\varphi_\kappa$ nicht unterscheiden werden. Mit Hilfe des Dichtequotienten (1.4) schreibt sich der Umfang (1.3) des Tests φ_κ als

$$\mathbb{E}_0(\varphi_\kappa) = \mathbb{Q}_0(T > \kappa) + \gamma \cdot \mathbb{Q}_0(T = \kappa). \tag{1.6}$$

Wir zeigen zuerst, dass ein NP-Test φ_κ bester Test zum Niveau seines eigenen Umfangs $\mathbb{E}_0(\varphi_\kappa)$ ist, und danach, dass es –bei vorgegebenem α– einen NP-Test mit Umfang α tatsächlich auch gibt.

Eine Optimalitätseigenschaft von NP-Tests

Satz. *Ist für ein $\kappa \in [0, \infty)$ und $\gamma \in [0, 1]$ der Test φ_κ von der Form (1.2), so ist φ_κ bester Test zum Niveau $\alpha \equiv \mathbb{E}_0(\varphi_\kappa)$.*

Beweis. Sei φ ein Test zum Niveau α, d.h. $\mathbb{E}_0(\varphi) \le \alpha$. Wir haben zu zeigen, dass $\mathbb{E}_1(\varphi_\kappa) \ge \mathbb{E}_1(\varphi)$. Dazu definiert man die Mengen

$$M^{(+)} = \{x : \varphi_\kappa(x) > \varphi(x)\}$$
$$M^{(-)} = \{x : \varphi_\kappa(x) < \varphi(x)\}$$
$$M^{(=)} = \{x : \varphi_\kappa(x) = \varphi(x)\}.$$

Aufgrund der Implikationen

$$x \in M^{(+)} \;\Rightarrow\; \varphi_\kappa > 0 \;\Rightarrow\; f_1(x) \ge \kappa f_0(x)$$
$$x \in M^{(-)} \;\Rightarrow\; \varphi_\kappa < 1 \;\Rightarrow\; f_1(x) \le \kappa f_0(x)$$

haben wir

$$
\begin{aligned}
\mathbb{E}_1(\varphi_\kappa - \varphi) &= \int \big(\varphi_\kappa(x) - \varphi(x)\big) f_1(x)\,\mu(dx) \\
&= \int_{M^{(+)}} (\varphi_\kappa - \varphi) f_1\,d\mu + \int_{M^{(-)}} (\varphi_\kappa - \varphi) f_1\,d\mu + \int_{M^{(=)}} (\varphi_\kappa - \varphi) f_1\,d\mu \\
&\ge \int_{M^{(+)}} (\varphi_\kappa - \varphi)\,\kappa f_0\,d\mu + \int_{M^{(-)}} (\varphi_\kappa - \varphi)\,\kappa f_0\,d\mu \\
&= \int (\varphi_\kappa - \varphi)\,\kappa f_0\,d\mu = \kappa\,[\mathbb{E}_0(\varphi_\kappa) - \mathbb{E}_0(\varphi)] \ge \kappa\,[\alpha - \alpha] = 0
\end{aligned}
\tag{1.7}
$$

und damit die Behauptung. $\qquad\square$

Bemerkung. Der Beweis des Satzes deckt auch NP-Tests mit nicht-konstanten γ's ab, in welchem also die mittlere Zeile von (1.2)

$$\varphi_\kappa(x) = \gamma(x), \quad \text{falls } f_1(x) = \kappa\, f_0(x)$$

lautet. Diese Erweiterung wird unten in 2.2 benötigt.

Für später halten wir noch zwei Ungleichungen fest, die aus (1.7) folgen. Für einen NP-Test φ_κ und einen Test φ zum Niveau $\alpha = \mathbb{E}_0(\varphi_\kappa)$ gilt

$$\int (\varphi_\kappa - \varphi)(f_1 - \kappa f_0)\,d\mu \geq 0. \tag{1.8}$$

Nicht nur für ein konstantes κ, sondern auch für ein $\kappa = \kappa(x)$, wie wir es unten in 2.4 benötigen werden, gilt

$$\mathbb{E}_1(\varphi_\kappa - \varphi) \geq \int \big(\varphi_\kappa(x) - \varphi(x)\big)\,\kappa(x)f_0(x)\,\mu(dx). \tag{1.9}$$

1.3 Fundamentallemma von Neyman-Pearson

Der folgende Existenz- und Eindeutigkeitssatz für beste Niveau-α Tests bei einfachen Hypothesen läuft unter dem Namen *Fundamentallemma* von Neyman und Pearson.

Satz. *(Neyman-Pearson)*
a) Zu vorgegebenem $\alpha \in (0,1)$ gibt es einen NP-Test φ_κ der Form (1.2) zum Umfang α (der dann nach Satz 1.2 bester Niveau-α Test ist).
b) Ist φ ebenfalls bester Test zum Niveau α, dann gilt, mit dem NP-Test φ_κ aus Teil a) und mit der (Nicht-Randomisierungs-)Menge $D = \{x : f_1(x) \neq \kappa f_0(x)\}$

$$\varphi(x) = \varphi_\kappa(x) \quad \text{für } \mu - \text{fast alle } x \in D. \tag{1.10}$$

Beweis. a) Nach Maßgabe von Gleichung (1.6) sind reelle Zahlen $\kappa \in [0, \infty)$ und $\gamma \in [0,1]$ so zu bestimmen, dass

$$\mathbb{Q}_0(T > \kappa) + \gamma\,\mathbb{Q}_0(T = \kappa) = \alpha. \tag{1.11}$$

Mit Hilfe der Verteilungsfunktion F_0 von T unter H_0, das ist $F_0(t) = \mathbb{Q}_0(T \leq t)$, $t \in \mathbb{R}$, ist (1.11) äquivalent zu

$$1 - F_0(\kappa) + \gamma\,[F_0(\kappa) - F_0(\kappa-)] = \alpha. \tag{1.12}$$

Sei κ das $(1 - \alpha)$-Quantil von F_0, d.h. $\kappa = \inf\{t \in \mathbb{R} : F_0(t) \geq 1 - \alpha\}$. Wegen $F_0(t) = 0$ für $t < 0$ ist $\kappa \geq 0$. Wegen $F_0(t) \uparrow \mathbb{Q}_0(T < \infty) = 1$ für $t \uparrow \infty$ ist $\kappa < \infty$ (man beachte, dass $0 < 1 - \alpha < 1$ vorausgesetzt wurde). Gemäß Definition von κ haben wir die Ungleichungen

$$F_0(\kappa-) \leq 1 - \alpha \leq F_0(\kappa). \tag{1.13}$$

1.Fall: κ ist Stetigkeitsstelle von F_0. In (1.13) steht zweimal das $=$ Zeichen. Wir wählen $\gamma = 0$ und (1.12) ist erfüllt. Auch jede andere Wahl $\gamma \in [0,1]$ wäre möglich.

2. Fall: κ ist Unstetigkeitsstelle von F_0. In (1.13) steht mindestens einmal das $<$ Zeichen. Wir wählen

$$\gamma = \frac{F_0(\kappa) - (1-\alpha)}{F_0(\kappa) - F_0(\kappa-)}, \qquad \gamma \in [0,1],$$

und erfüllen damit (1.12).

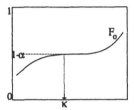 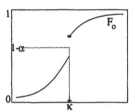

Abbildung VI.2: Verteilungsfunktion F_0, bei κ stetig [links], bei κ unstetig [rechts].

b) Setzt man $M^{(\neq)} = \{x : \varphi_\kappa(x) \neq \varphi(x)\}$, so ist zu zeigen, dass

$$\mu(D \cap M^{(\neq)}) = 0. \tag{1.14}$$

(i) Da φ und φ_κ beste Tests sind, gilt

$$\mathbb{E}_1(\varphi_\kappa) - \mathbb{E}_1(\varphi) = \int (\varphi_\kappa - \varphi)f_1 d\mu = 0. \tag{1.15}$$

Da φ_κ vom Umfang α ist und φ zum Niveau α, folgt

$$\mathbb{E}_0(\varphi_\kappa) - \mathbb{E}_0(\varphi) = \int (\varphi_\kappa - \varphi)f_0 d\mu \geq 0. \tag{1.16}$$

Man bildet die Differenz (1.15) $- \kappa \times$ (1.16) und erhält $\int(\varphi_\kappa - \varphi)(f_1 - \kappa f_0)d\mu \leq 0$, so dass sich zusammen mit (1.8) ergibt

$$\int (\varphi_\kappa - \varphi)(f_1 - \kappa f_0)d\mu = 0. \tag{1.17}$$

(ii) Für $x \in D \cap M^{(\neq)}$ trifft genau eine der beiden Alternativen zu:

1. $f_1 - \kappa f_0 > 0 \quad \Rightarrow \quad \varphi_\kappa = 1, \varphi < 1 \quad \Rightarrow \quad \varphi_\kappa - \varphi > 0$
2. $f_1 - \kappa f_0 < 0 \quad \Rightarrow \quad \varphi_\kappa = 0, \varphi > 0 \quad \Rightarrow \quad \varphi_\kappa - \varphi < 0.$

Für $x \in D \cap M^{(\neq)}$ ist der Integrand in (1.17) für jede der beiden Alternativen positiv, während er für $x \notin D \cap M^{(\neq)}$ gleich 0 ist. Demnach ergibt sich aus (1.17)

$$0 = \int_{D\cap M^{(\neq)}} \psi(x)\mu(dx), \quad \text{mit} \quad \psi = (\varphi_\kappa - \varphi)(f_1 - \kappa f_0) > 0 \text{ auf } D \cap M^{(\neq)},$$

woraus (1.14) folgt. $\qquad\qquad\qquad\qquad\qquad\qquad\qquad\qquad\qquad\qquad\qquad\qquad\qquad\quad$ $\square$

Bemerkung. Anstelle von (1.10) lässt sich auch schreiben

$$\varphi(x) = \varphi_\kappa(x) \quad \text{für } \mathbb{Q}_0 - \text{ und } \mathbb{Q}_1 - \text{fast alle } x \in D.$$

Beispiel: Poissonverteilung
Auf $(\mathcal{X}, \mathfrak{B}) = (\mathbb{N}_0, \mathfrak{P}(\mathbb{N}_0))$ sei die Klasse $P(\lambda)$, $\lambda > 0$, von Poissonverteilungen gegeben. Für zwei Werte λ_0, λ_1 mit $0 < \lambda_0 < \lambda_1$ soll die Hypothese

$$H_0: \ \lambda = \lambda_0 \quad \text{versus} \quad H_1: \ \lambda = \lambda_1$$

geprüft werden. Mit $f(x, \lambda) = \lambda^x e^{-\lambda}/x!$, $x \in \mathbb{N}_0$, lautet der Dichtequotient $T(x) = f(x, \lambda_1)/f(x, \lambda_0)$ zum NP-Test

$$T(x) = \left(\frac{\lambda_1}{\lambda_0}\right)^x e^{-(\lambda_1 - \lambda_0)}, \ x \in \mathbb{N}_0.$$

$T(x)$ ist streng monoton wachsend in $x \in \mathbb{N}_0$. Also lässt sich eine Konstante $k \in \mathbb{R}_+$ finden, so dass der Verwerfungs- und der Randomisierungsbereich $T(x) > \kappa$ und $T(x) = \kappa$ umgeschrieben werden können in $x > k$ bzw. $x = k$. Der beste Test φ_k zum Niveau α für H_0 versus H_1 lautet demnach

$$\varphi_k(x) = \begin{cases} 1 & \text{für } x > k \\ \gamma & \text{für } x = k \\ 0 & \text{für } x < k. \end{cases}$$

Für ein $\alpha \in (0, 1)$ werden die Konstanten $k \in \mathbb{N}_0$ und $\gamma \in [0, 1]$ aus

$$\mathbb{Q}_0(x > k) + \gamma \, \mathbb{Q}_0(x = k) = \alpha$$

bestimmt, mit

$$\mathbb{Q}_0(x > k) = 1 - e^{-\lambda_0} \sum_{i=0}^{k} \frac{\lambda_0^i}{i!}, \qquad \mathbb{Q}_0(x = k) = e^{-\lambda_0} \frac{\lambda_0^k}{k!}.$$

Man hat also das kleinste $k \in \mathbb{N}_0$ mit $\mathbb{Q}_0(x > k) \leq \alpha$ zu wählen und $\gamma = (\alpha - \mathbb{Q}_0(x > k))/\mathbb{Q}_0(x = k)$ zu setzen.

2   Einseitige und zweiseitige Tests

Wir werden uns nun von der in der Praxis selten anzutreffenden Situation einfacher Hypothesen lösen. Mit einem reellwertigen Parameter $\vartheta \in \mathbb{R}$ behandeln wir zunächst das einseitige Testproblem $\vartheta \leq \vartheta_0$ versus $\vartheta > \vartheta_0$. Wir werden feststellen, dass die Sätze 1.2 und 1.3 hier anwendbar sind, wenn der Dichtequotient $f_{\vartheta'}/f_\vartheta$

eine gewisse Monotonie-Eigenschaft besitzt. Die (einparametrige) Exponentialfamilie ist das wichtigste Beispiel für eine solche Verteilungsklasse. Bei zweiseitigen Hypothesen, d. i. $\vartheta = \vartheta_0$ versus $\vartheta \neq \vartheta_0$, schränkt man die Verteilungsklasse ganz auf die einparametrige Exponentialfamilie ein und lässt nur noch *unverfälschte* Tests zu. Durch diesen Abschnitt 2 werden z. B. die (exakten) Binomialtests aus I 3.5 und die Gaußtests aus I 3.3 abgedeckt, nicht aber die (für die Praxis wichtigeren) t-Tests. Zu deren Behandlung im Abschnitt 3 wird aber auf die hier gewonnenen Sätze 2.2 und 2.5 zurückgegriffen.

2.1 Verteilungsklasse mit monotonem Dichtequotienten

Gegeben sei eine

Verteilungsklasse $\mathbb{Q}_\vartheta$, $\vartheta \in \Theta \subset \mathbb{R}$, auf $(\mathcal{X}, \mathfrak{B})$,

welche dominiert ist durch das (σ-endliche) Maß μ. Die μ-Dichten von $\mathbb{Q}_\vartheta$ werden mit

$$f(x, \vartheta) = \frac{d\mathbb{Q}_\vartheta}{d\mu}(x), \ x \in \mathcal{X}, \ \vartheta \in \Theta,$$

bezeichnet. Aus beweistechnischen Gründen benötigen wir das folgende Konzept.

Definition. Eine wie eben eingeführte Klasse $\mathbb{Q}_\vartheta$, $\vartheta \in \Theta$, erfülle die folgenden beiden Eigenschaften:

1. Die Parametrisierung ist eindeutig, d. h. die Abbildung

   $\vartheta \longrightarrow \mathbb{Q}_\vartheta$ ist injektiv.

2. Es gibt eine Statistik $T : (\mathcal{X}, \mathfrak{B}) \longrightarrow (\mathbb{R}, \mathcal{B}^1)$, und für jedes Paar $\vartheta, \vartheta' \in \Theta$ mit $\vartheta < \vartheta'$ eine nichtnegative Funktion $g(t; \vartheta, \vartheta'), t \in \mathbb{R}$, welche monoton wachsend in t ist, so dass

   $$\frac{f(x, \vartheta')}{f(x, \vartheta)} = g(T(x); \vartheta, \vartheta'). \tag{2.1}$$

Dann heißt $\mathbb{Q}_\vartheta$, $\vartheta \in \Theta$, eine Klasse mit *monotonem Dichtequotienten* in T.

Der Fall $f(x, \vartheta') = f(x, \vartheta) = 0$ kommt nur mit $\mathbb{Q}_\vartheta$- und $\mathbb{Q}_{\vartheta'}$- Wahrscheinlichkeit 0 vor. Im Fall $f(x, \vartheta') > 0$, $f(x, \vartheta) = 0$ wird der Quotient (2.1) gleich ∞ gesetzt.

Proposition. *Gehört $\mathbb{Q}_\vartheta$, $\vartheta \in \Theta \subset \mathbb{R}$, Θ offen, einer einparametrigen Exponentialfamilie an, das heißt ist*

$$f(x, \vartheta) = \exp\{c(\vartheta)t(x) - b(\vartheta)\}h(x), \ x \in \mathcal{X}, \tag{2.2}$$

und ist

$c(\vartheta), \vartheta \in \Theta$, *streng monoton wachsend,* $Var_\vartheta(t) > 0 \ \ \forall \vartheta \in \Theta$,

dann bildet $\mathbb{Q}_\vartheta$, $\vartheta \in \Theta$, eine Klasse mit monotonem Dichtequotienten in t.

Beweis. (i) Angenommen, es gäbe $\vartheta \neq \vartheta'$ mit $\mathbb{Q}_\vartheta = \mathbb{Q}_{\vartheta'}$. Dann gilt

$$\mathbb{Q}_\vartheta(B) = \int_B f(x,\vartheta)\,\mu(dx) = \int_B f(x,\vartheta')\,\mu(dx) = \mathbb{Q}_{\vartheta'}(B),\ \forall\, B \in \mathfrak{B},$$

und damit auch $f(x,\vartheta) = f(x,\vartheta')$ für μ-fast alle $x \in \mathcal{X}$. Das heißt aber nach Logarithmieren von (2.2), dass für μ-fast alle $x \in \mathcal{X}$

$$c(\vartheta)t(x) - b(\vartheta) = c(\vartheta')t(x) - b(\vartheta').$$

Wegen $c(\vartheta) \neq c(\vartheta')$ gilt für solche $x \in \mathcal{X}$

$$t(x) = \frac{b(\vartheta) - b(\vartheta')}{c(\vartheta) - c(\vartheta')}.$$

Dann ist t also μ-fast sicher konstant, im Widerspruch zu $\mathrm{Var}_\vartheta(t) > 0$.

(ii) Aus (2.2) folgt für $\vartheta < \vartheta'$, dass

$$\frac{f(x,\vartheta')}{f(x,\vartheta)} = \exp\left\{[c(\vartheta') - c(\vartheta)]\,t(x) - [b(\vartheta') - b(\vartheta)]\right\} \equiv g(t(x);\vartheta,\vartheta'),$$

so dass sich aus $c(\vartheta') - c(\vartheta) > 0$ die (sogar strenge) Monotonie von $g(t(x);\vartheta,\vartheta')$ in t ergibt. $\qquad\square$

Beispiele.
   a) $\mathbb{Q}_\vartheta = \bigtimes_{i=1}^n N(\vartheta,\sigma^2),\ \vartheta \in \mathbb{R}$.
Nach II 2.4 a) hat man $c(\vartheta) = \vartheta/\sigma^2$ und $t(x) = \sum_{i=1}^n x_i$ in (2.2).
   b) $B(n,\vartheta),\ \vartheta \in (0,1)$.
Nach II 2.4 c) ist $c(\vartheta) = \log(\vartheta/(1-\vartheta))$ und $t(x) = x \in \{0,\dots,n\}$ zu setzen.
   In beiden Fällen ist $c(\vartheta)$ streng monoton wachsend in ϑ, so dass jeweils eine Klasse mit monotonem Dichtequotienten in t vorliegt.

I. F. schreiben wir oft $f_\vartheta(x)$ für $f(x,\vartheta)$ und $f_i(x)$ für $f(x,\vartheta_i)$, $i = 0,1$. Eine Konsequenz der eindeutigen Parametrisierung ist, wie jetzt gezeigt wird, dass die Durchführung eines NP-Tests nicht nur aus Randomisieren besteht.

Lemma. *Sei φ_κ ein NP-Test (1.2) für ϑ_0 versus ϑ_1, mit der (Nicht-Randomisierungs-) Menge*

$$D = \{x : f_1(x) \neq \kappa f_0(x)\},$$

$\vartheta_0 \neq \vartheta_1$. In einer eindeutig parametrisierten Verteilungsklasse $\mathbb{Q}_\vartheta$, $\vartheta \in \Theta$, gilt $\mu(D) > 0$.

Beweis. Aus der Ausnahme $\mu(D) = 0$ folgt $f_1(x) = \kappa f_0(x)$ für μ-fast alle $x \in \mathfrak{X}$, also $1 = \int f_1 d\mu = \kappa \int f_0 d\mu$. Man erhält zunächst $\kappa = 1$, dann $f_0(x) = f_1(x)$ für μ-fast alle $x \in \mathfrak{X}$, und schließlich den Widerspruch $\mathbb{Q}_{\vartheta_0} = \mathbb{Q}_{\vartheta_1}$. $\qquad\square$

2.2 Beste einseitige Tests bei monotonem Dichtequotienten

Es wird sich zeigen, dass ein bester Test zum Prüfen der Hypothesen

$$H_0 : \vartheta \leq \vartheta_0 \quad \text{versus} \quad H_1 : \vartheta > \vartheta_0 \qquad (\vartheta \in \Theta \subset \mathbb{R}),$$

wobei $\vartheta_0 \in \Theta$ vorgegeben ist, die Form

$$\varphi_{\kappa^*}(x) \equiv \varphi^*(x) = \begin{cases} 1, & \text{falls } T(x) > \kappa^* \\ \gamma^*, & \text{falls } T(x) = \kappa^* \\ 0, & \text{falls } T(x) < \kappa^* \end{cases} \tag{2.3}$$

hat, mit $\kappa^* \in \mathbb{R}$ und $\gamma^* \in [0,1]$. Die Gütefunktion des Tests φ^* bei ϑ_0 berechnet sich zu

$$\mathbb{E}_0(\varphi^*) = \mathbb{Q}_0(T > \kappa^*) + \gamma^* \mathbb{Q}_0(T = \kappa^*). \tag{2.4}$$

Nach Satzteil c) wird dies auch der Umfang des Tests φ^* sein.

Satz. *Die Verteilungsklasse $\mathbb{Q}_\vartheta$, $\vartheta \in \Theta \subset \mathbb{R}$, besitze einen monotonen Dichtequotienten in T.*
a) Sei $\vartheta_0 \in \Theta$. Ist φ^* ein Test der Form (2.3) mit $\alpha \equiv \mathbb{E}_0(\varphi^*) > 0$, so ist φ^* bester Test zum Niveau α für H_0 versus H_1.
b) Zu vorgegebenen $\vartheta_0 \in \Theta$ und $\alpha \in (0,1)$ gibt es $\kappa^* \in \mathbb{R}$ und $\gamma^* \in [0,1]$, so dass φ^* aus (2.3) ein Test zum Umfang α ist.
c) Die Gütefunktion $G_{\varphi^*}(\vartheta) = \mathbb{E}_\vartheta(\varphi^*)$ ist monoton wachsend in ϑ, im Bereich $0 < G_{\varphi^*} < 1$ sogar streng monoton wachsend.

Beweis. a) Wähle ein beliebiges $\vartheta_1 \in \Theta$ mit $\vartheta_1 > \vartheta_0$ aus und betrachte die einfachen Hypothesen

$$H_0' : \vartheta = \vartheta_0 \quad \text{versus} \quad H_1' : \vartheta = \vartheta_1.$$

Da nach Voraussetzung der Quotient $f_{\vartheta_1}/f_{\vartheta_0} \equiv f_1/f_0$ monoton in T ist, gibt es zu κ^* eine Konstante $\kappa \geq 0$, nämlich $\kappa = g(\kappa^*; \vartheta_0, \vartheta_1)$, so dass

$$\left\{ x : f_1(x)/f_0(x) \begin{array}{c} > \\ < \end{array} \begin{array}{c} \kappa \\ \kappa \end{array} \right\} \subset \left\{ x : T(x) \begin{array}{c} > \\ < \end{array} \begin{array}{c} \kappa^* \\ \kappa^* \end{array} \right\}. \tag{2.5}$$

Aus $\alpha > 0$ erschließt man $\kappa < \infty$, denn $\kappa = \infty$ würde auf den Widerspruch $\alpha \leq \mathbb{Q}_0(T \geq \kappa^*) \leq \mathbb{Q}_0(f_1/f_0 = \infty) = 0$ stoßen. Für den Test φ^* in (2.3) gilt

$$\varphi^*(x) = \begin{cases} 1, & \text{falls } f_1(x)/f_0(x) > \kappa \\ \gamma(x), & \text{falls } f_1(x)/f_0(x) = \kappa \\ 0, & \text{falls } f_1(x)/f_0(x) < \kappa, \end{cases} \tag{2.6}$$

mit $\gamma(x) \in \{0, 1, \gamma^*\}$. Nach Satz 1.2, zusammen mit der dort nachfolgenden Bemerkung, ist der Test φ^* bester Test für H_0' versus H_1' zum Niveau $\alpha \equiv \mathbb{E}_0(\varphi^*)$. Da φ^* gemäß (2.3) aber nicht von der Wahl ϑ_1 abhängt, ist Behauptung a) für die Nullhypothese H_0' gegen H_1 bewiesen. Teil c), in welchem noch $\mathbb{E}_\vartheta(\varphi^*) \leq \alpha$ für alle $\vartheta \leq \vartheta_0$ gezeigt wird, wird die Ausweitung von H_0' auf H_0 erlauben.

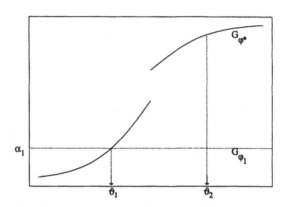

Abbildung VI.3: Monotonie der Gütefunktion G_{φ^*}.

b) Es existieren Konstanten κ^* und γ^*, die $\alpha = \mathbb{E}_0(\varphi^*)$ gemäß (2.4) erfüllen. Dazu vergleiche man die Bestimmung der Konstanten κ und γ im Beweis von Satz 1.3 a). Nach Teil c) ist der Wert α dann auch der Umfang von φ^*.

c) Man wähle $\vartheta_1 < \vartheta_2$ beliebig und setze $\alpha_1 = G_{\varphi^*}(\vartheta_1)$. Wir zeigen, dass $\alpha_1 \leq G_{\varphi^*}(\vartheta_2)$, vgl. Abb VI.3. Dazu stellen wir den Test φ^* in (2.3) wieder – analog zum Teil a)– über (2.5) als einen NP-Test dar, und zwar zum Prüfen von $H_0^*: \vartheta = \vartheta_1$ versus $H_1^*: \vartheta = \vartheta_2$, wobei jetzt $\kappa = g(\kappa^*; \vartheta_1, \vartheta_2)$ ist. Nach Satz 1.2 ist φ^* dann bester Test zum Niveau α_1 für H_0^* versus H_1^*. Den Test φ^* vergleichen wir mit dem konstanten Test $\varphi_1 = \alpha_1$, was zu

$$\alpha_1 = G_{\varphi_1}(\vartheta_2) \leq G_{\varphi^*}(\vartheta_2)$$

führt.

Sei nun $\alpha_1 = G_{\varphi^*}(\vartheta_1) \in (0, 1)$. Um zu zeigen, dass sogar $\alpha_1 < G_{\varphi^*}(\vartheta_2)$ gilt, nehmen wir $\alpha_1 = G_{\varphi^*}(\vartheta_2)$ an. Dann wäre $G_{\varphi^*}(\vartheta_2) = G_{\varphi_1}(\vartheta_2)$ und damit auch der konstante Test $\varphi_1 = \alpha_1$ bester Test zum Niveau α_1 für H_0^* versus H_1^*. Nach der Eindeutigkeitsaussage in Satz 1.3 b) folgt

$$\varphi_1 = \varphi^* \quad \mu - \text{fast sicher auf } D = \{f_{\vartheta_2} \neq \kappa f_{\vartheta_1}\}. \tag{2.7}$$

Nach Lemma 2.1 ist aber $\mu(D) > 0$, so dass (2.7) im Widerspruch zur Bauart der beiden Tests φ_1 und φ^* steht (Satz 1.3 b und Lemma 2.1 gelten auch für NP-Tests φ_κ mit nicht-konstantem $\gamma = \gamma(x)$). $\qquad\square$

Bemerkungen. 1. Zum Testen der einseitigen Hypothesen $H_0 : \vartheta \geq \vartheta_0$ versus $H_1 : \vartheta < \vartheta_0$ hat man ϑ durch $-\vartheta$ und T durch $-T$ zu ersetzen, so dass sich beim Test φ^* in (2.3) das $>$ und das $<$ Zeichen vertauschen.

2. Der Test φ^* zeichnet sich auch noch dadurch aus, dass er $G_\varphi(\vartheta)$, $\vartheta \leq \vartheta_0$, unter allen Tests φ mit $G_\varphi(\vartheta_0) = \alpha$ gleichmäßig minimiert; vergleiche BEHNEN & NEUHAUS (1995, S. 405).

3. Liegt speziell die einparametrige Exponentialfamilie aus Prop. 2.1 vor, wie es ab 2.3 vorausgesetzt wird, so kann im Teil a) des Satzes auf die Einschränkung $\alpha > 0$ verzichtet werden.

Beispiel: Einseitiger Gaußtest
Nach Beispiel a) in 2.1 besitzt die –zu n unabhängigen, $N(\mu, \sigma^2)$-verteilten Zufallsvariablen gehörende– Verteilungsklasse

$$(*) \qquad \mathbb{Q}_\mu = \bigtimes_{i=1}^{n} N(\mu, \sigma^2), \quad \mu \in \mathbb{R}, \ \sigma^2 > 0 \text{ bekannt},$$

einen monotonen Dichtequotienten $f(x, \mu')/f(x, \mu)$, $\mu < \mu'$, in $t(x) = \sum_{i=1}^{n} x_i$, $x = (x_1, \ldots, x_n)$. Der Dichteqotient ist auch monoton in

$$T(x) = \sqrt{n} \, \frac{\bar{x} - \mu_0}{\sigma}, \qquad \bar{x} = \frac{1}{n} \sum_{i=1}^{n} x_i,$$

wobei μ_0 eine vorgegebene reelle Zahl ist. Nach dem Satzteil a) ist der Test φ^*,

$$\varphi^*(x) = \begin{cases} 1, & \text{falls } T(x) > \kappa^* \\ \gamma^*, & \text{falls } T(x) = \kappa^* \\ 0, & \text{falls } T(x) < \kappa^*, \end{cases}$$

mit $\kappa^* = u_{1-\alpha}$, bester Test für $H_0 : \mu \leq \mu_0$ versus $H_1 : \mu > \mu_0$ zum Niveau $\alpha = \mathbb{E}_0(\varphi^*)$. In der Tat, wir haben $\mathbb{Q}_0(T > \kappa^*) = \alpha$ und $\mathbb{Q}_0(T = \kappa^*) = 0$ (so dass $\gamma^* = 0$ gewählt werden kann). Der einseitige Gaußtest ist unter der Verteilungsannahme $(*)$ als bester Test für H_0 versus H_1 nachgewiesen.

2.3 Unverfälschte zweiseitige Tests

Sei $\vartheta_0 \in \Theta$ vorgegeben. Zum zweiseitigen Testproblem

$$H_0 : \vartheta = \vartheta_0 \quad \text{versus} \quad H_1 : \vartheta \neq \vartheta_0 \qquad (\vartheta \in \Theta \subset \mathbb{R}), \tag{2.8}$$

kann es i. A. keinen besten Test zum Niveau $\alpha \in (0, 1)$ geben. In der Tat, ein solcher bester Test φ^* wäre insbesondere

1. bester Niveau-α Test für $H_0 : \vartheta = \vartheta_0$ versus $H_1^> : \vartheta > \vartheta_0$,

2. bester Niveau-α Test für $H_0 : \vartheta = \vartheta_0$ versus $H_1^< : \vartheta < \vartheta_0$.

Unter den Voraussetzungen von Satz 2.2, der sich nach Beweisteil a) auch mit $H_0 : \vartheta = \vartheta_0$ aussprechen lässt, erhalten wir aus 1. und 2. für die Gütefunktion von φ^* den Widerspruch

1. $G_{\varphi^*}(\vartheta) < \alpha$ für $\vartheta < \vartheta_0$,   2. $G_{\varphi^*}(\vartheta) > \alpha$ für $\vartheta < \vartheta_0$.

Wir schränken deshalb die Klasse der Niveau-α Tests durch die Forderung der *Unverfälschtheit* ein. Die folgende Definition ist für allgemeine Hypothesen Θ_0 und Θ_1 formuliert.

Definition. Ein Test zum Prüfen der Hypothesen Θ_0 versus Θ_1 heißt *unverfälscht* zum Niveau α, falls für seine Gütefunktion $G_\varphi(\vartheta) = \mathbb{E}_\vartheta(\varphi)$ gilt

$$G_\varphi(\vartheta) \leq \alpha \quad \forall \vartheta \in \Theta_0, \qquad G_\varphi(\vartheta) \geq \alpha \quad \forall \vartheta \in \Theta_1. \tag{2.9}$$

Der (von der Stichprobe unabhängige) konstante Test $\varphi = \alpha$ ist ein unverfälschter Niveau-α Test. Dasselbe gilt für die unter der Normalverteilungsannahme abgeleiteten zweiseitigen Gauß- und t-Tests aus I 3; zur Illustration vergleiche man die Abb. I.1. Bei den zweiseitigen Tests dieses Abschnitts ist

$$\Theta_0 = \{\vartheta_0\} \quad \text{und} \quad \Theta_1 = \{\vartheta \in \Theta : \vartheta \neq \vartheta_0\}.$$

Zur Herleitung bester zweiseitiger Tests schränken wir die Verteilungsklasse mit monotonem Dichtequotienten aus 2.1 wie folgt weiter ein:

Die Klasse $\mathbb{Q}_\vartheta$, $\vartheta \in \Theta \subset \mathbb{R}$, Θ offen, sei nun eine *einparametrige Exponentialfamilie* mit μ-Dichten

$$f(x, \vartheta) = \exp\{c(\vartheta)t(x) - b(\vartheta)\}h(x), \ x \in \mathcal{X}, \ \vartheta \in \Theta,$$

$$c(\vartheta), \ \vartheta \in \Theta, \ \text{stetig differenzierbar}, \ c'(\vartheta) > 0, \ \text{Var}_\vartheta(t) > 0 \ \forall \vartheta \in \Theta. \tag{2.10}$$

Gemäß Proposition 2.1 bildet $\mathbb{Q}_\vartheta$, $\vartheta \in \Theta$, eine Klasse mit monotonem Dichtequotienten und ist insbesondere eindeutig parametrisiert. Wie früher setzen wir $f_0(x) = f(x, \vartheta_0)$ und $\mathbb{E}_0 = \mathbb{E}_{\vartheta_0}$.

Lemma. *Unter der Annahme* (2.10) *gelten für einen unverfälschten Niveau-α Test φ die Gleichungen*

$$\int \varphi f_0 \, d\mu = \alpha, \quad \int \varphi t f_0 \, d\mu = \alpha \int t f_0 \, d\mu. \tag{2.11}$$

Beweis. Aufgrund von Lemma II 2.3 lässt sich $G_\varphi(\vartheta) = \int \varphi(x) f(x, \vartheta) \mu(dx)$
„unter dem Integralzeichen" nach ϑ differenzieren. Gemäß (2.9) besitzt $G_\varphi(\vartheta)$
bei ϑ_0 den Wert α, d. h. es gilt $\alpha = G_\varphi(\vartheta_0) = \int \varphi f_0 d\mu$, und hat dort ein relatives Minimum. Letzteres erzwingt $G'_\varphi(\vartheta_0) = \int \varphi f_0 \left[c'(\vartheta_0) t - b'(\vartheta_0) \right] d\mu = 0$,
beziehungsweise

$$c'(\vartheta_0) \int \varphi \, t f_0 \, d\mu = \alpha \, b'(\vartheta_0). \tag{2.12}$$

Satz II 2.3 liefert, mit „Nachdifferenzieren" der Funktion $c(\vartheta)$,

$$b'(\vartheta_0) = c'(\vartheta_0) \, \mathbb{E}_0(t) = c'(\vartheta_0) \int t f_0 \, d\mu.$$

Eingesetzt in (2.12) ergibt dies wegen $c'(\vartheta) > 0$ die zweite Gleichung in (2.11). □

Die Gleichungen (2.11) lassen sich auch in der kompakteren Form

$$\mathbb{E}_0(\varphi) = \alpha, \quad \mathbb{E}_0(\varphi \, t) = \alpha \, \mathbb{E}_0(t) \tag{2.13}$$

wiedergeben. Sie beschreiben die Unverfälschtheit lokal an der Stelle ϑ_0.

2.4 Modifizierte NP-Tests

Als Vorbereitung zum Nachweis bester unverfälschter Tests führen wir *modifizierte NP-Tests* $\varphi_{\kappa, \lambda}$ zum Prüfen der einfachen Hypothesen

$$H_0 : \vartheta = \vartheta_0 \quad \text{versus} \quad H'_1 : \vartheta = \vartheta_1 \qquad [\vartheta_0, \vartheta_1 \in \Theta, \ \vartheta_0 \neq \vartheta_1] \tag{2.14}$$

ein, nämlich

$$\varphi_{\kappa, \lambda}(x) = \begin{cases} 1, & \text{falls } f_1(x) > \left[\kappa + \lambda \, t(x) \right] f_0(x) \\ \gamma(x), & \text{falls } f_1(x) = \left[\kappa + \lambda \, t(x) \right] f_0(x) \\ 0, & \text{falls } f_1(x) < \left[\kappa + \lambda \, t(x) \right] f_0(x). \end{cases} \tag{2.15}$$

Dabei sind $\kappa, \lambda \in \mathbb{R}$, $\gamma(x) \in [0, 1]$ und $t(x)$ aus der Exponentialfamilie (2.10). Ferner definieren wir die Klasse

$\Phi(\alpha)$ aller Tests φ, welche die Gleichungen (2.11) bzw. (2.13) erfüllen.

$\Phi(\alpha)$ umfasst die Klasse aller unverfälschten Niveau-α Tests.

Satz. *Gegeben eine Verteilungsklasse (2.10) und, für $\kappa, \lambda \in \mathbb{R}$, $\gamma : \mathcal{X} \to [0, 1]$, ein modifizierter NP-Test $\varphi_{\kappa, \lambda}$ wie in (2.15). Sei $\alpha \equiv \mathbb{E}_0(\varphi_{\kappa, \lambda})$. Gilt $\varphi_{\kappa, \lambda} \in \Phi(\alpha)$, so ist $\varphi_{\kappa, \lambda}$ bester Test in $\Phi(\alpha)$ für die (einfachen) Hypothesen (2.14).*

Beweis. Wir haben die Ungleichung

$$\mathbb{E}_1(\varphi_{\kappa,\lambda}) \geq \mathbb{E}_1(\varphi) \quad \forall \varphi \in \Phi(\alpha)$$

zu zeigen. Tatsächlich gilt unter Anwendung beider Gleichungen (2.11)

$$\mathbb{E}_1(\varphi_{\kappa,\lambda} - \varphi) = \int (\varphi_{\kappa,\lambda} - \varphi) f_1 \, d\mu \geq \int (\varphi_{\kappa,\lambda} - \varphi)(\kappa + \lambda t) f_0 \, d\mu$$

$$= \kappa \left(\int \varphi_{\kappa,\lambda} f_0 \, d\mu - \int \varphi f_0 \, d\mu \right) + \lambda \left(\int \varphi_{\kappa,\lambda} \, t f_0 \, d\mu - \int \varphi \, t f_0 \, d\mu \right) = 0.$$

Das $\geq$ Zeichen ist in völliger Analogie zum Beweis des Satzes 1.2 gültig (ersetze in (1.9) die Funktion $\kappa(x)$ durch $\kappa + \lambda t(x)$). $\qquad \square$

Wir geben nun die Bauart eines zweiseitigen Tests φ_c an. Es wird sich zeigen, dass φ_c in einen modifizierten NP-Test umgeschrieben werden kann. Mit $c = (c_1, c_2, \gamma_1, \gamma_2)$ setzen wir

$$\varphi_c(x) = \begin{cases} 1, & \text{falls } t(x) \notin [c_1, c_2] \\ \gamma_1, & \text{falls } t(x) = c_1 \\ \gamma_2, & \text{falls } t(x) = c_2 \\ 0, & \text{falls } t(x) \in (c_1, c_2), \end{cases} \qquad (2.16)$$

wobei $\gamma_1, \gamma_2 \in [0,1], c_1 \leq c_2$, und $t(x)$ aus der Exponentialfamilie (2.10) ist.

Lemma. *Gegeben eine Verteilungsklasse (2.10) sowie reelle Zahlen $\gamma_1, \gamma_2 \in [0,1]$, $c_1 \leq c_2, \vartheta_0, \vartheta_1 \in \Theta, \vartheta_0 \neq \vartheta_1$. Dann lässt sich der Test φ_c aus (2.16) als ein modifizierter NP-Test $\varphi_{\kappa,\lambda}$ wie in (2.15) schreiben, mit geeigneten $\kappa, \lambda \in \mathbb{R}$, $\gamma(x) \in [0,1]$.*

Beweis. Da der Faktor $h(x)$ in der Dichte $f(x, \vartheta)$ aus (2.10) positiv ist, erhalten wir mit $a = c(\vartheta_1) - c(\vartheta_0), b = b(\vartheta_0) - b(\vartheta_1)$

$$\{x : f_1(x) > [\kappa + \lambda t(x)] f_0(x)\} = \{x : \exp\{a\, t(x) + b\} > \kappa + \lambda t(x)\},$$

sowie eine entsprechende Gleichung mit dem $<$ anstelle des $>$ Zeichens. Nun bestimmen wir $\kappa, \lambda \in \mathbb{R}$ derart, dass die Gerade $\kappa + \lambda \cdot t, t \in \mathbb{R}$, die konvexe Kurve $\exp\{b + a \cdot t\}, t \in \mathbb{R}$, genau an den Stellen $t_1 = c_1$ und $t_2 = c_2$ schneidet (falls $c_1 < c_2$) bzw. an der Stelle $t_1 = c_1$ berührt (falls $c_1 = c_2$). Ferner setzt man $\gamma(x) = \gamma_i$ für $t(x) = c_i, i = 1, 2$. Aus den Mengengleichungen

$$\{x : \exp\{b + a\, t(x)\} > \kappa + \lambda t(x)\} = \{x : t(x) \notin [c_1, c_2]\},$$
$$\{x : \exp\{b + a\, t(x)\} < \kappa + \lambda t(x)\} = \{x : t(x) \in (c_1, c_2)\}$$

folgt dann die Behauptung. $\qquad \square$

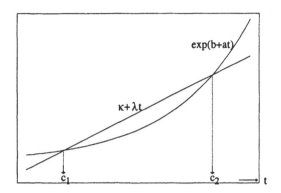

Abbildung VI.4: Bestimmung der Konstanten κ und λ beim modifizierten NP-Test

Bemerkungen. 1. Anders als beim Test $\varphi_{\kappa,\lambda}$ aus (2.15) treten beim Test φ_c aus (2.16) die Werte ϑ_0, ϑ_1 nicht explizit auf.
2. Die Umkehrung der Aussage des Lemmas ist nicht richtig. Es braucht keine c_1, c_2 zu geben, so dass sich der Test $\varphi_{\kappa,\lambda}$ in einen Test der Form φ_c umschreiben lässt. In der Tat, sind die im obigen Beweis auftretenden Kurven $\kappa + \lambda \cdot t$ und $\exp\{b + a \cdot t\}$, $t \in \mathbb{R}$, vorgegeben, so kann die Gerade vollständig unterhalb der Exponentialkurve verlaufen.

2.5   Beste unverfälschte Tests

Wir kommen zum Hauptsatz über zweiseitige Tests in einparametrigen Exponentialfamilien zum Prüfen der Hypothesen

$$H_0 : \vartheta = \vartheta_0 \quad \text{versus} \quad H_1 : \vartheta \neq \vartheta_0 \qquad (\vartheta \in \Theta \subset \mathbb{R}), \tag{2.17}$$

und benutzen wieder die oben in 2.4 eingeführte Klasse $\Phi(\alpha)$.

Satz. *Gegeben seien eine Verteilungsklasse* (2.10), *reelle Zahlen* $c_1 \leq c_2$, $\gamma_1, \gamma_2 \in [0, 1]$, *sowie ein* $\vartheta_0 \in \Theta$. *Der Test* φ_c *aus* (2.16) *möge ein Element von* $\Phi(\alpha)$ *sein,* $\alpha \equiv \mathbb{E}_0(\varphi_c)$. *Dann ist* φ_c *bester unverfälschter Test zum Niveau* α *(und auch bester Test in* $\Phi(\alpha)$*) zum Testen der Hypothesen* (2.17).

Beweis. Sei $\vartheta_1 \in \Theta$ mit $\vartheta_1 \neq \vartheta_0$ beliebig gewählt. Aufgrund von Lemma 2.4 ist φ_c ein modifizierter NP-Test $\varphi_{\kappa,\lambda}$. Als solcher ist er bester Test in $\Phi(\alpha)$ für die einfache Alternative $H_1' : \vartheta = \vartheta_1$, und zwar nach Satz 2.4. Da der vorgegebene Test φ_c gar nicht von ϑ_1 abhängt, ist er bester Test in $\Phi(\alpha)$ für die ganze Alternative $H_1 : \vartheta \neq \vartheta_0$. Da $\Phi(\alpha)$ die Klasse der unverfälschten Niveau-α Tests umfasst, bleibt nur noch zu zeigen, dass φ_c unverfälscht ist. In der Tat, da φ_c nicht schlechter als der unverfälschte konstante Test $\varphi_0 = \alpha$ ist, gilt

$$G_{\varphi_c}(\vartheta) \geq G_{\varphi_0}(\vartheta) = \alpha \quad \forall \vartheta \neq \vartheta_0. \qquad \square$$

Bemerkung. Ähnlich wie in 1.2 haben wir nur gezeigt, dass φ_c bester unverfälschter Test zum Niveau seines eigenen Umfangs $\mathbb{E}_0(\varphi_c)$ ist. Der Nachweis der Existenz eines solchen Tests, d. h. die Konstruktion von Konstanten $c = (c_1, c_2, \gamma_1, \gamma_2)$ bei vorgegebenem Niveau $\alpha \in (0,1)$ wird hier nicht geführt. Anders ausgedrückt: Wir führen die zum Beweisteil a) in 1.3 analoge, hier aber viel schwierigere, Konstruktion nicht durch. Man vergleiche aber WITTING (1985, S. 260) für den allgemeinen und BEHNEN & NEUHAUS (1995, S. 411) für einen speziellen Fall. In Beispielen wie dem folgenden lassen sich die Konstanten allerdings leicht konstruieren.

Beispiel: Zweiseitiger Gaußtest
Die zu n unabhängigen, $N(\mu, \sigma^2)$-verteilten Zufallsvariablen gehörende Verteilungsklasse

$$(*) \qquad \mathbb{Q}_\mu = \underset{i=1}{\overset{n}{\times}} N(\mu, \sigma^2), \ \mu \in \mathbb{R}, \ \sigma^2 > 0 \text{ bekannt,}$$

bildet gemäß II 2.4 a) eine einparametrige Exponentialfamilie in $t(x) = \sum_{i=1}^{n} x_i$, $x = (x_1, \ldots, x_n)$, und in $c(\mu) = \mu/\sigma^2$. Wegen $\mathrm{Var}(t) = n\sigma^2 > 0$ und $c'(\mu) = 1/\sigma^2 > 0$ liegt eine Verteilungsklasse (2.10) vor. Zu einem fixierten $\mu_0 \in \mathbb{R}$ bildet man die Teststatistik

$$T(x) = \sqrt{n}\,\frac{\bar{x} - \mu_0}{\sigma} = \frac{t(x) - n\mu_0}{\sqrt{n}\,\sigma},$$

und mit einem vorgegebenen $\alpha \in (0,1)$ den Test

$$\varphi_c(x) = \begin{cases} 1, & \text{falls } |T(x)| > c_0 \\ 0, & \text{falls } |T(x)| \leq c_0, \end{cases} \qquad (2.18)$$

wobei $c_0 = u_{1-\alpha/2}$ das $(1 - \frac{\alpha}{2})$-Quantil der $N(0,1)$-Verteilung bezeichnet. In (2.16) ist also $c_1 = n\mu_0 - \sqrt{n}\,\sigma c_0$, $c_2 = n\mu_0 + \sqrt{n}\,\sigma c_0$ und $\gamma_i = 0$ gesetzt worden. Aus der in I 3.3 ermittelten Formel der Gütefunktion von φ_c folgt, dass der Test φ_c unverfälscht zum Niveau α ist. Es ist dann auch $\varphi_c \in \Phi(\alpha)$. Letzteres wird auch durch das folgende Symmetrie-Argument bewiesen, das sich in 3.5 unten auf ähnliche Situationen anwenden lässt: Bezeichnet $B = (-\infty, -c_0) \cup (c_0, \infty)$

und –nur hier– g die Dichte der $N(0,1)$-Verteilung, so gilt

$$\int \varphi_c \, t \, f_0 \, dx = \int \varphi_c \, (t - n\mu_0) f_0 \, dx + n\mu_0 \int \varphi_c f_0 \, dx$$

$$= \sqrt{n} \, \sigma \int T(x) 1_B(T(x)) f_0(x) \, dx + n\mu_0 \, \alpha$$

$$= \sqrt{n} \, \sigma \int s \, 1_B(s) \, g(s) \, ds + n\mu_0 \, \alpha$$

$$= n \, \mu_0 \, \alpha \; = \; \alpha \int t \, f_0 \, dx.$$

Beim dritten = Zeichen wurde der Transformationssatz für Integrale angewandt, beim vorletzten = Zeichen wurde die Symmetrie von $1_B(s) \, g(s)$ bezüglich $s = 0$ ausgenützt.

Aufgrund des eben bewiesenen Satzes ist unter der Verteilungsanahme (∗) der zweiseitige Gaußtest φ_c bester unverfälschter Test zum Niveau α für das Testen der Hypothesen $H_0 : \mu = \mu_0$ versus $H_1 : \mu \neq \mu_0$.

3   Testprobleme mit Störparametern

Die Theorie der Abschnitte 1 und 2 deckt nur einen unwesentlichen Teil der in früheren Kapiteln vorgestellten Tests ab. Innerhalb der Klasse von Tests mit Normalverteilungsannahme etwa werden die Gaußtests, nicht aber die für die Anwendung wichtigeren t-Tests erfasst. Dies liegt in der Tatsache begründet, dass bislang nur einparametrige Exponentialfamilien zugelassen wurden. Nun weiten wir die Analyse aus und beziehen mehrdimensionale Parameter $\vartheta \in \mathbb{R}^d$ und mehrparametrige Exponentialfamilien mit ein. Hypothesen werden für die erste Komponente ϑ_1 von ϑ formuliert, die restlichen Komponenten $(\vartheta_2, \ldots, \vartheta_d)$ sind durch die Formulierung der Hypothesen nicht betroffen; sie werden *Störparameter* genannt.

In 3.4 werden die Hauptsätze über einseitige bzw. zweiseitige Tests bei Anwesenheit von Störparametern bewiesen und in 3.5 im Normalverteilungsfall angewandt. Die bekannten t-Tests aus I 3.4 werden sich dann als beste Tests erweisen. Vorher benötigen wir aber einige neue Test-theoretische Konzepte: ähnliche Tests, Tests mit Neyman-Struktur und bedingte Tests, wobei uns die ersten beiden Begriffe als rein technische Hilfsmittel in den Beweisen von 3.4 dienen. Die Konzepte der Suffizienz und Vollständigkeit aus II 3 werden reaktiviert.

3.1   Ähnliche Tests, Tests mit Neyman-Struktur

Sei $\Theta' \subset \Theta$ eine Teilmenge des Parameterraums und $\alpha \in [0,1]$. Ein Test φ heißt *α-ähnlich* auf Θ', falls seine Gütefunktion $G_\varphi(\vartheta) = \mathbb{E}_\vartheta(\varphi)$ die Gleichung

$$G_\varphi(\vartheta) = \alpha \quad \text{für alle } \vartheta \in \Theta'$$

erfüllt. Solche Tests sind also gewissermaßen den konstanten Tests $\psi = \text{const}$ ähnlich. Anwendung findet dieser Begriff bei Hypothesen über einen d-dimensionalen Parameter

$$\vartheta = (\vartheta_1, \ldots, \vartheta_d) \in \Theta \subset \mathbb{R}^d.$$

Ihre zweiseitige bzw. einseitige Form lautet mit einem vorgegebenen $\vartheta_1^0 \in \mathbb{R}$

$$\Theta_0 = \{\vartheta \in \Theta : \vartheta_1 = \vartheta_1^0\} \quad \text{versus} \quad \Theta_1 = \{\vartheta \in \Theta : \vartheta_1 \neq \vartheta_1^0\}$$

beziehungsweise

$$\Theta_0^* = \{\vartheta \in \Theta : \vartheta_1 \leq \vartheta_1^0\} \quad \text{versus} \quad \Theta_1^* = \{\vartheta \in \Theta : \vartheta_1 > \vartheta_1^0\}.$$

Keine dieser Teilmengen von Θ soll leer sein.

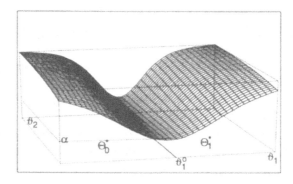

Abbildung VI.5: Gütefunktion eines zweiseitigen unverfälschten Niveau-α Tests mit Störparameter ϑ_2

Proposition. *Ist der Test φ zum Prüfen von Θ_0 versus Θ_1 bzw. von Θ_0^* versus Θ_1^* unverfälscht zum Niveau α und ist die Gütefunktion $G_\varphi(\vartheta), \vartheta \in \Theta$, stetig, so ist φ α-ähnlich auf Θ_0.*

Beweis. Mit Hilfe der Stetigkeit von G_φ folgt aus

$$G_\varphi(\vartheta) \leq \alpha \quad \forall \vartheta \in \Theta_0 \quad \text{und} \quad G_\varphi(\vartheta) \geq \alpha \quad \forall \vartheta \in \Theta_1^*$$

die Behauptung.   □

Gegeben sei des Weiteren eine Statistik T auf dem Stichprobenraum $(\mathcal{X}, \mathfrak{B})$,

$$T : (\mathcal{X}, \mathfrak{B}) \to (\mathcal{Y}, \mathfrak{C}), \tag{3.1}$$

und eine Verteilungsannahme $\mathbb{Q}_\vartheta, \vartheta \in \Theta$, auf $(\mathcal{X}, \mathfrak{B})$. Stillschweigend wird vorausgesetzt, dass die bedingten Wahrscheinlichkeiten $\mathbb{Q}_\vartheta(B|T = y), B \in \mathcal{B}$, gegeben $T = y$, „regulär" sind, für ($\mathbb{Q}_\vartheta^T$-fast) alle y also Wahrscheinlichkeitsverteilungen auf $(\mathcal{X}, \mathfrak{B})$ bilden. Dies ist ja zum Beispiel für $(\mathcal{X}, \mathfrak{B}) = (\mathbb{R}^n, \mathcal{B}^n)$, $(\mathcal{Y}, \mathfrak{C}) = (\mathbb{R}^m, \mathcal{B}^m)$ der Fall.

Definition. Sei $\Theta' \subset \Theta$ eine Teilmenge des Parameterraums und T in (3.1) eine suffiziente Statistik für $\vartheta \in \Theta'$. Ein Test φ besitzt *Neyman-Struktur* auf Θ' (bezüglich T), falls es eine Konstante $\alpha \in (0, 1)$ gibt mit

$$\mathbb{E}_\vartheta(\varphi|T = y) = \alpha \qquad \text{für } \mathbb{Q}_\vartheta^T - \text{fast alle } y \in \mathcal{Y}, \ \forall \vartheta \in \Theta'. \tag{3.2}$$

Da es wegen der Suffizienz von T eine nicht von $\vartheta \in \Theta'$ abhängende Version $\mathbb{E}.(\varphi|T = y)$ gibt, bezieht sich die Konstanzforderung (3.2) auf die Werte y von T. Aufgrund von $\mathbb{E}_\vartheta(\varphi) = \mathbb{E}_\vartheta\big(\mathbb{E}_\vartheta(\varphi|T)\big)$ folgt aus (3.2) die Gleichung $\mathbb{E}_\vartheta(\varphi) = \alpha$ für alle $\vartheta \in \Theta'$ und damit das

Lemma. *Ist $\Theta' \subset \Theta$ und besitzt der Test φ Neyman-Struktur auf Θ', dann ist φ α-ähnlich auf Θ'.*

Unter der zusätzlichen Annahme der Vollständigkeit von T gilt auch die Umkehrung.

Satz. *Ist T eine suffiziente und vollständige Statistik für $\vartheta \in \Theta'$, $\Theta' \subset \Theta$, und ist φ α-ähnlich auf Θ', dann besitzt φ Neyman-Struktur auf Θ' bezüglich T.*

Beweis. Aus der α-Ähnlichkeit von φ, das ist aus

$$\mathbb{E}_\vartheta(\varphi) = \mathbb{E}_\vartheta\big(\mathbb{E}_\vartheta(\varphi|T)\big) = \alpha \qquad \forall \vartheta \in \Theta',$$

folgt mit Hilfe der Suffizienz von T

$$\mathbb{E}_\vartheta\big[\mathbb{E}.(\varphi|T) - \alpha\big] = 0 \qquad \forall \vartheta \in \Theta'.$$

Die Vollständigkeit von T liefert gemäß ihrer Definition in II 3.5

$$\mathbb{E}.(\varphi|T = y) = \alpha \qquad \text{für } \mathbb{Q}_\vartheta^T - \text{fast alle } y \in \mathcal{Y}, \quad \forall \vartheta \in \Theta',$$

was die Neyman-Struktur auf Θ' bedeutet. $\qquad\qquad\qquad\qquad\qquad\qquad \square$

3.2   Bedingte Testprobleme

Für den Rest des Abschnitts legen wir den Stichprobenraum $(\mathbb{R}^d, \mathcal{B}^d)$ zugrunde und schränken die Verteilungsannahme über $(\mathbb{R}^d, \mathcal{B}^d)$ auf eine d-parametrige Exponentialfamilie (vgl. II 2.2) ein:

Die Klasse $\mathbb{Q}_\vartheta$, $\vartheta \in \Theta \subset \mathbb{R}^d$, bilde eine d-parametrige *Exponentialfamilie* in $\vartheta = (\vartheta_1, \ldots, \vartheta_d)$ und $x = (x_1, \ldots, x_d)$, mit μ-Dichte

$$f(x, \vartheta) = c_0(\vartheta) \exp\left\{ \sum_{j=1}^d \vartheta_j x_j \right\} h(x), \quad x \in \mathbb{R}^d, \ \vartheta \in \Theta. \tag{3.3}$$

Θ sei der natürliche Parameterraum, und es gelte $\mu = \lambda^d$, λ in der Regel das Lebesgue-Maß auf $(\mathbb{R}, \mathcal{B}^1)$ oder das Zählmaß.

Zur Bearbeitung der in 3.1 formulierten zwei- und einseitigen Testprobleme Θ_0 versus Θ_1 bzw. Θ_0^* versus Θ_1^* führen wir die Statistik $T : (\mathbb{R}^d, \mathcal{B}^d) \to (\mathbb{R}^{d-1}, \mathcal{B}^{d-1})$ ein vermöge

$$T(x) = \begin{pmatrix} x_2 \\ \vdots \\ x_d \end{pmatrix}, \quad \text{mit} \quad x = \begin{pmatrix} x_1 \\ \vdots \\ x_d \end{pmatrix} \in \mathbb{R}^d.$$

Setzen wir noch $\zeta^\mathsf{T} = (\vartheta_2, \ldots, \vartheta_d)$, so lässt sich (3.3) in der Form

$$f(x, (\vartheta_1, \zeta)) = c_0(\vartheta_1, \zeta) \exp\left\{ \zeta^\mathsf{T} \cdot T(x) \right\} \left(e^{\vartheta_1 x_1} h(x) \right)$$

schreiben, das ist die Dichte einer $(d-1)$-parametrigen Exponentialfamilie in ζ und T. Gemäß II 3.4 und II 3.5 ist T suffizient und vollständig für ζ. Aufgrund der Suffizienz von T für ζ existieren für ($\mathbb{Q}_\vartheta$-fast) alle $t \in \mathbb{R}^{d-1}$ und für $B \in \mathcal{B}^d$ Versionen der bedingten Wahrscheinlichkeit $\mathbb{Q}_{(\vartheta_1, \zeta)}(B|T = t)$, welche nicht von ζ abhängen. Wir setzen

$$\mathbb{Q}_{\vartheta_1, t}(B_1) = \mathbb{Q}_{(\vartheta_1, \zeta)}(B|T = t), \quad B_1 \in \mathcal{B}^1, \ B = B_1 \times \mathbb{R}^{d-1}, \tag{3.4}$$

und haben Anlass, neben der Klasse $\mathbb{Q}_\vartheta$, $\vartheta \in \Theta$, von Wahrscheinlichkeitsverteilungen auf $(\mathbb{R}^d, \mathcal{B}^d)$ noch für jedes $t \in \mathbb{R}^{d-1}$ die Klasse

$$\mathbb{Q}_{\vartheta_1, t}, \ \vartheta_1 \in Z_1 \subset \mathbb{R} \tag{3.5}$$

der durch (3.4) definierten *bedingten* Wahrscheinlichkeitsverteilungen auf $(\mathbb{R}, \mathcal{B}^1)$ einzuführen. Die Parametermenge Z_1 wird gleich spezifiziert werden. Die (Lebesgue- oder Zähl-) Dichte von $\mathbb{Q}_{\vartheta_1, t}$ lautet nach II 5.3

$$f_t(x_1, \vartheta_1) = \frac{f((x_1, t), \vartheta)}{\int f((s, t), \vartheta) \lambda(ds)},$$

das heißt gemäß (3.3)

$$f_t(x_1, \vartheta_1) = \frac{\exp(\vartheta_1 x_1) h(x_1, t)}{\int_{\mathbb{R}} \exp(\vartheta_1 s) h(s, t) \lambda(ds)} \equiv c_{t,0}(\vartheta_1) \, e^{\vartheta_1 x_1} \, h_t(x_1). \tag{3.6}$$

Für jedes $t \in \mathbb{R}^{d-1}$ stellt (3.6) die Dichte einer einparametrigen Exponentialfamilie in ϑ_1 und x_1 dar. Ihren natürlichen Parameterraum wollen wir Z_1 nennen, Z_1 ein nicht-entartetes Intervall $\subset \mathbb{R}$.

Während wir i. F. mit der Notation φ, ψ, ... Tests im Modell $(\mathbb{R}^d, \mathcal{B}^d, \mathbb{Q}_\vartheta)$ meinen, bezeichnen wir mit φ_t, ψ_t, ... Tests, die sich auf $(\mathbb{R}, \mathcal{B}^1, \mathbb{Q}_{\vartheta_1, t})$ beziehen; die Letzteren werden wir *bedingte Tests* (gegeben $T = t \in \mathbb{R}^{d-1}$) nennen, die Ersteren manchmal auch unbedingte Tests.

Für jedes $t \in \mathbb{R}^{d-1}$ ist die Klasse $\mathbb{Q}_{\vartheta_1, t}$, $\vartheta_1 \in Z_1$, von Wahrscheinlichkeitsverteilungen in den Sätzen 2.2 und 2.5 zugelassen (man setze in (2.10) $\mathcal{X} = \mathbb{R}$, $t(x) = x$ und $c(\vartheta_1) = \vartheta_1$). Daher können wir die folgenden zwei Ergebnisse über beste (bedingte) Tests formulieren. Wir übernehmen auch die in 2.5 nur zitierte, nicht aber bewiesene Existenzaussage.

Proposition 1. *Gegeben ein $t \in \mathbb{R}^{d-1}$ und die Verteilungsklasse $\mathbb{Q}_{\vartheta_1, t}$, $\vartheta_1 \in Z_1$, mit Dichten (3.6). Zu $\alpha \in (0,1)$ und $\vartheta_1^0 \in Z_1$ existiert ein bester Test φ_t^* zum Niveau α für die Hypothesen*

$$H_0^* : \vartheta_1 \leq \vartheta_1^0 \quad versus \quad H_1^* : \vartheta_1 > \vartheta_1^0.$$

Mit geeigneten $\kappa^*(t) \in \mathbb{R}$, $\gamma^*(t) \in [0,1]$ hat er die Gestalt

$$\varphi_t^*(x_1) = \begin{cases} 1 & \text{für } x_1 > \kappa^*(t) \\ \gamma^*(t) & \text{für } x_1 = \kappa^*(t) \\ 0 & \text{für } x_1 < \kappa^*(t). \end{cases} \tag{3.7}$$

Jeder Test φ_t^* der Gestalt (3.7) ist bester Test zum Niveau seines Umfangs $\mathbb{E}_0(\varphi_t^*)$.

Bezüglich der Verteilungsklasse $\mathbb{Q}_{\vartheta_1, t}$, $\vartheta_1 \in Z_1$, definieren wir in Hinblick auf das zweiseitige Testproblem die Testklasse $\Phi_t(\alpha)$, welche alle (bedingten) Tests ψ_t umfasst mit

$$\int \psi_t(x_1) f_t(x_1, \vartheta_1^0) \lambda(dx_1) = \alpha, \quad \int \psi_t(x_1) x_1 f_t(x_1, \vartheta_1^0) \lambda(dx_1) =$$
$$\alpha \int x_1 f_t(x_1, \vartheta_1^0) \lambda(dx_1). \tag{3.8}$$

Proposition 2. *Gegeben ein $t \in \mathbb{R}^{d-1}$ und die Verteilungsklasse $\mathbb{Q}_{\vartheta_1, t}$, $\vartheta_1 \in Z_1$, mit Dichten (3.6). Zu $\alpha \in (0,1)$ und $\vartheta_1^0 \in Z_1$ existiert ein bester unverfälschter Test φ_t zum Niveau α für die Hypothesen*

$$H_0 : \vartheta_1 = \vartheta_1^0 \quad versus \quad H_1 : \vartheta_1 \neq \vartheta_1^0.$$

Mit geeigneten $c_1(t) \leq c_2(t)$, $\gamma_i(t) \in [0,1]$, $i = 1, 2$, hat er die Gestalt

$$\varphi_t(x_1) = \begin{cases} 1 & \text{für } x_1 \notin [c_1(t), c_2(t)] \\ \gamma_1(t) & \text{für } x_1 = c_1(t) \\ \gamma_2(t) & \text{für } x_1 = c_2(t) \\ 0 & \text{für } x_1 \in \big(c_1(t), c_2(t)\big). \end{cases} \tag{3.9}$$

Jeder Test φ_t der Gestalt (3.9), der aus $\Phi_t(\alpha)$ ist, $\alpha \equiv \mathbb{E}_0(\varphi_t)$, ist bester unverfälschter Test zum Niveau α (φ_t auch bester Test in $\Phi_t(\alpha)$).

3.3 Von bedingten zu unbedingten Tests

Die in 3.2 eingeführten bedingten Tests

$$\psi_t : (\mathbb{R}, \mathcal{B}^1) \to ([0,1], [0,1] \cap \mathcal{B}^1), \quad t \in \mathbb{R}^{d-1},$$

beziehen sich auf die Klasse $\mathbb{Q}_{\vartheta_1, t}$, $\vartheta_1 \in Z_1 \subset \mathbb{R}$, von bedingten Wahrscheinlichkeitsverteilungen auf $(\mathbb{R}, \mathcal{B}^1)$, gegeben $T = t$. Einen *unbedingten* Test ψ bezüglich der Klasse $\mathbb{Q}_\vartheta$, $\vartheta \in \Theta \subset \mathbb{R}^d$, von Wahrscheinlichkeitsverteilungen auf $(\mathbb{R}^d, \mathcal{B}^d)$ erhält man aus ψ_t durch

$$\psi : \mathbb{R}^d \to [0,1], \qquad \psi(x_1, t) = \psi_t(x_1). \tag{3.10}$$

Eine so definierte Funktion ψ wird im Folgenden stets als messbar vorausgesetzt. Zur Analyse des Zusammenhangs der Gütefunktionen von ψ_t und ψ benötigen wir das folgende Ergebnis über bedingte Erwartungen.

Lemma. *Gegeben ein Wahrscheinlichkeitsraum $(\Omega, \mathcal{A}, \mathbb{P})$, ein (abzählbar erzeugter) Produktraum $(\mathcal{X}_1 \times \mathcal{X}_2, \mathfrak{B}_1 \times \mathfrak{B}_2)$, sowie eine Zufallsgröße*

$$X = (T_1, T_2) : (\Omega, \mathcal{A}) \to \mathcal{X}_1 \times \mathcal{X}_2.$$

Für eine beschränkte messbare Funktion ψ auf $\mathcal{X}_1 \times \mathcal{X}_2$ setze

$$\psi_{x_2} : \mathcal{X}_1 \to \mathbb{R}, \quad \psi_{x_2}(x_1) = \psi(x_1, x_2).$$

Dann gilt für $\mathbb{P}^{T_2}$-fast alle $x_2 \in \mathcal{X}_2$

$$\mathbb{E}\big(\psi(X)|T_2 = x_2\big) = \mathbb{E}\big(\psi_{x_2}(T_1)|T_2 = x_2\big). \tag{3.11}$$

Beweis. Es reicht aus, Gleichung (3.11) für Indikatorfunktionen der Form $\psi = 1_{B_1 \times B_2}$, $B_1 \in \mathfrak{B}_1$, $B_2 \in \mathfrak{B}_2$, zu zeigen (über Treppenfunktionen kommt man dann zu beschränkten Funktionen). Zu einem $x_2 \in \mathcal{X}_2$ bezeichne $\omega \in \Omega$ ein Element mit $T_2(\omega) = x_2$. Dann gilt

$$\begin{aligned} \mathbb{E}\big(\psi(X)|T_2 = x_2\big) &= \mathbb{E}\big(1_{B_1}(T_1)1_{B_2}(T_2)|T_2\big)(\omega) \\ &= 1_{B_2}(T_2(\omega))\,\mathbb{E}\big(1_{B_1}(T_1)|T_2\big)(\omega) \\ &= 1_{B_2}(x_2)\,\mathbb{E}\big(1_{B_1}(T_1)|T_2 = x_2\big) \\ &= \mathbb{E}\big(1_{B_1}(T_1)1_{B_2}(x_2)|T_2 = x_2\big) = \mathbb{E}\big(\psi_{x_2}(T_1)|T_2 = x_2\big), \end{aligned}$$

denn $\psi_{x_2}(T_1(\omega)) = 1_{B_1}(T_1(\omega)) \cdot 1_{B_2}(x_2)$. $\qquad\square$

Eine Anwendung dieses Lemmas auf unser Testproblem liefert zunächst, mit ψ und ψ_t wie in (3.10), sowie mit den Notationen $\vartheta = (\vartheta_1, \zeta) \in \Theta \in \mathbb{R}^d$ und $x = (x_1, t) \in \mathbb{R}^d$ wie in 3.2, die Gleichung (3.11) in der Form

$$\mathbb{E}_\vartheta(\psi|T = t) = \mathbb{E}_{(\vartheta_1,\zeta)}(\psi_t|T = t).$$

Mit Hilfe der Suffizienz von T für ζ erhält man daraus

$$\mathbb{E}_\vartheta(\psi|T = t) = \mathbb{E}_{\vartheta_1,t}(\psi_t), \quad \text{für } \mathbb{Q}_\vartheta^T\text{-fast alle } t \in \mathbb{R}^{d-1}, \ \forall \vartheta \in \Theta, \tag{3.12}$$

wobei sich $\mathbb{E}_{\vartheta_1,t}$ auf die bedingte Wahrscheinlichkeitsverteilung $\mathbb{Q}_{\vartheta_1,t}$ in (3.4) bis (3.6) bezieht. Die Gütefunktion des unbedingten Tests ψ berechnet sich aus der des bedingten Tests ψ_t mit Hilfe von (3.12) zu

$$\mathbb{E}_\vartheta(\psi) = \mathbb{E}_\vartheta\big(\mathbb{E}_{\vartheta_1,t}(\psi_t)\big). \tag{3.13}$$

3.4 Beste Tests mit Störparametern

Es liege im Folgenden stets die Verteilungsklasse $\mathbb{Q}_\vartheta$, $\vartheta \in \Theta \subset \mathbb{R}^d$, aus 3.2 mit Dichten (3.3) zugrunde.

Beste einseitige Tests

Wir formulieren die Hypothesen H_0^* versus H_1^* durch

$$\Theta_0^* = \{\vartheta \in \Theta : \vartheta_1 \leq \vartheta_1^0\} \quad \text{versus} \quad \Theta_1^* = \{\vartheta \in \Theta : \vartheta_1 > \vartheta_1^0\}.$$

Wie in (3.10) gehen wir von den auf $\mathbb{R}$ definierten besten bedingten Tests φ_t^* zum Niveau α der Form (3.7) zum (auf $\mathbb{R}^d$ definierten) unbedingten Test $\varphi^* = \varphi^{*(\alpha)}$ vermöge $\varphi^*(x_1, t) = \varphi_t^*(x_1)$ über. Für diesen Test $\varphi^{*(\alpha)}$ beweisen wir:

Satz 1. *Gegeben die durch die Dichten (3.3) definierte Verteilungsklasse $\mathbb{Q}_\vartheta, \vartheta \in \Theta \subset \mathbb{R}^d$, sowie $\alpha \in (0,1)$. Der Test $\varphi^* = \varphi^{*(\alpha)}$ ist bester unverfälschter Test zum Niveau α zum Prüfen der Hypothesen H_0^* versus H_1^*.*

Beweis. Für die bedingten Tests φ_t^* aus (3.7) gilt für alle $t \in \mathbb{R}^{d-1}$

$$\mathbb{E}_{\vartheta_1,t}(\varphi_t^*) \leq \alpha \qquad \forall \vartheta_1 \leq \vartheta_1^0, \tag{3.14}$$

$$\mathbb{E}_{\vartheta_1,t}(\varphi_t^*) \geq \mathbb{E}_{\vartheta_1,t}(\psi_t) \quad \forall \vartheta_1 > \vartheta_1^0 \text{ und } \forall \text{ Tests } \psi_t \text{ mit } \mathbb{E}_{\vartheta_1^0,t}(\psi_t) \leq \alpha. \tag{3.15}$$

Zur letzten Ungleichung, die eine Zulassungsforderung an die Vergleichstests ψ_t formuliert, konsultiere man den Beweisteil a) von Satz 2.2, bei dem ja die Nullhypothese von $\vartheta_1 \leq \vartheta_0$ auf $H_0' : \vartheta_1 = \vartheta_0$ reduziert war. Wenden wir Gleichung (3.13) speziell für $\psi = \varphi^*$ an, so liefern die Ungleichungen (3.14) und (3.15)

$$\mathbb{E}_\vartheta(\varphi^*) \leq \alpha \quad \forall \vartheta \in \Theta_0^*, \qquad \mathbb{E}_\vartheta(\varphi^*) \geq \alpha \quad \forall \vartheta \in \Theta_1^*,$$

so dass φ^* unverfälschter Niveau-α Test ist. Es bleibt zu zeigen, dass

$$\mathbb{E}_\vartheta(\varphi^*) \geq \mathbb{E}_\vartheta(\psi) \qquad \forall \vartheta \in \Theta_1^* \text{ und } \forall \psi \in \Phi_0(\alpha), \tag{3.16}$$

wobei $\Phi_0(\alpha)$ die Menge aller unverfälschten Niveau-α Tests ist. Es bezeichne $\Phi_1(\alpha)$ die Menge aller Niveau-α Tests mit Neyman-Struktur auf $\Theta_0 = \{\vartheta \in \Theta : \vartheta_1 = \vartheta_1^0\}$ bezüglich T, $T(x) = (x_2, \ldots, x_d)$. T hatte sich in 3.2 als suffizient und vollständig für $(\vartheta_2, \ldots, \vartheta_d)$ erwiesen. Also folgt $\Phi_0(\alpha) \subset \Phi_1(\alpha)$ aufgrund von Prop. und Satz in 3.1. Wir führen weiter die Menge $\Phi_2(\alpha)$ aller Niveau-α Tests ψ ein, für welche die zugehörigen bedingten Tests ψ_t die Ungleichung

$$\mathbb{E}_{\vartheta_1^0,t}(\psi_t) \leq \alpha \qquad \forall t \in \mathbb{R}^{d-1} \tag{3.17}$$

erfüllen. Es gilt $\Phi_1(\alpha) \subset \Phi_2(\alpha)$. In der Tat, hat der Test ψ die oben angegebene Neyman-Struktur, so ergibt (3.12) mit der schon für Lemma 3.1 benutzten Argumentation

$$\mathbb{E}_{\vartheta_1^0,t}(\psi_t) = \mathbb{E}_\vartheta(\psi | T = t) = \mathbb{E}_\vartheta(\psi)$$
$$= const \leq \alpha \quad \text{für } \mathbb{Q}_\vartheta^T\text{-fast alle } t \in \mathbb{R}^{d-1}, \ \forall \vartheta \in \Theta_0.$$

Die Tests ψ_t mit (3.17) sind aber in (3.15) als Vergleichstests zugelassen. Aus (3.13) und der ersten Ungleichung (3.15) ergibt sich dann für alle $\vartheta \in \Theta_1^*$

$$\mathbb{E}_\vartheta(\varphi^*) = \mathbb{E}_\vartheta\big(\mathbb{E}_{\vartheta_1,t}(\varphi_t^*)\big) \geq \mathbb{E}_\vartheta\big(\mathbb{E}_{\vartheta_1,t}(\psi_t)\big) = \mathbb{E}_\vartheta(\psi) \quad \forall \psi \in \Phi_2(\alpha),$$

so dass aus $\Phi_0(\alpha) \subset \Phi_2(\alpha)$ schließlich die Behauptung (3.16) folgt.   □

Den Schluss von (3.15) auf (3.16) konnten wir nicht direkt mit der Klasse $\Phi_0(\alpha)$ der unverfälschten Niveau-α Tests durchführen: Ist der (unbedingte) Test ψ vom Niveau α, so brauchen es nicht alle zugehörigen (bedingten) Tests ψ_t, $t \in \mathbb{R}^{d-1}$, zu sein. In der Tat, gilt $\mathbb{E}_\vartheta(\psi) \leq \alpha \ \forall \vartheta \in \Theta_0$, so erlaubt Gleichung (3.13) nicht, auf $\mathbb{E}_{\vartheta_1^0,t}(\psi_t) \leq \alpha \ \forall t \in \mathbb{R}^{d-1}$ zu schließen. Die Einführung von $\Phi_1(\alpha)$ und $\Phi_2(\alpha)$ ermöglicht einen solchen Schluss.

Beste zweiseitige Tests

Zweiseitige Hypothesen H_0 versus H_1 werden durch

$$\Theta_0 = \{\vartheta \in \Theta : \vartheta_1 = \vartheta_1^0\} \quad \text{versus} \quad \Theta_1 = \{\vartheta \in \Theta : \vartheta_1 \neq \vartheta_1^0\}$$

formuliert. Wie im Lemma 2.3 zeigt man, dass unverfälschte Niveau-α Tests ψ für Θ_0 versus Θ_1 die Gleichungen

$$\mathbb{E}_\vartheta(\psi) = \alpha, \quad \mathbb{E}_\vartheta(x_1\psi) = \alpha\,\mathbb{E}_\vartheta(x_1) \qquad \forall \vartheta \in \Theta_0 \tag{3.18}$$

erfüllen. In der Tat, für die zweite Gleichung differenziere man $\mathbb{E}_\vartheta(\psi) = \int \psi f_\vartheta d\mu$ partiell nach ϑ_1 und setze die Ableitung gleich 0. Es bezeichne $\Phi(\alpha)$ die Menge aller Tests ψ für Θ_0 versus Θ_1 mit (3.18).

Wie in (3.10) gehen wir von den besten unverfälschten bedingten Tests φ_t zum Niveau α der Form (3.9) zum unbedingten Test $\varphi = \varphi^{(\alpha)}$ vermöge $\varphi(x_1, t) = \varphi_t(x_1)$ über. Für diesen Test $\varphi^{(\alpha)}$ zeigen wir:

Satz 2. *Gegeben die durch die Dichten (3.3) definierte Verteilungsklasse $\mathbb{Q}_\vartheta, \vartheta \in \Theta \subset \mathbb{R}^d$, sowie $\alpha \in (0,1)$. Der Test $\varphi = \varphi^{(\alpha)}$ ist bester unverfälschter Test zum Niveau α (und auch bester Test in $\Phi(\alpha)$) zum Prüfen der Hypothesen H_0 versus H_1.*

Beweis. Für die bedingten Tests φ_t aus (3.9) gilt für alle $t \in \mathbb{R}^{d-1}$

$$\mathbb{E}_{\vartheta_1^0, t}(\varphi_t) = \alpha, \tag{3.19}$$

$$\mathbb{E}_{\vartheta_1, t}(\varphi_t) \geq \mathbb{E}_{\vartheta_1, t}(\psi_t) \quad \forall \vartheta_1 \neq \vartheta_1^0 \text{ und } \forall \text{ Tests } \psi_t \in \Phi_t(\alpha). \tag{3.20}$$

Dabei ist $\Phi_t(\alpha)$ die Menge aller Tests ψ_t mit (3.8), d. h. mit

$$\mathbb{E}_{\vartheta_1^0, t}(\psi_t) = \alpha, \quad \mathbb{E}_{\vartheta_1^0, t}(x_1 \psi_t) = \alpha \mathbb{E}_{\vartheta_1^0, t}(x_1). \tag{3.21}$$

(3.19) und (3.20) weisen –via Gleichung (3.13)– den Test φ als unverfälscht zum Niveau α aus. Es bleibt zu zeigen, dass

$$\mathbb{E}_\vartheta(\varphi) \geq \mathbb{E}_\vartheta(\psi) \quad \forall \vartheta \in \Theta_1 \text{ und } \forall \psi \in \Phi(\alpha). \tag{3.22}$$

Sei $\psi \in \Phi(\alpha)$. Wir zeigen, dass die zugehörigen bedingten Tests ψ_t aus $\Phi_t(\alpha)$ sind. In der Tat, aus der ersten Gleichung (3.18) folgt, dass ψ α-ähnlich auf Θ_0 ist und deshalb, mit einer Argumentation über die Neyman-Struktur ähnlich wie im Beweis zu Satz 1, dass $\mathbb{E}_{\vartheta_1^0, t}(\psi_t) = \alpha \quad \forall t \in \mathbb{R}^{d-1}$. Die zweite Gleichung (3.18) liefert zunächst

$$\mathbb{E}_\vartheta(x_1 \psi - \alpha x_1) = \mathbb{E}_\vartheta[\mathbb{E}_\vartheta(x_1 \psi - \alpha x_1 | T)] = 0 \quad \forall \vartheta \in \Theta_0.$$

Wegen der in 3.2 festgestellten Vollständigkeit von T für $(\vartheta_2, \ldots, \vartheta_d)$ ergibt sich

$$\mathbb{E}_\vartheta(x_1 \psi - \alpha x_1 | T = t) = 0 \quad \text{für } \mathbb{Q}_\vartheta^T\text{-fast alle } t, \quad \forall \vartheta \in \Theta_0.$$

Für diese $t \in \mathbb{R}^{d-1}$ ergibt sich mit Hilfe von (3.12), mit $x_1 \psi - \alpha x_1$ anstelle des dortigen ψ,

$$\mathbb{E}_{\vartheta_1^0, t}(x_1 \psi_t - \alpha x_1) = 0.$$

Ein Vergleich mit (3.21) zeigt also, dass $\psi \in \Phi(\alpha)$ auch $\psi_t \in \Phi_t(\alpha)$ für solche $t \in \mathbb{R}^{d-1}$ erzwingt. Aus (3.20) schließlich ergibt sich via Gleichung (3.13) die zu beweisende Ungleichung (3.22). $\square$

3.5 Beispiel t-Tests

Die Zufallsvariablen $X_1, \ldots, X_n$ seien unabhängig und $N(\mu, \sigma^2)$-verteilt. Nach dem Satz I 1.3 von Student sind dann

$$\bar{X} = \frac{1}{n} \sum_{i=1}^{n} X_i \quad \text{und} \quad S^2 = \frac{1}{n-1} \sum_{i=1}^{n} (X_i - \bar{X})^2 \quad \text{unabhängig,}$$

und

$$\bar{X} \text{ ist } N\left(\mu, \frac{\sigma^2}{n}\right) - \text{verteilt}, \qquad (n-1)\frac{S^2}{\sigma^2} \text{ ist } \chi^2_{n-1} - \text{verteilt.}$$

Die gemeinsame Dichte $f_{(\mu,\sigma^2)}$ von $(\bar{X}, S^2)$ lautet also gemäß I 7.1

$$
\begin{aligned}
f_{(\mu,\sigma^2)}(x,y) &= f_{N(\mu,\sigma^2/n)}(x) \cdot \frac{n-1}{\sigma^2} f_{\chi^2_{n-1}}\left(\frac{n-1}{\sigma^2} y\right) \\
&= \frac{\sqrt{n}}{\sqrt{2\pi}\sigma} \exp\left\{-\frac{n}{2\sigma^2}(x-\mu)^2\right\} \frac{n-1}{\sigma^2} \cdot \\
&\quad \cdot \frac{1}{2^{(n-1)/2}\Gamma((n-1)/2)} \left(\frac{n-1}{\sigma^2} y\right)^{(n-3)/2} \exp\left\{-\frac{n-1}{2\sigma^2} y\right\} \\
&= c_1(\sigma^2) \exp\left\{-\frac{1}{2\sigma^2}\left[n(x-\mu)^2 + (n-1)y\right]\right\} y^{(n-3)/2} \\
&= c_1(\sigma^2) \exp\left\{-\frac{n}{2\sigma^2}(\mu-\mu_0)^2\right\} \exp\left\{\frac{n}{\sigma^2}(x-\mu_0)(\mu-\mu_0) \right. \\
&\quad \left. -\frac{1}{2\sigma^2}\left[n(x-\mu_0)^2 + (n-1))y\right]\right\} y^{(n-3)/2},
\end{aligned}
$$

wobei $\mu_0 \in \mathbb{R}$ vorgegeben ist. Setzt man $\vartheta = (\vartheta_1, \vartheta_2)$, $z = (u, t)$, wobei

$$
\vartheta_1 = \frac{\mu - \mu_0}{\sigma^2} \quad , \qquad u = n(x - \mu_0)
$$

$$
\vartheta_2 = -\frac{1}{2\sigma^2} \quad , \qquad t = n(x - \mu_0)^2 + (n-1)y
$$

so schreibt sich $f_{(\mu,\sigma^2)}$ in der Form

$$f_\vartheta(z) = c_0(\vartheta) \exp\{\vartheta_1 u + \vartheta_2 t\} h(z)$$

einer 2-parametrigen Exponentialfamilie in ϑ und z.

Für jedes $t \in \mathbb{R}$ betrachte Tests der Gestalt

$$
\varphi_t^*(u) = \begin{cases} 1 & \text{für } u > \kappa^*(t) \\ 0 & \text{für } u \leq \kappa^*(t), \end{cases}
$$

beziehungsweise

$$
\varphi_t(u) = \begin{cases} 1 & \text{für } u \notin [c_1(t), c_2(t)] \\ 0 & \text{für } u \in [c_1(t), c_2(t)]. \end{cases}
$$

Nach Auskunft der Propositionen in 3.2 ist jeweils zum Niveau α, wenn α der Wert der Gütefunktion von φ_t^* bzw. φ_t an der Stelle $\vartheta_1 = 0$ ist,

- φ_t^* bester (bedingter) Test für $\vartheta_1 \leq 0$ versus $\vartheta_1 > 0$,

- φ_t bester unverfälschter (bedingter) Test für $\vartheta_1 = 0$ versus $\vartheta_1 \neq 0$, falls nur $\varphi_t \in \Phi_t(\alpha)$.

Die Teststatistik $T = \sqrt{n}(\bar{x} - \mu_0)/s$ des t-Tests lässt sich, für jedes $t \in \mathbb{R}$, als streng monoton wachsende (ungerade) Funktion von u darstellen. In der Tat, mit $\nu_n = \sqrt{(n-1)/n}$ gilt

$$T = \nu_n \frac{u}{\sqrt{(n-1)y}} = \nu_n \frac{u}{\sqrt{t - u^2/n}} = \nu_n \frac{\operatorname{sign}(u)}{\sqrt{t/u^2 - 1/n}} \equiv T_t(u).$$

Also lassen sich die (bedingten) Tests φ_t^* und φ_t mit geeigneten $\lambda^*(t)$ bzw. $d_i(t)$ schreiben als

$$\varphi_t^*(u) = \begin{cases} 1 & \text{für } T_t(u) > \lambda^*(t) \\ 0 & \text{für } T_t(u) \leq \lambda^*(t), \end{cases}$$

beziehungsweise als

$$\varphi_t(u) = \begin{cases} 1 & \text{für } T_t(u) \notin [d_1(t), d_2(t)] \\ 0 & \text{für } T_t(u) \in [d_1(t), d_2(t)]. \end{cases}$$

Falls $d_1(t) = -d_2(t)$, so ist der zweiseitige (bedingte) Test φ_t aus $\Phi_t(\alpha)$; das folgt –ähnlich wie schon in 2.5– aus der Symmetrie der bedingten Dichte $f_t(u, \vartheta_1)$, gegeben t, unter $\vartheta_1 = 0$ bezüglich $u = 0$, und aus derselben Symmetrie von $\varphi_t(u) = 1_B(u)$, $B = (-\infty, -c_2(t)) \cup (c_2(t), \infty)$. Zu vorgegebenem $\alpha \in (0,1)$ setze

$$\lambda^*(t) \equiv \lambda^* = t_{n-1,1-\alpha}, \quad d_i(t) \equiv d_i = (-1)^i\, t_{n-1,1-\alpha/2}, \quad i = 1,2.$$

Die gemäß (3.10) aus den bedingten Tests φ_t und φ_t^* abgeleiteten Tests φ und φ^* –also der zweiseitige und der einseitige *t-Test* zum Niveau α– erweisen sich nach den Sätzen 1 und 2 aus 3.4 als beste unverfälschte Niveau-α Tests für H_0 versus H_1 bzw. H_0^* versus H_1^* (unter der oben getroffenen Verteilungsannahme $\times N(\mu, \sigma^2)$).

4 Asymptotische parametrische Tests

Die in V 3 vorgestellten asymptotischen Methoden gehen von einer allgemeinen Schätzgleichung $U_n(\vartheta) = 0$ zur Bestimmung eines Schätzers $\hat{\vartheta}_n$ für ϑ aus. Diese sog. estimation function $U_n(\vartheta)$ kann (muss aber nicht) der Gradient einer Kriteriumsfunktion $\ell_n(\vartheta)$ sein. Innerhalb des dort gesteckten Rahmens wollen wir jetzt asymptotische Testverfahren zum Prüfen von Hypothesen über den Modellparameter ϑ entwickeln. Wir werden zunächst das Testen *einfacher* (d. h. einelementiger) Nullhypothesen behandeln und dazu die log-Likelihood-, die Wald-

und die Score-Statistik heranziehen (in 4.1). Für das Testen *zusammengesetzter* (d. h. mehrelementiger) Nullhypothesen wird die asymptotische Verteilung der log-Likelihood Statistik bewiesen (in 4.3), allerdings nur im Fall gleicher Grenzmatrizen $\Sigma = B$. Im Fall ungleicher Grenzmatrizen stehen andere Teststatistiken zur Verfügung, z. B. die Score- und die Wald-Statistik. Der Nachweis der asymptotischen χ^2-Verteilung ist im Fall zusammengesetzter Hypothesen sehr aufwendig, namentlich für die Score-Statistik. Über die Letztere berichten wir deshalb nur summarisch am Ende von 4.5. Die Formulierung zusammengesetzter Hypothesen über ϑ erfolgt im Fall des log-Likelihood- und des Score-Tests in der funktionalen Form $\vartheta = h(\eta)$, im Fall des Wald-Tests dagegen in der Gestalt $r(\vartheta) = 0$ einer Restriktion.

Die Ergebnisse, die in diesem Abschnitt gewonnen werden, bilden die Grundlage für das Testen von Hypothesen in nichtlinearen Modellen (im Kap. VII). Als Beispiele behandeln wir in diesem Abschnitt nur den χ^2-Anpassungstest und den χ^2-Unabhängigkeitstest in Kontingenztafeln (in 4.8).

Die in V 3 eingeführten Notationen behalten ihre Gültigkeit. Zentral bleibt ein nach ϑ stetig differenzierbarer, d-dimensionaler Zufallsvektor $U_n(\vartheta)$. Bei den log-LQ Statistiken in 4.1 und 4.3 ist $U_n(\vartheta)$ der Gradient einer 2×stetig differenzierbaren Kriteriumsfunktion $\ell_n(\vartheta)$. In diesen Fällen ist die Funktionalmatrix W_n von U_n gleich der Hessematrix von ℓ_n, also insbesondere symmetrisch. Auch die Grenzmatrix B aus der Bedingung W* in V 3.3 ist dann symmetrisch. Ferner bezeichnet Γ_n, $n \geq 1$, wieder eine *Normierungsfolge* von $d \times d$-Diagonalmatrizen, $\Gamma_n = \text{Diag}(\gamma_{nj}, j = 1, ..., d)$, $\gamma_{nj} > 0$, die gegen die Nullmatrix konvergiert: $\gamma_{nj} \to 0 \;\forall j$ für $n \to \infty$.

4.1   Tests einfacher Nullhypothesen

Zunächst betrachten wir den Fall $\Sigma(\vartheta) = B(\vartheta)$ gleicher Grenzmatrizen in den Bedingungen U* und W* (vgl. V 3.3). Wir führen die Zufallsvariable

$$T_n(\vartheta) = 2\{\ell_n(\hat{\vartheta}_n) - \ell_n(\vartheta)\} \tag{4.1}$$

ein, wobei wir mit $\hat{\vartheta}_n$, $n \geq 1$, wie in V 3.1 einen Γ_n^{-1}-konsistenten Z-Schätzer für ϑ bezeichnen. Liegt der Likelihoodfall vor, ist $\ell_n(\vartheta)$ also die log-Likelihoodfunktion, so bildet (4.1) einen log-Likelihood Quotienten. In Anlehnung daran, und in Hinblick auf die Verwendung unten in a), werden wir $T_n(\vartheta)$ aus (4.1) eine *log-LQ* Teststatistik nennen. Wir setzen den Likelihoodfall für das Folgende nicht voraus.

Satz. *Unter den Bedingungen $\Sigma(\vartheta) = B(\vartheta)$, U* und W* gilt für die in (4.1) definierte Zufallsvariable bei $n \to \infty$*

$$T_n(\vartheta) \xrightarrow{\mathcal{D}_\vartheta} \chi_d^2 .$$

Beweis. Zunächst liefert die Taylor-Entwicklung von $\ell_n(\hat{\vartheta}_n)$ an der Stelle ϑ

$$\ell_n(\hat{\vartheta}_n) = \ell_n(\vartheta) + (\hat{\vartheta}_n - \vartheta)^{\mathsf{T}} U_n(\vartheta) + \frac{1}{2}(\hat{\vartheta}_n - \vartheta)^{\mathsf{T}} W_n(\vartheta_n^*)(\hat{\vartheta}_n - \vartheta),$$

mit $|\vartheta_n^* - \vartheta| \le |\hat{\vartheta}_n - \vartheta|$. Diese Gleichung kann unter Benutzung der Größe

$$\hat{X}_n(\vartheta) = \Gamma_n^{-1}(\hat{\vartheta}_n - \vartheta)$$

umgeschrieben werden in

$$T_n(\vartheta) = 2\,\hat{X}_n^{\mathsf{T}}(\vartheta)\,\Gamma_n\,U_n(\vartheta) + \hat{X}_n^{\mathsf{T}}(\vartheta)\,\Gamma_n\,W_n(\vartheta_n^*)\,\Gamma_n\,\hat{X}_n(\vartheta),$$

das heißt in

$$\begin{aligned} T_n(\vartheta) \;=\;& 2\,\hat{X}_n^{\mathsf{T}}(\vartheta)\big\{\Gamma_n\,U_n(\vartheta) + \Gamma_n\,W_n(\vartheta_n^*)\,\Gamma_n\,\hat{X}_n(\vartheta)\big\} - \\ & \hat{X}_n^{\mathsf{T}}(\vartheta)\,\Gamma_n\,W_n(\vartheta_n^*)\,\Gamma_n\,\hat{X}_n(\vartheta). \end{aligned} \tag{4.2}$$

Der erste Term auf der rechten Seite von (4.2) geht in $\mathbb{P}_\vartheta$-Wahrscheinlichkeit gegen 0, und zwar wegen Proposition V 3.4 a) und wegen der stochastischen Beschränktheit von $\hat{X}_n(\vartheta)$, so dass

$$T_n(\vartheta) + \hat{X}_n^{\mathsf{T}}(\vartheta)\,\Gamma_n\,W_n(\vartheta_n^*)\,\Gamma_n\,\hat{X}_n(\vartheta) \xrightarrow{\;\mathbf{P}_\vartheta\;} 0. \tag{4.3}$$

Nun beendet Prop. V 3.4 c) den Beweis.   □

Wir benötigen für später noch das

Korollar. *Unter den Bedingungen $\Sigma(\vartheta) = B(\vartheta)$, U^* und W^* gilt für das in (4.1) eingeführte $T_n(\vartheta)$ bei $n \to \infty$*

$$T_n(\vartheta) - U_n^{\mathsf{T}}(\vartheta)\,\Gamma_n\,\Sigma^{-1}(\vartheta)\,\Gamma_n\,U_n(\vartheta) \xrightarrow{\;\mathbf{P}_\vartheta\;} 0.$$

Beweis. In der Konvergenzaussage (4.3) kann man wegen Prop. V 3.4 b) und der Bedingung W^* (sowie wegen $\Sigma = B$) die Größen $\hat{X}_n(\vartheta)$ und $\Gamma_n\,W_n(\vartheta_n^*)\,\Gamma_n$ durch $\Sigma^{-1}(\vartheta)\,\Gamma_n\,U_n(\vartheta)$ bzw. $-\Sigma(\vartheta)$ ersetzen.   □

Wir stellen drei **asymptotische Tests** zum Prüfen einer einfachen Nullhypothese H_0: $\vartheta = \vartheta_0$ (mit einem spezifizierten Wert $\vartheta_0 \in \Theta$) vor, die jeweils für einen hinreichend großen Stichprobenumfang gültig sind.

a) log-LQ Test im Fall $\Sigma = B$.

Da die in (4.1) definierte Teststatistik $T_n(\vartheta_0)$ unter H_0 asymptotisch χ_d^2-verteilt ist, verwirft man H_0 zugunsten von $\vartheta \ne \vartheta_0$ zum Signifikanzniveau α, falls

$$T_n(\vartheta_0) > \chi_{d,1-\alpha}^2$$

gilt. Der Test ist in der Regel *konsistent*, das heißt unter jeder Alternative $\vartheta \neq \vartheta_0$ gilt $\mathbb{P}_\vartheta(T_n(\vartheta_0) \geq c) \to 1$ für alle $c \in \mathbb{R}$. Hinreichend für diese Aussage sind z. B. $\Sigma = B$, U^*, W^*, $\Gamma_n = \gamma_n I_d$, sowie für ein $a > 0$

$$\mathbb{P}_\vartheta\left((\vartheta_0 - \vartheta)^\top \Sigma_n(\vartheta_n^0)(\vartheta_0 - \vartheta) \geq a\right) \longrightarrow 1, \quad \forall \, \vartheta_n^0, n \geq 1, \, \vartheta_n^0 \in \overline{\vartheta_0, \vartheta},$$

wobei wir $\Sigma_n = -\Gamma_n W_n \Gamma_n$ gesetzt haben.

Zur Analyse der Teststärke betrachtet man *lokale* Alternativen

$$H_1 : \vartheta_n = \vartheta + \Gamma_n \cdot t \qquad [t \in \mathbb{R}^d \text{ fixiert}].$$

Unter H_1 erhält man im Likelihoodfall als Grenzverteilung eine nichtzentrale χ^2-Verteilung (siehe I 7.1), genauer eine $\chi_d^2(\delta^2)$-Verteilung   mit Nichtzentralisationsparameter

$$\delta^2 = t^\top \cdot \Sigma(\vartheta) \cdot t,$$

siehe BASAWA & KOUL (1979, sec. 3), PRUSCHA (1994), WITTING & MÜLLER-FUNK (1995, S. 359).

Die Durchführung der folgenden beiden Tests ist auch im Fall ungleicher Grenzmatrizen Σ und B möglich. Zusätzlich zu U^*, W^* wird noch die Bedingung S^* aus V 3.5 benötigt; die Matrizen W_n und B werden hier nicht länger als symmetrisch vorausgesetzt.

b) Wald-Test.

Proposition V 3.5 b) besagt, dass

$$T_n^{(W)}(\vartheta) \equiv (\hat{\vartheta}_n - \vartheta)^\top W_n(\hat{\vartheta}_n) \, S_n^{-1}(\hat{\vartheta}_n) \, W_n^\top(\hat{\vartheta}_n)(\hat{\vartheta}_n - \vartheta) \xrightarrow{\mathcal{D}_\vartheta} \chi_d^2. \qquad (4.4)$$

Man verwirft also $H_0 : \vartheta = \vartheta_0$ zugunsten von $\vartheta \neq \vartheta_0$, falls

$$T_n^{(W)}(\vartheta_0) > \chi_{d,1-\alpha}^2 .$$

c) Score-Test.

Proposition V 3.5 a) liefert

$$T_n^{(S)}(\vartheta) \equiv U_n^\top(\vartheta) \, S_n^{-1}(\vartheta) \, U_n(\vartheta) \xrightarrow{\mathcal{D}_\vartheta} \chi_d^2. \qquad (4.5)$$

Man verwirft also $H_0 : \vartheta = \vartheta_0$ zugunsten von $\vartheta \neq \vartheta_0$, falls $T_n^{(S)}(\vartheta_0) > \chi_{d,1-\alpha}^2 .$

Man beachte, dass die Score-Teststatistik $T_n^{(S)}(\vartheta_0)$ den Schätzer $\hat{\vartheta}_n$ gar nicht benötigt und alle Größen unter H_0 berechnet werden, dass dafür aber eine Matrixinversion verlangt wird. Diese ist bei der Wald-Teststatistik zumindest im Spezialfall $\Sigma = B$, in welchem ja $W_n S_n^{-1} W_n^\top = -W_n$ gesetzt wird, nicht nötig.

4.2   Teilfamilien bei zusammengesetzten Hypothesen

Während in 4.1 das Testen einfacher Nullhypothesen behandelt wurde, wenden wir uns nun dem Testen zusammengesetzter Hypothesen zu. Zu diesem Zwecke führen wir einen zweiten, niedriger-dimensionalen Parameterraum Δ,

$$\Delta \subset \mathbb{R}^c \text{ offen, } c < d,$$

ein, sowie eine Abbildung $h : \Delta \to \Theta$,

$$h(\eta) = (h_1(\eta), \dots, h_d(\eta))^\top, \ \eta \in \Delta,$$

welche zweimal stetig differenzierbar sein möge. Wir setzen voraus, dass die $d \times c$-Matrix

$$H(\eta) = \big(H_{j,k}(\eta)\big), \ H_{j,k}(\eta) = \partial h_j(\eta)/\partial \eta_k, \ j = 1, \dots, d, \ k = 1, \dots, c,$$

das ist die transponierte Funktionalmatrix $\frac{dh}{d\eta^\top}(\eta)$ von h, vollen Rang c besitzt. Wir werden öfters Gebrauch von den folgenden Gleichungen machen, die für ein zweimal stetig differenzierbares $g : \Theta \to \mathbb{R}$ gelten, nämlich

$$\frac{d}{d\eta} g(h(\eta)) = H^\top(\eta) \cdot \frac{d}{d\vartheta} g(\vartheta)$$

$$\frac{d^2}{d\eta d\eta^\top} g(h(\eta)) = \sum_{j=1}^{d} \mathcal{H}_j(\eta) \frac{\partial}{\partial \vartheta_j} g(\vartheta) + H^\top(\eta) \cdot \frac{d^2}{d\vartheta d\vartheta^\top} g(\vartheta) \cdot H(\eta),$$

wobei jeweils $\vartheta = h(\eta)$ eingesetzt wird und $\mathcal{H}_j(\eta) = d^2 h_j(\eta)/d\eta d\eta^\top$ die $c \times c$-Hessematrix von h_j bedeutet. Für die hier zugrunde liegende Familie

$$\mathbb{P} : \mathbb{P}_\vartheta, \vartheta \in \Theta,$$

von Wahrscheinlichkeitsmaßen mit den zugehörigen Größen

$$\ell_n(\vartheta), U_n(\vartheta), W_n(\vartheta)$$

definieren wir die Teilfamilie

$$^h\mathbb{P} : \mathbb{P}_{h(\eta)}, \ \eta \in \Delta,$$

von Wahrscheinlichkeitsmaßen mit den entsprechenden Größen (der Reihe nach ein Skalar, ein $c \times 1$-Vektor, eine $c \times c$-Matrix)

$$^h\ell_n(\eta) = \ell_n(h(\eta))$$

$$^hU_n(\eta) = H^\top(\eta) U_n(\vartheta)$$

$$^hW_n(\eta) = \sum_{j=1}^{d} \mathcal{H}_j(\eta) U_{n,j}(\vartheta) + H^\top(\eta) W_n(\vartheta) H(\eta),$$

wobei wieder $\vartheta = h(\eta)$ einzusetzen ist. Für das Weitere führen wir eine Bedingung ein, die den Transfer der Asymptotik von $\mathbb{P}$ auf $^h\mathbb{P}$ ermöglicht. Es wird sich zeigen, dass sie im wichtigsten Spezialfall automatisch erfüllt ist, siehe 4.3 c) unten. Die Bedingung lautet:

Es existieren eine $d \times c$-Matrix $C(\eta)$ vom vollen Rang c und $c \times c$-Diagonalmatrizen $^h\Gamma_n$ (mit positiven Diagonalelementen und mit $^h\Gamma_n \to 0$ für $n \to \infty$), so dass für alle Folgen c-dimensionaler Zufallsvektoren $\eta_n^*, n \geq 1$, mit der Eigenschaft

$$^h\Gamma_n^{-1}(\eta_n^* - \eta), \quad n \geq 1, \quad \mathbb{P}_{h(\eta)} - \text{stochastisch beschränkt} \qquad \qquad {}^h\text{B}^*$$

gilt:

$$(i) \quad \Gamma_n^{-1} H(\eta_n^*) \, {}^h\Gamma_n \xrightarrow{\mathbb{P}_{h(\eta)}} C(\eta)$$
$$\text{H}^*$$
$$(ii) \quad U_{n,j}(\vartheta_n^*) \, {}^h\Gamma_n \, \mathcal{H}_j(\eta_n^*) \, {}^h\Gamma_n \xrightarrow{\mathbb{P}_{h(\eta)}} 0, \qquad \vartheta_n^* = h(\eta_n^*).$$

Die Eigenschaft $^h\text{B}^*$ ist nichts anderes als B* aus V 3.3 für die Teilfamilie $^h\mathbb{P}$. Mit Hilfe von H*(i) folgt aus der Eigenschaft $^h\text{B}^*$ für η_n^*, $n \geq 1$, die Eigenschaft B* für $h(\eta_n^*)$, $n \geq 1$. In der Tat, mit geeigneten –zeilenweise verschiedenen– Zwischenstellen $\tilde{\eta}_n$ ist

$$\Gamma_n^{-1}\big(h(\eta_n^*) - h(\eta)\big) = \Gamma_n^{-1} H(\tilde{\eta}_n) \, {}^h\Gamma_n \, {}^h\Gamma_n^{-1} (\eta_n^* - \eta).$$

Unter H* definieren wir folgenden positiv-definiten $c \times c$-Matrizen

$$^h\Sigma(\eta) = C^{\mathsf{T}}(\eta) \, \Sigma(h(\eta)) \, C(\eta), \qquad {}^hB(\eta) = C^{\mathsf{T}}(\eta) \, B(h(\eta)) \, C(\eta).$$

Ferner nennen wir $\hat{\eta}_n, n \geq 1$, einen $^h\Gamma_n^{-1}$-konsistenten Z-Schätzer für η, falls die zur Definition in V 3.1 analoge Aussage gilt, d. h. also falls für alle $\eta \in \Delta$ und bei $n \to \infty$

$$\mathbb{P}_{h(\eta)}\big(^hU_n(\hat{\eta}_n) = 0\big) \longrightarrow 1$$

$$^h\Gamma_n^{-1}(\hat{\eta}_n - \eta), n \geq 1, \quad \mathbb{P}_{h(\eta)} - \text{stochastisch beschränkt},$$

erfüllt ist. Zur Asymptotik in der Teilfamilie gibt Auskunft:

Proposition. *Gelten die Bedingungen U*, W* in der Familie $\mathbb{P}_\vartheta, \vartheta \in \Theta$, mit den Größen*

$$\ell_n, U_n, W_n, \Gamma_n, \Sigma, B,$$

und ist H* für die Abbildung $h : \Delta \to \Theta$ erfüllt, so gelten U*, W* auch in der Teilfamilie $\mathbb{P}_{h(\eta)}, \eta \in \Delta$, mit den entsprechenden Größen

$$^h\ell_n, {}^hU_n, {}^hW_n, {}^h\Gamma_n, {}^h\Sigma, {}^hB.$$

Insbesondere existiert ein $^h\Gamma_n^{-1}$-konsistenter Z-Schätzer $\hat{\eta}_n, n \geq 1$, für η, und es gilt für $n \to \infty$:

$$^h\Gamma_n^{-1}(\hat{\eta}_n - \eta) \xrightarrow{\mathcal{D}_{h(\eta)}} N_c\big(0, {}^hB^{-\mathsf{T}}(\eta) \, {}^h\Sigma(\eta) \, {}^hB^{-1}(\eta)\big). \tag{4.6}$$

Beweis. ad U^*: Die Argumente η und $\vartheta = h(\eta)$ weglassend, können wir

$$^h\Gamma_n{}^hU_n = {}^h\Gamma_n\, H^\mathsf{T}\, \Gamma_n^{-1}\, \Gamma_n\, U_n \xrightarrow{\mathcal{D}_\vartheta} C^\mathsf{T}\cdot N_d(0,\Sigma) = N_c(0,{}^h\Sigma),$$

schreiben, wobei wir U^* und H^*(i) ausgenutzt haben.

<u>ad W^*:</u> Wir unterdrücken die Argumente η_n^* und $h(\eta_n^*)$, wobei η_n^*, $n \geq 1$, die Eigenschaft $^hB^*$ erfüllt. Zunächst haben wir

$$
\begin{aligned}
^h\Gamma_n\,{}^hW_n\,{}^h\Gamma_n &= \sum_{j=1}^d U_{n,j}\,{}^h\Gamma_n\,\mathcal{H}_j\,{}^h\Gamma_n + {}^h\Gamma_n\,H^\mathsf{T}\,W_n\,H\,{}^h\Gamma_n \\
&\equiv A(n) + B(n).
\end{aligned}
$$

Es ist $A(n) \xrightarrow{P} 0$ wegen H^*(ii). Mit $C_n = \Gamma_n^{-1}\,H\,{}^h\Gamma_n$ gilt wegen W^* und H^*(i)

$$B(n) = C_n^\mathsf{T}\,\Gamma_n\,W_n\,\Gamma_n\,C_n \xrightarrow{P} -C^\mathsf{T}BC = -{}^hB.$$

Satz V 3.2 und Satz V 3.4, angewandt auf die Teilfamilie $^h\mathbb{P}$, liefern die restlichen Behauptungen. $\qquad\square$

4.3 Asymptotisches χ^2 des log-LQ

Mit den Bezeichnung von 4.2 definiert man die *log-LQ* Statistik

$$T_n = 2\left\{\ell_n(\hat{\vartheta}_n) - \ell_n(h(\hat{\eta}_n))\right\}, \tag{4.7}$$

wobei $\hat{\vartheta}_n$ und $\hat{\eta}_n$ Schätzer für ϑ und η in den Modellen $\mathbb{P}$ bzw. $^h\mathbb{P}$ sind, und zwar Γ_n^{-1} bzw. $^h\Gamma_n^{-1}$ konsistente Z-Schätzer.

Satz. *Unter den Bedingungen* $\Sigma(\vartheta) = B(\vartheta)$, U^*, W^* *und* H^* *gilt für die Statistik* (4.7) *bei* $n \to \infty$

$$T_n \xrightarrow{\mathcal{D}_{h(\eta)}} \chi^2_{d-c}. \tag{4.8}$$

Beweis. Wir schreiben T_n in der Form

$$T_n = 2\{\ell_n(\hat{\vartheta}_n) - \ell_n(h(\eta))\} - 2\{\ell_n(h(\hat{\eta}_n)) - \ell_n(h(\eta))\}.$$

Wenden wir Kor. 4.1 auf die Modelle $\mathbb{P}$ und $^h\mathbb{P}$ an, so erhalten wir, die Argumente η und $\vartheta = h(\eta)$ weglassend,

$$T_n - \{U_n^\mathsf{T}\Gamma_n\Sigma^{-1}\Gamma_n U_n - {}^hU_n^\mathsf{T}\,{}^h\Gamma_n\,{}^h\Sigma^{-1}\,{}^h\Gamma_n\,{}^hU_n\}$$

$$= T_n - U_n^\mathsf{T}\Gamma_n\{\Sigma^{-1} - C_n\,{}^h\Sigma^{-1}\,C_n^\mathsf{T}\}\Gamma_n U_n \xrightarrow{P} 0,$$

wobei wir wieder $C_n = \Gamma_n^{-1} H {}^h\Gamma_n$ gesetzt haben. Wegen H*(i) und der stochastischen Beschränktheit von $\Gamma_n U_n$ folgt daraus

$$T_n - U_n^\top \Gamma_n \{\Sigma^{-1} - C {}^h\Sigma^{-1} C^\top\}\Gamma_n U_n \xrightarrow{P} 0.$$

Mit den Abkürzungen $\Delta_n = \Gamma_n U_n$ und $P = I_d - \Sigma^{1/2} C {}^h\Sigma^{-1} C^\top \Sigma^{1/2}$ schreibt sich dies auch

$$T_n - \Delta_n^\top \Sigma^{-1/2} P \Sigma^{-1/2} \Delta_n \xrightarrow{P} 0.$$

Da $\Sigma^{-1/2}\Delta_n \xrightarrow{D} Z$ gilt, mit $N_d(0, I_d)$-verteiltem Z gemäß U*, liefert das continuous mapping Theorem in A 3.4

$$\Delta_n^\top \Sigma^{-1/2} P \Sigma^{-1/2} \Delta_n \xrightarrow{D} Z^\top P Z.$$

Aufgrund von Satz 2 in A 2.3 ist die rechte Seite χ_{d-c}^2-verteilt. In der Tat, wegen

$$P^\top = P, \quad P \cdot P = P, \quad \text{Rang}(P) = d - \text{Rang}(C) = d - c,$$

ist P eine Projektionsmatrix vom Rang $d - c$ (vgl. A 1.1).
Folglich ist auch T_n asymptotisch χ_{d-c}^2-verteilt.   □

Wir bringen **Anwendungen** dieses Satzes auf den Ein-Stichproben und den Zwei-Stichproben Fall; ferner wird in c) ein wichtiger Spezialfall besprochen.

a) Asymptotischer Test *nichtlinearer* Hypothesen im Fall $\Sigma(\vartheta) = B(\vartheta)$.
Zum Prüfen der Hypothese

$$H_0 : \quad \vartheta \in h(\Delta) \qquad [\text{d. h. es gibt ein } \eta \in \Delta \text{ mit } \vartheta = h(\eta)]$$

geht man wie folgt vor:

- Berechne den Z-Schätzer $\hat\vartheta_n$ für ϑ aus $U_n(\vartheta) = 0$ und den Z-Schätzer $\hat\eta_n$ für η aus ${}^hU_n(\eta) = H^\top(\eta) U_n(h(\eta)) = 0$.

- Bilde die Teststatistik T_n gemäß Gleichung (4.7) und verwirf H_0 zugunsten der Alternative $\vartheta \notin h(\Delta)$, falls $T_n > \chi_{d-c,1-\alpha}^2$, wobei ein großes n vorausgesetzt wird.

Unter *lokalen* Alternativen

$$H_1 : \vartheta_n = \vartheta + \Gamma_n \cdot t \qquad [t \in \mathbb{R}^d \text{ fixiert}, \ \vartheta = h(\eta)]$$

erhalten wir im Likelihoodfall als Grenzverteilung eine $\chi_{d-c}^2(\delta^2)$-Verteilung, d. i. eine nichtzentrale χ^2-Verteilung, mit Nichtzentralisationsparameter

$$\delta^2 = t^\top \cdot \Sigma(\vartheta)\{\Sigma^{-1}(\vartheta) - C(\eta)[C^\top(\eta)\Sigma(\vartheta)C(\eta)]^{-1}C^\top(\eta)\}\Sigma(\vartheta) \cdot t,$$

siehe GALLANT (1987, sec. 3.5), PRUSCHA (1994), WITTING & MÜLLER-FUNK (1995, sec. 6.4.2).

Das Testen zusammengesetzter Hypothesen im Fall $\Sigma(\vartheta) \neq B(\vartheta)$ ist mit dem Score- und dem Wald-Test möglich (siehe unten).

b) Asymptotischer *Test der Homogenität* zweier Stichproben.
Wir betrachten zwei Stichproben vom Umfang n,

$$X'_1, ..., X'_n \quad \text{und} \quad X''_1, ..., X''_n,$$

$X' = (X'_1, ..., X'_n)$ unabhängig von $X'' = (X''_1, ..., X''_n)$. Wir nehmen an, dass $\mathbb{P}_{X'} = \mathbb{P}_{\eta'}$ und $\mathbb{P}_{X''} = \mathbb{P}_{\eta''}$ geschrieben werden können. Für $\vartheta = (\eta', \eta'')$ lautet dann die zugrunde liegende Produkt-Wahrscheinlichkeit $\mathbb{P}_\vartheta = \mathbb{P}_{\eta'} \times \mathbb{P}_{\eta''}$. Um einen Test auf $H_0 : \eta' = \eta''$, d. h. auf Homogenität der beiden Grundgesamtheiten, durchzuführen, definieren wir die Abbildung $\vartheta = h(\eta)$ gemäß $h(\eta) = (\eta, \eta)$, $\eta \in \mathbb{R}^c$. Die Durchführung des Tests lässt sich dann so skizzieren (wegen Details siehe PRUSCHA (1996, VI 2.7)):

- Berechne $\hat{\vartheta}_n = (\hat{\eta}'_n, \hat{\eta}''_n)$ aus $U'_n(\eta') = 0$ und $U''_n(\eta'') = 0$.

- Berechne $\hat{\eta}_n$ aus $U'_n(\eta) + U''_n(\eta) = 0$.

- Bilde die Teststatistik

$$T_n = 2\left\{\ell_n(\hat{\vartheta}_n) - \ell_n((\hat{\eta}_n, \hat{\eta}_n))\right\}, \quad \text{mit } \ell_n((\eta', \eta'')) = \ell'_n(\eta') + \ell''_n(\eta''),$$

und verwirf $H_0 : \eta' = \eta''$ zugunsten von $\eta' \neq \eta''$, falls $T_n > \chi^2_{c,1-\alpha}$ (großes n vorausgesetzt).

c) Ein wichtiger Spezialfall liegt vor, wenn in der Nullhypothese die letzten $d - c$ Komponenten von ϑ fixiert werden, z. B. gleich Null gesetzt werden. Die Hypothese lässt sich in der Gestalt

$$H_0: \quad \vartheta_{c+1} = \vartheta^0_{c+1}, \ldots, \vartheta_d = \vartheta^0_d \tag{4.9}$$

formulieren, wobei $\vartheta^0_{c+1}, ..., \vartheta^0_d \in \mathbb{R}$ fest gewählte Werte sind. Die Abbildung h wird für jedes $\eta = (\eta_1, ..., \eta_c)^\top \in \Delta$ durch

$$h(\eta) = (\eta_1, ..., \eta_c, \vartheta^0_{c+1}, ..., \vartheta^0_d)^\top \in \Theta$$

definiert. Führt man die $d \times c$-Matrix $I_0 = \begin{pmatrix} I_c \\ 0 \end{pmatrix}$ ein, so besitzt die Abbildung h die Ableitungsmatrizen

$$H = I_0, \quad \mathcal{H}_j = 0 \text{ für } j = 1, ..., d.$$

Neben H*(ii) ist dann auch die Bedingung H*(i) erfüllt. In der Tat, definiere durch Stutzung von Γ_n die $c \times c$-Diagonalmatrix $\Gamma^{cc}_n = \text{Diag}(\gamma_{nj}, j = 1, ..., c)$.

Wegen $\Gamma_n^{-1} H \Gamma_n^{cc} = I_0$ wählen wir als Normierungsmatrizen ${}^h\Gamma_n = \Gamma_n^{cc}$, und H*(i) gilt mit $C = I_0$. Man erhält dann

$$\begin{aligned}
{}^hU_n(\eta) &= U_n^c(h(\eta)), \quad {}^hW_n(\eta) = W_n^{cc}(h(\eta)), \\
{}^h\Sigma(\eta) &= \Sigma^{cc}(h(\eta)), \quad {}^hB(\eta) = B^{cc}(h(\eta)),
\end{aligned}$$

mit der Notation $a^c = (a_1, ..., a_c)^\top$ und $A^{cc} = (a_{jk}, 1 \leq j, k \leq c)$ für einen $d \times 1$-Vektor a bzw. eine $d \times d$-Matrix $A = (a_{jk})$. Man berechnet hier

$$\hat{\eta}_n = (\hat{\eta}_1, ..., \hat{\eta}_c)^\top \quad \text{aus} \quad U_n^c(\eta_1, ..., \eta_c, \vartheta_{c+1}^0, ..., \vartheta_d^0) = 0,$$

und hat $h(\hat{\eta}_n) = (\hat{\eta}_1, ..., \hat{\eta}_c, \vartheta_{c+1}^0, ..., \vartheta_d^0)^\top$ in die log-LQ Statistik T_n aus (4.7) einzusetzen.

4.4 Asymptotisches χ^2 des Wald-Tests

Wir führen eine weitere Möglichkeit ein, zusammengesetzte Hypothesen zu formulieren. Ist mit $c < d$ die Abbildung

$$r : \Theta \subset \mathbb{R}^d \to \mathbb{R}^{d-c}$$

stetig differenzierbar, mit einer $d \times (d-c)$-Funktionalmatrix $R(\vartheta) = \frac{d}{d\vartheta} r^\top(\vartheta)$ vom vollen Rang $d - c$, dann drückt die Restriktion

$$H_0' : r(\vartheta) = 0$$

eine (nichtlineare) Hypothese über $\vartheta \in \Theta$ aus. Analog zur Forderung H*(i) setzen wir die Existenz einer Normierungsfolge ${}^r\Gamma_n$, $n \geq 1$, von $(d-c) \times (d-c)$-Diagonalmatrizen voraus (mit positiven Diagonalelementen und mit ${}^r\Gamma_n \to 0$), so dass für jedes $\vartheta \in \Theta$ mit $r(\vartheta) = 0$ und für jede Folge ϑ_n^*, $n \geq 1$, mit Eigenschaft B* gilt:

$$\Gamma_n R(\vartheta_n^*) {}^r\Gamma_n^{-1} \xrightarrow{\mathbf{P}_\vartheta} D(\vartheta) \quad [d \times (d-c) - \text{Matrix vom Rang } d - c]. \quad \text{R*}$$

Unter $H_0 : \vartheta = h(\eta)$ und $H_0' : r(\vartheta) = 0$ gilt aufgrund der Kettenregel, sowie mit H*(i) und R*,

$$H^\top(\eta) \cdot R(\vartheta) = 0, \quad C^\top(\eta) \cdot D(\vartheta) = 0. \tag{4.10}$$

Von H_0' kann lokal, aber i. A. nicht global, auf H_0 umgerechnet werden und umgekehrt. Dazu benutze man den Satz über implizite Funktionen bzw. über inverse Funktionen und vergleiche GALLANT (1987, p. 240) oder PRUSCHA (1996, S. 248). Bedingung R* ist einfacher als das in 4.2 eingeführte H*. Dafür garantiert H* die Gültigkeit der vollständigen asymptotischen Theorie in der Teilfamilie $\mathbb{P}_{h(\eta)}, \eta \in \Delta$, während R* hier ad hoc zum Nachweis der asymptotischen Verteilung der Waldschen Teststatistik eingeführt wurde.

    I. F. bezeichne $\hat{\vartheta}_n$, $n \geq 1$, weiterhin einen Γ_n^{-1}-konsistenten Z-Schätzer wie in V 3.1. Zur Vorbereitung auf den folgenden Satz dient das

Lemma. *Unter U^*, W^*, R^* gilt für $\vartheta \in r^{-1}(\{0\})$, mit einer $N_d(0, I_d)$-verteilten Zufallsvariablen Z,*

$$^r\Gamma_n^{-1} r(\hat{\vartheta}_n) \xrightarrow{\mathcal{D}_\vartheta} D^\top(\vartheta) B^{-\top}(\vartheta) \Sigma^{1/2}(\vartheta) Z. \tag{4.11}$$

Beweis. Der Mittelwertsatz liefert mit einer (zeilenweise verschiedenen) Zwischenstelle ϑ_n^*

$$r(\hat{\vartheta}_n) = r(\vartheta) + R^\top(\vartheta_n^*)(\hat{\vartheta}_n - \vartheta),$$

das heißt mit $r(\vartheta) = 0$

$$^r\Gamma_n^{-1} r(\hat{\vartheta}_n) = {}^r\Gamma_n^{-1} R^\top(\vartheta_n^*) \Gamma_n \Gamma_n^{-1}(\hat{\vartheta}_n - \vartheta),$$

so dass R* und Satz V 3.4 die Behauptung liefern. □

Unter Benutzung der (fast sicher) invertierbaren, symmetrischen Matrizen $S_n(\vartheta)$ aus Bedingung S* in V 3.5 definieren wir nun die *Wald-Teststatistik*

$$T_n^{(W)} = r^\top(\hat{\vartheta}_n)\big[R^\top(\hat{\vartheta}_n) W_n^{-\top}(\hat{\vartheta}_n) S_n(\hat{\vartheta}_n) W_n^{-1}(\hat{\vartheta}_n) R(\hat{\vartheta}_n)\big]^{-1} r(\hat{\vartheta}_n). \tag{4.12}$$

Satz. *Unter den Voraussetzungen U^*, W^*, S^*, R^* gilt für $\vartheta \in r^{-1}(\{0\})$*

$$T_n^{(W)} \xrightarrow{\mathcal{D}_\vartheta} \chi_{d-c}^2.$$

Beweis. Definiert man

$$D_n(\hat{\vartheta}_n) = \Gamma_n R(\hat{\vartheta}_n)\,{}^r\Gamma_n^{-1}, \qquad B_n(\hat{\vartheta}_n) = -\Gamma_n W_n(\hat{\vartheta}_n) \Gamma_n,$$

$$\Sigma_n(\hat{\vartheta}_n) = \Gamma_n S_n(\hat{\vartheta}_n) \Gamma_n,$$

so lässt sich (4.12) in der Form

$$T_n^{(W)} = r^\top(\hat{\vartheta}_n)\,{}^r\Gamma_n^{-1}\big[D_n^\top(\hat{\vartheta}_n) B_n^{-\top}(\hat{\vartheta}_n) \Sigma_n(\hat{\vartheta}_n) B_n^{-1}(\hat{\vartheta}_n) D_n(\hat{\vartheta}_n)\big]^{-1}\,{}^r\Gamma_n^{-1} r(\hat{\vartheta}_n)$$

schreiben. Aufgrund von (4.11) und der Voraussetzungen W*, S*, R* folgt

$$T_n^{(W)} \xrightarrow{\mathcal{D}_\vartheta} Z^\top \Sigma^{1/2} B^{-1} D\, M^{-1} D^\top B^{-\top} \Sigma^{1/2} Z, \tag{4.13}$$

mit $N_d(0, I_d)$-verteiltem Z und mit der invertierbaren $(d-c) \times (d-c)$-Matrix

$$M = D^\top B^{-\top} \Sigma B^{-1} D = A \cdot A^\top, \qquad A = D^\top B^{-\top} \Sigma^{1/2},$$

(das Argument ϑ weglassend). A ist eine $(d-c) \times d$-Matrix vom vollen Rang $d-c$. Die rechte Seite von (4.13) lautet $(AZ)^\top (AA^\top)^{-1}(AZ)$, ist nach Satz 1 aus A 2.3 also χ_{d-c}^2-verteilt. □

Anwendung: Asymptotischer Test *nichtlinearer* Hypothesen der Form

$$H_0' : \; r(\vartheta) = 0.$$

Man berechnet $\hat{\vartheta}_n$ aus der Schätzgleichung $U_n(\vartheta) = 0$ und verwirft H_0', falls

$$T_n^{(W)} > \chi^2_{d-c,1-\alpha},$$

wobei ein großer Stichprobenumfang n vorausgesetzt wird. Unter *lokalen* Alternativen

$$H_1 : \vartheta_n = \vartheta + \Gamma_n \cdot t \qquad [\,t \in \mathbb{R}^d \text{ fixiert, } r(\vartheta) = 0\,]$$

erhalten wir im Likelihoodfall ($\Sigma = B$ vorausgesetzt) als Grenzverteilung eine nichtzentrale $\chi^2_{d-c}(\delta^2)$-Verteilung mit Nichtzentralisationsparameter

$$\delta^2 = t^\top \cdot D(\vartheta) \left[D^\top(\vartheta) \, \Sigma^{-1}(\vartheta) \, D(\vartheta) \right]^{-1} D^\top(\vartheta) \cdot t,$$

siehe GALLANT (1987, sec. 3.5), PRUSCHA (1994), WITTING & MÜLLER-FUNK (1995, sec. 6.4.2). Der Spezialfall der schon in 4.3 betrachteten Hypothese (4.9), das ist

$$H_0 : \vartheta_{c+1} = \vartheta^0_{c+1}, \ldots, \vartheta_d = \vartheta^0_d,$$

lässt sich mit der Abbildung

$$r(\vartheta) = (\vartheta_{c+1} - \vartheta^0_{c+1}, \ldots, \vartheta_d - \vartheta^0_d)^\top$$

in der Form $r(\vartheta) = 0$ schreiben. Die Funktionalmatrix von r lautet $R = \begin{pmatrix} 0 \\ I_{d-c} \end{pmatrix}$. Die Voraussetzung R* ist erfüllt. Partitionieren wir

$$W_n^{-\top} S_n W_n^{-1} = \begin{pmatrix} L_{n,11} & L_{n,12} \\ L_{n,21} & L_{n,22} \end{pmatrix}$$

mit einer invertierbaren $(d - c) \times (d - c)$-Matrix $L_{n,22}$, so vereinfacht sich (4.12) zu

$$T_n^{(W)} = (\hat{\zeta}_n - \zeta^0)^\top \left[L_{n,22}(\hat{\vartheta}_n) \right]^{-1} (\hat{\zeta}_n - \zeta^0) \tag{4.14}$$

mit

$$\hat{\zeta}_n = (\hat{\vartheta}_{n,c+1}, \ldots, \hat{\vartheta}_{n,d})^\top, \quad \zeta^0 = (\vartheta^0_{c+1}, \ldots, \vartheta^0_d)^\top.$$

Im Spezialfall $S_n = -W_n$ haben wir in (4.14) für $L_{n,22}$ die untere rechte $(d-c) \times (d-c)$-Teilmatrix von $-W_n^{-1}$ einzusetzen.

Bezieht sich H_0 nur auf die letzte Komponente ϑ_d von ϑ, so lautet (4.14)

$$T_n^{(W)} = \frac{(\hat{\vartheta}_{n,d} - \vartheta^0_d)^2}{\hat{w}_n},$$

mit dem (d, d)-Diagonalelement $\hat{w}_n$ von $W_n^{-\top} S_n W_n^{-1}$ bzw. (im Fall $S_n = -W_n$) von $-W_n^{-1}$, jeweils ausgewertet bei $\hat{\vartheta}_n$.

4.5 Vergleich der Tests zusammengesetzter Hypothesen

Der log-LQ Test aus 4.3, dessen Anwendung auf den Fall $\Sigma = B$ beschränkt bleibt, benötigt beide konsistente Z-Schätzer, nämlich $\hat{\vartheta}_n$, $n \geq 1$, für das volle Modell $\mathbb{P}_\vartheta$, $\vartheta \in \Theta$, und $\hat{\eta}_n$, $n \geq 1$, für das Submodell $\mathbb{P}_{h(\eta)}$, $\eta \in \Delta$, sowie eine Kriteriumsfunktion ℓ_n. Liegen alle diese Größen vor, so ist dieser Test zu empfehlen.

Der Wald-Test benötigt nur für das volle Modell einen konsistenten Schätzer $\hat{\vartheta}_n$, $n \geq 1$. Er ist als *to-remove Test* in Situationen geeignet, in denen eine Reduzierung auf ein Submodell in Betracht gezogen wird. Eine solche Situation liegt z. B. bei einer Regressionsanalyse vor, wenn mittels einer Hypothese vom Typ $H_0 : \vartheta_{c+1} = 0, ..., \vartheta_d = 0$ die Frage geprüft werden soll, ob auf einen Teil der d Modellparameter verzichtet werden kann.

Die Teststatistik des bislang noch nicht behandelten *Score-Tests* lautet

$$T_n^{(S)} = U_n^\top(\tilde{\vartheta}_n) \, F_n(\hat{\eta}_n) \, U_n(\tilde{\vartheta}_n) \qquad [\, \tilde{\vartheta}_n = h(\hat{\eta}_n) \,], \tag{4.15}$$

mit einem konsistenten Z-Schätzer $\hat{\eta}_n$, $n \geq 1$, für $\eta \in \Delta$ und mit der $d \times d$-Matrix

$$F_n(\eta) = S_n^{-1}(\vartheta) - S_n^{-1}(\vartheta) \, W_n^\top(\vartheta) \, H(\eta) \big[H^\top(\eta) \, L_n^{-1}(\vartheta) \, H(\eta) \big]^{-1} H^\top(\eta) \, W_n(\vartheta) \, S_n^{-1}(\vartheta),$$

wobei wir

$$L_n^{-1}(\vartheta) = W_n(\vartheta) \, S_n^{-1}(\vartheta) \, W_n^\top(\vartheta)$$

und $\vartheta = h(\eta)$ gesetzt haben, vgl. GALLANT (1987, sec. 3.5, 3.6) oder PRUSCHA (1996, S. 244). Unter den Voraussetzungen U*, W*, S*, H* ist $T_n^{(S)}$ bezüglich der $\mathbb{P}_{h(\eta)}$-Wahrscheinlichkeit asymptotisch χ_{d-c}^2-verteilt. Im Spezialfall der Hypothese (4.9) vereinfacht sich (4.15) –bis auf eine stochastische Nullfolge– zu

$$T_n^{(S)} = U_{n,2}^\top(\tilde{\vartheta}_n) \, F_{n,22}(\hat{\eta}_n) \, U_{n,2}(\tilde{\vartheta}_n) \qquad [\, \tilde{\vartheta}_n = h(\hat{\eta}_n) \,],$$

wobei

der Vektor $U_n = \begin{pmatrix} U_{n,1} \\ U_{n,2} \end{pmatrix}$ und die Matrix $F_n = \begin{pmatrix} F_{n,11} & F_{n,12} \\ F_{n,21} & F_{n,22} \end{pmatrix}$

ähnlich wie in 4.4 partitioniert wurden. Im Spezialfall $S_n = -W_n$ gilt $F_{n,22} = [-W_n^{-1}]_{2,2}$.

Der Scoretest benötigt nur einen konsistenten Schätzer $\hat{\eta}_n, n \geq 1$, für das Submodell $\mathbb{P}_{h(\eta)}$, $\eta \in \Delta$. Er ist als *to-enter Test* in Situationen geeignet, in denen eine Erweiterung des Modells in Betracht gezogen wird. Eine solche Erweiterung ist z. B. bei einer Regressionsanalyse angezeigt, wenn der Score-Test eine Hypothese der Form $H_0 : \vartheta_{c+1} = 0, ..., \vartheta_d = 0$ verwirft.

4.6 Pearson-Teststatistik

Sind die Beobachtungsvariablen kategorieller Skalennatur (nominal-skaliert), so verwendet man zum Testen von Hypothesen –neben den log-LQ Teststatistiken– häufig Teststatistiken vom Pearson-Fisher Typ, oder, wie man auch sagt, vom χ^2-Typ. Die asymptotische χ^2-Verteilung dieser Teststatistiken leiten wir relativ einfach aus den Sätzen 4.1 und 4.3 über die log-LQ Statistiken ab.

Uns liege ein (n mal unabhängig durchgeführtes) Zufallsexperiment vor, dessen Ausgang jeweils eine von m Alternativen ist; es wird mit Hilfe der Multinomialverteilung $M_{m-1}(n, p)$ beschrieben. Sei also der Zufallsvektor

$$X^{(n)} = (X_1^{(n)}, \dots, X_{m-1}^{(n)})^\top$$

$M_{m-1}(n, p)$-verteilt, d. h. multinomialverteilt mit den Parametern n und p. Dabei ist

$$p = (p_1, \dots, p_{m-1})^\top, \quad p_j > 0, \quad \sum_{j=1}^{m-1} p_j < 1.$$

Für das Folgende wird für die m-te Alternative

$$X_m^{(n)} = n - \sum_{j=1}^{m-1} X_j^{(n)}, \quad p_m = 1 - \sum_{j=1}^{m-1} p_j,$$

gesetzt. Wir definieren die Zufallsvariable

$$\hat{\chi}_n^2(p) = \sum_{j=1}^{m} \frac{\left(X_j^{(n)} - np_j\right)^2}{np_j}, \tag{4.16}$$

die in 4.8, mit spezifizierten Wahrscheinlichkeiten $p = p_0$, als *Pearson-Teststatistik* Verwendung finden wird. Zunächst präsentieren wir ein Lemma, das uns mehrfach von Nutzen sein wird.

Lemma. $X_n, Y_n, n \geq 1$, *seien zwei Folgen von positiven Zufallsvariablen, welche* $1/Y_n \overset{P}{\longrightarrow} 0$ *und, mit* $Z_n = (X_n - Y_n)/\sqrt{Y_n}$,

$$\frac{Z_n}{(Y_n)^{1/6}} \overset{P}{\longrightarrow} 0 \tag{4.17}$$

für $n \to \infty$ *erfüllen. Setzen wir* $G_n = 2X_n \cdot \log(X_n/Y_n)$, *so gilt*

$$G_n - (2\sqrt{Y_n}\, Z_n + Z_n^2) \overset{P}{\longrightarrow} 0.$$

Beweis. Die Taylorentwicklung liefert für $|s| < 1$, mit einem $\alpha = \alpha(s) \in (-1, 1)$

$$\log(1 + s) = s - \frac{1}{2}s^2 + \alpha \frac{1}{3}s^3.$$

Deshalb gelten auf $M_n = \{|Z_n / \sqrt{Y_n}| < 1\}$ die folgenden Gleichungen

$$
\begin{aligned}
G_n &= 2\left(Y_n + Z_n\sqrt{Y_n}\right)\log\left(1 + Z_n/\sqrt{Y_n}\right) \\
&= 2\left(Y_n + Z_n\sqrt{Y_n}\right)\left(Z_n/\sqrt{Y_n} - \frac{1}{2}Z_n^2/Y_n + \alpha\frac{1}{3}Z_n^3/(Y_n)^{3/2}\right) \\
&= 2\sqrt{Y_n}Z_n + Z_n^2 - (1 - \frac{2}{3}\alpha)Z_n^3/\sqrt{Y_n} + \frac{2}{3}\alpha Z_n^4/Y_n.
\end{aligned}
$$

Nach Voraussetzung (4.17) konvergiert $Z_n^3/\sqrt{Y_n}$ –und damit erst recht Z_n^4/Y_n – stochastisch gegen 0. Zusammen mit $1_{M_n} \xrightarrow{P} 1$ ist damit die Behauptung bewiesen. $\qquad\square$

Wir zeigen nun, dass die für den Nachweis des asymptotischen Verhaltens entscheidenden Bedingungen U*, W* aus V 3.3 erfüllt sind, und zwar mit identischen Grenzmatrizen $\Sigma = B$. Wir verwenden als Kriteriumsfunktion ℓ_n die log-Likelihoodfunktion einer Realisation der $M_{m-1}(n, p)$-Verteilung. Beachtet man die Definitionen von p_m und $X^{(n)}$, so lauten die log-Likelihoodfunktion und ihre Ableitungen $(j, k = 1, \ldots, m-1)$

$$
\begin{aligned}
\ell_n(p) &= \sum_{j=1}^{m-1} X_j^{(n)}\log p_j + X_m^{(n)}\log p_m + \log C_n \\
U_{n,j}(p) &= \frac{X_j^{(n)}}{p_j} - \frac{X_m^{(n)}}{p_m} \\
W_{n,jk}(p) &= -\frac{X_m^{(n)}}{p_m^2} - \frac{X_j^{(n)}}{p_j^2}\cdot\delta_{jk},
\end{aligned}
\qquad (4.18)
$$

wobei C_n den Multinominalkoeffizienten bezeichnet und δ_{jk} das Kronecker-Symbol.

Proposition. *Für einen $M_{m-1}(n, p)$-verteilten Zufallsvektor $X^{(n)}$ sind die Bedingungen U^* und W^* bezüglich des Parameters $\vartheta = p$,*

$$p \in \Theta = \left\{(p_1, ..., p_{m-1})^\top \in \mathbb{R}^d,\ 0 < p_j,\ \sum_{j=1}^{m-1}p_j < 1\right\},$$

erfüllt $(d = m - 1)$. Man hat dabei, mit $\mathbb{1}^\top = (1, ..., 1) \in \mathbb{R}^d$, die folgenden $d \times d$-Matrizen zu wählen:

$$\Gamma_n = Diag\left(\frac{1}{\sqrt{n}}\right), \quad B(p) = \Sigma(p) = \frac{1}{p_m}\mathbb{1}\cdot\mathbb{1}^\top + Diag\left(\frac{1}{p_j}\right). \qquad (4.19)$$

Beweis. Wir bemerken zunächst, dass mit einem Σ wie in (4.19)

$$\mathbb{V}(U_n) = -\mathbb{E}(W_n) = n\,\Sigma(p)$$

gilt, vgl. auch V 1.1. Ferner können wir mit unabhängigen, $M_{m-1}(1,p)$-verteilten $X(i) = (X_1(i), ..., X_{m-1}(i))^\top$, $i = 1, ..., n$,

$$X^{(n)} = \sum_{i=1}^{n} X(i)$$

schreiben. Mit unabhängigen $U(i)$ und $W(i)$, $i = 1, \ldots, n$, wobei jedes $U(i)$ und $W(i)$ wie U_1 bzw. W_1 verteilt ist, folgt

$$U_n = \sum_{i=1}^{n} U(i), \quad U(i) = -\frac{1}{p_m} X_m(i)\,\mathbb{1} + \operatorname{Diag}\left(\frac{1}{p_j}\right) \cdot X(i),$$

$$W_n = \sum_{i=1}^{n} W(i), \quad -W(i) = \frac{1}{p_m^2} X_m(i)\,\mathbb{1} \cdot \mathbb{1}^\top + \operatorname{Diag}\left(\frac{1}{p_j^2}\right) \cdot \operatorname{Diag}(X_j(i)).$$

<u>Ad U*:</u> Der mehrdimensionale ZGWS für Folgen unabhängiger Zufallsvektoren (d. i. Kor. 1 in A 3.6) liefert für $n \to \infty$, wegen $\mathbb{E}(U(1)) = 0$ und $\mathbb{V}(U(1)) = \Sigma(p)$,

$$\Gamma_n U_n(p) = \frac{1}{\sqrt{n}} \sum_{i=1}^{n} U(i) \xrightarrow{\;\mathcal{D}\;} N_{m-1}(0, \Sigma(p)).$$

<u>Ad W*:</u> Aufgrund des Gesetzes der großen Zahlen A 3.3 gilt für Folgen $p_n^* \equiv (p_{nj}^*)$, $n \geq 1$, mit $p_n^* \xrightarrow{\;\mathbf{P}\;} p$ bei $n \to \infty$

$$-\Gamma_n W_n(p_n^*)\,\Gamma_n = (1/p_{nm}^{*2})\,\tfrac{1}{n}\sum_{i=1}^{n} X_m(i)\,\mathbb{1}\cdot\mathbb{1}^\top + \operatorname{Diag}(1/p_{nj}^{*2})\,\tfrac{1}{n}\sum_{i=1}^{n}\operatorname{Diag}(X_j(i))$$

$$\xrightarrow{\;\mathbf{P}\;} \frac{1}{p_m^2}\,p_m\,\mathbb{1}\cdot\mathbb{1}^\top + \operatorname{Diag}(1/p_j^2)\cdot\operatorname{Diag}(p_j) = \Sigma(p). \qquad \square$$

Das folgende Resultat von PEARSON (1900) leiten wir aus Satz 4.1 ab. Direktere Beweise findet man bei WILKS (1962, sec. 9.3), RICHTER (1966, S. 363) oder PRUSCHA (1996, S. 55).

Satz. (Pearson) *Für einen $M_{m-1}(n,p)$-verteilten Zufallsvektor $X^{(n)}$ sei die Zufallsvariable $\hat\chi_n^2(p)$ wie in (4.16) definiert. Dann gilt für $n \to \infty$*

$$\hat\chi_n^2(p) \xrightarrow{\;\mathcal{D}_p\;} \chi_{m-1}^2.$$

Beweis. Die log-Likelihoodfunktion lautet gemäß (4.18)

$$\ell_n(p) = \sum_{j=1}^{m} X_j^{(n)} \log p_j + \log C_n, \qquad (4.20)$$

so dass man $\hat{p}_j = X_j^{(n)}/n$, $j = 1, ..., m$, als ML-Schätzer für p erhält. Es folgt

$$\ell_n(\hat{p}) = \sum_{j=1}^{m} X_j^{(n)} \log \left(\frac{X_j^{(n)}}{n}\right) + \log C_n. \tag{4.21}$$

Gemäß 4.1 lautet dann die log-LQ Teststatistik

$$T_n(p) = 2\left\{\ell_n(\hat{p}) - \ell_n(p)\right\} = 2\sum_{j=1}^{m} X_j^{(n)} \log \left(\frac{X_j^{(n)}}{np_j}\right),$$

oder, mit der Abkürzung $G_{nj} = 2 X_j^{(n)} \log(X_j^{(n)}/(np_j))$, auch $T_n(p) = \sum_{j=1}^{m} G_{nj}$. Die Voraussetzungen des obigen Lemmas sind erfüllt (np_j nimmt die Rolle von Y_n ein), denn der zentrale Grenzwertsatz A 3.5, Kor. 1, liefert die Verteilungskonvergenz von

$$Z_{nj} = \frac{X_j^{(n)} - np_j}{\sqrt{np_j}}$$

und damit (4.17). Satz 4.1 ist wegen der eben bewiesenen Proposition anwendbar und ergibt $\sum_{j=1}^{m} G_{nj} \xrightarrow{D} \chi_{m-1}^2$, so dass aus dem obigem Lemma sofort folgt:

$$\sum_{j=1}^{m} \left(2\sqrt{np_j}\, Z_{nj} + Z_{nj}^2\right) = \sum_{j=1}^{m} Z_{nj}^2 = \hat{\chi}_n^2(p) \xrightarrow{D} \chi_{m-1}^2. \qquad \square$$

4.7 Pearson-Fisher Teststatistik

Wir behandeln nun wie in 4.2 und 4.3 das Testen zusammengesetzter Hypothesen und betrachten den Parameter $p \in \mathbb{R}^d$, $d = m - 1$, der $M_{m-1}(n, p)$-Verteilung als Funktion von einem $\eta \in \mathbb{R}^c$,

$$p = p(\eta), \quad \eta \in \Delta \subset \mathbb{R}^c \text{ offen}, \quad c < d, \quad p \text{ 2×stetig differenzierbar.} \tag{4.22}$$

Bezeichnet $\hat{\eta}_n$, $n \geq 1$, einen $\sqrt{n}$-konsistenten ML-Schätzer für η, dann definiert man die *Pearson-Fisher Teststatistik*

$$\hat{\chi}_n^2 = \sum_{j=1}^{m} \frac{\left(X_j^{(n)} - n\,p_j(\hat{\eta}_n)\right)^2}{n\,p_j(\hat{\eta}_n)}. \tag{4.23}$$

Wir werden die asymptotische Verteilung von $\hat{\chi}_n^2$ aus derjenigen der log-LQ Statistik $T_n = 2\{\ell_n(\hat{p}_n) - \ell_n(p(\hat{\eta}_n))\}$ herleiten. Gemäß (4.20) und (4.21) gilt

$$T_n = 2\sum_{j=1}^{m} X_j^{(n)} \log \left(\frac{X_j^{(n)}}{n\,p_j(\hat{\eta}_n)}\right). \tag{4.24}$$

Wie in 4.2 führen wir die $d \times c$-Matrix $H(\eta) = (\partial p_j(\eta)/\partial \eta_k)$ ein und setzen voraus, dass sie vom Rang c ist. Definiert man weiter die $c \times c$-Matrizen ${}^h\Gamma_n = \text{Diag}(1/\sqrt{n})$, so ist die Bedingung H*(i) aus 4.2 erfüllt, und zwar mit $C = H$. Wegen (4.18) gilt

$$\frac{1}{n} U_{n,j}(p_n^*) = \frac{1}{n} \left(\frac{X_j^{(n)}}{p_{nj}^*} - \frac{X_m^{(n)}}{p_{nm}^*} \right),$$

was bei $p_n^* \xrightarrow{\text{P}} p$ aufgrund des Gesetzes der großen Zahlen A 3.3 stochastisch gegen 0 konvergiert, so dass auch H*(ii) erfüllt ist.

Satz. *Für einen $M_{m-1}(n,p)$-verteilten Zufallsvektor $X^{(n)}$ und eine Abbildung $p = p(\eta)$ wie in (4.22) möge $\hat{\chi}_n^2$ wie in (4.23) definiert sein. Dann gilt bei $n \to \infty$*

$$\hat{\chi}_n^2 \xrightarrow{\mathcal{D}_{p(\eta)}} \chi_{m-1-c}^2.$$

Beweis. Mit der Abkürzung

$$G_{nj} = 2 X_j^{(n)} \log \left(\frac{X_j^{(n)}}{n\, p_j(\hat{\eta}_n)} \right)$$

besitzt (4.24) die Gestalt $T_n = \sum_{j=1}^m G_{nj}$.

Wir weisen jetzt die Voraussetzung (4.17) vom Lemma 4.6 nach ($np_j(\hat{\eta}_n)$ nimmt die Rolle von Y_n ein). Zunächst schreibt man mit $p_j \equiv p_j(\eta)$

$$Z_{nj} = \frac{X_j^{(n)} - np_j(\hat{\eta}_n)}{\sqrt{np_j(\hat{\eta}_n)}} = \sqrt{\frac{p_j(\eta)}{p_j(\hat{\eta}_n)}} \frac{X_j^{(n)} - np_j(\eta)}{\sqrt{np_j(\eta)}} + \frac{1}{\sqrt{p_j(\hat{\eta}_n)}} \sqrt{n}\big(p_j(\eta) - p_j(\hat{\eta}_n)\big)$$

$$\equiv A_n + B_n.$$

Unter Benutzung von $p_j(\hat{\eta}_n) \xrightarrow{\text{P}} p_j(\eta)$ zeigt man die Verteilungskonvergenz der beiden Terme A_n und B_n: Für den ersten Term A_n verwendet man dazu den zentralen Grenzwertsatz A 3.5, Kor. 1; für den zweiten Term B_n benutzt man Prop. 4.2 und die δ-Methode aus A 3.4. Also ist nach dem Satz von Cramér-Slutsky aus A 3.4 die Voraussetzung (4.17) erfüllt. Satz 4.3 ist wegen Prop. 4.6 und der Gültigkeit von H* anwendbar und liefert

$$T_n = \sum_{j=1}^m G_{nj} \xrightarrow{\mathcal{D}} \chi_{m-1-c}^2,$$

so dass aus Lemma 4.6 sofort die Behauptung folgt, nämlich

$$\sum_{j=1}^m \big(2\sqrt{np_j(\hat{\eta}_n)}\, Z_{nj} + Z_{nj}^2\big) = \sum_{j=1}^m Z_{nj}^2 = \hat{\chi}_n^2 \xrightarrow{\mathcal{D}} \chi_{m-1-c}^2. \qquad \square$$

4.8   Anwendungen: Asymptotische χ^2-Tests

Die folgenden beiden Anwendungen basieren auf den Sätzen 4.6 und 4.7. Sie setzen jeweils ein genügend großes n voraus.

χ^2-**Anpassungstest.** Gegeben sei wieder wie oben ein $(m-1)$-dimensionaler Zufallsvektor

$$X^{(n)} = (X_1^{(n)}, ..., X_{m-1}^{(n)})^\top,$$

der $M_{m-1}(n, p)$-verteilt ist. Wir wollen die Hypothese prüfen, dass die Wahrscheinlichkeiten $p_1, \dots, p_m$ der $M_{m-1}(n, p)$-Verteilung gewisse Werte $p_{01}, \dots, p_{0m}$ besitzen. Diese Nullhypothese

$$H_0 : \ p = p_0$$

wird auf der Grundlage einer Realisation

$$X_1^{(n)} = n_1, \dots, X_m^{(n)} = n_m$$

des Zufallsvektors $X^{(n)}$ mit Hilfe der *Pearson*-Teststatistik

$$\hat{\chi}_n^2(p_0) = \sum_{j=1}^m \frac{(n_j - n\,p_{0j})^2}{n\,p_{0j}} = \sum_{j=1}^m \frac{n_j^2}{n\,p_{0j}} - n$$

geprüft. Man verwirft H_0, falls

$$\hat{\chi}_n^2(p_0) > \chi_{m-1,1-\alpha}^2 \,.$$

Alternativ kann man auch die *log-LQ* Teststatistik

$$T_n(p_0) = 2 \sum_{j=1}^m n_j \log\left(\frac{n_j}{n\,p_{0j}}\right)$$

benutzen und H_0 im Fall $T_n(p_o) > \chi_{m-1,1-\alpha}^2$ verwerfen. Diese beiden Teststatistiken setzen die *beobachteten* Häufigkeiten $n_1, \dots, n_m$ in Vergleich zu den sogenannten *erwarteten* Häufigkeiten $n\,p_{01}, \dots, n\,p_{0m}$.

Als nächstes betrachten wir allgemeiner die n-malige unabhängige Wiederholung eines Zufallsexperiments, dessen Ausgang X_i nach $F(x, \eta), x \in \mathbb{R}, \eta \in \mathbb{R}^c$, verteilt ist, $i = 1, \dots, n$. Durch Einteilung der reellen Achse in m disjunkte Intervalle $(a_{j-1}, a_j]$ wird ein *gruppiertes Modell* eingeführt (für $j = 1$ und $j = m$ interpretiere die Intervalle als $(-\infty, a_1]$ bzw. (a_{m-1}, ∞)). Die Wahrscheinlichkeit p_j bzw. die Häufigkeitsvariable $X_j^{(n)}$ für das j-te Intervall lauten

$$p_j(\eta) = F(a_j, \eta) - F(a_{j-1}, \eta), \qquad X_j^{(n)} = \sum_{i=1}^n 1_{(a_{j-1}, a_j]}(X_i).$$

Einsetzen des ML-Schätzers $\hat{\eta}$ in $p_j(\eta)$ ermöglicht die Anwendung der Pearson-Fisher Teststatistik (4.23) aus 4.7. Man beachte aber, dass der ML-Schätzer $\hat{\eta}$ im gruppierten Modell zu berechnen ist; vgl. dazu CRAMÉR (1954, sec. 30.4) oder PRUSCHA (1996, II 3.3–3.8).

χ^2-**Unabhängigkeitstest.** I. F. mögen die natürlichen Zahlen n, I, J stets $n \geq 1$, $I \geq 2$, $J \geq 2$ erfüllen. Setze $d = I \cdot J - 1$ und

$$T^- = \big\{ (i,j) : 1 \leq i \leq I, 1 \leq j \leq J, (i,j) \neq (I,J) \big\}.$$

Der d-dimensionale Zufallsvektor $X^{(n)} = (X_{ij}^{(n)}, (i,j) \in T^-)$ sei $M_d(n, \pi)$-verteilt, wobei

$$\pi = \big(\pi_{ij}, (i,j) \in T^- \big).$$

Wir setzen noch für das in T^- ausgesparte Indexpaar (I, J)

$$\pi_{IJ} = 1 - \sum_{(i,j) \in T^-} \pi_{ij}, \qquad X_{IJ}^{(n)} = n - \sum_{(i,j) \in T^-} X_{ij}^{(n)}.$$

Eine Realisation von $X^{(n)}$, das heißt

$$X_{ij}^{(n)} = n_{ij}, \; i = 1, ..., I, \; j = 1, ..., J,$$

bildet dann eine $I \times J$-*Häufigkeitstafel*, auch *Kontingenztafel* genannt. Der ML-Schätzer für π_{ij} lautet $\hat{\pi}_{ij} = n_{ij}/n$. Wie in Häufigkeitstafeln üblich, führen wir die Punktnotation ein, um Randsummen zu bezeichnen:

$$n_{i\bullet} = \sum_{j=1}^{J} n_{ij}, \qquad n_{\bullet j} = \sum_{i=1}^{I} n_{ij},$$

so dass $n = n_{\bullet\bullet}$. Völlig analog verstehen sich dann $\pi_{i\bullet}$ und $\pi_{\bullet j}$, mit $\pi_{\bullet\bullet} = 1$.

	1	2	...	J	$\sum$	
1	n_{11}	n_{12}	...	n_{1J}	$n_{1\bullet}$	
2	n_{21}	n_{22}	...	n_{2J}	$n_{2\bullet}$	$I \times J$-Kontingenztafel
⋮	⋮	⋮		⋮	⋮	
I	n_{I1}	n_{I2}	...	n_{IJ}	$n_{I\bullet}$	
$\sum$	$n_{\bullet 1}$	$n_{\bullet 2}$	...	$n_{\bullet J}$	$n_{\bullet\bullet}$	

Die Hypothese

$$H_0 : \pi_{ij} = \pi_{i\bullet} \cdot \pi_{\bullet j}, \; i = 1, ..., I, \; j = 1, ..., J,$$

postuliert die Unabhängigkeit der Zeilen- und Spalten-Ausprägungen A und B,

$$A = \sum_{i=1}^{I} \sum_{j=1}^{J} i\, X_{ij}^{(1)}, \qquad B = \sum_{i=1}^{I} \sum_{j=1}^{J} j\, X_{ij}^{(1)}.$$

Um einen Test für die Unabhängigkeitshypothese H_0 abzuleiten, führen wir gemäß 4.2 zwei Parameterräume $\Theta \subset \mathbb{R}^d$ und $\Delta \subset \mathbb{R}^c$ ein, nämlich

$$\Theta = \left\{ \pi = (\pi_{ij}) \in \mathbb{R}^d : \pi_{ij} > 0,\ \sum_{(i,j) \in T^-} \pi_{ij} < 1 \right\}$$

$$\Delta = \left\{ \eta = (\pi_1, \ldots, \pi_{I-1}, \pi'_1, \ldots, \pi'_{J-1}) \in \mathbb{R}^c : \pi_i > 0, \pi'_j > 0, \right.$$

$$\left. \sum_{i=1}^{I-1} \pi_i < 1,\ \sum_{j=1}^{J-1} \pi'_j < 1 \right\},$$

wobei $c = (I-1) + (J-1)$ ist. Wir definieren die Abbildung

$$h : \Delta \to \Theta, \quad h_{ij}(\eta) = \pi_i \cdot \pi'_j,$$

wobei wir (im Fall $i = I$ oder $j = J$)

$$\pi_I = 1 - \sum_{i=1}^{I-1} \pi_i, \qquad \pi'_J = 1 - \sum_{j=1}^{J-1} \pi'_j$$

setzen. Nun ist die Hypothese H_0 äquivalent mit

$$H_0 : \pi \in h(\Delta).$$

Wir erhalten aus der log-Likelihoodfunktion

$$\ell_n(h(\eta)) = \sum_{i=1}^{I} \sum_{j=1}^{J} n_{ij} \log(\pi_i \cdot \pi'_j) + \log C_n$$

den ML-Schätzer $\hat{\eta} = (\hat{\pi}_i, \hat{\pi}'_j)$ für η, mit

$$\hat{\pi}_i = \frac{n_{i\bullet}}{n}, \qquad \hat{\pi}'_j = \frac{n_{\bullet j}}{n}.$$

Erwartete Häufigkeiten werden gemäß $e_{ij} = \mathbb{E}_{h(\hat{\eta})}\big(X_{ij}^{(n)}\big) = n \cdot h_{ij}(\hat{\eta})$ definiert und lauten

$$e_{ij} = \frac{n_{i\bullet} \cdot n_{\bullet j}}{n}.$$

Da die $d \times c$-Matrix $(\partial h_{ij}(\eta)/\partial \eta_k)$ genau c linear unabhängige Spalten aufweist, ist Satz 4.7 anwendbar und führt wegen $d - c = (I - 1)(J - 1)$ zu folgender Testvorschrift: Bilde die Teststatistik

$$\hat{\chi}_n^2 = \sum_{i=1}^I \sum_{j=1}^J \frac{(n_{ij} - e_{ij})^2}{e_{ij}},$$

oder alternativ

$$T_n = 2 \sum_{i=1}^I \sum_{j=1}^J n_{ij} \log \left(\frac{n_{ij}}{e_{ij}} \right),$$

und verwirf die Unabhängigkeitshypothese H_0, falls

$$\hat{\chi}_n^2 > \chi^2_{(I-1)(J-1), 1-\alpha} \quad \text{bzw.} \quad T_n > \chi^2_{(I-1)(J-1), 1-\alpha}$$

gilt.

Auch die Tests von Hypothesen in höher-dimensionalen Kontingenztafeln und in log-linearen Modellen basieren auf Satz 4.7, vgl. PRUSCHA (1996, Kap. VIII).

VII Nichtlineare Modelle

Die linearen Modelle in Kapitel III gehen von der Annahme aus, dass die Kriteriumsvariable Y metrisch skaliert ist und dass ihr Erwartungswert eine lineare Funktion vom Modellparameter β ist. Bei der Konstruktion von Konfidenzintervallen und von Tests benötigen wir dann noch die Annahme der Normalverteilung. In vielen Anwendungsfällen sind eine oder (meistens) mehrere dieser Voraussetzungen verletzt.

1. Die Abhängigkeit des Erwartungswertes vom Modellparameter ist nichtlinear, oder die Annahme der Normalverteilung kann nicht getroffen werden. Wir erhalten die nichtlinearen Regressionsmodelle des Abschnitts 1.

2. Die Kriteriumsvariable ist nicht metrisch skaliert, oder der Erwartungswert wird erst durch eine monotone Transformation eine lineare Funktion des Modellparameters. Anstelle der Zugehörigkeit zu einer Normalverteilungsfamilie liegt nur noch die zu einer Exponentialfamilie von Verteilungen vor. In solchen Fällen ist dann oft ein verallgemeinertes lineares Modell passend; diese werden im Abschnitt 2 behandelt.

Für diese Abschwächungen der Voraussetzungen haben wir einen mehrfachen Preis zu zahlen:

- Es gibt i. A. keine direkten, sondern nur noch iterative Verfahren zur Berechnung der Parameterschätzer.

- Es gibt i. A. keine exakten, sondern nur noch asymptotische Verfahren zur Prüfung von Hypothesen über den Modellparameter und zur Konstruktion von Konfidenzintervallen.

- Die Reichhaltigkeit der im linearen Modell möglichen Analyseverfahren ist eingeschränkt.

Wir werden in diesem Kapitel auf die asymptotischen Methoden der Abschnitte V 3 und VI 4 zurückgreifen. Ferner verwenden wir das Kalkül der Ableitungsvektoren und -Matrizen aus Anhang A 1.3.

1 Nichtlineares Regressionsmodell

In den linearen Regressionsmodellen aus Kap. III wird der Erwartungswert $\mathbb{E}(Y)$ als eine lineare Funktion des unbekannten Modellparameters $\beta \in \mathbb{R}^p$ dargestellt. Liegt bei der i-ten Messwiederholung der Wertesatz $x_i^\mathsf{T} = (x_{1i}, \ldots, x_{pi})$ der Regressoren vor, so gilt im linearen Modell

$$\mathbb{E}(Y_i) = x_i^\mathsf{T} \cdot \beta\,.$$

Nun werden wir diese Gleichung in Richtung einer nichtlinearen Abhängigkeit vom Parameter β verallgemeinern. Mit einer als bekannt vorausgesetzten Regressionsfunktion μ wählen wir den Ansatz

$$\mathbb{E}(Y_i) = \mu(x_i, \beta)\,.$$

Da es nicht explizit auf die Werte x_i ankommt, sondern nur auf die funktionale Abhängigkeit vom Parameter β (in welche die x_i natürlich mit eingehen), werden wir wie schon in I 2.3

$$\mu_i(\beta) \equiv \mu(x_i, \beta)$$

schreiben. Wir werden in 1.3 die asymptotische Normalität des Minimum-Quadrat (MQ-) Schätzers $\hat{\beta}_n$ nachweisen, sowie die asymptotische χ^2-Verteilung von Teststatistiken zum Prüfen von (nichtlinearen) Hypothesen über den Modellparameter β zeigen.

1.1 Modellgleichung und Schätzgleichung

Gegeben sind i. F. unabhängige und identisch verteilte Zufallsvariable

$$e_1, e_2, \ldots, \quad \text{mit } \mathbb{E}(e_i) = 0, \ \mathrm{Var}(e_i) = \sigma^2 > 0,$$

sowie *Regressionsfunktionen* $\mu_1(\beta), \mu_2(\beta), \ldots$, jedes $\mu_i(\beta)$ zweimal stetig differenzierbar nach β,

$$\beta \in B \subset \mathbb{R}^p, \ B \text{ offen.}$$

Definition. Die Beobachtungsvariablen $Y_1, Y_2, \ldots, Y_n$ unterliegen einem *nichtlinearen Regressionsmodell*, falls die Gleichungen gelten:

$$Y_i = \mu_i(\beta) + e_i, \quad i = 1, 2, \ldots, n, \tag{1.1}$$

Mit den n-dimensionalen Vektoren $Y = \begin{pmatrix} Y_1 \\ \vdots \\ Y_n \end{pmatrix}$, $e = \begin{pmatrix} e_1 \\ \vdots \\ e_n \end{pmatrix}$, $\mu(\beta) = \begin{pmatrix} \mu_1(\beta) \\ \vdots \\ \mu_n(\beta) \end{pmatrix}$

schreibt sich (1.1) als

$$Y = \mu(\beta) + e\,. \tag{1.2}$$

Unbekannt sind die Parameter $\beta \in B \subset \mathbb{R}^p$ und $\sigma^2 > 0$. Im Spezialfall $\mu(\beta) = X \cdot \beta$ erhalten wir das lineare Modell aus III 1.2 zurück.

Zum Schätzen des Modellparameters β wird die *Minimum-Quadrat* Methode (MQ-Methode) angewandt. Dazu führen wir wie schon in I 2.3 die Summe

$$Q(\beta) = \sum_{i=1}^{n} \left(Y_i - \mu_i(\beta)\right)^2 = |Y - \mu(\beta)|^2$$

der Fehlerquadrate ein. Zur Übertragung der asymptotischen Ergebnisse aus V 3 und VI 4 empfiehlt es sich, die Kriteriumsfunktion

$$\ell_n(\beta) = -\frac{1}{2} \cdot Q(\beta)$$

zu wählen, so dass wir ein $\hat{\beta}$ zu suchen haben mit

$$\ell_n(\hat{\beta}) = \sup_{\beta \in B} \ell_n(\beta). \tag{1.3}$$

Zur numerischen Lösung von (1.3) und zur Herleitung asymptotischer Inferenzmethoden benötigen wir die ersten und zweiten Ableitungen von $\ell_n(\beta)$. Dazu führen wir die p-dimensionalen Gradienten-Vektoren

$$m_i(\beta) = \frac{d}{d\beta}\, \mu_i(\beta), \ i = 1, \ldots, n,$$

der μ_i ein. Die transponierte Funktionalmatrix von $\mu(\beta)$ werde mit $M(\beta)$ bezeichnet, das ist also die $n \times p$-Matrix

$$M(\beta) = \frac{d}{d\beta^\top}\mu(\beta) = \begin{pmatrix} m_1^\top(\beta) \\ \vdots \\ m_n^\top(\beta) \end{pmatrix}.$$

Die $p \times p$-Hessematrix von $\mu_i(\beta)$ nennen wir $\mathcal{M}_i(\beta)$,

$$\mathcal{M}_i(\beta) = \frac{d^2}{d\beta d\beta^\top}\, \mu_i(\beta) = \left(\frac{\partial^2 \mu_i}{\partial \beta_j \partial \beta_k}(\beta), \ j,k = 1, \ldots, p \right).$$

Mit diesen Vektoren und Matrizen schreiben sich der p-dimensionale Vektor $U_n(\beta) = (d/d\beta)\ell_n(\beta)$ der ersten Ableitungen und die $p \times p$-Matrix

$$W_n(\beta) = \frac{d^2}{d\beta d\beta^\top}\, \ell_n(\beta)$$

der zweiten Ableitungen der Kriteriumsfunktion $\ell_n(\beta)$ in der Form

$$U_n(\beta) \;=\; \sum_{i=1}^{n} m_i(\beta)\big(Y_i - \mu_i(\beta)\big) = M^{\mathsf T}(\beta) \cdot \big(Y - \mu(\beta)\big) \tag{1.4}$$

$$W_n(\beta) \;=\; \sum_{i=1}^{n} \mathcal{M}_i(\beta)\big(Y_i - \mu_i(\beta)\big) - M^{\mathsf T}(\beta) \cdot M(\beta). \tag{1.5}$$

Wegen $\mathbb{E}(Y) = \mu(\beta)$ und $\mathbb{V}(Y) = \sigma^2 \cdot I_n$ erhalten wir

$$\mathbb{E}\big(U_n(\beta)\big) \;=\; 0, \qquad \mathbb{V}\big(U_n(\beta)\big) = \sigma^2\, M^{\mathsf T}(\beta) \cdot M(\beta),$$

$$\mathbb{E}\big(W_n(\beta)\big) \;=\; -\, M^{\mathsf T}(\beta) \cdot M(\beta) = -\sum_{i=1}^{n} m_i(\beta) \cdot m_i^{\mathsf T}(\beta).$$

Lösungen von (1.3) befinden sich (sofern sie im Inneren von B liegen) unter den Lösungen der Schätzgleichung $U_n(\beta) = 0$, d. h. unter den Lösungen der *nichtlinearen* Normalgleichungen

$$M^{\mathsf T}(\beta) \cdot \mu(\beta) = M^{\mathsf T}(\beta) \cdot Y. \hspace{3cm} \text{nNG}$$

Falls Lösungen von nNG existieren, werden sie als *MQ-Schätzer* $\hat\beta_n$ von β bezeichnet. Mit einem konsistenten Schätzer $\hat\beta_n$ für β bildet man einen Schätzer

$$\hat\sigma_n^2 = \frac{1}{n-p}\, Q(\hat\beta_n) = \frac{1}{n-p}\, \big|Y - \mu(\hat\beta_n)\big|^2 \tag{1.6}$$

für σ^2, vergleiche GALLANT (1987, p. 16, 260).

Im Spezialfall des linearen Modells $\mu(\beta) = X \cdot \beta$ ist

$$M(\beta) = X, \quad U_n(\beta) = X^{\mathsf T}(Y - X \cdot \beta), \quad W_n(\beta) = -X^{\mathsf T} \cdot X,$$

und die nichtlinearen Normalgleichungen nNG reduzieren sich auf die linearen Normalgleichungen NG aus III 3.1,

$$X^{\mathsf T} X \beta = X^{\mathsf T} Y. \hspace{3cm} \text{NG}$$

1.2 Asymptotische Regularitätsvoraussetzungen

Zur Herleitung asymptotischer statistischer Methoden werden wir den Stichprobenumfang n gegen ∞ gehen lassen. Dabei kann der Satz $\mu_1, \ldots, \mu_n$ der Regressionsfunktionen für jedes n verschieden angesetzt werden. Gegeben sei also ein Dreiecksschema

$$\mu_n(\beta) = \big(\mu_{n1}(\beta), \ldots, \mu_{nn}(\beta)\big)^{\mathsf T}, \quad \beta \in B \subset \mathbb{R}^p, \; n \geq 1,$$

von Regressionsfunktionen sowie eine Folge $e_1, e_2, \ldots$ von Zufallsvariablen wie in 1.1 oben, so dass für die Folge von Beobachtungs- und Fehler-Vektoren $Y_n = (Y_{n1}, \ldots, Y_{nn})^\top$ bzw. $e^{(n)} = (e_1, \ldots, e_n)^\top$, $n \geq 1$, die folgende Gleichung gilt:

$$Y_n = \mu_n(\beta) + e^{(n)}.$$

Den Gradientenvektor von $\mu_{ni}(\beta)$ bezeichnen wir mit $m_{ni}(\beta)$, die $p \times p$-Hessematrix von $\mu_{ni}(\beta)$ mit $\mathcal{M}_{ni}(\beta)$ und die transponierte Funktionalmatrix von $\mu_n(\beta)$ mit

$$M_n(\beta) = \begin{pmatrix} m_{n1}^\top(\beta) \\ \vdots \\ m_{nn}^\top(\beta) \end{pmatrix} \qquad [n \times p - \text{Matrix, vom Rang p vorausgesetzt}].$$

Im Folgenden verwenden wir eine *Normierungsfolge* Γ_n, $n \geq 1$, das sind wie in V 3 und VI 4 $p \times p$-Diagonalmatrizen mit positiven Diagonalelementen und mit $\Gamma_n \to 0$ für $n \to \infty$; sowie Folgen p-dimensionaler Zufallsvektoren β_n^*, $n \geq 1$, mit der Eigenschaft

$$\Gamma_n^{-1}(\beta_n^* - \beta), \ n \geq 1, \ \mathbb{P}_\beta - \text{stochastisch beschränkt.} \qquad \text{B*}$$

Solche Folgen erfüllen insbesondere $\beta_n^* \xrightarrow{\mathbf{P}_\beta} \beta$.

Wir setzen die Existenz einer Normierungsfolge Γ_n, $n \geq 1$, und einer symmetrischen, positiv-definiten $p \times p$-Matrix $V(\beta)$ voraus, so dass für alle Folgen β_n^*, $n \geq 1$, welche B* erfüllen, bei $n \to \infty$ gilt

$$(i) \qquad \Gamma_n M_n^\top(\beta_n^*) M_n(\beta_n^*) \Gamma_n \xrightarrow{\mathbf{P}_\beta} V(\beta)$$

$$(ii) \qquad \max_{1 \leq i \leq n} |\Gamma_n m_{ni}(\beta)| \longrightarrow 0 \qquad\qquad \text{A*}$$

$$(iii) \qquad \Gamma_n \Big(\sum_{i=1}^n \mathcal{M}_{ni}(\beta_n^*)(Y_{ni} - \mu_{ni}(\beta_n^*)) \Big) \Gamma_n \xrightarrow{\mathbf{P}_\beta} 0.$$

Im Spezialfall des linearen Modells $\mu_n(\beta) = X_n \cdot \beta$, X_n vom vollen Rang, reduzieren sich die Voraussetzungen A* auf

$$\Gamma_n(X_n^\top X_n) \Gamma_n \longrightarrow V \qquad \text{und} \qquad \max_{1 \leq i \leq n} |\Gamma_n x_{ni}| \longrightarrow 0$$

(x_{ni} die i-te Spalte von $X_n^\top$) und der folgende Satz 1.3, Teil (ii), auf den Satz III 3.2 (ii) (dort wurden allerdings beliebige invertierbare Matrizen Γ_n zugelassen). Um die Ergebnisse von V 3 und VI 4 übernehmen zu können, müssen wir zunächst die zwei zentralen Bedingungen U* und W* aus V 3.3 nachweisen.

Lemma. *Unter der Voraussetzung A* gilt für $n \to \infty$*

$$\text{U*} \qquad \Gamma_n U_n(\beta) \xrightarrow{\mathcal{D}_\beta} N_p\big(0, \sigma^2 V(\beta)\big)$$

$$\text{W*} \qquad \Gamma_n W_n(\beta_n^*) \Gamma_n \xrightarrow{\mathbf{P}_\beta} -V(\beta), \quad \textit{für alle Folgen } \beta_n^*, \textit{ die B* erfüllen.}$$

Beweis. <u>ad U*</u>: Nach Gleichung (1.4) gilt mit $e_i = Y_{ni} - \mu_{ni}(\beta)$

$$U_n(\beta) = \sum_{i=1}^{n} m_{ni}(\beta)\, e_i\,.$$

Mit Voraussetzung A*(i) und (ii) liefert das Korollar 2 zum multivariaten zentralen Grenzwertsatz (Anhang A 3.6) die Aussage U*.

<u>ad W*</u>: Gemäß Gleichung (1.5) garantieren A*(i) und (iii) die Aussage W*. □

In 1.3 unten werden die asymptotische Normalität des MQ-Schätzers $\hat{\beta}_n$ und die asymptotische χ^2-Verteilung der Wald-Statistik $T_n^{(W)}$ gezeigt. Um Letztere in allgemeiner Gestalt formulieren zu können, führen wir eine stetig differenzierbare Abbildung $r : B \subset \mathbb{R}^p \to \mathbb{R}^q$ $(q < p)$ ein, welche die folgende Eigenschaft R* erfüllt:

Es existieren $q \times q$-Diagonalmatrizen ${}^r\Gamma_n$, $n \geq 1$, mit positiven Diagonalelementen und mit ${}^r\Gamma_n \to 0$ für $n \to \infty$; ferner eine $p \times q$-Matrix $D(\beta)$ vom Rang q, so dass für alle Folgen β_n^* mit der Eigenschaft B* gilt

(i) Die $p \times q$-Funktionalmatrix $R(\beta) = \dfrac{d}{d\beta}\, r^{\mathsf{T}}(\beta)$ von r hat Rang q.

R*

(ii) $\Gamma_n\, R(\beta_n^*)\, {}^r\Gamma_n^{-1} \xrightarrow{\;\mathbb{P}_\beta\;} D(\beta)$, falls $r(\beta) = 0$.

1.3   Asymptotische Eigenschaften des MQ-Schätzers, Wald-Test

Ähnlich wie in V 3.1 nennen wir eine Folge $\hat{\beta}_n$, $n \geq 1$, von p-dimensionalen Zufallsvektoren einen Γ_n^{-1}- *konsistenten* MQ-Schätzer für β, falls für alle $\beta \in B$

$$\mathbb{P}_\beta\big(U_n(\hat{\beta}_n) = 0\big) \longrightarrow 1$$

gilt und die Folge $\Gamma_n^{-1}(\hat{\beta}_n - \beta)$, $n \geq 1$, $\mathbb{P}_\beta$-stochastisch beschränkt ist.

Satz. *Unter der Voraussetzung A* gilt:*

(i) Es gibt einen Γ_n^{-1}-konsistenten MQ-Schätzer $\hat{\beta}_n$, $n \geq 1$, für β

(ii) Für diese Schätzerfolge gilt bei $n \to \infty$ die asymptotische Normalität

$$\Gamma_n^{-1}(\hat{\beta}_n - \beta) \xrightarrow{\;\mathcal{D}_\beta\;} N_p\big(0, \sigma^2 V^{-1}(\beta)\big).$$

Beweis. (i) folgt aus Satz V 3.2, denn U*,W* haben die Bedingungen U,W zur Folge (gemäß V 3.3).

(ii) folgt aus Satz V 3.4, wenn man dort Σ durch $\sigma^2 V$ und B durch V ersetzt. □

Ist die Schätzgleichung $U_n(\beta) = 0$ für jedes n fast sicher eindeutig lösbar, mit Lösung $\tilde{\beta}_n$, so gilt unter A*, dass diese Lösung $\tilde{\beta}_n$ f. s. gleich dem konsistenten MQ-Schätzer $\hat{\beta}_n$ aus (i) ist, vgl. Bem. 2 in V 3.2. Teil (ii) des Satzes gilt gemäß Bem. zu Satz V 3.4 sogar für jede Folge $\hat{\beta}_n$, $n \geq 1$, welche B* und $\Gamma_n U_n(\hat{\beta}_n) \xrightarrow{P_\beta} 0$ erfüllt.

Zum Testen von Hypothesen führen wir die *Wald-Statistik*

$$T_n^{(W)} = \frac{1}{\hat{\sigma}_n^2}\, r^{\mathsf{T}}(\hat{\beta}_n) \cdot \left[R^{\mathsf{T}}(\hat{\beta}_n)\big(M_n^{\mathsf{T}}(\hat{\beta}_n)\, M_n(\hat{\beta}_n)\big)^{-1} R(\hat{\beta}_n)\right]^{-1} \cdot r(\hat{\beta}_n) \qquad (1.7)$$

ein, wobei $\hat{\sigma}_n^2$ ein konsistenter Schätzer für σ^2 ist (in der Regel der Schätzer (1.6)).

Proposition. *Voraussetzung A* sei erfüllt; ferner sei* $r : B \subset \mathbb{R}^p \to \mathbb{R}^q$ $(q < p)$ *eine Abbildung, welche der Voraussetzung R* genügt. Dann gilt für die Statistik (1.7) unter der Annahme* $r(\beta) = 0$, *dass*

$$T_n^{(W)} \xrightarrow{\mathcal{D}_\beta} \chi_q^2.$$

Beweis. Im Beweis zu Satz VI 4.4 setze man $-M_n^{\mathsf{T}} M_n$ und $\hat{\sigma}_n^2\, M_n^{\mathsf{T}} M_n$ anstelle von W_n und S_n ein, sowie $\sigma^2 V(\beta)$ und $V(\beta)$ anstatt $\Sigma(\vartheta)$ und $B(\vartheta)$. $\qquad\square$

Wir bringen zwei **Anwendungen**:

a) Konfidenzintervall für β_j.
Gemäß V 3.5 lautet ein *asymptotisches* Konfidenzintervall für eine Komponente β_j von β zum Niveau $1 - \alpha$

$$\hat{\beta}_{n,j} - u_{1-\alpha/2}\,\hat{\sigma}_n\sqrt{\hat{v}_{nj}} \leq \beta_j \leq \hat{\beta}_{n,j} + u_{1-\alpha/2}\,\hat{\sigma}_n\sqrt{\hat{v}_{nj}},$$

wobei $\hat{v}_{nj}$ das j-te Diagonalelement von $[M_n^{\mathsf{T}}(\hat{\beta}_n)\, M_n(\hat{\beta}_n)]^{-1}$ ist.

b) Wald-Test der *nichtlinearen* Hypothese $H_0 : r(\beta) = 0$.
Die für große n gültige Verwerfungsregel zum Niveau α lautet: Verwirf H_0, falls für den Wert der Waldschen Statistik gilt

$$T_n^{(W)} > \chi_{q,1-\alpha}^2.$$

1.4 Spezielle Hypothese, Beispiel der nichtlinearen Regression

a) Wir betrachten die spezielle Hypothese $H_0 : \beta_{p-q+1} = \ldots = \beta_p = 0$. Mit Hilfe der Funktion

$$r(\beta) = (\beta_{p-q+1}, \ldots, \beta_p)^{\mathsf{T}}$$

lässt sich dann H_0 in der Form $r(\beta) = 0$ schreiben. Es gilt $R = \left(\begin{smallmatrix} 0 \\ I_q \end{smallmatrix}\right)$, und R* ist erfüllt. Man erhält die Wald-Teststatistik

$$T_n^{(W)} = \frac{1}{\hat{\sigma}_n^2}\,\hat{\zeta}_n^\mathsf{T} \cdot [L_{n,22}(\hat{\beta}_n)]^{-1} \cdot \hat{\zeta}_n, \qquad \hat{\zeta}_n = (\hat{\beta}_{n,p-q+1}, \ldots, \hat{\beta}_{n,p})^\mathsf{T},$$

mit $L_{n,22}(\beta)$ als untere rechte $q \times q$-Teilmatrix von $[M_n^\mathsf{T}(\beta)\,M_n(\beta)]^{-1}$. Im Fall $q = 1$ erhalten wir mit dem p-ten Diagonalelement $\hat{v}_{np}$ von $[M_n^\mathsf{T}(\hat{\beta}_n) \cdot M_n(\hat{\beta}_n)]^{-1}$:

$$T_n^{(W)} = (\hat{\beta}_{n,p})^2 / (\hat{\sigma}_n^2\,\hat{v}_{np}) \quad \text{ist unter } H_0\,(\beta_p = 0) \text{ asymptotisch } \chi_1^2\text{-verteilt.}$$

Für großes n lässt sich also $\hat{\beta}_{n,p} / (\hat{\sigma}_n \sqrt{\hat{v}_{np}})$ unter H_0 als $N(0,1)$-verteilt betrachten (*to-remove* Test nach Wald).

Hat die Diagonalmatrix Γ_n identisch gleiche Diagonalelemente γ_n, z. B. $\Gamma_n = (1/\sqrt{n}) \cdot I_p$, so ist R* für jede $p \times q$-Funktionalmatrix $R(\beta)$ vom Rang q erfüllt. Man braucht ja nur $^r\Gamma_n = \gamma_n \cdot I_q$ zu setzen und erhält R* mit $D(\beta) = R(\beta)$.

b) Als ein **Beispiel** für Regressionsfunktionen $\mu_i(\beta)$, welche die Voraussetzung A* erfüllen, stellen wir das Regressionsmodell eines *polynomialen Trends* vor, das wir zunächst als ein lineares Modell formulieren.

Wir setzen mit einem $m \in \mathbb{N}$ in die Modellgleichung $Y_i = \mu_i(\beta) + e_i$

$$\mu_i(\beta) = \beta_0 + \beta_1 i + \ldots + \beta_m i^m \tag{1.8}$$

ein. Es liegt ein lineares Modell mit der $n \times p$-Designmatrix

$$X = \begin{pmatrix} 1 & 1^1 & \ldots & 1^m \\ 1 & 2^1 & \ldots & 2^m \\ \vdots & \vdots & & \vdots \\ 1 & n^1 & \ldots & n^m \end{pmatrix}.$$

vor, $p = m + 1$. Die Matrix X besteht aus p linear unabhängigen Spalten, X ist also vom vollen Rang (Argument über die Vandermondesche Determinante). Setzen wir

$$\Gamma_n = \operatorname{Diag}\left(\frac{1}{n^{j+1/2}},\, j = 0, \ldots, m\right),$$

$$V = (u_{jk},\, j, k = 0, \ldots, m), \qquad u_{jk} = \frac{1}{j+k+1},$$

so ist Voraussetzung A* erfüllt. In der Tat, es ist $M_n(\beta) = X$, $\mathcal{M}_{ni} = 0$, und

$$(X^\mathsf{T} X)_{j+1,k+1} = \sum_{t=1}^n t^j\, t^k = \sum_{t=1}^n t^{j+k}.$$

Es folgt mit den eingeführten $(m+1) \times (m+1)$-Matrizen Γ_n und V, dass

$$
\begin{aligned}
\left[\Gamma_n(X^\mathsf{T}X)\Gamma_n\right]_{j+1,k+1} &= \frac{1}{n^{j+1/2}}\left(\sum_{t=1}^{n} t^{j+k}\right)\frac{1}{n^{k+1/2}}\\
&= \frac{1}{n}\sum_{t=1}^{n}\left(\frac{t}{n}\right)^{j+k} \longrightarrow \int_0^1 x^{j+k}dx = u_{jk},
\end{aligned}
$$

die Konvergenz $\longrightarrow$ nach dem Satz über Riemann-Summen. Ferner sind alle Elemente von $\Gamma_n X^\mathsf{T}$ betragsmäßig $\leq 1/\sqrt{n}$. Die positive Definitheit von V schließlich folgt aus

$$
0 < \int_0^1 \left(\sum_{j=0}^{m} c_j\, s^j\right)^2 ds = \sum_j \sum_k c_j\, u_{jk}\, c_k = c^\mathsf{T} V c
$$

für alle $c^\mathsf{T} = (c_0, \ldots, c_m) \neq 0$.

Anstelle ganzzahliger, nichtnegativer Potenzen j in (1.8) lassen sich auch allgemeinere Potenzen $\gamma(j) > -1/2$ verwenden und reziproke Trends modellieren. Durch Aufsetzen einer stetig differenzierbaren Funktion f, mit

$$
f : \mathbb{R} \longrightarrow \mathbb{R}, \; f'(x) \longrightarrow f_0 \neq 0 \quad \text{für } x \to \infty \text{ und } x \to -\infty,
$$

wird (1.8) zu einem nichtlinearen Modell

$$
\mu_i(\beta) = f(\beta_0 + \beta_1\, i + \ldots + \beta_m\, i^m) \equiv f(x_i^\mathsf{T}\beta),
$$

welches A* erfüllt. Wir erhalten hier

$$
M_n^\mathsf{T}(\beta) \cdot M_n(\beta) = X^\mathsf{T} \cdot \mathrm{Diag}\big((f'(x_i^\mathsf{T}\beta))^2\big) \cdot X,
$$

und die Elemente der Matrix V heißen jetzt $u_{jk} = f_0^2 \cdot \frac{1}{j+k+1}$.

2 Verallgemeinertes lineares Modell (GLM)

Wir erweitern das lineare Modell mit Normalverteilungsannahme aus Kapitel III dahingehend, dass wir nur noch das Vorliegen einer Exponentialfamilie II 2 verlangen und nur noch fordern, dass der Erwartungswert *nach einer monotonen Transformation* durch eine sogenannte Linkfunktion eine lineare Funktion der Modellparameter ist.

Ein so erweitertes Modell wird verallgemeinertes lineares Modell (generalized linear model, abgekürzt GLM) genannt. Seine Domäne ist die Modellierung und die statistische Analyse diskreter Datenstrukturen. In den folgenden Ausführungen kann die Bedeutung der GLMs für die Anwendung nur andeutungsweise aufgezeigt werden. Ausführlich werden Anwendermodelle in den Monographien von MCCULLAGH & NELDER (1989) und FAHRMEIR & TUTZ (1994) behandelt.

2.1 Elemente eines GLM

Zunächst listen wir die zur Definition in 2.2 benötigten Elemente eines GLMs auf.

- n-dimensionaler Beobachtungsvektor y, der Realisation des Zufallsvektors

$$Y = (Y_1, \ldots, Y_n)^\top$$

  ist. Die Y_i werden auch Kriteriumsvariablen genannt.

- n-dimensionaler Erwartungswert-Vektor μ,

$$\mu = (\mu_1, \ldots, \mu_n)^\top, \qquad \mu_i = \mathbb{E}(Y_i).$$

- p-dimensionaler Vektor β der (unbekannten) Parameter,

$$\beta = (\beta_1, \ldots, \beta_p)^\top \qquad [p < n].$$

- $n \times p$-Matrix X,

$$X = \begin{pmatrix} x_{11} & x_{12} & \ldots & x_{1p} \\ x_{21} & x_{22} & \ldots & x_{2p} \\ \ldots & \ldots & \ldots & \ldots \\ x_{n1} & x_{n2} & \ldots & x_{np} \end{pmatrix} = \begin{pmatrix} x_1^\top \\ \vdots \\ x_n^\top \end{pmatrix}$$

  der (bekannten) Kontroll- oder Einflussgrößen. X wird auch *Designmatrix* genannt. Wir setzen den vollen Rang p von X voraus.

- *Linkfunktion* $g : G \subset \mathbb{R} \longrightarrow \mathbb{R}$, G offenes Intervall, die 2 × stetig differenzierbar ist sowie in G überall $dg(x)/dx \neq 0$ erfüllt. In 2.2 werden wir den Definitionsbereich G von g angeben. Die Umkehrfunktion von g, $h = g^{-1}$, heißt auch *response Funktion*.

- *Störparameter* $\tau^2 > 0$, welcher –vor allem bei metrischen Kriteriumsvariablen Y_i– die Funktion eines Varianzparameters übernehmen kann und bei kategoriellen Y_i meistens gleich 1 ist.

- Dichte einer zu einer einparametrigen *Exponentialfamilie* gehörenden Verteilung in kanonischer Form, das ist

$$f(y, \vartheta) = \exp\left\{ \frac{1}{\tau^2} \big[y\,\vartheta + a(y, \tau) - b(\vartheta) \big] \right\}, \qquad y \in \mathbb{R}.$$

Gegnüber II 2.1 enthält diese Dichte den zusätzlichen Parameter $\tau^2 > 0$. Während bei dieser Erweiterung die Formel

$$\mathbb{E}_\vartheta(Y) = b'(\vartheta)$$

erhalten bleibt (Y Zufallsvariable mit Dichte f), modifiziert sich $\text{Var}_\vartheta(Y)$ gegenüber II 2.3 zu

$$\text{Var}_\vartheta(Y) = \tau^2 b''(\vartheta).$$

- Der natürliche Parameterraum

$$\Theta = \left\{ \vartheta \in \mathbb{R} : \int \exp\left\{ [y\,\vartheta + a(y,\tau)]/\tau^2 \right\} dy < \infty \right\},$$

der ein offenes Intervall bildet. Theoretisch kann Θ für verschiedene Werte von τ^2 variieren, tut es aber in allen interessierenden Beispielen nicht.

2.2 Definition, Verknüpfung der Parameter

Bei einem verallgemeinerten linearen Modell geht man von der Annahme aus, dass die n unabhängigen Beobachtungsvariablen Verteilungen besitzen, die einer Exponentialfamilie angehören. Vom Vektor ihrer Erwartungswerte ist nur bekannt, dass er nach Transformation durch eine Linkfunktion in einem bestimmten linearen Teilraum des $\mathbb{R}^n$ liegt. Dieser wird durch die Spalten der Designmatrix X aufgespannt.

Definition. Gegeben seien unabhängige Zufallsvariable $Y_1, \ldots, Y_n$, deren Verteilungen die folgenden zwei Eigenschaften erfüllen:

1. Die Dichte $f(y, \vartheta_i) \equiv f_{Y_i}(y, \vartheta_i)$ von Y_i gehört der Exponentialfamilie in kanonischer Form mit Störparameter τ^2 an; das heißt es ist für $i = 1, \ldots, n$ und für $y \in \mathbb{R}$

$$f(y, \vartheta_i) = \exp\left\{ \frac{1}{\tau^2} \big[y\,\vartheta_i + a(y,\tau) - b(\vartheta_i) \big] \right\}. \tag{2.1}$$

Wir setzen $b''(\vartheta) > 0$ für alle ϑ aus dem natürlichen Parameterraum Θ voraus.

2. Für die Erwartungswerte $\begin{pmatrix} \mu_1 \\ \vdots \\ \mu_n \end{pmatrix}$ von $\begin{pmatrix} Y_1 \\ \vdots \\ Y_n \end{pmatrix}$ gilt $\begin{pmatrix} g(\mu_1) \\ \vdots \\ g(\mu_n) \end{pmatrix} = X\beta$, das ist

$$g(\mu_i) = x_i^\top \beta, \quad i = 1, \ldots, n. \tag{2.2}$$

Dann sagt man, die $Y_1, \ldots, Y_n$ bilden ein *verallgemeinertes lineares Modell* (GLM).

Teil 1 der Definition beschreibt die Verteilungseigenschaft, Teil 2 die strukturelle Eigenschaft des Modells.

Für die in (2.2) auftretenden Linearkombinationen des Parameters β setzen wir zur Abkürzung

$$\eta_i = x_i^\mathsf{T}\beta = \sum_{j=1}^p x_{ij}\beta_j, \qquad \text{d. h.} \quad \eta = (\eta_1, \ldots, \eta_n)^\mathsf{T} = X\beta.$$

Dann gilt nach (2.2), mit h als Umkehrfunktion von g,

$$\mu_i = h(\eta_i) = h(x_i^\mathsf{T}\beta), \qquad \text{d. h.} \quad \mu = \big(h(\eta_1), \ldots, h(\eta_n)\big)^\mathsf{T}. \tag{2.3}$$

Diese funktionale Abhängigkeit der μ_i von den η_i bzw. von β wird auch in der Kurzschreibweise

$$\mu_i = \mu_i(\eta_i), \qquad \text{bzw.} \qquad \mu_i = \mu_i\big(\eta_i(\beta)\big),$$

zum Ausdruck gebracht. Für Erwartungswert und Varianz von Y_i gilt

$$\mu_i \equiv \mathbb{E}(Y_i) = b'(\vartheta_i), \qquad \sigma_i^2 \equiv \mathrm{Var}(Y_i) = \tau^2\, b''(\vartheta_i). \tag{2.4}$$

Nach Voraussetzung ist also $\sigma_i^2 > 0$. Die Linkfunktion g braucht nicht auf ganz $\mathbb{R}$ definiert zu sein, sondern nur auf dem durch die Funktion b' vermittelten Bild $G \equiv b'(\Theta)$ des natürlichen Parameterraums Θ. G bildet ein offenes Intervall $\subset \mathbb{R}$.

Verknüpfung von ϑ und β

Die in der Definition noch unverknüpft nebeneinander stehenden Parameter, nämlich der natürliche Parameter ϑ_i aus der Exponentialfamilie (2.1) und der Modellparameter β aus der Stukturgleichung (2.2), sind funktional miteinander verbunden, wie jetzt gezeigt werden soll. Zunächst kann wegen $b''(\vartheta_i) > 0$ die erste Gleichung (2.4), d. i. $\mu_i = b'(\vartheta_i)$, nach ϑ_i aufgelöst werden. Bezeichnet nämlich ψ die Umkehrfunktion von b', so ist

$$\vartheta_i = \psi(\mu_i) \qquad [\psi = (b')^{-1}].$$

Über (2.3) wird ϑ_i eine Funktion von η_i und somit auch Funktion vom Modellparameter β,

$$\vartheta_i = \psi(h(\eta_i)) = \psi(h(x_i^\mathsf{T}\beta)). \tag{2.5}$$

Damit wird über die zweite Gleichung (2.4) auch σ_i^2 eine Funktion von η_i, sowie eine Funktion von β, nämlich

$$\sigma_i^2 = \tau^2 \cdot b''(\psi(h(\eta_i))) = \tau^2 \cdot b''(\psi(h(x_i^\mathsf{T}\beta))). \tag{2.6}$$

Auch die log-Likelihoodfunktion einer Zufallsstichprobe $Y = (Y_1, \ldots, Y_n)^\mathsf{T}$ kann dann als eine Funktion von β geschrieben werden, nämlich

$$\ell_n(\beta) = \sum_{i=1}^n \frac{1}{\tau^2}\big[Y_i\,\psi(h(\eta_i)) + a(Y_i, \tau) - b\big(\psi(h(\eta_i))\big)\big], \tag{2.7}$$

wobei wir $\eta_i = x_i^\mathsf{T}\beta$ als Funktion von β betrachten.

Natürliche Linkfunktion

Die Linkfunktion g heißt *natürlich*, falls g identisch ψ ist:

$$g = \psi \qquad [\psi = (b')^{-1}].$$

Bei natürlichen Linkfunktionen fallen die Parameter $\vartheta_i = \psi(\mu_i)$ und $\eta_i = g(\mu_i)$ zusammen, und wir haben für den Parameter ϑ_i der Exponentialfamilie eine lineare Abhängigkeit von β vorliegen:

$$g(\mu_i) = \vartheta_i = \eta_i = x_i^\mathsf{T}\beta, \qquad \text{d. h.} \quad \big(g(\mu_1), \ldots, g(\mu_n)\big)^\mathsf{T} = \vartheta = \eta = X\beta.$$

Für ein GLM mit natürlicher Linkfunktion vereinfacht sich $\ell_n(\beta)$ aus (2.7) zu

$$\ell_n(\beta) = \sum_{i=1}^n \frac{1}{\tau^2}\big[Y_i\,\eta_i + a(Y_i, \tau) - b(\eta_i)\big], \qquad \eta_i = x_i^\mathsf{T}\beta, \tag{2.8}$$

und die p-dimensionale Statistik $\sum x_i Y_i = X^\mathsf{T}Y$ erweist sich –wie schon in III 3.3 beim linearen Modell– als eine suffiziente Statistik für β.

2.3 Scorefunktion, Informationsmatrix

Im nächsten Satz berechnen wir die Elemente

$$U_{n,j}(\beta) = \frac{\partial}{\partial\beta_j}\ell_n(\beta) \quad \text{und} \quad I_{n,jk}(\beta) = \mathbb{E}_\beta\big[U_{n,j}(\beta)U_{n,k}(\beta)\big]$$

des *Scorevektors*

$$U_n(\beta) = \big(U_{n,1}(\beta), \ldots, U_{n,p}(\beta)\big)^\mathsf{T}$$

bzw. der $p \times p$-*Fisher-Informationsmatrix*

$$I_n(\beta) = \big(I_{n,jk}(\beta)\big).$$

Dabei benutzen wir die Kurznotation $d\mu_i/d\eta_i$, definiert durch

$$\frac{d\mu_i}{d\eta_i} = \frac{dh(s)}{ds}\bigg|_{s=\eta_i} = \left(\frac{dg(t)}{dt}\right)^{-1}\bigg|_{t=h(\eta_i)},$$

und betrachten $d\mu_i/d\eta_i$ vermöge der Beziehung $\eta_i = x_i^\mathsf{T}\beta$ als Funktion von β. Ferner führen wir die $n \times n$-Diagonalmatrizen

$$V(\beta) = \mathrm{Diag}\big(\sigma_i^2(\beta)\big), \qquad \left(\frac{d\mu}{d\eta}\right) = \mathrm{Diag}\left(\frac{d\mu_i}{d\eta_i}\right)$$

ein, und betrachten auch $\left(\frac{d\mu}{d\eta}\right)$ als Funktion von β.

Satz. *Für ein GLM gilt*

$$U_{n,j}(\beta) = \sum_{i=1}^{n} x_{ij} (Y_i - \mu_i(\beta)) \frac{d\mu_i}{d\eta_i} \frac{1}{\sigma_i^2(\beta)}$$

$$I_{n,jk}(\beta) = \sum_{i=1}^{n} x_{ij} x_{ik} \left(\frac{d\mu_i}{d\eta_i}\right)^2 \frac{1}{\sigma_i^2(\beta)}$$

(2.9)

In Matrixschreibweise

$$U_n(\beta) = X^\top V^{-1}(\beta) \left(\frac{d\mu}{d\eta}\right) (Y - \mu(\beta)) \qquad [p \times 1 - \text{Vektor}]$$

$$I_n(\beta) = X^\top V^{-1}(\beta) \left(\frac{d\mu}{d\eta}\right)^2 X \qquad [p \times p - \text{Matrix}].$$

(2.10)

Für ein GLM mit natürlicher Linkfunktion vereinfachen sich die Formeln zu

$$U_{n,j}(\beta) = \sum_{i=1}^{n} \frac{1}{\tau^2} x_{ij} (Y_i - \mu_i(\beta)), \qquad U_n(\beta) = \frac{1}{\tau^2} X^\top (Y - \mu(\beta))$$

$$I_{n,jk}(\beta) = \sum_{i=1}^{n} \frac{1}{\tau^4} x_{ij} x_{ik} \sigma_i^2(\beta), \qquad I_n(\beta) = \frac{1}{\tau^4} X^\top V(\beta) X.$$

(2.11)

Beweis. (i) Wir schreiben (2.7) in der Form $\ell_n = \sum_{i=1}^{n} (1/\tau^2) \ell^{(i)}(\vartheta_i)$ mit

$$\ell^{(i)}(\vartheta_i) = Y_i \vartheta_i + a(Y_i, \tau) - b(\vartheta_i), \quad \vartheta_i = \psi(\mu_i(\eta_i(\beta))),$$

so dass $U_{n,j}(\beta) = \sum_{i=1}^{n} (1/\tau^2) \partial \ell^{(i)}/\partial \beta_j$. Mit Hilfe der Kettenregel erhalten wir $\partial \ell^{(i)}/\partial \beta_j = \partial \ell^{(i)}/\partial \vartheta_i \cdot \partial \vartheta_i/\partial \mu_i \cdot \partial \mu_i/\partial \eta_i \cdot \partial \eta_i/\partial \beta$. Es gilt

$$\frac{\partial \ell^{(i)}}{\partial \vartheta_i} = Y_i - b'(\vartheta_i) = Y_i - \mu_i, \qquad \frac{\partial \mu_i}{\partial \vartheta_i} = b''(\vartheta_i) = \frac{1}{\tau^2} \sigma_i^2, \qquad \frac{\partial \eta_i}{\partial \beta_j} = x_{ij},$$

wobei die Gleichung (2.4) in 2.2 ausgenützt wurde. Es folgen die angegebenen Formeln für $U_{n,j}(\beta)$ und $U_n(\beta)$.

(ii) Da wegen der Unabhängigkeit der Variablen Y_i

$$\mathbb{E}_\beta [(Y_i - \mu_i)(Y_j - \mu_j)] = \begin{cases} \sigma_i^2 & \text{falls } i = j \\ 0 & \text{falls } i \neq j \end{cases}$$

gilt, folgt sofort

$$I_{n,jk}(\beta) = \mathbb{E}_\beta [U_{n,j}(\beta) U_{n,k}(\beta)] = \sum_i x_{ij} x_{ik} \left(\frac{d\mu_i}{d\eta_i}\right)^2 \frac{1}{\sigma_i^4} \mathbb{E}_\beta ((Y_i - \mu_i)^2),$$

woraus sich die angegebenen Formeln für $I_{n,jk}(\beta)$ und $I_n(\beta)$ ergeben.

(iii) Im Fall einer natürlicher Linkfunktion ist $\vartheta_i = \eta_i$, so dass in (2.9) $d\mu_i/d\eta_i = b''(\vartheta_i) = (1/\tau^2)\sigma_i^2$ und in (2.10) dann $\left(\frac{d\mu}{d\eta}\right) = (1/\tau^2)V(\beta)$ einzusetzen ist. □

Neben dem Vektor $U_n(\beta)$ der ersten Ableitungen der log-Likelihoodfunktion wird auch die $p \times p$-Matrix

$$W_n(\beta) = \left(W_{n,jk}(\beta)\right) = \frac{d^2}{d\beta d\beta^\top} \ell_n(\beta)$$

der zweiten Ableitungen benötigt. Dazu führen wir, mit der Schreibweise $\sigma_i^2 = \sigma^2(\eta_i)$ gemäß (2.6) und mit $u = \psi \circ h$, die Abkürzung

$$v_i(\beta) = \frac{d}{ds}\left(\frac{1}{\sigma^2(s)} \cdot \frac{dh(s)}{ds}\right)\Big|_{s=\eta_i} = \frac{1}{\tau^2}\frac{d^2u(s)}{ds^2}\Big|_{s=\eta_i} \qquad [\eta_i = x_i^\top\beta]$$

ein, sowie die $n \times n$-Matrix

$$R(\beta) = \mathrm{Diag}\left(v_i(\beta)\right).$$

Proposition. *Für ein GLM gilt*

$$W_n(\beta) = X^\top R(\beta)\, Diag\left(Y_i - \mu_i(\beta)\right) X - I_n(\beta). \tag{2.12}$$

Bei natürlicher Linkfunktion ist $W_n(\beta)$ eine deterministische Matrix, nämlich

$$W_n(\beta) = -I_n(\beta).$$

Beweis. Unter Benutzung von (2.9) gilt für das Element (j,k) von $W_n(\beta)$

$$\begin{aligned}
W_{n,jk}(\beta) &= \frac{\partial}{\partial\beta_k}U_{n,j}(\beta) = \sum_i x_{ij}(Y_i - \mu_i)\,v_i\,\frac{\partial\eta_i}{\partial\beta_k} - \sum_i x_{ij}\left(\frac{d\mu_i}{d\eta_i}\right)^2\frac{\partial\eta_i}{\partial\beta_k}\frac{1}{\sigma_i^2} \\
&= \sum_i x_{ij}\,x_{ik}(Y_i - \mu_i)\,v_i - \sum_i x_{ij}\,x_{ik}\left(\frac{d\mu_i}{d\eta_i}\right)^2\frac{1}{\sigma_i^2},
\end{aligned}$$

woraus mit der Formel (2.9) für $I_{n,jk}$ die Behauptung folgt. Bei einer natürlichen Linkfunktion wird die Matrix R in (2.12) wegen $u = \psi \circ h = \mathrm{Id}$ gleich 0. □

2.4 Spezielle GLMs

Zunächst werden zwei Beispiele mit quantitativen (metrischen) Kriteriumsvariablen Y_i, nämlich das lineare und ein nichtlineares Regressionsmodell, vorgestellt. Darauf folgen Beispiele mit qualitativen (kategoriellen) Y_i-Variablen. Tatsächlich ist die Analyse von kategoriellen Daten das hauptsächliche Anwendungsgebiet der GLMs. Bei diesen Daten ist es oft möglich und sinnvoll, als Linkfunktion die natürliche zu wählen, d. h. ein g zu wählen, für das $g(\mu_i) = \vartheta_i$ gilt (wobei μ_i der Erwartungswert und ϑ_i der natürliche Parameter in der Exponentialfamilie von Y_i ist). Außerdem kann hier meistens der Störparameter τ^2 gleich 1 gesetzt werden, was wir in diesen Beispielen auch tun werden.

Lineares und nichtlineares Regressionsmodell als GLM

Das lineare Modell mit Normalverteilungsannahme (vgl. III 1.2), das ist

$$Y_i = \mu_i + e_i, \qquad \mu_i = (X\beta)_i, \quad i = 1, \ldots, n,$$

wobei die Zufallsvariablen $e_1, \ldots, e_n$ unabhängig sind und jedes e_i $N(0, \sigma^2)$-verteilt ist, kann als ein GLM dargestellt werden. In der Tat, nach II 2.4 a) lässt sich die Dichte der $N(\mu_i, \sigma^2)$-Verteilung in der Form

$$\exp\left\{ \frac{1}{\sigma^2}[\mu_i\, y + a(y, \sigma^2) - b(\mu_i)] \right\}, \qquad b(\mu) = \frac{\mu^2}{2},$$

schreiben, gehört also der Exponentialfamilie in kanonischer Form an, und zwar mit natürlichem Parameter $\vartheta_i = \mu_i$ und mit Störparameter $\tau^2 = \sigma^2$. Als Linkfunktion g wird die natürliche gewählt, das ist wegen $b'(\mu) = \mu$ die identische Abbildung. Wir setzen also

$$g(\mu_i) = \mu_i = (X\beta)_i$$

und erhalten aus 2.3 die Formeln

$$U_n(\beta) = \frac{1}{\sigma^2} X^\mathsf{T}(Y - X\beta), \quad W_n(\beta) = -\frac{1}{\sigma^2} X^\mathsf{T} X.$$

Die Gleichung

$$Y_i = \mu_i + e_i, \quad \mu_i = h(\beta_1 x_{i1} + \ldots + \beta_m x_{im}), \quad i = 1, \ldots, n,$$

stellt nach 1.1 ein *nichtlineares* Regressionsmodell dar. Dabei kann die Verteilung der Y_i zur Normalverteilungsfamilie oder auch zu einer anderen Exponentialfamilie gehören. Beispiele von Linkfunktionen g, bzw. von response Funktionen $h = g^{-1}$, sind hier

$$h(s) = e^s, \quad \text{bzw.} \quad g(t) = \log t \quad [t > 0, \text{ exponentielles Wachstum}]$$

$$h(s) = e^s/(1+e^s), \quad \text{bzw.} \quad g(t) = \log\left(\frac{t}{1-t}\right) \quad [0 < t < 1, \text{ logistisches Wachstum}].$$

I. A. ist bei nichtlinearen Regressionsmodellen die Linkfunktion nicht natürlich.

Dichotome kategoriale Regression

Die unabhängigen Zufallsvariablen $Y_1, \ldots, Y_n$ mögen nur die Werte 0 und 1 annehmen. Wir schreiben hier π_i anstelle von $\mu_i = \mathbb{E}(Y_i)$, d. h. wir setzen

$$\pi_i = \mathbb{P}(Y_i = 1). \tag{2.13}$$

Die (unbekannten) Wahrscheinlichkeiten π_i hängen in nichtlinearer Weise von dem Wertesatz

$$x_i^\mathsf{T} = (x_{i1}, \ldots, x_{im})$$

der m Regressoren $x_1, \ldots, x_m$ und dem $m \times 1$-Parametervektor β ab: Mit einer Linkfunktion g setzen wir

$$g(\pi_i) = x_i^\top \beta, \qquad \text{d. h.} \quad \left(g(\pi_1), \ldots, g(\pi_n)\right)^\top = X\beta, \tag{2.14}$$

wobei X wie in 2.1 eine $n \times m$-Designmatrix ist. Da die Zufallsvariable Y_i eine $B(1, \pi_i)$-Verteilung besitzt, gehört sie gemäß II 2.4 c) einer Exponentialfamilie in kanonischer Form an, mit einer (Zähl-)Dichte

$$f(y, \pi_i) = \exp\left\{ y \log\left(\frac{\pi_i}{1 - \pi_i}\right) + \log(1 - \pi_i) \right\}.$$

Der natürliche Parameter lautet

$$\vartheta_i = \log\left(\frac{\pi_i}{1 - \pi_i}\right), \qquad \text{mit der Umkehrrelation} \quad \pi_i = \frac{e^{\vartheta_i}}{1 + e^{\vartheta_i}}.$$

In die Formeln aus (2.9) hat man

$$\sigma_i^2 = \pi_i(1 - \pi_i), \qquad \pi_i \equiv \pi_i(\beta) = h(x_i^\top \beta)$$

einzusetzen (h Umkehrfunktion von g). Zur Anwendung kommen vor allem die folgenden zwei Linkfunktionen.

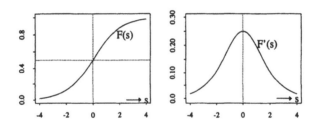

Abbildung VII.1: Logistische Verteilungsfunktion $F(s) = e^s/(1+e^s) = 1/(1+e^{-s})$ und ihre Ableitung $F'(s) = 1/(2 + e^s + e^{-s}) = F(s) \cdot (1 - F(s))$.

1. Die natürliche Linkfunktion g, das ist hier

$$g(\pi) = \log\left(\frac{\pi}{1 - \pi}\right).$$

Man nennt dann das durch (2.13) und (2.14) definierte GLM ein binäres (dichotomes) *logistisches Regressionsmodell*. Bei diesem lautet die Abhängigkeit der Wahrscheinlichkeiten $\pi_i = \pi_i(\beta)$ von den Linearkombinationen $x_i^\top \beta$

$$\pi_i = \frac{1}{1 + e^{-x_i^\top \beta}}, \qquad \text{mit der Umkehrrelation} \quad x_i^\top \beta = \log\left(\frac{\pi_i}{1 - \pi_i}\right).$$

Unter Benutzung der *logistischen* Verteilungsfunktion $F(s) = 1/(1 + e^{-s})$, $s \in \mathbb{R}$, ist also $\pi_i = F(\eta_i)$, $\eta_i = x_i^\top \beta$. Die log-Likelihoodfunktion und ihre Ableitungen sind gemäß 2.3 die folgenden Funktionen des Modellparameters β

$$\ell_n(\beta) = \sum_{i=1}^{n} \left(Y_i \eta_i - \log(1 + e^{\eta_i}) \right),$$

$$U_n(\beta) = X^\top (Y - \pi), \qquad \pi = (\pi_1, \ldots, \pi_n)^\top, \quad \pi_i = \frac{1}{1 + e^{-\eta_i}},$$

$$W_n(\beta) = -I_n(\beta) = -X^\top \mathrm{Diag}\big(\pi_i(1 - \pi_i)\big) X,$$

wobei jedesmal $\eta_i = x_i^\top \beta$ einzusetzen ist.

2. Die (nicht-natürliche) Linkfunktion $g = \Phi^{-1}$, Φ die Verteilungsfunktion der $N(0,1)$-Verteilung.
In diesem Fall spricht man vom Modell der *Probitanalyse*. Es ist dann

$$\pi_i = \Phi(\eta_i), \quad \eta_i = x_i^\top \beta.$$

Man hat in die Formeln aus (2.9) $d\mu_i/d\eta_i = \varphi(\eta_i)$ einzusetzen, $\varphi = \Phi'$ die Dichte der $N(0,1)$-Verteilung.

Poisson-verteilte Variablen mit natürlicher Linkfunktion

Die unabhängigen Variablen $Y_1, \ldots, Y_n$ mögen Poisson-verteilt sein, jeweils mit Parameter $\lambda_i \equiv \mu_i$, vergleiche II 2.4 d). Für den natürlichen Parameter $\vartheta_i = \log \lambda_i$ machen wir den Ansatz $\vartheta_i = x_i^\top \beta$. Dann gelangen wir zu einem GLM mit natürlicher Linkfunktion $g(\mu) = \log \mu$, für das gemäß 2.3

$$\ell_n(\beta) = \sum_{i=1}^{n} \left(Y_i \eta_i - e^{\eta_i} \right) + R, \qquad R \text{ nicht von } \beta \text{ abhängig},$$

$$U_n(\beta) = X^\top (Y - \lambda), \quad \lambda = (\lambda_1, \ldots, \lambda_n)^\top, \ \lambda_i = e^{\eta_i},$$

$$W_n(\beta) = -I_n(\beta) = -X^\top \mathrm{Diag}(e^{\eta_i}) X$$

gilt, Letzteres wegen $\sigma_i^2 = \lambda_i = \exp(\eta_i)$. Es ist jedesmal $\eta_i = x_i^\top \beta$ einzusetzen.

2.5 ML-Schätzer für β

Der unbekannte Parametervektor β eines GLM wird mit Hilfe der Maximum-Likelihood Methode (ML-Methode) geschätzt. Im Unterschied zu den linearen Modellen stoßen wir –wie schon in 1.1 im Fall der nichtlinearen Regressionsmodelle– bei der Berechnung des Schätzers $\hat{\beta}_n$ für β auf nichtlineare Gleichungssysteme, die nur mit Hilfe iterativer Methoden gelöst werden können. Newton-Verfahren werden u.a. in FAHRMEIR & TUTZ (1994, sec. 2.2.1) und PRUSCHA (1996, VII 3.3) vorgestellt.

Die Kriteriumsfunktion $\ell_n(\beta)$ ist bei der ML-Methode mit der log-Likelihood-funktion, die Schätzgleichung $U_n(\beta) = 0$ mit der ML-Gleichung identisch.

Mit Hilfe des $p \times 1$-Scorevektors $U_n(\beta)$ berechnen wir den ML-Schätzer $\hat{\beta}_n$ für β aus der ML-Gleichung $U_n(\beta) = 0$, die nach Satz 2.3 lautet

$$X^\top V^{-1}(\beta) \left(\frac{d\mu}{\mu\eta}(\beta)\right) (Y - \mu(\beta)) = 0. \qquad \text{MLG}$$

Dabei ist $Y = (Y_1, \ldots, Y_n)^\top$ die Zufallsstichprobe vom Umfang n und

$$V(\beta) \;=\; \mathrm{Diag}(\sigma_i^2(\beta)), \quad \sigma_i^2(\beta) = \tau^2 \, b''(\psi(\mu_i)) \qquad [\psi = (b')^{-1}],$$

$$\left(\frac{d\mu}{d\eta}\right) \;=\; \mathrm{Diag}\!\left(\frac{d\mu_i}{d\eta_i}\right) = \mathrm{Diag}\left(\frac{dh(s)}{ds}\Big|_{s=\eta_i}\right),$$

wobei die μ_i und η_i über $\mu_i = h(\eta_i)$ und $\eta_i = x_i^\top \beta$ von β abhängen. Der Störparameter τ^2 taucht in der ML-Gleichung nicht mehr auf. MLG lässt sich nämlich nach Multiplikation mit τ^2 auch mit der Matrix

$$\mathrm{Diag}\big(1/b''(\psi(\mu_i))\big) \quad \text{anstelle von} \quad V^{-1}$$

schreiben. Ein Schätzer für den Störparameter τ^2 lautet

$$\hat{\tau}_n^2 = \frac{1}{n-p} \sum_{i=1}^n \frac{\big(Y_i - \mu_i(\hat{\beta}_n)\big)^2}{b''(\psi(\mu_i(\hat{\beta}_n)))}. \qquad (2.15)$$

Im Fall einer *natürlichen* Linkfunktion vereinfacht sich MLG zu

$$X^\top (Y - \mu(\beta)) = 0. \qquad \text{MLGn}$$

Gegenüber MLG hat diese Gleichung den Vorteil, dass die Größen $\sigma_i^2(\beta)$ weggefallen sind. Die Hessematrix von $\ell_n(\beta)$, d. i. $W_n(\beta) = -(1/\tau^4)X^\top V(\beta)X$, ist negativ definit, denn wir haben alle σ_i^2 als positiv und den vollen Rang von X vorausgesetzt. Eine Lösung von MLGn –falls vorhanden– ist also einziger ML-Schätzer für β.

Das lineare Modell, das ist das erste Beispiel in 2.4, hat die Identität als natürliche Linkfunktion und $\mu(\beta) = X\beta$, so dass MLGn sich hier in der Form

$$X^\top (Y - X\beta) = 0, \quad \text{d. h.} \quad X^\top X\beta = X^\top Y,$$

schreibt und sich damit auf das System NG der Normalgleichungen aus III 3.1 reduziert. Wie schon in III 3.1 bemerkt, sind MQ-Schätzer und ML-Schätzer für β im linearen Modell mit Normalverteilungsannahme identisch. Weil hier $b'' = 1$ gilt, stimmt der Schätzer $\hat{\tau}_n^2$ aus (2.15) mit dem Varianzschätzer $\hat{\sigma}^2$ aus III 3.3 überein.

2.6   Asymptotische ML-Theorie

Für den ganzen Rest des Abschnitts 2 werden wir uns auf GLMs mit *natürlicher* Linkfunktion beschränken. Die asymptotische ML-Theorie für GLMs mit allgemeiner Linkfunktion findet sich in FAHRMEIR & KAUFMANN (1985).

Die Größen $\ell_n(\beta)$, $U_n(\beta)$ und $W_n(\beta)$ lauten im Fall einer natürlichen Linkfunktion gemäß (2.8) und (2.11)

$$\ell_n(\beta) = \frac{1}{\tau^2} \sum_{i=1}^{n} \left[Y_i\, x_i^{\mathsf{T}}\beta - b(x_i^{\mathsf{T}}\beta) \right] + R \qquad [\text{R von } \beta \text{ unabhängig}]$$

$$U_n(\beta) = \frac{1}{\tau^2}\, X^{\mathsf{T}}\big(Y - \mu(\beta)\big) \tag{2.16}$$

$$W_n(\beta) = -\frac{1}{\tau^4} X^{\mathsf{T}} V(\beta) X = -\frac{1}{\tau^4} \left(\sum_{i=1}^{n} x_{ij}\, x_{ik}\, \sigma_i^2(\beta),\ 1 \le j, k \le p \right).$$

Für das Folgende beachte man, dass $W_n(\beta) = -I_n(\beta)$ deterministisch ist, dass die $n \times p$-Matrix $X \equiv X_n$ elementweise von n und die $n \times n$-Diagonalmatrix $V = \mathrm{Diag}(\sigma_i^2)$ von β abhängt. Wir nehmen an, dass es eine offene Teilmenge $B \subset \mathbb{R}^p$ gibt mit $(X_n\beta)_i \in \Theta$ für alle $n \ge 1$, $\beta \in B$, $i = 1, \dots, n$. Die folgende Bedingung formulieren wir mit $p \times p$-Diagonalmatrizen Γ_n, bestehend aus positiven Diagonalelementen, welche $\Gamma_n \longrightarrow 0$ für $n \to \infty$ erfüllen; sowie mit einer symmetrischen, positiv-definiten $p \times p$-Matrix $\Sigma(\beta)$, die mit der Matrix $B(\beta)$ aus V 3.3 zusammenfällt. Die Bedingung W_1^* aus V 3.3 lautet im Fall einer deterministischen Matrix $W_n(\beta)$:

> Für alle $b > 0$ und $s > 0$ gibt es ein $n_0 \ge 1$, so dass für alle $n \ge n_0$ $\quad W_1^*$
> $$\left| \Gamma_n I_n(\beta^*)\, \Gamma_n - \Sigma(\beta) \right| \le b \qquad \forall\, \beta^* \in \mathcal{N}_{n,s}(\beta),$$

vergleiche V 3.7. Dabei ist $\mathcal{N}_{n,s}(\beta) = \left\{ \beta^* \in \mathbb{R}^p : |\Gamma_n^{-1}(\beta^* - \beta)| \le s \right\}$ wie in V 3.1.

Satz. *Für ein GLM mit natürlicher Linkfunktion, welches W_1^* erfüllt, sind die Bedingungen U^* und W^* aus V 3.3 erfüllt, wobei $\Sigma(\beta) = B(\beta)$ gilt. Insbesondere gilt für $n \to \infty$*

(i)   Es existiert ein Γ_n^{-1}-konsistenter ML-Schätzer $\hat{\beta}_n$ für β im Sinne von V 3.1

(ii) $\Gamma_n^{-1}(\hat{\beta}_n - \beta) \overset{\mathcal{D}_\beta}{\longrightarrow} N_p\big(0, \Sigma^{-1}(\beta)\big)$

(iii) $2\left\{ \ell_n(\hat{\beta}_n) - \ell_n(\beta) \right\} \overset{\mathcal{D}_\beta}{\longrightarrow} \chi_p^2$

(iv) $2\left\{ \ell_n(\hat{\beta}_n) - \ell_n(q(\hat{\delta}_n)) \right\} \overset{\mathcal{D}_{q(\delta)}}{\longrightarrow} \chi_{p-c}^2$,

Letzteres, falls für die Abbildung $\beta = q(\delta)$, $q : \mathbb{R}^c \to \mathbb{R}^p$, die Voraussetzung H^* aus VI 4.2 erfüllt ist.

Beweis. Die Sätze 3.2, 3.4 aus Kap. V und 4.1, 4.3 aus Kap. VI sind anwendbar, weil Lemma V 3.3 die Gültigkeit von W* und Satz V 3.7 die Gültigkeit von U* garantieren. $\qquad\square$

Die Aussagen (iii) und (iv) bleiben richtig, wenn man den Störparameter τ^2, der gemäß (2.16) in ℓ_n auftaucht, durch einen konsistenten Schätzer $\hat{\tau}_n^2$ ersetzt.

Asymptotische Tests und Konfidenzintervalle

a) Konfidenzintervall für β_j, Konfidenzellipsoid für β.
Man setze

$$\hat{w}_{nj} = [-W_n^{-1}(\hat{\beta}_n)]_{jj} \qquad [j - \text{tes Diagonalelement}].$$

Nach V 3.5 b) ist $\sqrt{\hat{w}_{nj}}$ eine Approximation für den *Standardfehler* $se(\hat{\beta}_{nj})$ von $\hat{\beta}_{nj}$, und

$$\hat{\beta}_{nj} - u_{1-\alpha/2}\sqrt{\hat{w}_{nj}} \le \beta_j \le \hat{\beta}_{nj} + u_{1-\alpha/2}\sqrt{\hat{w}_{nj}}$$

stellt ein *asymptotisches Konfidenzintervall* für β_j zum Niveau $1 - \alpha$ dar. Ein *asymptotisches Konfidenzellipsoid* für den Vektor β lautet nach V 3.5 a)

$$\mathcal{E}_n(\hat{\beta}_n) = \left\{ b \in \mathbb{R}^p : -(b - \hat{\beta}_n)^{\mathsf{T}} W_n(\hat{\beta}_n)(b - \hat{\beta}_n) \le \chi_{p,1-\alpha}^2 \right\}.$$

b) Test der einfachen Hypothese $H_0 : \beta = \beta_0$.
Gemäß VI 4.1 führen wir die folgenden Teststatistiken ein:

$$
\begin{aligned}
T_n(\beta_0) &= 2\left\{ \ell_n(\hat{\beta}_n) - \ell_n(\beta_0) \right\}, \\
T_n^{(W)}(\beta_0) &= -(\hat{\beta}_n - \beta_0)^{\mathsf{T}} W_n(\hat{\beta}_n)(\hat{\beta}_n - \beta_0), \\
T_n^{(S)}(\beta_0) &= -U_n^{\mathsf{T}}(\beta_0) W_n^{-1}(\beta_0) U_n(\beta_0),
\end{aligned}
$$

mit $\ell_n(\beta)$, $U_n(\beta)$ und $W_n(\beta)$ wie in (2.16). Man beachte hier (und in a), dass $W_n(\beta)$ nach unseren Voraussetzungen an X und b'' invertierbar ist und dass in die Formeln für T_n, $T_n^{(W)}$ und $T_n^{(S)}$ ein konsistenter Schätzer $\hat{\tau}_n$ für τ einzutragen ist. Dann verwirft man H_0, falls $T_n(\beta_0)$ [oder $T_n^{(W)}(\beta_0)$, $T_n^{(S)}(\beta_0)$] das Quantil $\chi_{p,1-\alpha}^2$ übersteigt (großes n vorausgesetzt).

c) Test der zusammengesetzten Hypothese

$$H_0 : \beta_{c+1} = \beta_{c+1}^0, \dots, \beta_p = \beta_p^0$$

($c < p$, β_j^0 vorgegebene Werte). Wie in VI 4.3 stellen wir die *log-LQ* Teststatistik

$$T_n = 2\left\{ \ell_n(\hat{\beta}_n) - \ell_n(\tilde{\beta}_n) \right\}$$

auf, wobei $\tilde{\beta}_n = (\tilde{\beta}_1, \dots, \tilde{\beta}_c, \beta^0_{c+1}, \dots, \beta^0_p)^\top$ ist und $(\tilde{\beta}_1, \dots, \tilde{\beta}_c)$ den ML-Schätzer für $(\beta_1, \dots, \beta_c)$ unter H_0 darstellt. Man verwirft H_0, falls $T_n > \chi^2_{p-c,1-\alpha}$ gilt. Anstelle der Teststatistik T_n lassen sich nach VI 4.4 und 4.5 auch

$$T_n^{(S)} = U_{n,2}^\top(\tilde{\beta}_n)\, L_{n,22}(\tilde{\beta}_n)\, U_{n,2}(\tilde{\beta}_n),$$

$$T_n^{(W)} = (\hat{\beta}_{n,2} - \beta^0_2)^\top \big[L_{n,22}(\hat{\beta}_n)\big]^{-1} (\hat{\beta}_{n,2} - \beta^0_2)$$

verwenden, wobei $\beta^0_2 = (\beta^0_{c+1}, \dots, \beta^0_p)^\top$ ist, $U_{n,2}$ und $\hat{\beta}_{n,2}$ die letzten $p-c$ Komponenten der $p \times 1$-Vektoren U_n und $\hat{\beta}_n$ bedeuten, und $L_{n,22}$ die untere rechte $(p-c) \times (p-c)$-Teilmatrix von $-W_n^{-1}$ darstellt.

2.7   Weitere hinreichende Bedingungen

Wir führen zwei weitere Bedingung ein, nämlich für alle $\beta \in B$

$$\Gamma_n W_n(\beta) \Gamma_n \longrightarrow -\Sigma(\beta) \qquad\qquad\qquad W^*_0$$

und

Für alle $b > 0, s > 0$ gibt es ein $n_0 \geq 1$ mit
$$\big|\sigma_i^2(\beta^*) - \sigma_i^2(\beta)\big| \leq b\,\sigma_i^2(\beta) \quad \forall\, \beta^* \in \mathcal{N}_{n,s}(\beta),\, n \geq n_0,\, n_0 \leq i \leq n. \qquad \Sigma^*$$

Lemma. *Für ein GLM mit natürlicher Linkfunktion, welches Σ^* und W^*_0 erfüllt, gilt auch die Bedingung W^*_1.*

Beweis. Wir gehen von der Formel

$$W_n(\beta) = -\frac{1}{\tau^4} \sum_{i=1}^n \sigma_i^2(\beta)\, x_i x_i^\top$$

aus, vgl. (2.16), wobei $x_i^\top$ wie immer die i-te Zeile der Matrix X bezeichnet. Seien $b, s > 0$ vorgegeben und n_0 gemäß Σ^* gewählt. Für $n \geq n_0$ gilt dann für jedes $y \in \mathbb{R}^p$, $|y| = 1$, und für jedes $\beta^* \in \mathcal{N}_{n,s}(\beta)$

$$\big| y^\top \Gamma_n \{W_n(\beta^*) - W_n(\beta)\} \Gamma_n y \big|$$

$$= \frac{1}{\tau^4} \Big| y^\top \Gamma_n \big\{ \sum_{i=1}^n x_i (\sigma_i^2(\beta^*) - \sigma_i^2(\beta)) x_i^\top \big\} \Gamma_n y \Big|$$

$$\leq \frac{1}{\tau^4} \sum_{i=1}^n \big| \sigma_i^2(\beta^*) - \sigma_i^2(\beta) \big|\, y^\top \Gamma_n x_i x_i^\top \Gamma_n y$$

$$\leq b\, \frac{1}{\tau^4} \sum_{i=1}^n y^\top \Gamma_n x_i\, \sigma_i^2(\beta)\, x_i^\top \Gamma_n y + \kappa_n$$

$$= -b\, y^\top \Gamma_n W_n(\beta) \Gamma_n y + \kappa_n \leq 2\, b\, |\Sigma(\beta)| + \kappa_n,$$

mit einer Nullfolge κ_n, die sich auf die Einschränkung $i \geq n_0$ in Σ^* bezieht. Das letzte $\leq$ Zeichen ist wegen W_0^* für alle n ab einem n_1 richtig. Aus dieser Abschätzung und aus W_0^* folgt dann mit Hilfe der Dreiecksungleichung die Behauptung W_1^*. $\qquad\square$

Bei einer natürlichen Linkfunktion und unter Σ^* bleibt also nach diesem Lemma und nach Satz V 3.7 nur noch W_0^* nachzuweisen, um die asymptotischen Aussagen (i)–(iv) des Satzes 2.6 zu garantieren.

Kompakter Regressorbereich

Wir setzen nun voraus, dass die Regressorenwerte x_{ij} gleichmäßig beschränkt sind. Für die Spalten $x_i \equiv x_{ni}$ der Matrizen $X^\mathsf{T} \equiv X_n^\mathsf{T}$ fordern wir nämlich:

Es gibt ein Kompaktum $K \subset \mathbb{R}^p$ mit $x_i \in K$ für alle $i = 1, 2, \ldots$. $\qquad$ K*

Wir setzen stillschweigend voraus, dass K eine zulässige Menge in dem Sinne ist, dass der Parameter $\vartheta = \eta = x^\mathsf{T}\beta$ für alle $\beta \in B$ und $x \in K$ aus dem natürlichen Parameterraum Θ ist.

Satz. *Sind für ein GLM mit natürlicher Linkfunktion die Bedingungen K* und W_0^* erfüllt, so auch die Bedingungen U* und W* aus V 3.3. Insbesondere gelten die Aussagen (i)–(iv) des Satzes 2.6.*

Beweis. Nach dem eben bewiesenen Lemma reicht der Nachweis von Σ^* aus. Dazu stellen wir zunächst mit Hilfe von (2.6) fest, dass

$$\sigma_i^2 = \sigma^2(\eta_i) = \tau^2 b''(\eta_i)$$

eine stetig differenzierbare Funktion von η_i ist, und zwar für jedes i dieselbe Funktion σ^2. Für fixiertes $\beta \in B$ werde eine kompakte Umgebung $\mathcal{N}_c(\beta)$, $c > 0$, von β gewählt. Wegen K* gibt es dann Konstanten $K', K'' < \infty$, so dass mit $\eta_i = x_i^\mathsf{T}\beta$, $\eta_i^* = x_i^\mathsf{T}\beta^*$

$$|\sigma^2(\eta_i^*) - \sigma^2(\eta_i)| \leq K' |\eta_i^* - \eta_i| \leq K'' |\beta^* - \beta| \quad \forall \beta^* \in \mathcal{N}_c(\beta) \tag{2.17}$$

für alle $i = 1, 2, \ldots$ gilt. Für $\delta > 0, s > 0$ existiert ein $n_0 \geq 1$ mit

$$K'' |\beta^* - \beta| \leq \delta \qquad \forall \beta^* \in \mathcal{N}_{n,s}(\beta), \ n \geq n_0. \tag{2.18}$$

Da ferner nach Voraussetzung $b''(\eta) > 0$ für alle $\eta = x^\mathsf{T}\beta$, $x \in K$, so existiert wegen K* eine positive Konstante K_1, so dass für $\sigma_i^2(\beta) \equiv \sigma^2(x_i^\mathsf{T}\beta)$

$$\sigma_i^2(\beta) \geq K_1 \quad \text{für } i = 1, 2, \ldots \tag{2.19}$$

gilt. Aus (2.17) bis (2.19) folgt aber Σ^*. $\qquad\square$

Beispiel: Logistische Regression

Wie in 2.4 betrachten wir eine $B(1, \pi_i)$-verteilte Kriteriumsvariable Y_i mit $\pi_i(\beta) = 1/(1 + e^{-\eta_i})$ und

$$\sigma_i^2(\beta) = \pi_i(1 - \pi_i) = \frac{1}{2 + e^{\eta_i} + e^{-\eta_i}}, \quad \eta_i = x_i^\top \beta, \quad i = 1, 2, \ldots .$$

Im Fall eines kompakten Regressorbereiches haben wir über den eben bewiesenen Satz Anschluss an die asymptotische Schätz- und Testtheorie: Allein W_0^*, das ist

$$\Gamma_n X^\top \operatorname{Diag}\big(\pi_i(1 - \pi_i)\big) X \Gamma_n \longrightarrow \Sigma(\beta),$$

mit geeigneten Normierungsmatrizen Γ_n, bleibt im jeden Einzelfall für die Matrizenfolge $X \equiv X_n$, $n \geq 1$, nachzuweisen, damit die Aussagen (i)–(iv) des Satzes 2.6 garantiert sind. Gemäß 2.6 c) führen wir den *to-enter* Test auf $\beta_p = 0$ mit Hilfe der Teststatistik

$$T_n = 2 \sum_{i=1}^n \left\{ Y_i\, x_i^\top (\hat{\beta} - \tilde{\beta}) - \log\left(\frac{1 + \exp(x_i^\top \hat{\beta})}{1 + \exp(x_i^\top \tilde{\beta})} \right) \right\}$$

durch, wobei $\hat{\beta}$ und $\tilde{\beta} = (\tilde{\beta}_1, \ldots, \tilde{\beta}_{p-1}, 0)^\top$ die ML-Schätzer für β im vollen bzw. reduzierten Modell sind, d. h. im logistischen Regressionsmodell mit

$$\eta_i = \sum_{j=1}^p x_{ij} \beta_j \quad \text{bzw.} \quad \eta_i = \sum_{j=1}^{p-1} x_{ij} \beta_j.$$

VIII Nichtparametrische Kurvenschätzer

In den Kapiteln V bis VII entwickelten wir diverse Schätz- und Testmethoden in statistischen Modellen, welche einen unbekannten endlich-dimensionalen Parameter enthalten. In diesem Kapitel ist es eine Funktion $g(x)$, $x \in \mathbb{R}$, die unbekannt ist und zum Objekt unserer statistischen Analyse wird. Dabei kann g eine Dichtefunktion sein, welche den unabhängigen Beobachtungen zugrundeliegt (im Abschnitt 1), oder eine Regressionsfunktion, welche den Erwartungswert der Kriteriumsvariablen Y in Abhängigkeit vom Regressor x beschreibt (im Abschnitt 2). In beiden Fällen wird aus einer Zufallsstichprobe ein *Kurvenschätzer* $\hat{g}_n(x)$, $x \in \mathbb{R}$, berechnet und die Abweichung $\hat{g}_n(x) - g(x)$, $x \in \mathbb{R}$, studiert. Von besonderem Interesse ist dabei der erwartete integrierte quadratische Fehler, d. i.

$$J_n = \mathbb{E}\left(\int_{-\infty}^{\infty} \left(\hat{g}_n(x) - g(x) \right)^2 dx \right).$$

Er wird auch *MISE* genannt, was für *mean integrated squared error* steht. Typischerweise zerfällt er in einen Bias- und einen Varianzanteil. Standardthemen der nichtparametrischen Kurvenschätzung sind die (punktweise oder gleichmäßige) Konsistenz von $\hat{g}_n$, die (punktweise) asymptotische Normalität von $\hat{g}_n$ und die Konvergenzordnung des MISE J_n.

Es werden drei Typen von nichtparametrischen Kurvenschätzern vorgestellt. Die *Orthogonalreihen-Schätzer* basieren auf einer Fourierreihen-Entwicklung von g und einer Schätzung der ersten N Fourierkoeffizienten. Die *Kernschätzer* berechnen mit Hilfe eines sich verschiebenden Fensters (Kerns) der Breite h eine Art gleitenden Durchschnitt. Die *Splineschätzer* schließlich ergeben sich als Lösung eines Minimum-Quadrat (MQ-) Ansatzes mit einem Strafterm, der Glattheit des Kurvenschätzers belohnt bzw. Rauhheit bestraft. Mit einem *trade-off* Parameter λ kann dabei der Einfluss des Strafterms im Vergleich zum MQ-Anpassungsterm gewichtet werden. Typisch für Kurvenschätzer ist die Existenz einer –neben dem Stichprobenumfang n– zweiten Größe (*smoothing* Parameter N, h oder λ), die in

Abhängigkeit von n gegen ∞ bzw. 0 geht und deren möglichst optimale Bestimmung ein weiteres theoretisches wie praktisches Problem darstellt.

1 Dichteschätzer

Wir stellen zwei Typen von nichtparametrischen Kurvenschätzern für Dichten vor: die Orthogonalreihen-Schätzer und die Kernschätzer. Es wird die Konsistenz dieser Kurvenschätzer nachgewiesen. Für Kernschätzer wird aus der Konvergenzordnung des MISE die optimale Wahl der Fensterbreite h und die optimale Form des Fensters (Kerns) K bestimmt.

Die folgenden Integrale und die Begriffe *Dichte, fast sicher, fast alle, messbar* beziehen sich durchweg auf das Lebesgue-Maß. Das Lebesgue-Maß einer messbaren Menge $A \subset \mathbb{R}$ wird mit $|A|$ bezeichnet.

1.1 Orthogonalreihen-Schätzer $\hat{f}_{n,N}$

Sei $X \subset \mathbb{R}$ kompakt und bezeichne $L_2(X)$ den linearen Raum der über X quadratintegrierbaren Funktionen, d. h. der Funktionen $f : X \to \mathbb{R}$ mit $\int_X f^2(x)\, dx < \infty$. Durch Äquivalenzklassenbildung (bezüglich der Relation der fast sicheren Gleichheit) wird $L_2(X)$ zu einem Hilbertraum, also zu einem vollständigen, normierten Raum mit Skalarprodukt

$$< f, g > = \int_X f(x) \cdot g(x)\, dx,$$

und mit zugehöriger Norm $\|f\|$,

$$\|f\|^2 = <f, f> = \int_X f^2(x)\, dx.$$

Die Konvergenzaussage $f_n \to f$ für Elemente aus $L_2(X)$ besagt

$$\|f_n - f\|^2 = \int_X \left(f_n(x) - f(x)\right)^2 dx \longrightarrow 0 \qquad [L_2 - \text{Konvergenz}];$$

eine Reihendarstellung $f = \sum_{j=1}^{\infty} f_j$ ist also durch die L_2-*Konvergenz* $f^{(n)} \to f$ für $f^{(n)} = \sum_{j=1}^{n} f_j$ definiert.

Der Hilbertraum $L_2(X)$ besitzt eine abzählbare *Orthonormalbasis* (ON-Basis) $e_1, e_2, \ldots$. Für jedes $f \in L_2(X)$ gibt es also die (verallgemeinerte) *Fourierdarstellung*

$$f(x) = \sum_{j=1}^{\infty} \alpha_j\, e_j(x), \quad x \in X, \tag{1.1}$$

mit den (verallgemeinerten) *Fourierkoeffizienten*

$$\alpha_j = \; < f, e_j > \; = \int_X f(x)\, e_j(x)\, dx. \tag{1.2}$$

Für diese gilt dann die Parsevalgleichung

$$\|f\|^2 = \sum_{j=1}^{\infty} |<f, e_j>|^2 = \sum_{j=1}^{\infty} \alpha_j^2.$$

Unser statistisches Problem besteht jetzt darin, die Dichte f aus einer Stichprobe vom Umfang n zu schätzen. Die einzige Voraussetzung, die wir treffen werden, ist

$$f \in L_2(X), \quad X \subset \mathbb{R} \text{ kompakt.}$$

Seien $X_1, X_2, \ldots, X_n$ unabhängige und identisch mit (unbekannter) Dichte f verteilte Zufallsvariable. Die nichtparametrische Schätzung von f verläuft dann in zwei Schritten. Zunächst wählen wir einen *smoothing Parameter* $N = N(n)$ und führen die Projektion f_N von f auf $\mathcal{L}(e_1, \ldots, e_N)$, den von den $e_1, \ldots, e_N$ aufgespannten Teilraum des $L_2(X)$, ein. Das ist bei Benutzung der Darstellung (1.1)

$$f_N(x) = \sum_{j=1}^{N} \alpha_j\, e_j(x), \quad x \in X.$$

Die (unbekannten) Koeffizienten α_j erfüllen gemäß (1.2) die Gleichung

$$\alpha_j = \int_X f(x) e_j(x)\, dx \; = \; \mathbb{E}(e_j(X_1)),$$

so dass wir sie im zweiten Schritt durch

$$\hat{\alpha}_j \equiv \hat{\alpha}_{j,n} = \frac{1}{n} \sum_{i=1}^{n} e_j(X_i), \quad j = 1, \ldots, N,$$

schätzen. Dies führt zum *ON-Dichteschätzer* oder Projektionsschätzer

$$\hat{f}_n(x) \equiv \hat{f}_{n,N}(x) = \sum_{j=1}^{N} \hat{\alpha}_{j,n}\, e_j(x) = \frac{1}{n} \sum_{i=1}^{n} \sum_{j=1}^{N} e_j(X_i)\, e_j(x), \quad x \in X. \tag{1.3}$$

1.2   Erste Eigenschaften von $\hat{f}_{n,N}$, Beispiel

Der Schätzer $\hat{f}_{n,N} \equiv \hat{f}_n$ hängt von der Wahl der ON-Basis (e_j) ab und ist im Gegensatz zur Funktion f nicht notwendig ≥ 0. Unter der Voraussetzung

$$e_1 \equiv \text{const} = \frac{1}{\sqrt{|X|}} \tag{1.4}$$

weist aber das Integral von $\hat{f}_n$ –genauso wie das von f– den Wert 1 auf. In der Tat, es gilt

Proposition. *Ist $f \in L_2(X)$, X kompakt, und ist e_1 wie in (1.4), dann gilt für den ON-Dichteschätzer (1.3)*

$$\int_X \hat{f}_n(x)\,dx = 1.$$

Beweis. Unter (1.4) hat auch $\hat{\alpha}_1$ den Wert const und es ist $\int e_j(x)\,dx = (1/\text{const}) \int e_1(x)\,e_j(x)\,dx = 0$ für $j \geq 2$, so dass gemäß (1.3) gilt

$$\int_X \hat{f}_n(x)\,dx = \hat{\alpha}_1 \int_X e_1(x)\,dx = 1.$$ □

Der Schätzer $\hat{f}_{n,N}$ ist nicht erwartungstreu für f, sondern erwartungstreu für die Projektion f_N, denn wegen $\mathbb{E}(\hat{\alpha}_{j,n}) = (1/n) \sum_{i=1}^n \mathbb{E}(e_j(X_i)) = \alpha_j$ gilt gemäß (1.3)

$$\mathbb{E}(\hat{f}_{n,N}(x)) = \sum_{j=1}^N \alpha_j e_j(x) = f_N(x), \quad x \in X. \tag{1.5}$$

Gilt noch $f_N(x) \to f(x)$ bei $N \to \infty$, dann ist $\hat{f}_{n,N}(x)$ *asymptotisch* erwartungstreu für $f(x)$. Man beachte aber, dass aus der L_2-Konvergenz $f_N \to f$ nicht notwendig die punktweise Konvergenz $f_N(x) \to f(x)$ folgt.

Für die spätere asymptotische Analyse des MISE von $\hat{f}_{n,N}$ berechnen wir hier noch den ISE (*integrated squared error*)

$$\|\hat{f}_{n,N} - f\|^2 = \int_X (\hat{f}_{n,N}(x) - f(x))^2\,dx.$$

Wegen der Orthogonalität von $\hat{f}_{n,N} - f_N \in \mathcal{L}(e_1, \ldots, e_N)$ und $f_N - f \in \mathcal{L}(e_{N+1}, \ldots)$ gilt

$$\|\hat{f}_{n,N} - f\|^2 = \|\hat{f}_{n,N} - f_N\|^2 + \|f_N - f\|^2, \tag{1.6}$$

woraus folgt

Lemma. *Ist $f \in L_2(X)$, X kompakt, so gilt für den ON-Dichteschätzer (1.3)*

$$\|\hat{f}_{n,N} - f\|^2 = \sum_{j=1}^N (\hat{\alpha}_{j,n} - \alpha_j)^2 + \sum_{j=N+1}^\infty \alpha_j^2.$$

Beweis. Mit Hilfe der Parsevalgleichung aus 1.1 folgt aus (1.6) die Behauptung.
□

Das Lemma enthält die Merkregel

$$(\text{Fehler})^2 = (\text{Fehler der Schätzung})^2 + (\text{Fehler der Projektion})^2.$$

Fourierreihen-Schätzer

Als wichtigstes **Beispiel** eines Orthogonalreihen-Schätzers stellen wir den *Fourier-reihen-Schätzer* vor.

Mit $X = [0, b] \subset \mathbb{R}$ und für $k = 1, 2, \ldots$ definiert man die Fourierfrequenz $\omega_k = 2\pi \cdot k/b$, sowie die trigonometrischen Funktionen

$$e_{2k-1} = \sqrt{\frac{2}{b}} \sin(\omega_k x), \qquad e_{2k} = \sqrt{\frac{2}{b}} \cos(\omega_k x)$$

und $e_0(x) = 1/\sqrt{b}$. Das System $\{e_j, j = 0, 1, \ldots\}$ bildet eine ON-Basis von $L_2[0, b]$. Für ein $f \in L_2[0, b]$ lauten gemäß (1.2) die *Fourierkoeffizienten* α_j, $j = 0, 1, \ldots$, in der Darstellung $f(x) = \sum_{j=0}^{\infty} \alpha_j e_j(x)$, $x \in [0, b]$, zunächst $\alpha_0 = (1/\sqrt{b}) \int_0^b f(x) \, dx$, und für $k = 1, 2, \ldots$,

$$\alpha_{2k-1} = \sqrt{\frac{2}{b}} \int_0^b f(x) \sin(\omega_k x) \, dx, \quad \alpha_{2k} = \sqrt{\frac{2}{b}} \int_0^b f(x) \cos(\omega_k x) \, dx. \tag{1.7}$$

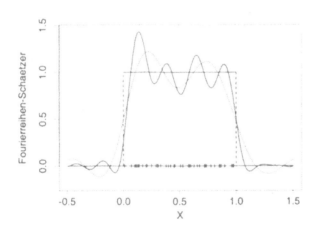

Abbildung VIII.1: Fourierreihen-Schätzer $\hat{f}_{n,N}$, $N = 9$ $(\cdots)$ und $N = 17$ $(—)$, für $n = 40$ auf $[0, 1]$-gleichverteilte Zufallszahlen (auf der x-Achse markiert).

Neben der L_2-Konvergenz von $f_N = \sum_{j=1}^{N} \alpha_j e_j$ gegen f haben wir hier noch zusätzlich die punktweise Konvergenz. Es gilt nämlich, vgl. FORSTER (1983, S. 199),

Satz. *Die Funktion* $f(x), x \in [0,b]$, *sei stetig mit* $f(0) = f(b)$ *und besitze eine stückweise stetige Ableitung. Dann gilt*

$$\sum_{j=1}^{\infty} |\alpha_j| < \infty, \quad f_N(x) \to f(x) \text{ gleichmäßig in } x \in [0,b] \text{ für } N \to \infty.$$

Unter den Voraussetzungen des Satzes ist also nach (1.5) der Fourierreihen-Schätzer $\hat{f}_{n,N}(x)$ für jedes $x \in [0,b]$ asymptotisch erwartungstreu für $f(x)$.

1.3 Konsistenz von $\hat{f}_{n,N}$

Die asymptotischen Eigenschaften des ON-Dichteschätzers $\hat{f}_{n,N}$ werden nun unter der folgenden Voraussetzung F abgeleitet:

$X_1, \ldots, X_n$ sind unabhängig und identisch mit der Dichte f verteilt,

$f \in L_2(X), X \subset \mathbb{R}$ kompakt,   F

für $n \to \infty$ gilt $N = N(n) \to \infty$.

Die Konsistenz des Schätzers $\hat{f}_{n,N}$ in der L_2-Norm und in der sup-Norm wird bewiesen. Dazu studieren wir zunächst den *MISE*, das ist der *mean integrated squared error*

$$J_n \equiv J_{n,N}(f) = \mathbb{E}(\|\hat{f}_{n,N} - f\|^2) = \mathbb{E}\left(\int_X \left(\hat{f}_{n,N}(x) - f(x) \right)^2 dx \right). \quad (1.8)$$

Satz. *Unter der Voraussetzung F gilt* $J_n \to 0$ *genau dann, wenn*

$$\frac{1}{n} \sum_{j=1}^{N(n)} \int_X e_j^2(x) f(x) \, dx \longrightarrow 0 \qquad [n \to \infty]. \quad (1.9)$$

Beweis. Aus Lemma 1.2 folgt

$$J_n = \sum_{j=1}^{N} \mathbb{E}\left((\hat{\alpha}_{j,n} - \alpha_j)^2 \right) + \sum_{j=N+1}^{\infty} \alpha_j^2.$$

Die Parsevalgleichung liefert $\sum_{j=1}^{\infty} \alpha_j^2 < \infty$, also $\sum_{j=N+1}^{\infty} \alpha_j^2 \to 0$ für $n \to \infty$. Demnach ist $J_n \to 0$ äquivalent mit

$$\sum_{j=1}^{N} \mathbb{E}\left((\hat{\alpha}_{j,n} - \alpha_j)^2 \right) \longrightarrow 0. \quad (1.10)$$

Die Aussage (1.10) wiederum ist wegen $\alpha_j = \mathbb{E}(\hat{\alpha}_{j,n}) = \mathbb{E}(e_j(X_1))$ gleichbedeutend mit

$$\sum_{j=1}^{N} \text{Var}(\hat{\alpha}_{j,n}) = \frac{1}{n}\sum_{j=1}^{N} \text{Var}(e_j(X_1)) = \frac{1}{n}\sum_{j=1}^{N}\left[\mathbb{E}(e_j^2(X_1)) - (\mathbb{E}(e_j(X_1)))^2\right]$$

$$= \frac{1}{n}\sum_{j=1}^{N}\int_X e_j^2(x)\,f(x)\,dx - \frac{1}{n}\sum_{j=1}^{N}\alpha_j^2 \to 0.$$

Letzteres ist aber aufgrund von

$$0 \leq \frac{1}{n}\sum_{j=1}^{N}\alpha_j^2 \leq \frac{1}{n}\sum_{j=1}^{\infty}\alpha_j^2 = \frac{1}{n}\|f\|^2 \to 0$$

äquivalent mit (1.9). $\square$

Bemerkungen. 1. $J_n \to 0$ besagt insbesondere, dass $\|\hat{f}_{n,N} - f\| \xrightarrow{\mathbf{P}} 0$.
2. Im Beispiel 1.2 des trigonometrischen ON-Systems ist wegen $\int e_j^2(x)\,f(x)\,dx \leq 2/b$ die Voraussetzung (1.9) erfüllt, falls $N(n)/n \to 0$.

Wir wenden uns nun dem Fehler in der sup-Norm zu und führen dazu

$$\Delta_n = \sup_{x \in X}|\hat{f}_{n,N}(x) - f(x)|$$

ein. Wir zeigen die fast sichere Konvergenz von Δ_n.

Satz. *Neben der Voraussetzung F gelte noch*

a) $|e_j(x)| \leq M < \infty$ $\forall j \geq 1,\ x \in X$

b) $\sum_{j=1}^{n}\alpha_j\,e_j(x)$ *konvergiert gleichmäßig in* $x \in X$ *gegen* f

c) $\sum_{n=1}^{\infty} N^5/n^2 < \infty$.

Dann gilt $\Delta_n \longrightarrow 0$ $\mathbb{P}$-*fast sicher.*

Beweis. Zunächst wenden wir die Dreiecksungleichung an auf $\hat{f}_{n,N}(x) - f(x) = \sum_{j\leq N}(\hat{\alpha}_j - \alpha_j)\,e_j(x) - \sum_{j>N}\alpha_j e_j(x)$, was uns

$$\Delta_n \leq \sup_x\left|\sum_{j=1}^{N}(\hat{\alpha}_j - \alpha_j)e_j(x)\right| + \sup_x\left|\sum_{j=N+1}^{\infty}\alpha_j e_j(x)\right| \equiv C_n + B_n$$

liefert. Aufgrund von Voraussetzung b) gilt $B_n \to 0$.
Wegen a) ist $C_n \leq M\sum_{j=1}^{N}|\hat{\alpha}_j - \alpha_j|$. Für jedes $\varepsilon > 0$ gilt

$$\mathbb{P}\left(\sum_{j=1}^{N}|\hat{\alpha}_j - \alpha_j| \geq \varepsilon\right) \leq \sum_{j=1}^{N}\mathbb{P}\left(|\hat{\alpha}_j - \alpha_j| \geq \frac{\varepsilon}{N}\right) \qquad (1.11)$$

$$\leq \frac{N^4}{\varepsilon^4}\sum_{j=1}^{N}\mathbb{E}((\hat{\alpha}_j - \alpha_j)^4),$$

Letzteres wegen der Markov-Ungleichung. Setzen wir $\hat{\alpha}_j = (1/n)\sum_{i=1}^n e_j(X_i)$ ein und kürzen wir $e_j(X_i) - \alpha_j$ mit A_i ab (j fixiert), so erhalten wir mit $\mathbb{E}(A_i^2 A_k^2) = (\mathbb{E}(A_1^2))^2$, $\mathbb{E}(A_i^3 A_k) = 0$ ($i \neq k$)

$$\mathbb{E}((\hat{\alpha}_j - \alpha_j)^4) = \mathbb{E}\left(\left(\frac{1}{n}\sum_{i=1}^n (e_j(X_i) - \alpha_j)\right)^4\right) = \frac{1}{n^4}\mathbb{E}\left(\left(\sum_{i=1}^n A_i\right)^4\right)$$

$$= \frac{1}{n^3}\left[\mathbb{E}(A_1^4) + 3(n-1)(\mathbb{E}(A_1^2))^2\right] \leq \frac{C}{n^2},$$

mit einem $C < \infty$, denn gemäß a) ist $\mathbb{E}(A_1^4) \leq (2M)^4$, $(\mathbb{E}(A_1^2))^2 \leq (2M)^4$. Setzen wir dies in (1.11) ein, so ergibt sich für das Ereignis $B_{n,\varepsilon} = \left\{\sum_{j=1}^N |\hat{\alpha}_j - \alpha_j| \geq \varepsilon\right\}$

$$\mathbb{P}(B_{n,\varepsilon}) \leq \frac{C}{\varepsilon^4} \cdot \frac{N^5}{n^2}.$$

Mit Hilfe von c) folgt $\sum_{n=1}^\infty \mathbb{P}(B_{n,\varepsilon}) < \infty$, so dass das Borel-Cantelli Lemma

$$\mathbb{P}\left(\bigcap_{m \geq 1}\bigcup_{n \geq m} B_{n,\varepsilon}\right) = 0 \quad \forall \varepsilon > 0$$

liefert. Mit einer Standard-Argumentation bei der Anwendung des Borel-Cantelli Lemmas im Beweis des starken Gesetzes der großen Zahlen, vgl. KRENGEL (1998, S. 153), schließt man daraus, dass

$$\mathbb{P}\left(\lim_{n \to \infty}\sum_{j=1}^N |\hat{\alpha}_{j,n} - \alpha_j| = 0\right) = 1,$$

so dass auch $\mathbb{P}(\lim_{n\to\infty} C_n = 0) = 1$ und $\mathbb{P}(\lim_{n\to\infty} \Delta_n = 0) = 1$ gilt, also die Behauptung. $\square$

Für das trigonometrische ON-System aus 1.2 ist die Voraussetzung a) des Satzes erfüllt, und unter den Annahmen des Satzes 1.2 auch b). Die Bedingung c) fordert, dass die Anzahl $N(n)$ von verwendeten Basisfunktionen dem Stichprobenumfang n weit hinterher läuft, wie die folgenden Bemerkungen zeigen.

Bemerkungen. 1. Setzt man die Abhängigkeit der Größe N von n in der Form

$$N(n) = n^\delta, \quad \delta > 0, \tag{1.12}$$

an, so verlangt c) gerade $\sum_n 1/n^{2-5\delta} < \infty$, das heißt $\delta < \frac{1}{5}$.

2. Benutzt man im Beweis des Satzes anstelle der Markov-Ungleichung die Bernstein-Ungleichung, vgl. V 4.5 oder SERFLING (1980, p. 95), so braucht man anstelle von c) nur

$$\sum_n N\, e^{-\varepsilon n/N^2} < \infty \quad \forall \varepsilon > 0$$

zu fordern, vgl. PRAKASA RAO (1983, Th. 2.2.3, p. 78), was im Ansatz (1.12) zur Forderung $\delta < \frac{1}{2}$ führt.

1.4   Histogramm → Naiver Schätzer → Kernschätzer

Zur Einführung eines Kernschätzers für Dichten beginnen wir mit dem wohlbekannten *Histogramm*. Dies stellt einen ganz elementaren Schätzer für eine Dichte $f(x)$, $x \in \mathbb{R}$, dar. Wir fixieren ein $x_0 \in \mathbb{R}$, eine Intervallbreite $h > 0$ und bilden die disjunkten Intervalle

$$I_j = \left[x_0 + j \cdot h, x_0 + (j+1) \cdot h\right), \quad j \in \mathbb{Z}.$$

Dann definiert man $I(x) = I_j$, falls $x \in I_j$, und den *Histogramm-Schätzer*

$$\hat{f}_n(x) \equiv \hat{f}_{n,h,x_0}(x) = \frac{1}{nh}\big|\{i \in \{1,\dots,n\} : X_i \in I(x)\}\big|. \qquad (1.13)$$

Dieser hat die leicht zu beweisenden Eigenschaften

$$\hat{f}_n \geq 0, \quad \int_{-\infty}^{\infty} \hat{f}_n(x)\,dx = 1, \quad \hat{f}_n(x) \longrightarrow \frac{1}{h}\int_{I(x)} f(s)\,ds \quad \mathbb{P}-\text{f. s.}$$

Letzterer Ausdruck ist auch der Erwartungswert von $\hat{f}_n(x)$. Schwerwiegende Nachteile des Histogramm-Schätzers (1.13) sind (i) die Abhängigkeit von einem fixierten Ursprung x_0 und (ii) seine Gestalt einer Treppenfunktion (als Schätzer für eine i. d. R. stetige Funktion f). Nachteil (i) wird durch den *naiven* Dichteschätzer

$$\hat{f}_n(x) \equiv \hat{f}_{n,h}(x) = \frac{1}{2nh}\big|\{i \in \{1,\dots,n\} : X_i \in [x-h, x+h]\}\big| \qquad (1.14)$$

vermieden. Motiviert wird die Definition (1.14) durch die Beziehung

$$f(x) = \lim_{h \to 0} \frac{1}{2h}\,\mathbb{P}\big(x - h \leq X_1 \leq x + h\big).$$

Da $X_i \in [x-h, x+h]$ genau dann gilt, wenn $-1 \leq (x - X_i)/h \leq 1$ ist, lässt sich (1.14) umformen zu

$$\hat{f}_n(x) = \frac{1}{nh}\sum_{i=1}^{n} K\left(\frac{x - X_i}{h}\right), \qquad (1.15)$$

wobei wir die Funktion $K(x) = (1/2)\,1_{[-1,1]}(x)$, $x \in \mathbb{R}$, verwendet haben. Auch der Fourierreihen-Schätzer aus 1.2 in seiner komplexwertigen Gestalt, das ist

$$\hat{f}_n(x) = \frac{1}{nh}\sum_{i=1}^{n}\sum_{j=-N}^{N} e^{\iota \omega_j(x - X_i)}, \quad x \in [0,h], \quad \iota = \sqrt{-1},$$

lässt sich in der Form (1.15) schreiben, nämlich mit Hilfe der Funktion

$$K(x) = \sum_{j=-N}^{N} e^{\iota 2\pi j x} = \frac{\sin\left(\pi[2N+1]x\right)}{\sin(\pi x)}.$$

Dieser sog. *Dirichlet-Kern* ist aber untypisch für das Folgende: Er hängt noch von dem smoothing Parameter N ab und nimmt auch negative Werte an.

In der Gleichung (1.15) werden nun auch andere Funktionen K als die dort angegebene Rechteckfunktion zugelassen.

Eine Funktion $K : \mathbb{R} \to \mathbb{R}$ heißt ein *Kern* oder *Fenster*, falls

1. $K(x) \geq 0$, $K(x) = K(-x)$ $\quad \forall x \in \mathbb{R}$ $\quad$ [K nichtnegativ und symmetrisch]

2. $\sup_{x \in \mathbb{R}} K(x) \equiv M < \infty$ $\qquad\qquad\qquad\qquad$ [K beschränkt]

3. $\int K(x)\,dx = 1$ $\qquad\qquad\qquad\qquad\qquad\qquad$ [K normiert]

4. $|x|K(x) \to 0$ $\quad$ für $|x| \to \infty$, $\qquad \int x^2 K(x)\,dx < \infty.$

Das Integral $\int$ bedeutet stets $\int_{-\infty}^{\infty}$. Nicht immer werden alle Eigenschaften von K wirklich benötigt; insbesondere nicht immer $K \geq 0$. Aus 1.–4. folgen u. a.

$$\int x K(x)\,dx = 0, \quad \int K^2(x)\,dx < \infty.$$

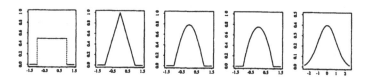

Abbildung VIII.2: Rechteck-, Dreiecks-, Cosinus-, Epanechnikov-, Gauss-Fenster (von links nach rechts) .

K stellt die Dichte einer quadrat-integrierbaren, symmetrisch um 0 verteilten Zufallsvariablen dar. Gängige Beispiele für Kerne (Fenster) sind

$$K(x) = \begin{cases} \frac{1}{2} & \text{für } |x| \leq 1 \\ 0 & \text{sonst} \end{cases} \qquad \text{Rechteck-Fenster}$$

$$K(x) = \begin{cases} 1 - |x| & \text{für } |x| \leq 1 \\ 0 & \text{sonst} \end{cases} \qquad \text{Dreiecks-Fenster}$$

$$K(x) = \begin{cases} \frac{\pi}{4}\cos(\frac{\pi}{2}x) & \text{für } |x| \leq 1 \\ 0 & \text{sonst} \end{cases} \qquad \text{Cosinus-Fenster}$$

$$K(x) = \begin{cases} \frac{3}{4}(1 - x^2) & \text{für } |x| \leq 1 \\ 0 & \text{sonst} \end{cases} \qquad \text{Epanechnikov-Fenster}$$

$$K(x) = \frac{1}{\sqrt{2\pi}} e^{-x^2/2} \quad \text{für } x \in \mathbb{R} \qquad \text{Gauß-Fenster.}$$

Gegeben sei nun eine Zufallsstichprobe $X_1, \ldots, X_n$ von unabhängigen, identisch mit Dichte f verteilten Zufallsvariablen; ferner einen Kern K und eine positive Zahl $h > 0$, die *smoothing Parameter* oder *Bandbreite* genannt wird. Wir definieren den *Dichte-Kernschätzer* $\hat{f}_n \equiv \hat{f}_{n,h}$ für f gemäß

$$\hat{f}_n(x) = \frac{1}{nh} \sum_{i=1}^{n} K\left(\frac{x - X_i}{h}\right), \quad x \in \mathbb{R}. \tag{1.16}$$

Verwenden wir das Rechteck-Fenster K, so erhalten wir den naiven Dichteschätzer (1.14) zurück.

Der Schätzer $\hat{f}_n(x)$ stellt die Summe der Werte aller –an den Beobachtungen zentrierten– "Buckelfunktion" $K\big((x - X_i)/h\big)/(nh)$ an der Stelle x dar. K bestimmt die Form, h die Breite dieser Buckel.

1.5   Erste Eigenschaften von $\hat{f}_{n,h}$, Lemma von Parzen

Zunächst bemerkt man, dass der Schätzer $\hat{f}_n \equiv \hat{f}_{n,h}$ Glattheitseigenschaften der Funktion K erbt. Ferner erbt er die Beschränktheit von K in der Form $0 \le \hat{f}_n \le M/h$ und die Normiertheit, denn mit Hilfe der Substitution $s = (x - X_i)/h$ erhält man

$$\int \hat{f}_n(x)\, dx = \frac{1}{nh} \sum_{i=1}^{n} \int K\left(\frac{x - X_i}{h}\right) dx = \frac{1}{n} \sum_{i=1}^{n} \int K(s)\, ds = 1.$$

Mit K stellt also auch $\hat{f}_n$ eine Dichte dar. Wir berechnen nun $\mathbb{E}$ und Var von $\hat{f}_n$.

$$\mathbb{E}\big(\hat{f}_n(x)\big) = \frac{1}{nh} \sum_{i=1}^{n} \mathbb{E}\left(K\left(\frac{x - X_i}{h}\right)\right) = \frac{1}{h} \int K\left(\frac{x - u}{h}\right) f(u)\, du \tag{1.17}$$

$$\operatorname{Var}\big(\hat{f}_n(x)\big) = \frac{1}{n^2 h^2} \sum_{i=1}^{n} \operatorname{Var}\left(K\left(\frac{x - X_i}{h}\right)\right)$$
$$= \frac{1}{nh^2} \left\{ \int K^2\left(\frac{x - u}{h}\right) f(u)\, du - \left(\int K\left(\frac{x - u}{h}\right) f(u)\, du\right)^2 \right\}. \tag{1.18}$$

Der Schätzer $\hat{f}_n(x)$ ist also nicht erwartungstreu für $f(x)$. Vielmehr stellt $\mathbb{E}\big(\hat{f}_n(x)\big)$ die Dichte der Zufallsvariablen $X_1 + h \cdot X^{(K)}$ dar, wobei X_1 und $X^{(K)}$ unabhängig sind und $X^{(K)}$ die Dichte K besitzt.

Definieren wir den Bias $\text{bias}(x) = \mathbb{E}(\hat{f}_n(x)) - f(x)$ von $\hat{f}_n(x) \equiv \hat{f}_{n,h}(x)$, so lässt sich der *MISE*

$$J_n \equiv J_{n,h}(f) = \mathbb{E}(\|\hat{f}_n - f\|^2) = \mathbb{E}\left(\int (\hat{f}_n(x) - f(x))^2 \, dx\right)$$

zerlegen in einen Varianz- und einen Bias-Anteil. Es gilt nämlich

$$
\begin{aligned}
J_n &= \mathbb{E}\left(\int [\hat{f}_n(x) - \mathbb{E}(\hat{f}_n(x))]^2 \, dx\right) + \int [\mathbb{E}(\hat{f}_n(x)) - f(x)]^2 \, dx \\
&= \int \text{Var}(\hat{f}_n(x)) \, dx + \int \text{bias}^2(x) \, dx.
\end{aligned}
\tag{1.19}
$$

Das gemischte Glied verschwindet, denn der Satz von Fubini liefert

$$\mathbb{E}\left(\int [\hat{f}_n(x) - \mathbb{E}(\hat{f}_n(x))] \, [\mathbb{E}(\hat{f}_n(x)) - f(x)] \, dx\right) = 0.$$

Wiederholt werden wir wir den folgenden Hilfssatz verwenden.

Lemma. *(Parzen) Seien* $\kappa(x)$, $x \in \mathbb{R}$, *eine messbare Funktion mit*

$$\sup_{x \in \mathbb{R}} |\kappa(x)| < \infty, \quad \int |\kappa(x)| \, dx < \infty, \quad |x|\kappa(x) \to 0 \quad \textit{für} \quad |x| \to \infty, \tag{1.20}$$

und $g(x)$, $x \in \mathbb{R}$, *eine messbare Funktion mit* $\int |g(x)| \, dx < \infty$. *Setzt man für eine Folge* $h = h(n)$, *mit* $\lim_n h(n) = 0$,

$$g_n(x) = \frac{1}{h} \int \kappa\left(\frac{x-u}{h}\right) g(u) \, du,$$

so gilt für jeden Stetigkeitspunkt x *von* g *bei* $n \to \infty$

$$g_n(x) \longrightarrow g(x) \cdot \int \kappa(s) \, ds.$$

Den **Beweis** findet man bei PARZEN (1962, Th.1A, p. 1067) oder bei PRAKASA RAO (1983, Th.2.1.1, p. 35). Ist g zusätzlich beschränkt, so folgt die Aussage des Lemmas bereits aus dem Satz von der majorisierten Konvergenz, angewandt auf $g_n(x) = \int \kappa(s) \, g(x - sh) \, ds$.

Ist K ein Kern, so sind die Eigenschaften (1.20) für

$$\kappa(x) = K(x) \quad \text{und} \quad \kappa(x) = K^2(x)$$

erfüllt. Deshalb folgt aus dem Lemma die asymptotische Erwartungstreue und die Konsistenz von $\hat{f}_n(x)$ wie folgt:

Proposition. *Ist die Dichte f stetig, ist K ein Kern mit Eigenschaften 1.-4., und geht $h \equiv h(n) \to 0$ für $n \to \infty$, so gilt*

$$\mathbb{E}(\hat{f}_n(x)) \longrightarrow f(x) \quad \forall x \in \mathbb{R}.$$

Falls $n \cdot h(n) \to \infty$ für $n \to \infty$, so gilt zudem

$$Var(\hat{f}_n(x)) \longrightarrow 0.$$

Insbesondere ist dann $\hat{f}_n(x)$ konsistent für $f(x)$ für jedes $x \in \mathbb{R}$.

Beweis. Anwendung des Lemmas mit $\kappa = K$ auf die Gleichung (1.17) liefert die erste Behauptung, während eine Anwendung mit $\kappa = K^2$ aufgrund von (1.18) und wegen $nh \to \infty$ zu

$$0 \leq \mathrm{Var}(\hat{f}_n(x)) \leq \frac{1}{nh}\frac{1}{h} \int K^2 \left(\frac{x-u}{h}\right) f(u)\,du \longrightarrow 0$$

führt. Die Konsistenzaussage folgt dann aus Proposition I 1.1. $\qquad\qquad\square$

Die $\mathbb{P}$-fast sichere Konvergenz $\Delta_n \to 0$, mit

$$\Delta_n = \sup_{x \in \mathbb{R}} |\hat{f}_n(x) - f(x)|,$$

erschließt man, falls die gleichmäßige Stetigkeit von f und

$$\sum_n \exp\left(-\varepsilon n h^2(n)\right) < \infty \quad \forall \varepsilon > 0$$

vorausgesetzt werden, vgl. NADARAYA (1980, Th.1.1, p. 42) oder PRAKASA RAO (1983, Th.2.1.3, p. 37). Im Ansatz $h(n) = 1/n^\delta$ bedeutet dies $\delta < \frac{1}{2}$, während die Forderung $nh(n) \to \infty$ der Proposition –welche ja nur eine punktweise Konvergenz aussagt– weniger verlangt, nämlich $\delta < 1$

1.6 Konvergenzordnung des MISE $J_{n,h}$

Ausgehend von der Zerlegungsformel (1.19) stellen wir die Konvergenzordnungen von $\int$ bias^2 und von $\int$ Var auf, und zwar in Abhängigkeit von n und h. Dazu führen wir die Bezeichnungen

$$B_h(x) = \int s^2 K(s) \left[\int_0^1 u f''(x + shu - sh)\,du \right] ds$$

und $\kappa_2 = \int s^2 K(s)\,ds$ ein. Wir formulieren die folgende Voraussetzung:

$X_1, X_2, \ldots$ unabhängig und identisch verteilt mit Dichte f,

f $2 \times$ stetig differenzierbar; f'' beschränkt; f und $f'' \in L_2(\mathbb{R})$, F_h

K ein Kern mit Eigenschaften 1. - 4.; $h = h(n) \to 0$ für $n \to \infty$.

Lemma. *Unter der Voraussetzung F_h gilt*

(i) $bias(x) = h^2 \cdot B_h(x)$

(ii) $\lim_{h\to 0} \int B_h^2(x)\, dx = \frac{1}{4} \kappa_2^2 \int \left(f''(x) \right)^2 dx$

(iii) $\int Var(\hat{f}_{n,h}(x))\, dx = \frac{1}{nh} \int K^2(s)\, ds + o\left(\frac{1}{nh}\right).$

Beweis. (i) Einsetzen von (1.17) in $bias(x) = \mathbb{E}(\hat{f}_{n,h}(x)) - f(x)$ liefert zunächst

$$bias(x) = \frac{1}{h} \int K\left(\frac{x-u}{h}\right) \left[f(u) - f(x) \right] du = \int K(s) \left[f(x - sh) - f(x) \right] ds,$$

wobei wir die Substitution $u \to s$, $s = (x - u)/h$, vorgenommen haben. Taylor-entwicklung von $f(x)$ mit Benutzung der Integralform des Restglieds ergibt

$$
\begin{aligned}
bias(x) &= \int K(s) \left[-(sh)f'(x) - \int_{x-sh}^{x} (x - sh - t) f''(t)\, dt \right] ds \\
&= -\int K(s) \left[\int_{x-sh}^{x} (x - sh - t) f''(t)\, dt \right] ds \\
&= \int K(s) \left[(sh)^2 \int_0^1 u f''(x + shu - sh)\, du \right] ds \\
&= h^2 \cdot B_h(x),
\end{aligned}
$$

wobei wir $\int s K(s)\, ds = 0$ und die Substitution $t \to u$, $u = (sh + t - x)/(sh)$, verwendet haben.

(ii) Wir schreiben $B_h(x)$ in der Form

$$B_h(x) = \int \left[\int_0^1 b_h(s, u; x)\, du \right] ds, \quad b_h(s, u; x) = s^2 K(s) u\, f''(x + shu - sh).$$

Es gilt mit $M_2 = \sup_x |f''(x)| < \infty$

$$|b_h(s, u; x)| \leq s^2 K(s) M_2 \qquad \forall\, x, s \in \mathbb{R}, u \in [0, 1], h > 0,$$

so dass wegen $\int \int_0^1 s^2 K(s) M_2\, du\, ds = \kappa_2 M_2 < \infty$ die Funktion $s^2 K(s) M_2, s \in \mathbb{R}, u \in [0, 1]$, eine integrierbare Majorante von $b_h(s, u; x), s \in \mathbb{R}, u \in [0, 1]$, ist. Der Satz von der majorisierten Konvergenz liefert also wegen $\lim_{h\to 0} b_h(s, u; x) = s^2 K(s) u f''(x)$

$$\lim_{h\to 0} B_h(x) = \int \int_0^1 \lim_{h\to 0} b_h(s, u; x)\, du\, ds = f''(x) \int s^2 K(s)\, ds \int_0^1 u\, du = \frac{1}{2} \kappa_2 f''(x)$$

und damit $\lim_{h\to 0} B_h^2(x) = \frac{1}{4} \kappa_2^2 (f''(x))^2$.

Um auf die Behauptung zu kommen, stellen wir fest, dass (ii) –mit $\liminf_h$ anstatt

$\lim_h$ und mit einem $\geq$ Zeichen– wegen der Nichtnegativität des Integranden nach dem Lemma von Fatou jedenfalls richtig ist. Zum Nachweis der analogen Aussage mit $\limsup_h$ verwenden wir die Cauchy-Schwarz Ungleichung wie folgt:

$$\limsup_{h\to 0} \int B_h^2(x)\,dx \leq \limsup_{h\to 0} \int \left(\int\int_0^1 |b_h(s,u;x)|\,du\,ds \right)^2 dx$$

$$= \limsup_{h\to 0} \int \left(\int\int_0^1 |s^2 K(s)\,u f''(x+shu-sh)|\,du\,ds \right)^2 dx$$

$$= \limsup_{h\to 0} \int \left(\int\int_0^1 |\sqrt{u} f''(x+shu-sh)\,s\sqrt{K(s)}||\sqrt{u}\,s\sqrt{K(u)}|\,du\,ds \right)^2 dx$$

$$\leq \limsup_{h\to 0} \int \left(\int\int_0^1 [\sqrt{u} f''(x+shu-sh)\,s\sqrt{K(s)}]^2 du\,ds \cdot \right.$$

$$\left. \cdot \int\int_0^1 [\sqrt{u}\,s\sqrt{K(u)}]^2 du\,ds \right) dx$$

$$= \limsup_{h\to 0} \int\int_0^1 u\,s^2 K(s)\left(\int (f''(x))^2 dx \right) du\,ds\, \frac{1}{2}\kappa_2 = \frac{1}{4}\kappa_2^2 \int (f''(x))^2 dx.$$

(iii) Wir bezeichnen die rechte Seite von Gleichung (1.18) in 1.5 mit $V_n(x) - W_n(x)$. Mit Hilfe der Substitution $x \to s$, $s = (x-u)/h$, rechnet man

$$\int V_n(x)\,dx = \frac{1}{nh} \int \left(\int K^2(s)\,ds \right) f(u)\,du = \frac{1}{nh} \int K^2(s)\,ds.$$

Mit der Darstellung $Kf = \sqrt{K}f \cdot \sqrt{K}$ erhält man unter Benutzung der Cauchy-Schwarz Ungleichung

$$\int W_n(x)\,dx \leq \frac{1}{nh^2} \int \left(\int K(\frac{x-u}{h})f^2(u)\,du \cdot \int K(\frac{x-u}{h})\,du \right) dx$$

$$= \frac{1}{nh} \int \left(\int K(\frac{x-u}{h})f^2(u)\,du \cdot \int K(s)\,ds \right) dx$$

$$= \frac{1}{nh} \int \left(\int K(\frac{x-u}{h})\,dx \right) f^2(u)\,du$$

$$= \frac{1}{n} \int \left(\int K(ds)\,ds \right) f^2(u)\,du = h\frac{1}{nh} \int f^2(u)\,du.$$

Wegen $h = h(n) \to 0$ ist (iii) bewiesen.   □

Für den *MISE* J_n von $\hat{f}_{n,h}$ erhalten wir aus diesem Lemma

Satz. *Unter der Voraussetzung F_h gilt für $J_n \equiv J_{n,h}(f)$ bei $n \to \infty$*

$$J_n = \frac{1}{nh} \int K^2(x)\,dx + \frac{h^4}{4}\kappa_2^2 \int \left(f''(x)\right)^2 dx + o\left(\frac{1}{nh} + h^4\right). \tag{1.21}$$

Beweis. Für die zwei Terme $J_{n,var} = \int$ Var und $J_{n,bias} = \int$ bias^2 der Zerlegungsformel (1.19) erhalten wir aus dem Lemma

$$J_{n,var} = \frac{1}{nh} \int K^2 + o\left(\frac{1}{nh}\right),$$

$$J_{n,bias} = h^4 \int B_h^2 = \frac{h^4}{4}\kappa_2^2 \int (f'')^2 + o(h^4).$$

Wegen $o\left(\frac{1}{nh}\right) + o(h^4) = o\left(\frac{1}{nh} + h^4\right)$ ist der Beweis erbracht.   □

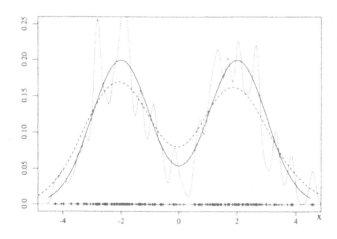

Abbildung VIII.3: Kernschätzer $\hat{f}_{n,h}$ für eine zweigipflige Dichte f (—) mit einer
großen (- - -) und einer kleinen (···) Bandbreite h. Die $n = 250$ Stichprobenwerte
sind auf der x-Achse markiert.

1.7   Bandbreite, Cross-Validation, Optimaler Kern

Bias versus Varianz, Konsistenz

Fixieren wir den Stichprobenumfang n, so stellen sich die Reduzierung des Bias
und die Reduzierung der Varianz als konkurrierende Ziele dar: Schreiben wir die
Gleichung (1.21) in der Form $J_n = I_{n,var} + I_{n,bias} + o$, so wird bei Vergrößerung der

Bandbreite h der Varianzterm $I_{n,var}$ kleiner, der Biasterm $I_{n,bias}$ dagegen größer. Bei jedem festen Wert von h ist die Oszillation der Kurve $f(x)$, $x \in \mathbb{R}$, gemessen durch den Term $\int (f'')^2$, proportional dem Biasterm $I_{n,bias}$.

Gilt zusätzlich zu F_h noch $nh \to \infty$ für $n \to \infty$, so folgt $J_n \to 0$, insbesondere

$$\|\hat{f}_n - f\| \xrightarrow{\mathbf{P}} 0,$$

die stochastische Konvergenz der L_2-Norm von $\hat{f}_n - f$ gegen 0.

Optimale Bandbreite $h = h(n)$

Mit einem fixierten n und unter Vernachlässigung des o-Terms schreiben wir (1.21) in der Gestalt

$$J(h) = \frac{1}{h} \cdot A + h^4 \cdot B, \qquad (1.22)$$

mit $A = (1/n) \int K^2(x)\, dx$ und $B = (\kappa_2^2/4) \int \left(f''(x) \right)^2 dx$. Wie man sofort nachrechnet, wird $J(h)$, $h > 0$, minimal für $h_{opt}^5 = A/(4B)$, d. h. für

$$h_{opt} = \left(\frac{\int K^2}{\kappa_2^2 \int (f'')^2 \cdot n} \right)^{\frac{1}{5}}. \qquad (1.23)$$

Die *optimale* Bandbreite h_{opt} geht also bei wachsendem n nur wie $1/n^{\frac{1}{5}}$ gegen 0. Mehr als eine solche qualitative Auswertung von (1.23) ist für uns hier nicht möglich, schon weil ja f'' unbekannt ist.

Cross-Validation Lösung $\hat{h}$

In der Praxis bedient man sich sogenannter *cross-validation* Methoden zur Bestimmung einer Bandbreite $h = \hat{h}$. Zunächst definiert man die *leave-out-one* Kernschätzer

$$\hat{f}_h^{(i)}(x) = \frac{1}{n-1} \frac{1}{h} \sum_{k \neq i} K \left(\frac{x - X_k}{h} \right), \quad i = 1, \dots, n,$$

und mit ihrer Hilfe die cross-validation Kriterien $CV(h)$, $h > 0$, gemäß

$$
\begin{aligned}
CV_{ML}(h) &= -\frac{1}{n} \sum_{i=1}^{n} \log \left(\hat{f}_h^{(i)}(X_i) \right), \\
CV_{MQ}(h) &= \int \hat{f}_h^2(x)\, dx - \frac{2}{n} \sum_{i=1}^{n} \hat{f}_h^{(i)}(X_i).
\end{aligned}
$$

Man wählt die Bandbreite $h = \hat{h}$ mit minimalem $CV(h)$-Wert aus,

$$CV(\hat{h}) = \min_{h>0} CV(h).$$

Das ML-Kriterium ist aus der log-Likelihoodfunktion $\sum_i \log(f(X_i))$ abgeleitet. Das MQ-Kriterium ergibt sich aus dem –um den Wert $\|f\|^2$ verminderten– *integrated squared error* (ISE), d.h. aus

$$\|\hat{f}_h - f\|^2 - \|f\|^2 \;=\; \int \hat{f}_h^2(x)\,dx - 2\int \hat{f}_h(x)f(x)\,dx$$

$$= \int \hat{f}_h^2(x)\,dx - 2\,\mathbb{E}_1\left(\hat{f}_h(X_1)\right),$$

wobei sich die Bildung des Erwartungswerts $\mathbb{E}_1$ auf X_1 bezieht. Setzt man für den letzten Term den Schätzer $-(2/n)\sum_1^n \hat{f}_h^{(i)}(X_i)$ ein, so gelangt man zu CV_{MQ}.

Optimaler Kern K

Der Wert der Funktion $J(h)$, $h > 0$, in (1.22) an der Stelle $h = h_{opt}$ ist

$$J(h_{opt}) = \frac{5}{4\,n^{4/5}}\left(\int (f'')^2\right)^{\frac{1}{5}} \cdot F(K),$$

mit einem nur vom Kern K abhängenden Faktor

$$F(K) = \kappa_2^{2/5}\left(\int K^2(x)\,dx\right)^{\frac{4}{5}}, \quad \kappa_2 = \int x^2 K(x)\,dx. \tag{1.24}$$

Wir suchen einen Kern K mit den Eigenschaften

(*) $K \geq 0$ und beschränkt, $K(x) = K(-x)$, $\int K(x)\,dx = 1$, $\kappa_2 < \infty$,

der das Funktional $F(K)$ minimiert. Ohne Einschränkung können wir dabei $\kappa_2 = 1$ setzen. In der Tat, erfüllt der Kern K die Bedingungen (*), so rechnet man leicht nach, dass der Kern $K_0(x) = \sqrt{\kappa_2}K\left(\sqrt{\kappa_2}x\right)$, $x \in \mathbb{R}$, neben (*) und $\int x^2 K_0(x)\,dx = 1$ auch noch $F(K) = F(K_0)$ erfüllt. Unter Benutzung von (1.24) gilt nämlich

$$F(K_0) \;=\; \left(\int K_0^2(x)\,dx\right)^{\frac{4}{5}} = \kappa_2^{4/5}\left(\int K^2(\sqrt{\kappa_2}x)\,dx\right)^{\frac{4}{5}}$$

$$= (\kappa_2)^{2/5}\left(\int K^2(t)\,dt\right)^{\frac{4}{5}} = F(K).$$

Als *optimal* erweist sich der –schon in 1.4 eingeführte– *Epanechnikov-Kern*

$$K_0(x) = \frac{1}{\sqrt{5}}K^e(\frac{1}{\sqrt{5}}x), \quad K^e(x) = \frac{3}{4}(1 - x^2)\,1_{[-1,1]}(x); \tag{1.25}$$

denn es gilt die

Proposition. *Es gilt $F(K_0) \leq F(K)$ für alle Kerne K, welche (*) erfüllen.*

Beweis. EPANECHNIKOV (1969), PRAKASA RAO (1983, p. 64f).   □

Für den Epanechnikov-Kern K_0 aus (1.25) rechnet man $F(K_0) = \left(\frac{3}{5\sqrt{5}}\right)^{4/5}$ und definiert die *Effizienz* eines Kerns K durch

$$\text{eff}(K) = \left(\frac{F(K_0)}{F(K)}\right)^{\frac{5}{4}},$$

vgl. SILVERMAN (1986, p. 42f). Für die oben in 1.4 aufgeführten Kerne erhält man

Rechteck	Dreieck	Cosinus	Gauß	Epanechnikov
0.9295	0.9859	0.9995	0.9512	1

Die Unterschiede zwischen den Kernen sind gering, so dass man sich in der Wahl des Kerns auch noch nach anderen Kriterien richten sollte, zum Beispiel nach Glattheitskriterien: Von den fünf aufgeführten Kernen führt allein der Gauß-Kern zu differenzierbaren (also „knickfreien") Dichteschätzern.

2 Regressionskurven-Schätzer

Das Modell der einfachen linearen Regression aus III 1.1, das ist

$$Y_i = \alpha + \beta x_i + e_i, \quad i = 1, \ldots, n,$$

wurde in VII 1 auf das einer nichtlinearen (parametrischen) Regression

$$Y_i = \mu(\beta, x_i) + e_i, \quad i = 1, \ldots, n,$$

erweitert. Für wachsendes n konnten asymptotische Aussagen über Minimum-Quadrat Schätzer $\hat{\beta}_n$ für β auf der Grundlage von Regularitätsvoraussetzungen gewonnen werden, die sich auf die Ableitungen von μ nach β bezogen.

Ein *nichtparametrisches* einfaches Regressionsmodell lautet

$$Y_i = \mu(x_i) + e_i, \quad i = 1, \ldots, n,$$

wobei die *Regressionsfunktion* $\mu(x)$, $x \in [a, b] \subset \mathbb{R}$, unbekannt ist. Asymptotische Aussagen gewinnt man hier durch den Ansatz eines Dreiecksschemas für die Regressoren x_i. Für jedes $n \in \mathbb{N}$ definieren wir nämlich einen neuen Satz von n Regressoren, d. i. $x_{1,n}, \ldots x_{n,n}$, alle $x_{i,n} \in [a, b]$, die für wachsendes n immer dichter das Intervall $[a, b]$ füllen; speziell etwa die äquidistanten Werte $x_{i,n} = a + (i/n)(b - a)$, $i = 1, \ldots, n$.

Wir werden *Kernschätzer* und *Splineschätzer* für die Funktion μ vorstellen, Letztere als Lösung eines funktional-analytischen Minimierungsproblems. Ähnlich wie bei den Dichteschätzern führen wir ein Abweichungsmaß J_n ein; die Konvergenzordnung von J_n stellt wieder ein wichtiges Problem dar. Ferner werden wir die (punktweise) asymptotische Normalverteilung des Kernschätzers beweisen.

2.1   Kernschätzer $\hat{\mu}_{n,h}$

Wir gehen von dem *nichtparametrischen Regressionsmodell*

$$Y_i = \mu(x_i) + e_i, \; i = 1, \ldots, n, \tag{2.1}$$

aus. Die Regressorenwerte x_i und Fehlervariablen e_i mögen die Voraussetzungen

$$\begin{aligned}
& a \le x_1 < x_2 < \cdots < x_n \le b \\
& e_1, e_2, \ldots, e_n \text{ paarweise unkorreliert,} \\
& \mathbb{E}(e_i) = 0, \; \text{Var}(e_i) = \sigma^2 > 0,
\end{aligned} \tag{2.2}$$

erfüllen ($a, b \in \mathbb{R}$ vorgegeben). Unter Beibehaltung der Definition eines Kerns K und der Bandbreite $h = h(n)$ aus 1.4 geben wir drei Varianten eines Kernschätzers $\hat{\mu}_n \equiv \hat{\mu}_{n,h}$ für die Regressionskurve μ an. Alle drei haben die Gestalt $\hat{\mu}_n(x) = \sum_{i=1}^{n} Y_i \cdot w_{i,n}(x)$, die ja schon die empirische Regressionsgerade

$$\hat{\mu}_n(x) = \bar{Y} + \hat{\beta}(x - \bar{x}) = \sum_{i=1}^{n} \left[\frac{1}{n} + \frac{1}{c_x}(x_i - \bar{x})(x - \bar{x}) \right] Y_i, \quad c_x = \sum_{i=1}^{n}(x_i - \bar{x})^2,$$

in III 3.4 besaß. Die drei Schätzer lauten

$$\hat{\mu}_n(x) = \frac{b-a}{nh} \sum_{i=1}^{n} Y_i \cdot K\left(\frac{x - x_i}{h}\right) \tag{2.3}$$

$$\hat{\mu}_n(x) = \frac{\sum_{i=1}^{n} Y_i \cdot K\left(\frac{x-x_i}{h}\right)}{\sum_{i=1}^{n} K\left(\frac{x-x_i}{h}\right)} \qquad \text{[Nadaraya-Watson]} \tag{2.4}$$

$$\hat{\mu}_n(x) = \frac{1}{h} \sum_{i=1}^{n} Y_i \cdot \int_{s_{i-1}}^{s_i} K\left(\frac{x - s}{h}\right) ds, \qquad \text{[Gasser-Müller]} \tag{2.5}$$

$$s_0 = a, \; s_{i-1} < x_i \le s_i, \; s_n = b \; .$$

Dabei wird in der dritten Variante das Intervall $[a, b]$ disjunkt so in n Intervalle $I_i = (s_{i-1}, s_i], \; i = 2, \ldots, n, \; I_1 = [a, s_1]$, zerlegt, dass $x_i \in I_i$ gilt. Eine mögliche Wahl ist $s_i = (x_i + x_{i+1})/2$.

Der *Gasser-Müller Schätzer* lässt sich als eine Verbesserung des Schätzers (2.3) auffassen. Setzt man nämlich $D_i = (x_i - d, x_i + d], \; d = (b - a)/(2n)$, so taucht dort als Faktor von Y_i die Größe $\int_{D_i} K((x - x_i)/h)ds$ auf, die in (2.5) zu $\int_{I_i} K((x - s)/h)ds$ verfeinert wird.

Den *Nadaraya-Watson Schätzer* leitet man aus den in 1.4 behandelten Kernschätzern für Dichten ab. Dazu treffen wir (nur hier) die Annahme, dass auch die Regressorenwerte Realisationen von Zufallsvariablen sind. Genauer: $(X_1, Y_1), \ldots, (X_n, Y_n)$ seien unabhängig und identisch mit Dichte $f(x, y), \; (x, y) \in \mathbb{R}^2$, verteilt.

Dann definiert man die *Regressionsfunktion* $\mu(x) = \mathbb{E}(Y_1 | X_1 = x)$, $x \in \mathbb{R}$, und erhält (vgl. II 5.3)

$$\mu(x) = \int y\, f_{Y_1 | X_1}(y|x)\, dy = \int y\, \frac{f(x,y)}{g(x)}\, dy, \tag{2.6}$$

mit der Randdichte $g(x) = f_{X_1}(x) = \int f(x,y)\, dy$ als Dichte von X_1. Sind $K_1(x)$, $K_2(y)$ zwei Kerne, dann ist $K(x,y) = K_1(x) \cdot K_2(y)$ ein Kern zum Schätzen der zweidimensionalen Dichte $f(x,y)$. Die Kernschätzer für $f(x,y)$ und $g(x)$ lauten

$$\hat{f}_n(x,y) = \frac{1}{nh^2} \sum_{i=1}^{n} K_1\left(\frac{x - X_i}{h}\right) \cdot K_2\left(\frac{y - Y_i}{h}\right),$$

$$\hat{g}_n(x) = \frac{1}{nh} \sum_{i=1}^{n} K_1\left(\frac{x - X_i}{h}\right) \qquad \left[= \int \hat{f}_n(x,y)\, dy \right].$$

Einsetzen dieser Schätzer in (2.6) ergibt

$$\begin{aligned}
\hat{\mu}_n(x) &= \int y\, \frac{\hat{f}_n(x,y)}{\hat{g}_n(x)}\, dy \\
&= \frac{1}{h} \frac{\sum K_1((x - X_i)/h) \cdot \int y\, K_2((y - Y_i)/h)\, dy}{\sum K_1((x - X_i)/h)} \\
&= \frac{\sum K_1((x - X_i)/h) \left[h \int s\, K_2(s)\, ds + Y_i \cdot \int K_2(s)\, ds \right]}{\sum K_1((x - X_i)/h)} \\
&= \frac{\sum Y_i\, K_1((x - X_i)/h)}{\sum K_1((x - X_i)/h)},
\end{aligned}$$

wobei wir die Substitution $y \to s$, $s = (y - Y_i)/h$, und die Gleichungen $\int K(s)\, ds = 1$, $\int s K(s)\, ds = 0$ angewandt haben.

Für Regressionskurven-Schätzer definiert man den *mean squared error* MSE $J_n(x) \equiv J_{n,h}(x)$ und den mean *averaged* squared error MASE $A_n \equiv A_{n,h}$ durch

$$J_n(x) = \mathbb{E}\left[\hat{\mu}_n(x) - \mu(x)\right]^2, \quad A_n = \frac{1}{n} \sum_{i=1}^{n} J_n(x_i). \tag{2.7}$$

Wir erhalten wieder wie in 1.5 die Zerlegung in einen Varianz- und einen Bias-Anteil, nämlich

$$\begin{aligned}
J_n(x) &= \operatorname{var}(x) + \operatorname{bias}^2(x) \\
&\quad \operatorname{var}(x) = \operatorname{Var}(\hat{\mu}_n(x)), \ \operatorname{bias}(x) = \mathbb{E}(\hat{\mu}_n(x)) - \mu(x),
\end{aligned} \tag{2.8}$$

denn der gemischte Term verschwindet:

$$\mathbb{E}\left(\left[\hat{\mu}_n(x) - \mathbb{E}(\hat{\mu}_n(x))\right] \left[\mathbb{E}(\hat{\mu}_n(x)) - \mu(x)\right] \right) = 0.$$

Die folgenden asymptotischen Eigenschaften werden auf der Grundlage des Gasser-Müller Schätzers (2.5) hergeleitet. Bei Verwendung des Nadaraya-Watson Schätzers (2.4) kommt man qualitativ zu den gleichen Aussagen, vgl. NADARAYA (1989, sec. 4.1). Wir geben noch Erwartungswert und Varianz des Gasser-Müller Schätzers an:

$$\mathbb{E}(\hat{\mu}_n(x)) = \frac{1}{h} \sum_{i=1}^{n} \mu(x_i) \int_{s_{i-1}}^{s_i} K\left(\frac{x-s}{h}\right) ds \tag{2.9}$$

$$\mathrm{Var}(\hat{\mu}_n(x)) = \frac{\sigma^2}{h^2} \sum_{i=1}^{n} \left(\int_{s_{i-1}}^{s_i} K\left(\frac{x-s}{h}\right) ds\right)^2. \tag{2.10}$$

2.2 Konvergenzordnung des MSE $J_{n,h}(x)$

Wir führen die folgenden Voraussetzungen an den Kern K, die Regressionsfunktion μ und an die Regressoren x_i ein ($L < \infty$).

$$K(x) = 0 \text{ für } |x| > 1, \quad |K(x) - K(x')| \leq L \cdot |x - x'|, \quad h = h(n) \to 0$$

$$\mu : [0,1] \to \mathbb{R}, \quad 2 \times \text{stetig differenzierbar} \qquad\qquad M_h$$

$$[a,b] = [0,1], \quad x_i = \left(i - \frac{1}{2}\right)/n, \quad s_i = i/n, \quad i = 1,\dots,n \quad [s_0 = 0].$$

Wir nehmen $\mu(x) = 0$ für $x \notin [0,1]$ an. Die vorausgesetzte Äquidistanz der x_i kann abgeschwächt werden zu $\max_{i=2,\dots,n} |x_i - x_{i-1}| = O(\frac{1}{n})$, vgl. MÜLLER (1988, p. 26). Das nächste Lemma gibt die Konvergenzordnungen von

$$\mathrm{bias}(x) = \mathbb{E}(\hat{\mu}_n(x)) - \mu(x) \quad \text{und} \quad \mathrm{var}(x) = \mathrm{Var}(\hat{\mu}_n(x))$$

für den Gasser-Müller Schätzer (2.5) an. Wie in 1.6 wird wieder $\kappa_2 = \int u^2 K(u)\,du$ gesetzt.

Lemma. *Unter den Voraussetzungen (2.1), (2.2) und M_h gilt für jedes $x \in (0,1)$*

(i) $\quad bias(x) = \frac{1}{2} h^2 \kappa_2 \mu''(x) + o(h^2) + O\left(\frac{1}{n}\right)$

(ii) $\quad var(x) = \frac{1}{nh} \sigma^2 \int K^2(u)\,du + O\left(\frac{1}{n^2 h^2}\right).$

Beweis. (i) Unter Benutzung von Gleichung (2.9) zeigen wir zunächst

$$\mathbb{E}(\hat{\mu}_n(x)) = \frac{1}{h} \int_0^1 \mu(s) K\left(\frac{x-s}{h}\right) ds + O\left(\frac{1}{n}\right). \tag{2.11}$$

In der Tat, mit Hilfe des Mittelwertsatzes der Integralrechnung und der Differentialrechnung, der Substitution $s \to u$, $u = (x-s)/h$, und mit $u_i = (x-s_i)/h$, $u_0 =$

x/h, $u_n = (x-1)/h$, erhalten wir

$$\frac{1}{h}\left|\sum_{i=1}^{n}\mu(x_i)\int_{s_{i-1}}^{s_i}K\left(\frac{x-s}{h}\right)ds - \int_{0}^{1}\mu(s)K\left(\frac{x-s}{h}\right)ds\right|$$

$$= \frac{1}{h}\left|\sum_{i=1}^{n}\int_{s_{i-1}}^{s_i}[\mu(x_i)-\mu(s)]K\left(\frac{x-s}{h}\right)ds\right|$$

$$= \frac{1}{h}\left|\sum_{i=1}^{n}[\mu(x_i)-\mu(t_i)]\int_{s_{i-1}}^{s_i}K\left(\frac{x-s}{h}\right)ds\right| \qquad [s_{i-1}\le t_i \le s_i]$$

$$\le \frac{1}{n}\sup_{s}|\mu'(s)|\sum_{i=1}^{n}\int_{u_i}^{u_{i-1}}K(u)\,du$$

$$\le \frac{1}{n}\sup_{s}|\mu'(s)|\int_{u_n}^{u_0}K(u)\,du \le \frac{1}{n}\cdot C \qquad [C<\infty].$$

Das Integral auf der rechten Seite von (2.11) wird wieder mit der Substitution $s \to u$, $u = (x-s)/h$, umgeformt, wobei die Taylorformel auf $\mu(x-hu)$ angewandt wird. Mit $u_0 = x/h$, $u_n = (x-1)/h$, und einem $\alpha \in [0,1]$ gilt

$$\frac{1}{h}\int_{0}^{1}\mu(s)K\left(\frac{x-s}{h}\right)ds = \int_{u_n}^{u_0}\mu(x-hu)K(u)\,du$$

$$= \mu(x)\int_{u_n}^{u_0}K(u)du - h\mu'(x)\int_{u_n}^{u_0}uK(u)du + \frac{1}{2}h^2\int_{u_n}^{u_0}\mu''(x-\alpha hu)\,u^2K(u)du$$

$$= \mu(x) + \frac{1}{2}h^2\int_{-1}^{1}\mu''(x-\alpha hu)\,u^2K(u)\,du.$$

Dabei haben wir h so klein vorausgesetzt, dass $[-1,1] \subset [u_n, u_0]$. Für $n \to \infty$ gilt nun wegen der Stetigkeit von μ'' auf $[0,1]$

$$\int_{-1}^{1}\mu''(x-\alpha hu)\,u^2K(u)\,du - \mu''(x)\,\kappa_2 = \int_{-1}^{1}[\mu''(x-\alpha hu)-\mu''(x)]\,u^2K(u)\,du \to 0,$$

(Satz von der majorisierten Konvergenz), woraus die Behauptung (i) folgt.

(ii) Wir setzen $A_n(x) = \text{var}(x)$ gemäß Gleichung (2.10) und

$$B_n(x) = \frac{\sigma^2}{nh^2}\int_0^1 K^2\left(\frac{x-s}{h}\right)ds = \frac{\sigma^2}{nh^2}\sum_{i=1}^{n}\int_{s_{i-1}}^{s_i}K^2\left(\frac{x-s}{h}\right)ds.$$

Mit u_n, u_0 wie in (i) gilt $[-1, 1] \subset [u_n, u_0]$ für kleines h, so dass

$$B_n(x) = \frac{\sigma^2}{nh} \int_{-1}^{1} K^2(u) du.$$

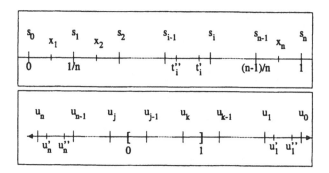

Abbildung VIII.4: Intervall-Einteilungen durch die x_i, s_i und u_i-Werte.

Es wird gezeigt, dass

$$|A_n(x) - B_n(x)| \leq \sigma^2 C_1 / (n^2 h^2), \qquad C_1 < \infty,$$

womit (ii) bewiesen ist. In der Tat, mit dem Mittelwertsatz der Integralrechnung gilt unter Beachtung von $s_i - s_{i-1} = 1/n$

$$|A_n(x) - B_n(x)|$$

$$\leq \frac{\sigma^2}{h^2} \left| \sum_{i=1}^{n} \left\{ K^2 \left(\frac{x - t_i'}{h} \right) (s_i - s_{i-1})^2 - \frac{1}{n} K^2 \left(\frac{x - t_i''}{h} \right) (s_i - s_{i-1}) \right\} \right|$$

$$= \frac{\sigma^2}{h^2} \frac{1}{n^2} \left| \sum_{i=1}^{n} \left\{ K^2(u_i') - K^2(u_i'') \right\} \right| \leq \frac{\sigma^2}{h^2} \frac{1}{n^2} \left\{ C^* + \sum_{i}^{*} \left| K^2(u_i') - K^2(u_i'') \right| \right\}$$

mit $C^* = 4 \sup_s K^2(s) < \infty$, wobei t_i' und $t_i'' \in [s_{i-1}, s_i]$ und $u_i' = (x - t_i')/h$, u_i'' entsprechend, gesetzt wurde, vgl. Abb. VIII.4. Die Summation $\sum_{i}^{*}$ erstreckt sich über alle i mit $u_i, u_{i-1} \in [-1, 1]$, wobei wieder $u_i = (x - s_i)/h$ ist. Nach Voraussetzung über K existiert ein $C_K < \infty$ mit

$$|K^2(u_i') - K^2(u_i'')| \leq C_K |u_i' - u_i''|,$$

und es gilt $\sum_{i}^{*} |u_i' - u_i''| \leq \sum_{i}^{*} (u_{i-1} - u_i) \leq 2$, was den Beweis von (ii) abschließt.

$\square$

Das Lemma führt uns sofort zu dem folgenden Satz über die Konvergenzordnung von $J_n(x) \equiv J_{n,h}(x)$.

Satz. *Unter den Voraussetzungen* (2.1), (2.2), M_h *und* $nh \to \infty$ *bei* $n \to \infty$ *gilt für jedes* $x \in (0,1)$

$$J_n(x) = \frac{\sigma^2}{nh} \int K^2(u)\, du + \frac{1}{4} h^4 \kappa_2^2 (\mu''(x))^2 + o\left(\frac{1}{nh} + h^4\right). \qquad (2.12)$$

Beweis. Unter Benutzung der Zerlegungsformel (2.8) folgt (2.12) aus dem Lemma. Teil (i) des Lemmas lässt sich nämlich wegen

$$O\left(\frac{1}{n^2}\right) = o\left(\frac{1}{nh}\right),\ O\left(\frac{1}{n}\right) \cdot O(h^2) = o\left(\frac{1}{nh}\right)$$

in der Form

$$bias^2(x) = \frac{1}{4} h^4 \kappa_2^2 (\mu''(x))^2 + o\left(\frac{1}{nh} + h^4\right)$$

schreiben. Ferner gilt im Teil (ii) des Lemmas $O\left(\frac{1}{n^2 h^2}\right) = o\left(\frac{1}{nh}\right)$. □

Der Übertragung von (2.12) auf den MASE $A_n = (1/n) \sum_{i=1}^n J_n(x_i)$ stehen Probleme am Rand von $[0,1]$ entgegen. Tatsächlich gilt (2.12) nicht gleichmäßig auf dem Intervall $[0,1]$. Einen Ausweg eröffnet die Verwendung eines *boundary kernel* K_b zum Schätzen von $\mu(x)$, falls x weniger als eine Bandbreite h von 0 oder 1 entfernt ist. Dann erhält man auch für A_n die rechte Seite von (2.12), mit $\int_0^1 (\mu''(x))^2\, dx$ anstelle von $(\mu''(x))^2$, vgl. MÜLLER (1988, sec. 4.3), EUBANK (1988, p. 132–134), WAND & JONES (1995, p. 126–130).

2.3 Konvergenzverhalten des Kernschätzers $\hat{\mu}_{n,h}(x)$

Zunächst werden einige Folgerungen aus (2.12) gezogen.
Unter den Voraussetzungen des Satzes 2.2 gilt die Konsistenzaussage

$$\hat{\mu}_n(x) \xrightarrow{\mathbf{P}} \mu(x) \qquad [n \to \infty].$$

Völlig analog zu 1.7 erhalten wir eine asymptotisch optimale Bandbreite

$$h_{opt} = \left(\frac{\sigma^2 \int K^2(u)\, du}{\kappa_2^2 (\mu''(x))^2 \cdot n}\right)^{\frac{1}{5}}, \qquad (2.13)$$

die wie $1/n^{\frac{1}{5}}$ gegen 0 geht.

Als nächstes beweisen wir die *asymptotische Normalität* des zentrierten Gasser-Müller Kernschätzers $\hat{\mu}_n(x) - \mathbb{E}(\hat{\mu}_n(x))$.

Proposition. *Gelten die Voraussetzungen* (2.1), (2.2) *und* M_h, *sowie* $nh \to \infty$ *für* $n \to \infty$, *und sind die* $e_1, e_2, \ldots$ *aus* (2.1) *unabhängig und identisch verteilt, so gilt für jedes* $x \in (0, 1)$

$$\frac{\hat{\mu}_n(x) - \mathbb{E}(\hat{\mu}_n(x))}{\sqrt{Var(\hat{\mu}_n(x))}} \xrightarrow{\mathcal{D}} N(0, 1). \qquad (2.14)$$

Beweis. Führen wir die Abkürzung

$$w_{i,n} = \frac{1}{h} \int_{s_{i-1}}^{s_i} K\left(\frac{x - s}{h}\right) ds$$

ein, so ergibt sich aus (2.5), (2.9) und der Modellgleichung (2.1), dass

$$\hat{\mu}_n(x) - \mathbb{E}(\hat{\mu}_n(x)) = \sum_{i=1}^{n} w_{i,n}(Y_i - \mu(x_i)) = \sum_{i=1}^{n} w_{i,n}\, e_i.$$

Der zentrale Grenzwertsatz für gewichtete, unabhängige Zufallsvariablen, das ist Korollar 2 in A 3.5, liefert dann (2.14), falls $m_n \to 0$ gilt, mit

$$m_n = \max_{1 \le i \le n} \frac{|w_{i,n}|}{\sqrt{\sum_{i=1}^{n} w_{i,n}^2}}.$$

Nun ist aber $|w_{i,n}| \le (\sup_u K(u))/(nh)$ wegen $s_i - s_{i-1} = 1/n$, während für das Quadrat des Nenners von m_n gemäß (2.10) gilt

$$\sum_{i=1}^{n} w_{i,n}^2 = \frac{1}{\sigma^2} \mathrm{Var}(\hat{\mu}_n(x)) = \frac{1}{nh} \int K^2 + o\left(\frac{1}{nh}\right),$$

Letzteres nach Teil (ii) des Lemmas 2.2. Es folgt mit einer Konstanten $M_K = \sup_u K(u)$ und einer Nullfolge η_n gerade $m_n^2 \le M_K^2/[n\, h\, (\int K^2 + \eta_n)] \to 0$, was zu beweisen war. □

Nützlich wird die Aussage der Proposition erst, wenn im Zähler von (2.14) anstelle von $\hat{\mu}_n(x) - \mathbb{E}(\hat{\mu}_n(x))$ die Differenz $\hat{\mu}_n(x) - \mu(x)$ auftaucht.

Satz. *Gelten Voraussetzungen* (2.1), (2.2) *und* M_h, *sowie* $nh \to \infty$, *aber* $nh^5 \to c^2$ *für* $n \to \infty$ ($0 \le c < \infty$), *und sind die* $e_1, e_2, \ldots$ *aus* (2.1) *unabhängig und identisch verteilt, so gilt für jedes* $x \in (0, 1)$

$$\sqrt{nh}\, \frac{\hat{\mu}_n(x) - \mu(x)}{\sigma\sqrt{\int K^2}} \xrightarrow{\mathcal{D}} N\left(\frac{c\,\kappa_2\,\mu''(x)/2}{\sigma\sqrt{\int K^2}}, 1\right). \qquad (2.15)$$

Beweis. Der Nenner aus (2.14) kann wegen des Satzes von Cramér-Slutsky aus A 3.4 wie in (2.15) umgeschrieben werden; denn aus Lemma 2.2, Teil (ii), folgt

$$\frac{\text{Var}(\hat{\mu}_n(x))}{\sigma^2 \int K^2/(nh)} = 1 + \eta_n, \qquad \eta_n \longrightarrow 0.$$

Das gleiche Lemma, Teil (i), liefert eine Nullfolge η_n und eine beschränkte Folge C_n mit

$$\sqrt{nh}\left[\,\mathbb{E}(\hat{\mu}_n(x)) - \mu(x)\right] = \frac{1}{2}\,\kappa_2\,\mu''(x)\sqrt{nh^5} + \eta_n\sqrt{nh^5} + C_n\sqrt{h/n},$$

was gegen $\frac{1}{2}c\,\kappa_2\,\mu''(x)$ geht aufgrund der Voraussetzung $nh^5 \to c^2$. Wiederum wegen des Satzes von Cramér-Slutsky folgt deshalb (2.15) aus (2.14). $\square$

Falls die Bandbreite $h = h(n)$ die Konvergenz $nh^5 \to 0$ aufweist, so erhalten wir in (2.15) die Grenzverteilung $N(0,1)$. Für die in (2.13) gewonnene asymptotisch optimale Bandbreite $h = h_{opt}$, für die $nh^5 \to c^2 > 0$ gilt, stellt sich in (2.15) ein *asymptotischer* Bias ein, nämlich $c\,\kappa_2\,\mu''(x)/2$.

Als eine **Anwendung** des Satzes stellen wir im Fall $nh^5 \to 0$ ein *asymptotisches* Konfidenzintervall für $\mu(x)$ zum Niveau $1 - \alpha$ vor. Unter Benutzung eines konsistenten Schätzers $\hat{\sigma}_n^2$ für σ lautet es gemäß (2.15)

$$\hat{\mu}_n(x) - b_{n,\alpha} \leq \mu(x) \leq \hat{\mu}_n(x) + b_{n,\alpha}, \quad b_{n,\alpha} = u_{1-\alpha/2}\,\hat{\sigma}_n \left(\frac{1}{nh}\int K^2(u)\,du\right)^{\frac{1}{2}}.$$

Ein Schätzer für σ^2 ist bei Benutzung des Gasser-Müller Kernschätzers

$$\hat{\sigma}_n^2 = \frac{1}{h}\sum_{i=1}^{n}\left\{\int_{s_{i-1}}^{s_i} K\left(\frac{x_i - s}{h}\right)ds\right\}(Y_i - \hat{\mu}_n(x_i))^2;$$

vergleiche dazu HÄRDLE & GASSER (1984) und EUBANK (1988, p. 148, 185) im Hinblick auf Konsistenzaussagen über $\hat{\sigma}_n^2$, sowie HÄRDLE (1990, p. 100) für vergleichbare Ergebnisse zum Nadaraya-Watson Schätzer.

2.4 Splineschätzer $\hat{\mu}_{n,\lambda}$

Wir gehen wieder vom Modell $Y_i = \mu(x_i) + e_i$, $i = 1, \ldots, n$, einer einfachen nichtparametrischen Regression aus. Da wir für Splineschätzer keine Momentenberechnungen und auch keine asymptotischen Analysen durchführen werden, benötigen wir von den Voraussetzungen (2.2) hier nur

$$a \leq x_1 < \ldots < x_n \leq b, \tag{2.16}$$

treffen also gar keine eigentliche statistische Modellannahme. Wir werden einen Regressionskurven-Schätzer entwickeln, der ein Anpassungskriterium minimiert und gleichzeitig ein Glattheitskriterium maximiert (bzw. ein Rauheitskriterium minimiert). Für ein $m \in \mathbb{N}$ verwenden wir den Sobolev-Raum

$$W_2^{(m)} \equiv W_2^{(m)}[a, b], \quad m \in \mathbb{N},$$

aus Exkurs 2.7, der aus den m-mal auf $[a, b]$ differenzierbaren Funktionen besteht, wobei die m-te Ableitung noch quadrat-integrierbar ist. Für $f \in W_2^{(m)}$ definieren wir die *Oszillation* (Rauheit) mit Hilfe der m-ten Ableitung $f^{(m)}$ von f durch

$$H^{(m)}(f) = \int_a^b \left(f^{(m)}(x)\right)^2 dx. \tag{2.17}$$

Die Anpassungsgüte wird wie üblich nach der Minimum-Quadrat Methode mit Hilfe der Summe der Fehlerquadrate angegeben als

$$MQ_n(f) = \frac{1}{n} \sum_{i=1}^n \left(Y_i - f(x_i)\right)^2. \tag{2.18}$$

Als *smoothing Parameter* des nichtparametrischen Problems fungiert ein Gewichtsfaktor $\lambda \geq 0$, mit dem der relative Einfluss der beiden Kriterien $H^{(m)}(f)$ und $MQ_n(f)$ bestimmt werden kann (trade-off Parameter). Wir definieren das *penalisierte* MQ-Kriterium $\Psi \equiv \Psi_{n,\lambda}$ durch

$$\Psi(f) = MQ_n(f) + \lambda \cdot H^{(m)}(f), \quad f \in W_2^{(m)}, \tag{2.19}$$

und die Optimierungsaufgabe, ein $\hat{\mu}_n \equiv \hat{\mu}_{n,\lambda} \in W_2^{(m)}$ zu finden mit

$$\Psi(\hat{\mu}_n) = \min_{f \in W_2^{(m)}} \Psi(f).$$

Es wird sich weiter unten zeigen, dass natürliche Splinefunktionen diese Aufgabe lösen (*Splineschätzer*). Um diese Aufgabe analytisch zu bewältigen, führen wir für jedes $f \in W_2^{(m)}$ das Funktional $\delta\Psi(f, g)$, $g \in W_2^{(m)}$, ein mit

$$\frac{1}{2} \delta\Psi(f, g) = -\frac{1}{n} \sum_{i=1}^n g(x_i)(Y_i - f(x_i)) + \lambda \int_a^b f^{(m)}(x) g^{(m)}(x)\, dx. \tag{2.20}$$

Dieses Funktional, ausgewertet bei g, heißt auch *Gâteux-Ableitung* von Ψ an der Stelle f in Richtung g, aber wir werden diese Begriffsbildung nicht benötigen. Zur Formulierung des folgenden Lemmas wählen wir eine Basis $s_1, \ldots, s_n$ des linearen Raums der natürlichen Splines $N^{(2m-1)} \equiv N^{(2m-1)}(x_1, \ldots, x_n)$, wobei jedes s_j die Darstellung

$$s_j(x) = \sum_{k=0}^{m-1} \vartheta_{kj} x^k + \sum_{i=1}^n \alpha_{ij} (x - x_i)_+^r, \quad x \in \mathbb{R}, \quad j = 1, \ldots, n, \tag{2.21}$$

besitzen möge ($r = 2m - 1$, vgl. Exkurs 2.7, Punkt 2).

Lemma. *Es existiert eine Splinefunktion* $\hat{\mu}_n \in N^{(2m-1)}$ *mit*

$$\delta\Psi(\hat{\mu}_n, g) = 0 \quad \forall g \in W_2^{(m)}. \tag{2.22}$$

In der Darstellung $\hat{\mu}_n(x) = \sum_{j=1}^{n} \hat{\beta}_j s_j(x)$, $x \in \mathbb{R}$, *bezüglich der Basis* s_j *aus* (2.21) *genügt der Koeffizientenvektor* $\hat{\beta}$ *dem linearen Gleichungssystem*

$$(S + n\lambda A) \cdot \beta = Y \tag{2.23}$$

in β, *wobei* $Y = (Y_1, \ldots, Y_n)^\top$ *gilt und die* $n \times n$-*Matrizen* S *und* A *die Elemente*

$$S_{ij} = s_j(x_i), \quad A_{ij} = (-1)^m r! \, \alpha_{ij},$$

enthalten. Gilt $n \geq m$ *und* $\lambda > 0$, *so ist* $\hat{\beta}$ *durch* (2.23) *eindeutig bestimmt.*

Beweis. (i) Die Gleichung $\delta\Psi(f, g) = 0 \; \forall g \in W_2^{(m)}$ führt gemäß (2.20) zu

$$\frac{1}{n} \sum_{i=1}^{n} g(x_i)(Y_i - f(x_i)) = \lambda \int_a^b f^{(m)}(x) g^{(m)}(x) \, dx \qquad \forall g \in W_2^{(m)}. \tag{2.24}$$

Für die Funktion $f = \sum_{j=1}^{n} \beta_j s_j \in N^{(2m-1)}$ heißt das wegen Lemma 2 in 2.7

$$\frac{1}{n} \sum_{i=1}^{n} g(x_i) \left[Y_i - \sum_{j=1}^{n} \beta_j s_j(x_i) \right] = \lambda(-1)^m r! \sum_{i=1}^{n} g(x_i) \sum_{j=1}^{n} \beta_j \alpha_{ij} \quad \forall g \in W_2^{(m)}.$$

Einsetzen von $g(x_{i'}) = \delta_{i',i}$ liefert das äquivalente Gleichungssystem

$$\sum_{j=1}^{n} \left[s_j(x_i)) + n\lambda(-1)^m r! \, \alpha_{ij} \right] \beta_j = Y_i, \quad i = 1, \ldots, n,$$

was der Matrixgleichung (2.23) entspricht.

(ii) Das Gleichungssystem (2.23) hat genau dann eine eindeutige Lösung, wenn das zugehörige homogene System (bei dem in (2.23) also $Y = 0$ eingesetzt wird) nur die triviale Lösung $\beta = 0$ besitzt. Sei also β Lösung von $(S + n\lambda A) \cdot \beta = 0$. Dann ist $f = \sum_{j=1}^{n} \beta_j s_j$ Lösung von (2.24), mit allen $Y_i = 0$. Setzt man in diese Gleichung $g = f \in W_2^{(m)}$ ein, so erhält man

$$\frac{1}{n} \sum_{i=1}^{n} [f(x_i)]^2 + \lambda \int_a^b [f^{(m)}(x)]^2 \, dx = 0.$$

Es folgt mit $\lambda > 0$, dass $f^{(m)} = 0$ (f. s.) und $f(x_i) = 0$ für $i = 1, \ldots, n$. Die Splinefunktion f ist also ein Polynom von einem Grad höchstens $m - 1$ mit n verschiedenen Nullstellen. Wegen $n > m - 1$ ist dann $f = \sum_{j=1}^{n} \beta_j s_j = 0$, woraus wegen der linearen Unabhängigkeit der s_j sich $\beta = 0$ ergibt. $\qquad \Box$

Bemerkung. Für $n \geq m$ und $\lambda > 0$ ist die Matrix $S + n\lambda A$ nach Aussage des Lemmas invertierbar. Aber auch S ist invertierbar, und zwar wegen der Eindeutigkeit des Interpolationssplines f mit $f(x_i) = \sum_{j=1}^{n} \beta_j s_j(x_i) = Y_i$, $i = 1, \ldots, n$; vergleiche Satz 1 im Exkurs 2.7.

Im nächsten Satz wird die Existenz und die Eindeutigkeit einer globalen Minimalstelle von Ψ in $W_2^{(m)}$ bewiesen, und gezeigt, dass sie ein natürlicher Spline aus $N^{(2m-1)}$ ist. Das eben bewiesene Lemma ermöglicht die Berechnung dieser Minimalstelle $\hat{\mu}_n \in N^{(2m-1)}$.

2.5 Existenz- und Eindeutigkeitssatz, Grenzfälle

Satz 1. *Seien $\lambda > 0$ und $n \geq m$ gegeben und die Voraussetzung (2.16) erfüllt. Dann existiert genau ein $\hat{\mu}_n \in W_2^{(m)}$ mit*

$$\Psi(\hat{\mu}_n) = \min_{f \in W_2^{(m)}} \Psi(f). \tag{2.25}$$

Dieses $\hat{\mu}_n$ ist aus $N^{(2m-1)}(x_1, \ldots, x_n)$.

Beweis. (i) Wir zeigen, dass die natürliche Splinefunktion $\hat{\mu}_n(x) = \sum_{j=1}^{n} \hat{\beta}_j s_j(x)$ aus Lemma 2.4 die Gleichung (2.25) erfüllt. Für jedes $f \in W_2^{(m)}$ gilt mit Hilfe der Aufspaltung $f^{(m)2} = \mu^{(m)2} + (\mu^{(m)} - f^{(m)})^2 - 2\mu^{(m)}(\mu^{(m)} - f^{(m)})$

$$\Psi(f) = \frac{1}{n} \sum_{i=1}^{n} \left(Y_i - f(x_i)\right)^2 + \lambda \int_a^b (f^{(m)}(x))^2 \, dx$$

$$= \frac{1}{n} \sum_{i=1}^{n} \left(Y_i - \hat{\mu}_n(x_i)\right)^2 + \lambda \int_a^b (\hat{\mu}_n^{(m)}(x))^2 \, dx$$

$$+ \frac{1}{n} \sum_{i=1}^{n} \left(\hat{\mu}_n(x_i) - f(x_i)\right)^2 + \lambda \int_a^b \left(\hat{\mu}_n^{(m)}(x) - f^{(m)}(x)\right)^2 \, dx$$

$$- 2 \left\{ -\frac{1}{n} \sum_{i=1}^{n} \left[Y_i - \hat{\mu}_n(x_i)\right]\left[\hat{\mu}_n(x_i) - f(x_i)\right] \right.$$

$$\left. + \lambda \int_a^b \hat{\mu}_n^{(m)}(x)\left[\hat{\mu}_n^{(m)}(x) - f^{(m)}(x)\right] dx \right\} \geq \Psi(\hat{\mu}_n).$$

Dabei haben wir ausgenützt, dass $\hat{\mu}_n - f \in W_2^{(m)}$ gilt und dass deshalb $-\delta\Psi(\hat{\mu}_n, \hat{\mu}_n - f)$, das sich über die beiden letzten Zeilen der Gleichungskette erstreckt, nach Lemma 2.4 verschwindet.

(ii) Für ein $f \in W_2^{(m)}$ gelte $\Psi(f) = \Psi(\hat{\mu}_n)$. Die mittlere Zeile der Gleichungskette in (i) ist dann gleich Null, was zu

$$\sum_{i=1}^{n} \left(\hat{\mu}_n(x_i) - f(x_i)\right)^2 = 0, \qquad \int_a^b \left(\hat{\mu}_n^{(m)} - f^{(m)}\right)^2 \, dx = 0$$

führt. Nach der zweiten Gleichung ist $(\hat{\mu}_n - f)^{(m)} = 0$ (f. s.), also $\hat{\mu}_n - f$ ein Polynom vom Grad höchstens $m - 1$. Dieses hat nach der ersten Gleichung $n > m - 1$ verschiedene Nullstellen, was $\hat{\mu}_n = f$ ergibt. □

Den Existenz- und Eindeutigkeitssatz haben wir für einen smoothing Parameter λ mit $0 < \lambda < \infty$ bewiesen. Die Grenzfälle $\lambda = 0$ und $\lambda = \infty$ interpretieren wir als folgende Minimierungsprobleme:

1. $\lambda = 0$: Suche ein $\mu = \hat{\mu}_n \in W_2^{(m)}$ als Lösung von

$$\mathrm{MQ}_n(\mu) = 0 \quad \text{und} \quad H^{(m)}(\mu) = \min_{f \in W_2^{(m)}, \mathrm{MQ}_n(f)=0} H^{(m)}(f) \qquad (2.26)$$

2. $\lambda = \infty$: Suche ein $\mu = \hat{\mu}_n \in W_2^{(m)}$ als Lösung von

$$H^{(m)}(\mu) = 0 \quad \text{und} \quad \mathrm{MQ}_n(\mu) = \min_{f \in W_2^{(m)}, H^{(m)}(f)=0} \mathrm{MQ}_n(f). \qquad (2.27)$$

Zum Fall $\underline{\lambda = 0}$: Die erste Gleichung von (2.26) wird durch den Interpolationsspline $s_Y = \sum \beta_j s_j$ aus Satz 1 im Exkurs 2.7 gelöst. Man erhält β durch Einsetzen von $\lambda = 0$ in (2.23), was zu $S \cdot \beta = Y$ führt. Der nächste Satz, der eine unmittelbare Konsequenz von Satz 2 in 2.7 ist, sagt aus, dass nur dieser *Interpolationsspline* s_Y beide Gleichungen in (2.26) löst.

Satz 2. *Gegeben sei $m \leq n$, und die Voraussetzung (2.16) sei erfüllt. Dann stellt der Interpolationsspline $s_Y \in N^{(2m-1)}$ die eindeutig bestimmte Lösung von (2.26) dar.*

Im Fall $\underline{\lambda = \infty}$ ergibt sich als Lösung von (2.27) ein *Regressionspolynom*. Genauer gilt:

Proposition. *Sei $m \leq n$ und die Voraussetzung (2.16) sei erfüllt. Die eindeutig bestimmte Lösung von (2.27) lautet*

$$\hat{\mu}_n(x) = \hat{\beta}_0 + \hat{\beta}_1 x + \cdots + \hat{\beta}_{m-1} x^{m-1}, \quad x \in [a, b], \qquad (2.28)$$

mit $\hat{\beta}_j$ als MQ-Schätzer für β_j im linearen Modell

$$Y_i = \beta_0 + \beta_1 x_i + \cdots + \beta_{m-1} x_i^{m-1} + e_i, \quad i = 1, \ldots, n.$$

Beweis. Eine Funktion $f \in W_2^{(m)}[a, b]$ mit $H^{(m)}(f) = 0$ ist ein Polynom vom Grad höchstens $m - 1$. Die Lösung von $\mathrm{MQ}_n(f) = \min$ stellt dann das Polynom (2.28) mit den MQ-Schätzern als Koeffizienten dar, vgl. III 3.1. □

2.6   Weitere Ergebnisse für Splineschätzer (*)

Hat-Matrix

Mit Hilfe der $n \times n$-Matrizen A und S aus Lemma 2.4 definieren wir die *hat-Matrix*

$$H(\lambda) = S\,[S + n\lambda A]^{-1} = [I_n + n\lambda A S^{-1}]^{-1}.$$

Die Invertierbarkeit von S und $I_n + n\lambda A S^{-1}$ folgt für $n \geq m$ aus der Bemerkung nach Lemma 2.5. Für die Vektoren $\hat{\mu}^{(n)} = (\hat{\mu}_n(x_1), \dots, \hat{\mu}_n(x_n))^\top$ und $Y = (Y_1, \dots, Y_n)^\top$ gilt nach dem zitierten Lemma wegen $\hat{\mu}_n(x_i) = \sum_j \hat{\beta}_j s_j(x_i)$

$$\hat{\mu}^{(n)} = S \cdot \hat{\beta} = S \cdot [S + n\lambda A]^{-1} \cdot Y = H(\lambda) \cdot Y. \tag{2.29}$$

Führen wir noch die $n \times n$-Matrizen $\Omega = S^\top A$ und $K = A S^{-1} = S^{-\top} \Omega S^{-1}$ ein, so lässt sich die *hat*-Matrix $H(\lambda)$ auch in der Form

$$H(\lambda) = [I_n + n\lambda K]^{-1}$$

schreiben. Die Matrizen Ω und K erweisen sich als positiv-semidefinit, $H(\lambda)$ also als positiv-definit, denn nach Lemma 2 in 2.7 gilt

$$\Omega_{ij} = (-1)^m r! \sum_k s_i(x_k) \sum_l \delta_{jl} \alpha_{kl} = \int_a^b s_i^{(m)}(x) s_j^{(m)}(x)\, dx. \tag{2.30}$$

Für $\mu = \sum_j \beta_j s_j \in N^{(2m-1)}$ erhalten wir via (2.30) das Rauhheitskriterium $H^{(m)}(\mu) = \beta^\top \Omega \beta$, und mit $\mu^{(n)} = (\mu(x_1), \dots, \mu(x_n))^\top = S \cdot \beta$ die Gleichung

$$H^{(m)}(\mu) = \mu^{(n)\top} K \mu^{(n)}. \tag{2.31}$$

Das *penalisierte* MQ-Kriterium $\Psi = \Psi_{n,\lambda}$ kann als Minimierungsaufgabe über n-tupel $\mu^{(n)} \in \mathbb{R}^n$ formuliert werden, nämlich in der Form

$$\Phi(\mu^{(n)}) \equiv \frac{1}{n}\left(Y - \mu^{(n)}\right)^\top \left(Y - \mu^{(n)}\right) + \lambda\, \mu^{(n)\top} K \mu^{(n)} = \min_{\mu^{(n)} \in \mathbb{R}^n}.$$

Man überzeugt sich, dass das Minimum (einzig) durch $\mu^{(n)} = H(\lambda) \cdot Y$ angenommen wird. Zusammen mit den Sätzen 1 und 2 aus 2.7 eröffnet sich so ein alternativer Beweis von Satz 1 in 2.5; vgl. auch GREEN & SILVERMAN (1994, sec. 2.3).

Rechenformeln für kubische Splines

Im Fall von kubischen Splines wollen wir den Splineschätzer berechnen, ohne auf eine Spline-Basis $s_1, \dots, s_n$ zurückgreifen zu müssen. Mit Hilfe der in den Gleichungen (2.43) und (2.44) des Exkurses 2.7 angegebenen tridiagonalen Matrizen, nämlich der $n \times (n-2)$-Matrix Q und der symmetrischen, invertierbaren $(n-2) \times (n-2)$-Matrix R, berechnet man nacheinander die $n \times n$-Matrix $K = Q \cdot R^{-1} \cdot Q^\top$ (vgl. (2.31) mit Lemma 3 in 2.7) und den Vektor $\mu^{(n)}$

$= (\mu(x_1), \ldots, \mu(x_n))^\mathsf{T}$ der Werte des gesuchten Splineschätzers an den Knotenstellen x_i gemäß

$$\mu^{(n)} = [I_n + n\lambda K]^{-1} \cdot Y \qquad\qquad [n \times 1 \text{ Vektor}].$$

Neben $\mu^{(n)}$ definiert man noch den $(n-2) \times 1$-Vektor

$$\nu^{(n)} = \left(\mu''(x_2), \ldots, \mu''(x_{n-1})\right)^\mathsf{T} \qquad [\mu''(x_1) = \mu''(x_n) = 0],$$

der Werte der zweiten Ableitungen von μ an den Stellen x_i, und berechnet

$$\nu^{(n)} = R^{-1} \cdot Q^\mathsf{T} \cdot \mu^{(n)} \qquad\qquad [(n-2) \times 1 \text{ Vektor}]$$

gemäß Prop. 2 aus 2.7. Aus den Vektoren $\mu^{(n)}$ und $\nu^{(n)}$ ergibt sich der Wert der Splinefunktion μ an einer Zwischenstelle $x \in [x_i, x_{i+1}]$, $i = 1, \ldots, n-1$, mit Hilfe der Formel (2.41) unten und außerhalb von $[x_1, x_n]$ gemäß (2.42).

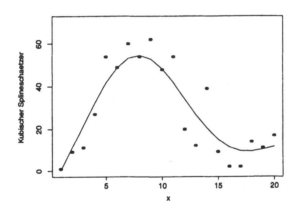

Abbildung VIII.5: Kubischer natürlicher Splineschätzer für $n = 20$ Realisationen Y_i bei den Knotenstellen $x_i = i$, $i = 1, \ldots, 20$.

Cross-Validation

Zur Bestimmung des smoothing Parameters λ wird wie in 1.7 die cross-validation Methode angewandt. Es bezeichne $\hat{\mu}_{n,\lambda}^{(i)} \in N^{(2m-1)}(x_1, \ldots, x_{i-1}, x_{i+1}, \ldots, x_n)$ die Lösung der Aufgabe

$$\Psi_{n,\lambda}^{(i)}(f) \equiv MQ_n^{(i)}(f) + \lambda \cdot H^{(m)}(f) = \min_{f \in W_2^{(m)}},$$

mit $MQ_n^{(i)}(f) = \frac{1}{n} \sum_{j=1, j \neq i}^{n} (Y_j - f(x_j))^2$, $i = 1, \ldots, n$ (leave-out-one Methode).
Man wählt ein $\lambda \equiv \hat{\lambda}$, welches das cross-validation Kriterium

$$CV_n(\lambda) = \frac{1}{n} \sum_{i=1}^{n} (Y_i - \hat{\mu}_{n,\lambda}^{(i)}(x_i))^2, \quad \lambda > 0,$$

minimiert. Tatsächlich müssen die n leave-out-one Lösungen $\hat{\mu}_{n,\lambda}^{(i)}$ nicht explizit berechnet werden; man kommt mit dem Splinesschätzer $\hat{\mu}_{n,\lambda}$, d. i. die Minimalstelle des in (2.19) definierten Kriteriums $\Psi_{n,\lambda}$, aus:

Proposition. *Für das cross-validation Kriterium gilt*

$$CV_n(\lambda) = \frac{1}{n} \sum_{i=1}^{n} \left(\frac{Y_i - \hat{\mu}_{n,\lambda}(x_i)}{1 - H_{ii}(\lambda)} \right)^2,$$

wobei $H_{ii}(\lambda)$ das i-te Diagonalelement der hat-Matrix $H(\lambda)$ ist.

Beweis. (i) Für den Vektor $\hat{\mu}_n^{(i)} = (\hat{\mu}_n^{(i)}(x_1), \ldots, \hat{\mu}_n^{(i)}(x_n))^\top$ beweist man zunächst, dass (Index λ unterdrückt)

$$\hat{\mu}_n^{(i)} = H(\lambda) \cdot Y^{(i)} \tag{2.32}$$

gilt, wobei $Y_j^{(i)} = Y_j$ für $j \neq i$ und $Y_i^{(i)} = \hat{\mu}_n^{(i)}(x_i)$. In der Tat, für jedes $f \in W_2^{(m)}$ gilt aufgrund der Minimierungseigenschaft von $\hat{\mu}_n^{(i)}$

$$\frac{1}{n} \sum_{j=1}^{n} (Y_j^{(i)} - f(x_i))^2 + \lambda \int (f'')^2 \geq \frac{1}{n} \sum_{j \neq i} (Y_j - f(x_i))^2 + \lambda \int (f'')^2$$

$$\geq \frac{1}{n} \sum_{j \neq i} (Y_j - \hat{\mu}_n^{(i)}(x_i))^2 + \lambda \int (\hat{\mu}_n^{(i)''})^2$$

$$= \frac{1}{n} \sum_{j=1}^{n} (Y_j^{(i)} - \hat{\mu}_n^{(i)}(x_i))^2 + \lambda \int (\hat{\mu}_n^{(i)''})^2,$$

so dass (2.29) gerade (2.32) liefert.

(ii) Mit Hilfe der Gleichung (2.32) rechnet man

$$Y_i - \hat{\mu}_n^{(i)}(x_i) = Y_i - \sum_{j=1}^{n} H_{ij}(\lambda) Y_j^{(i)} = Y_i - \sum_{j \neq i} H_{ij}(\lambda) Y_j - H_{ii}(\lambda) \hat{\mu}_n^{(i)}(x_i)$$

$$= Y_i - \sum_{j=1}^{n} H_{ij}(\lambda) Y_j - H_{ii}(\lambda)(\hat{\mu}_n^{(i)}(x_i) - Y_i)$$

$$= Y_i - \hat{\mu}_n(x_i) + H_{ii}(\lambda)(Y_i - \hat{\mu}_n^{(i)}(x_i)),$$

so dass die Behauptung nach Umstellung und Summation folgt. $\square$

Konvergenzordnung des MISE $J_{n,\lambda}$

Wir schreiben den *MISE* $J_{n,\lambda}(\mu) \equiv J_n = \mathbb{E}\int_a^b \big(\mu(x) - \hat\mu_n(x)\big)^2 dx$ wieder in der Form $J_{n,bias} + J_{n,var}$, mit

$$J_{n,bias} = \int\limits_a^b \big[\,\mathbb{E}(\hat\mu_n(x)) - \mu(x)\big]^2 dx, \quad J_{n,var} = \int\limits_a^b \mathrm{Var}\big(\hat\mu_n(x)\big)\, dx.$$

Wir geben ein Ergebnis von EUBANK (1988, sec. 6.3.1) wieder, zu dem neben (2.2) noch folgende Voraussetzungen gehören:

$$[a,b] = [0,1], \quad x_i = \Big(i - \frac{1}{2}\Big)/n, \quad r = 3 \ \text{(kubische Splines)},$$

$$\mu(0) = \mu(1), \quad \mu'(0) = \mu'(1),$$

$$\mu(x) = \sum_{j=-\infty}^{\infty} \beta_j \exp(\iota\, 2\pi j x) \quad \text{mit } |\beta_j|^2 = O\left(\frac{1}{|j|^{5+\delta}}\right) \quad \text{für ein } 0 < \delta < 4,$$

$$n \to \infty, \quad \lambda \equiv \lambda(n) \to 0, \quad n \cdot \lambda^{1/4} \to \infty.$$

Unter diesen Annahmen gilt mit dem δ aus der zweiten Zeile der Voraussetzungen

$$J_{n,bias} = O(\lambda^{1+\delta/4}), \qquad J_{n,var} = O\left(\frac{1}{n \cdot \lambda^{1/4}}\right).$$

Ein Vergleich mit Satz 2.2, welcher die Konvergenzordnung im Fall von Kern-schätzern mit Bandbreite h aufstellt, ergibt, dass dem smoothing Parameter λ die 4. Potenz h^4 von h entspricht.

2.7   Exkurs: Natürliche Splines

Eine Splinefunktion besteht aus segmentweise definierten Polynomen; ihre Glatt-heitsstruktur kommt aber der einer Polynomfunktion sehr nahe.
    Im Folgenden sind Zahlen $a, b \in \mathbb{R}$, $a < b$, $r \in \mathbb{N}_0$, sowie n *Knoten* $x_1, \ldots, x_n$ vorgegeben, wobei stets

$$a \le x_1 < x_2 < \cdots < x_n \le b$$

vorausgesetzt wird.

1. Splinefunktionen

Eine *Splinefunktion* $s : \mathbb{R} \to \mathbb{R}$ vom Grad r (mit Knoten $x_1, \ldots, x_n$) wird definiert durch

$$s(x) = \sum_{j=0}^{r} \vartheta_j x^j + \sum_{i=1}^{n} \alpha_i (x - x_i)_+^r, \quad x \in \mathbb{R}, \tag{2.33}$$

wobei wir die Plus-Notation $(t)_+^r = \begin{cases} t^r & \text{für } t \geq 0 \\ 0 & \text{für } t < 0 \end{cases}$ benutzen. Die Intervalle $[x_0, x_1)$ und $[x_n, x_{n+1})$ werden i. F. als $(-\infty, x_1)$ bzw. $[x_n, \infty)$ interpretiert.

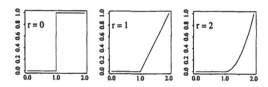

Abbildung VIII.6: Die Plus-Funktion $(x - x_1)_+^r$, $x \in \mathbb{R}$, für $r = 0, 1, 2$ und $x_1 = 1$.

Lemma 1. *Für eine Splinefunktion $s : \mathbb{R} \to \mathbb{R}$ vom Grad r gilt*

a) *s ist auf jedem Teilintervall $[x_i, x_{i+1})$ ein Polynom vom Grad r, $i = 0, \ldots, n$.*

b) *s hat auf $\mathbb{R}$ stetige Ableitungen bis zur Ordnung $r - 1$*

c) *Die r-te Ableitung von s ist eine Treppenfunktion mit Sprüngen (höchstens) bei $x_1, \ldots, x_n$.*

Beweis. a) Für $x \in [x_i, x_{i+1})$ ist $s(x) = s_{[i]}(x)$, mit

$$s_{[i]}(x) = \sum_{j=0}^{r} \vartheta_j x^j + \sum_{j=1}^{i} \alpha_j (x - x_j)^r.$$

b) Wir behandeln nur die Ableitungsordnung $r - 1$. Für $x \in [x_i, x_{i+1})$ ist

$$s_{[i]}^{(r-1)}(x) = c_0 + c_1 x + c_2 \sum_{j=1}^{i} \alpha_j (x - x_j),$$

so dass $s_{[i]}^{(r-1)}(x_i) = s_{[i-1]}^{(r-1)}(x_i)$, Letzteres als linksseitiger Limes.

c) Für $x \in [x_i, x_{i+1})$ ist $s_{[i]}^{(r)}(x) = c_1 + c_2 \sum_{j=1}^{i} \alpha_j$. □

Die Formel für die Treppenfunktion der r-ten Ableitung lautet

$$s^{(r)}(x) = r! \left\{ \vartheta_r + \sum_{j=1}^{i} \alpha_j \right\}, \quad x \in [x_i, x_{i+1}), \; i = 0, \ldots, n.$$

Man zeigt auch leicht die Umkehrung, dass nämlich eine Funktion $s : \mathbb{R} \to \mathbb{R}$, welche die Eigenschaften a) bis c) besitzt (mit gewissen $n, r, x_1, \ldots, x_n$), eine Splinefunktion vom Grad r ist, vgl. BOJANOV et al (1993, p. 20).

Eine Splinefunktion bindet stückweise Polynome so an den Knoten zusammen, dass stetige Ableitungen bis zur Ordnung $r - 1$ vorhanden sind. Eine Splinefunktion ist das glatteste stückweise definierte Polynom, das noch wirkliche Segmentstruktur besitzt. Denn ein stückweises Polynom vom Grad r, das stetige Ableitungen bis zur Ordnung r besitzt (statt nur bis Ordnung $r - 1$ wie bei Splines), ist bereits ein Polynom.

Splinefunktionen mit $r = 1, 2, 3$ heißen lineare, quadratische, kubische Splines. Die letzteren sind besonders wichtig für die Anwendung. Sie besitzen stetige 1. und 2. Ableitungen und werden als hinreichend glatt empfunden.

Splinefunktionen vom Grad r sind Elemente des *Sobolev-Raumes*

$$W_2^{(r)}[a,b] = \{f(x), x \in [a,b] : f \text{ besitzt Ableitungen } f^{(j)}, j = 1, \ldots, r;$$
$$f^{(j)} \text{ stetig für } j = 1, \ldots, r - 1; \ f^{(r)} \in L_2[a,b]\}.$$

2. Natürliche Splinefunktionen

Außerhalb $[x_1, x_n]$ stellt eine Splinefunktion (2.33) ein Polynom vom Grad r dar. Eine für die statistische Anwendung besonders wichtige Unterklasse sind die sog. natürlichen Splines. Diese besitzten außerhalb von $[x_1, x_n]$ nur die „halbe Ordnung". Zur genaueren Beschreibung setzen wir $r = 2m - 1$ für ungerades r. Dann heißt die Splinefunktion s in (2.33) ein *natürlicher Spline*, falls gilt:

s ist auf $(-\infty, x_1)$ und auf (x_n, ∞) ein Polynom vom Grad $m - 1$.   N

Da die m-te Ableitung eines Polynoms vom Grad $m - 1$ gleich 0 ist, folgen aus N die *natürlichen* Randbedingungen

$$s^{(j)}(a) = s^{(j)}(b) = 0, \quad j = m, \ldots, r \qquad [r = 2m - 1]. \tag{2.34}$$

Aus N schließt man für die Koeffizienten ϑ_j, indem man $x < x_1$ in (2.33) einsetzt, dass $\vartheta_m = \cdots = \vartheta_r = 0$, so dass die natürliche Splinefunktion die Form

$$s(x) = \sum_{j=0}^{m-1} \vartheta_j x^j + \sum_{i=1}^{n} \alpha_i (x - x_i)_+^r, \quad x \in \mathbb{R},$$
$$s(x) \text{ Polynom vom Grad } m - 1 \text{ für } x > x_n, \tag{2.35}$$

besitzt. Für die Koeffizienten α_i bringt N eine Einschränkung mit sich, die durch das Gleichungssystem

$$\sum_{i=1}^{n} \alpha_i x_i^j = 0, \quad j = 0, \ldots, m - 1, \tag{2.36}$$

charakterisiert wird, vgl. BOJANOV et al (1993, p. 67).

Für eine kubische Splinefunktion ist $r = 3$, also $m = 2$, so dass ein natürlicher kubischer Spline außerhalb von $[x_1, x_n]$ die Gestalt einer Geraden besitzt. Seine Darstellung lautet

$$s(x) = \vartheta_0 + \vartheta_1 x + \sum_{i=1}^{n} \alpha_i (x - x_i)_+^3, \qquad \sum_{i=1}^{n} \alpha_i = \sum_{i=1}^{n} \alpha_i x_i = 0.$$

Den linearen Raum aller natürlichen Splinefunktionen der Form (2.35) bezeichnen wir mit

$$N^{(2m-1)}(x_1, \dots, x_n) \equiv N^{(2m-1)}.$$

Aus (2.35) und (2.36) sowie aus der linearen Unabhängigkeit der Funktionen x^j, $(x - x_i)_+^r$, $j = 0, \dots, m-1$, $i = 1, \dots, n$, folgt

Proposition 1. *Gegeben $m \in \mathbb{N}$ und n Knoten $x_1, \dots, x_n$. Der lineare Raum $N^{(2m-1)}(x_1, \dots, x_n)$ besitzt die Dimension n.*

Im folgenden wichtigen Lemma verwenden wir eine Basis $s_1, \dots, s_n$ von $N^{(2m-1)}$ und stellen jedes s_j gemäß (2.35) dar,

$$s_j(x) = \sum_{k=0}^{m-1} \vartheta_{kj} x^k + \sum_{i=1}^{n} \alpha_{ij}(x - x_i)_+^r, \quad x \in \mathbb{R}, \quad j = 1, \dots, n. \qquad (2.37)$$

Lemma 2. *Gegeben eine Basis $s_1, \dots, s_n$ von $N^{(2m-1)}$ der Form (2.37) und eine Splinefunktion $s \in N^{(2m-1)}$ mit der Darstellung*

$$s(x) = \sum_{j=1}^{n} \beta_j s_j(x), \quad x \in \mathbb{R},$$

in dieser Basis. Dann gilt für jede Funktion $g \in W_2^{(m)}[a, b]$, mit $r = 2m - 1$,

$$\int_a^b g^{(m)}(x) s^{(m)}(x)\, dx = \sum_{i=1}^{n} c_i\, g(x_i), \quad c_i = (-1)^m\, r! \sum_{j=1}^{n} \beta_j \alpha_{ij}. \qquad (2.38)$$

Beweis. Iterierte partielle Integration liefert, unter Beachtung von $s^{(m)}(x) = \cdots = s^{(r)}(x) = 0$ für $x \notin [x_1, x_n]$ und von

$$s^{(r)}(x) = \sum_{j=1}^{n} \beta_j s_j^{(r)}(x) = r! \sum_{j=1}^{n} \beta_j \sum_{k=1}^{i} \alpha_{kj} \quad \text{für } x \in [x_i, x_{i+1}),$$

die folgende Gleichungskette

$$\int\limits_a^b g^{(m)}(x)\, s^{(m)}(x)\, dx = (-1) \int\limits_a^b g^{(m-1)}(x)\, s^{(m+1)}(x)\, dx = \cdots$$

$$= (-1)^{m-1} \int\limits_a^b g^{(1)}(x)\, s^{(2m-1)}(x)\, dx = (-1)^{m-1} \sum_{i=1}^{n-1} \int\limits_{x_i}^{x_{i+1}} g^{(1)}(x)\, s^{(r)}(x)\, dx$$

$$= (-1)^{m-1} r! \sum_{i=1}^{n-1} \left[g(x_{i+1}) - g(x_i) \right] \left[\sum_{j=1}^n \beta_j \sum_{k=1}^i \alpha_{kj} \right]$$

$$= (-1)^{m-1} r! \sum_{j=1}^n \beta_j \left[\sum_{i=2}^n g(x_i) \sum_{k=1}^{i-1} \alpha_{kj} - \sum_{i=1}^{n-1} g(x_i) \sum_{k=1}^i \alpha_{kj} \right]$$

$$= (-1)^{m-1} r! (-1) \sum_{j=1}^n \beta_j \sum_{i=1}^n g(x_i) \alpha_{ij}.$$

Da die leere Summe $\sum_{k=1}^0$ als auch $\sum_{k=1}^n \alpha_{kj} = (1/r!)\, s_j^{(r)}(x)$ (für $x > x_n$) verschwinden, konnten in der vorletzten Zeile die Summen $\sum_{i=2}^n$ und $\sum_{i=1}^{n-1}$ einheitlich durch $\sum_{i=1}^n$ ersetzt werden. $\square$

3. Anwendungen

Eine erste Anwendung von Lemma 2 ist das folgende Interpolationstheorem.

Satz 1. *Gegeben $m \in \mathbb{N}$ und n Knoten $x_1, \dots, x_n$, $m \le n$. Für n reelle Zahlen $y_1, \dots, y_n$ gibt es genau eine Splinefunktion $s \equiv s_y \in N^{(2m-1)}$ mit*

$$s(x_k) = y_k \quad \text{für } k = 1, \dots, n.$$

Beweis. Wir stellen nach Maßgabe von (2.35) und (2.36) ein lineares Gleichungssystem mit $n + m$ Gleichungen in den $n + m$ Unbekannten (ϑ_j, α_i) auf:

$$s(x_k) = \sum_{j=0}^{m-1} \vartheta_j x_k^j + \sum_{i=1}^n \alpha_i (x_k - x_i)_+^r \;=\; y_k, \quad k = 1, \dots, n, \tag{2.39}$$

$$\sum_{i=1}^n \alpha_i\, x_i^j \;=\; 0, \quad j = 0, \dots, m-1. \tag{2.40}$$

Es hat genau dann eine eindeutige Lösung, wenn das zugehörige homogene System nur die triviale Lösung besitzt. Wir nehmen an, dass (ϑ_j, α_i) eine Lösung des zugehörigen homogenen Systems ist. Bezeichnet s_0 den Spline aus $N^{(2m-1)}$ mit diesen Koeffizienten, so gilt gemäß Lemma 2

$$\int_a^b \left(s_0^{(m)}(x) \right)^2 dx = \sum_{k=1}^n c_k\, s_0(x_k) = 0,$$

Letzteres wegen (2.39) (mit $y_k = 0$ gesetzt). Es folgt $s_0^{(m)} = 0$ (f. s.) und s_0 ist ein Polynom vom Grad höchstens $m-1$ auf $[a, b]$. Da s_0 aber $n > m-1$ verschiedene Nullstellen hat, so gilt $s_0 = 0$. □

Die (natürliche) Splinefunktion aus Satz 1 oben wird *Interpolationsspline* genannt. Natürliche Interpolationssplines weisen minimale „Deformationsenergie" auf:

Satz 2. *Gegeben seien $m \leq n$, n Knoten $x_1, \ldots, x_n$ und reelle Zahlen $y_1, \ldots, y_n$. Ferner sei $s \equiv s_y \in N^{(2m-1)}$ der (eindeutig bestimmte, natürliche) Interpolationsspline und f eine Funktion aus $W_2^{(m)}$ mit $f(x_k) = y_k$, $k = 1, \ldots, n$. Dann gilt*

$$\int_a^b \left[s^{(m)}(x)\right]^2 dx \leq \int_a^b \left[f^{(m)}(x)\right]^2 dx,$$

mit Gleichheitszeichen nur im Fall $s = f$ auf $[a, b]$.

Beweis. Da $f(x_k) = s(x_k)$ für $k = 1, \ldots, n$, so folgt aus Lemma 2 oben

$$\int_a^b \left[s^{(m)}(x)\right]^2 dx = \int_a^b s^{(m)}(x) f^{(m)}(x) \, dx,$$

oder umgeschrieben $\int_a^b s^{(m)}(x) \left[f^{(m)}(x) - s^{(m)}(x)\right] dx = 0$. Deshalb gilt

$$\int_a^b \left[s^{(m)}(x)\right]^2 dx \leq \int_a^b \left[\left(s^{(m)}(x)\right)^2 + \left(f^{(m)}(x) - s^{(m)}(x)\right)^2\right] dx$$

$$= \int_a^b \left[s^{(m)}(x) + \left(f^{(m)}(x) - s^{(m)}(x)\right)\right]^2 dx = \int_a^b \left[f^{(m)}(x)\right]^2 dx,$$

mit Gleichheitszeichen, falls $f^{(m)} - s^{(m)} = 0$ (f. s.) auf $[a, b]$. Mit der gleichen Argumentation wie im Beweis zu Satz 1 oben ergibt sich die Eindeutigkeit. □

4. Kubische natürliche Splines

Die Kennzahlen für *kubische natürliche Splines* lauten $m = 2$ und $r = 3$. Eine solche Splinefunktion $s \in N^{(3)}$ kann durch zwei Vektoren charakterisiert werden (wie gleich bewiesen werden wird), nämlich durch den $n \times 1$-Vektor $\mu^{(n)} = (\mu_1, \ldots, \mu_n)^\top$ der Werte des Splines s an den Knotenpunkten x_i und durch den $(n-2) \times 1$-Vektor $\nu^{(n)} = (\nu_2, \ldots, \nu_{n-1})^\top$ der Werte der zweiten Ableitungen von s an diesen Stellen,

$$\mu_i = s(x_i), \; i = 1, \ldots, n, \qquad \nu_i = s''(x_i), \; i = 2, \ldots, n-1, \quad \nu_1 = \nu_n = 0.$$

Bezeichne $S^{(3)}(\mu^{(n)}, \nu^{(n)})$ die Menge aller segmentweise definierten kubischen Polynome mit vorgegebenen (jeweils rechts- und linksseitig identischen) Funktionswerten μ_i und zweiten Ableitungswerten ν_i an den Knotenstellen x_i. Der Funktionswert eines $s \in S^{(3)}(\mu^{(n)}, \nu^{(n)})$ an einer (Zwischen-)Stelle $x \in [x_i, x_{i+1}]$, $i = 1, \ldots, n-1$, lautet dann notwendigerweise

$$
\begin{aligned}
s(x) = &\, a_i(x)\mu_{i+1} + b_i(x)\mu_i - \frac{1}{6}(x_{i+1} - x_i)^2 \cdot \\
&\cdot \left[a_i(x)b_i(x)(\nu_{i+1} + \nu_i) + a_i^2(x)b_i(x)\nu_{i+1} + a_i(x)b_i^2(x)\nu_i \right],
\end{aligned}
\tag{2.41}
$$

wobei $a_i(x) = (x - x_i)/(x_{i+1} - x_i)$ und $b_i(x) = (x_{i+1} - x)/(x_{i+1} - x_i)$ gesetzt wurden. Außerhalb von $[x_1, x_n]$ gilt

$$
s(x) = \begin{cases} \mu_1 - (x_1 - x)\left(\frac{\mu_2 - \mu_1}{x_2 - x_1} - \frac{1}{6}(x_2 - x_1)\nu_2 \right), & x \le x_1 \\[2mm] \mu_n + (x - x_n)\left(\frac{\mu_n - \mu_{n-1}}{x_n - x_{n-1}} + \frac{1}{6}(x_n - x_{n-1})\nu_{n-1} \right), & x \ge x_n. \end{cases}
\tag{2.42}
$$

Einen Beweis dieser Darstellungen findet man in GREEN & SILVERMAN (1994, p. 22f). Zur angekündigten Charakterisierung führen wir die tridiagonale $n \times (n-2)$-Matrix Q und die tridiagonale, symmetrische, positiv-definite $(n-2) \times (n-2)$-Matrix R ein. Mit $h_i = x_{i+1} - x_i$, $i = 1, \ldots, n-1$, setzen wir

$$
Q = \begin{pmatrix} 1/h_1 & 0 & \cdots & 0 \\ -(1/h_1 + 1/h_2) & 1/h_2 & \cdots & 0 \\ 1/h_2 & -(1/h_2 + 1/h_3) & \cdots & 0 \\ 0 & 1/h_3 & \cdots & 0 \\ \cdots & \cdots & \cdots & \cdots \\ 0 & 0 & \cdots & 1/h_{n-2} \\ 0 & 0 & \cdots & -(1/h_{n-2} + 1/h_{n-1}) \\ 0 & 0 & \cdots & 1/h_{n-1} \end{pmatrix}
\tag{2.43}
$$

$$
6 \cdot R = \begin{pmatrix} 2(h_1 + h_2) & h_2 & 0 & \cdots & 0 & 0 \\ h_2 & 2(h_2 + h_3) & h_3 & \cdots & 0 & 0 \\ \cdots & \cdots & \cdots & \cdots & \cdots & \cdots \\ 0 & 0 & 0 & \cdots & \cdots & h_{n-2} \\ 0 & 0 & 0 & \cdots & h_{n-2} & 2(h_{n-2} + h_{n-1}) \end{pmatrix}
\tag{2.44}
$$

Proposition 2. *Die Funktion $s \in S^{(3)}(\mu^{(n)}, \nu^{(n)})$ bildet genau dann einen kubischen natürlichen Spline, falls für die Vektoren $\mu^{(n)}$ und $\nu^{(n)}$ die Gleichung gilt*

$$
Q^\top \cdot \mu^{(n)} = R \cdot \nu^{(n)}.
\tag{2.45}
$$

Beweis. Nach Definition von $S^{(3)}(\mu^{(n)}, \nu^{(n)})$ ist allein die Gleichheit von $s'(x_i-)$ und $s'(x_i+)$ für $i = 2, \ldots, n-1$ nachzuweisen (die Stetigkeit von s' bei x_1 und x_n ist leicht zu verifizieren). Aus (2.41) folgt

$$s'(x_i-) = \frac{\mu_i - \mu_{i-1}}{h_{i-1}} + \frac{1}{6} h_{i-1}(\nu_{i-1} + 2\nu_i), \quad s'(x_i+) = \frac{\mu_{i+1} - \mu_i}{h_i} - \frac{1}{6} h_i(2\nu_i + \nu_{i+1}).$$

Gleichsetzen der beiden Ausdrücke führt zu

$$\frac{\mu_{i+1} - \mu_i}{h_i} - \frac{\mu_i - \mu_{i-1}}{h_{i-1}} = \frac{1}{6} h_{i-1}\nu_{i-1} + \frac{1}{3}(h_{i-1} + h_i)\nu_i + \frac{1}{6} h_i \nu_{i+1} \qquad (2.46)$$

und damit zur Matrizengleichung (2.45). □

Aus den beiden Matrizen Q und R bildet man die positiv-semidefinite $n \times n$-Matrix $K = Q \cdot R^{-1} \cdot Q^\mathsf{T}$ und beweist

Lemma 3. *Für einen kubischen natürlichen Spline s gilt*

$$\int_a^b \left[s''(x) \right]^2 dx = (\mu^{(n)})^\mathsf{T} \cdot K \cdot \mu^{(n)}.$$

Beweis. Wegen $s^{(3)}(x) = (\nu_{i+1} - \nu_i)/h_i$ für $x \in [x_i, x_{i+1})$ ergibt partielle Differentiation wie im Beweis zu Lemma 2 oben

$$\int_a^b \left[s''(x) \right]^2 dx = -\sum_{i=1}^{n-1} \frac{\nu_{i+1} - \nu_i}{h_i} (\mu_{i+1} - \mu_i)$$

$$= \sum_{i=2}^{n-1} \nu_i \left(\frac{\mu_{i+1} - \mu_i}{h_i} - \frac{\mu_i - \mu_{i-1}}{h_{i-1}} \right)$$

$$= (\nu^{(n)})^\mathsf{T} Q^\mathsf{T} \mu^{(n)} = (\mu^{(n)})^\mathsf{T} Q R^{-1} Q^\mathsf{T} \mu^{(n)},$$

wobei man die linken Seiten von (2.45) und (2.46) beachte und für das letzte Gleichheitszeichen die Formel (2.45) anwende. □

Anhang

A Ergänzungen aus linearer Algebra, Analysis und Stochastik

1 Matrizen

Beweise zu den folgenden Aussagen finden sich bei CHRISTENSEN (1987, App. B), MARDIA et al (1979, App. A) und BROCKWELL & DAVIS (1987, sec. 2.5).

1.1 Projektionsmatrizen

Ist L ein linearer Teilraum des $\mathbb{R}^n$, so heißt die $n \times n$-Matrix P *Projektionsmatrix auf* L, falls

$$(i) \quad Px = x \quad \forall\, x \in L \qquad (ii) \quad Px = 0 \quad \forall\, x \in L^\perp,$$

wobei $L^\perp$ das orthogonale Komplement von L im $\mathbb{R}^n$ ist,

$$L^\perp = \{x \in \mathbb{R}^n : x^\top \cdot y = 0 \quad \forall\, y \in L\}.$$

P ist eindeutig bestimmt und es gilt $L = \mathcal{L}(P)$, das ist der von den Spalten der Matrix P aufgespannte lineare Raum. Insbesondere ist $\mathrm{Rang}(P) = \dim L$, und man kann von einer Projektionsmatrix sprechen, ohne den Zusatz „auf L" zu benutzen.

Proposition 1. *Die $n \times n$-Matrix P ist eine Projektionsmatrix genau dann, wenn P symmetrisch und idempotent ist, d. h. wenn sie $P = P^\top$ und $P^2 = P$ erfüllt.*

Eine Projektionsmatrix P vom Rang r besitzt die Eigenwerte 1 (Vielfachheit r) und 0 (Vielfachheit $n-r$). Insbesondere ist $\mathrm{Spur}(P) = r$. Die nächste Proposition gibt Auskunft über Darstellungen von P mit Hilfe einer Basis von L.

Proposition 2. *Ist P Projektionsmatrix auf $L \subset \mathbb{R}^n$, dim $L = r$, und bilden $x_1, \ldots, x_r$ eine Basis von L, so gilt mit der $n \times r$-Matrix $X = (x_1, \ldots, x_r)$*

$$P = X(X^\top X)^{-1} X^\top.$$

Bilden $x_1, \ldots, x_r$ eine Orthonormalbasis, so ist insbesondere

$$P = XX^\top = \sum_{i=1}^{r} x_i x_i^\top.$$

Proposition 3. *Sind P und P_0 Projektionsmatrizen auf die linearen Teilräume L bzw. L_0, wobei $L_0 \subset L \subset \mathbb{R}^n$, so ist $P - P_0$ Projektionsmatrix auf das orthogonale Komplement von L_0 im L. Insbesondere ist $I_n - P$ Projektionsmatrix auf das orthogonale Komplement von L im $\mathbb{R}^n$.*

1.2 Ellipsoide

Ist A eine symmetrische, positiv-definite $m \times m$-Matrix und ist $a \in \mathbb{R}^m$, so bildet die Punktmenge

$$\mathcal{E} = \left\{ x \in \mathbb{R}^m : (x - a)^\top A (x - a) \leq 1 \right\}$$

ein m-dimensionales Ellipsoid mit Zentrum a. Die Hauptachsen(richtungen) von $\mathcal{E}$ sind die Eigenvektoren von A; die Halbachsenlängen betragen

$$1/\sqrt{\lambda_1}, \ldots, 1/\sqrt{\lambda_m} \qquad [\lambda_i \text{ Eigenwerte von } A].$$

Das folgende Lemma von SCHEFFÉ (1959, APP. III) beschreibt die Tangential-(hyper-)ebenen an das Ellipsoid $\mathcal{E}$.

Lemma. *(Projektionslemma von Scheffé)*
Sei $h \in \mathbb{R}^m$ ein beliebiger Vektor $\neq 0$. Die beiden Tangential(hyper-)ebenen an das Ellipsoid $\mathcal{E}$, welche senkrecht zu h stehen, sind gegeben durch

$$T_h = \left\{ x \in \mathbb{R}^m : h^\top (x - a) = \pm\sqrt{h^\top A^{-1} h} \right\}.$$

Insbesondere kann also das Ellipsoid $\mathcal{E}$ in der Form

$$\mathcal{E} = \left\{ x \in \mathbb{R}^m : |h^\top (x - a)| \leq \sqrt{h^\top A^{-1} h} \quad \forall\, h \in \mathbb{R}^m \right\}$$

geschrieben werden.

1.3   Ableitungsvektoren und -Matrizen

Notationen

Im Folgenden werden Funktionen $f_1 : U \subset \mathbb{R}^n \to \mathbb{R}$ bzw.

$$f = \begin{pmatrix} f_1 \\ \vdots \\ f_m \end{pmatrix} : U \subset \mathbb{R}^n \to \mathbb{R}^m$$

(U offen, $n, m \geq 1$) betrachtet, die stets als genügend oft stetig differenzierbar vorausgesetzt werden. Für $x = \begin{pmatrix} x_1 \\ \vdots \\ x_n \end{pmatrix}$ bezeichne

$$\frac{df_1}{dx} = \begin{pmatrix} \frac{\partial f_1}{\partial x_1} \\ \vdots \\ \frac{\partial f_1}{\partial x_n} \end{pmatrix} \qquad \text{bzw.} \qquad \frac{df^\mathsf{T}}{dx} = \begin{pmatrix} \frac{\partial f_1}{\partial x_1} & \cdots & \frac{\partial f_m}{\partial x_1} \\ \vdots & & \vdots \\ \frac{\partial f_1}{\partial x_n} & \cdots & \frac{\partial f_m}{\partial x_n} \end{pmatrix}$$

den $n \times 1$-Ableitungsvektor (Gradienten) von f_1 bzw. die $n \times m$-*Funktionalmatrix* von f (auch *Jacobimatrix* genannt). Der transponierte Ableitungsvektor von f_1 kann auch als

$$\frac{df_1}{dx^\mathsf{T}} = \left(\frac{df_1}{dx}\right)^\mathsf{T} = \left(\frac{\partial f_1}{\partial x_1}, \dots, \frac{\partial f_1}{\partial x_n}\right) \qquad [1 \times n - Vektor],$$

die transponierte Funktionalmatrix von f auch in der Form

$$\frac{df}{dx^\mathsf{T}} = \left(\frac{df^\mathsf{T}}{dx}\right)^\mathsf{T} = \begin{pmatrix} \frac{df_1}{dx^\mathsf{T}} \\ \vdots \\ \frac{df_m}{dx^\mathsf{T}} \end{pmatrix} \qquad [m \times n - Matrix]$$

geschrieben werden. Anstelle von $\frac{df_1}{dx}$ wird auch $\frac{d}{dx}f_1$, df_1/dx oder $(d/dx)f_1$ geschrieben. Eine Auswertung an der Stelle x_0 wird durch $\frac{df_1}{dx}(x_0)$ kenntlich gemacht. Die symmetrische $n \times n$-Matrix der zweiten Ableitungen der Funktion f_1 lautet

$$\frac{d^2 f_1}{dx\,dx^\mathsf{T}} = \frac{d}{dx}\left(\frac{df_1}{dx^\mathsf{T}}\right) = \begin{pmatrix} \frac{\partial^2 f_1}{\partial x_1 \partial x_1} & \cdots & \frac{\partial^2 f_1}{\partial x_1 \partial x_n} \\ \vdots & & \vdots \\ \frac{\partial^2 f_1}{\partial x_n \partial x_1} & \cdots & \frac{\partial^2 f_1}{\partial x_n \partial x_n} \end{pmatrix}$$

und wird *Hessematrix* genannt.

Regeln

Mit den oben eingeführten Notationen können wir die folgenden Ableitungsregeln aufstellen. Es wird stets die stetige Differenzierbarkeit auf einer offenen Menge vorausgesetzt.

Für zwei Funktionen $f, g : \mathbb{R}^n \to \mathbb{R}^m$ gilt die *Produktregel*

$$\frac{d}{dx}(f^\top \cdot g) = \frac{df^\top}{dx} \cdot g + \frac{dg^\top}{dx} \cdot f \qquad [n \times 1 - \text{Vektor}].$$

Für zwei Funktionen $f : \mathbb{R}^n \to \mathbb{R}^m$, $g : \mathbb{R}^m \to \mathbb{R}^k$, für $x \in \mathbb{R}^n, y \in \mathbb{R}^m, x_0 \in \mathbb{R}^n$ und $y_0 = f(x_0)$ gilt die *Kettenregel*

$$\frac{d(g \circ f)^\top}{dx}(x_0) = \left(\frac{df^\top}{dx}(x_0)\right) \cdot \left(\frac{dg^\top}{dy}(y_0)\right) \qquad [n \times k - \text{Matrix}].$$

Für $f : \mathbb{R}^n \to \mathbb{R}^m$ lautet der *Mittelwertsatz*

$$f(x) = f(x_0) + \left(\frac{df}{dx^\top}(x^*)\right) \cdot (x - x_0), \qquad (A\ 1.1)$$

mit geeigneten Zwischenstellen $x^* = \lambda x + (1 - \lambda)x_0$, $0 \le \lambda \le 1$, die i. A. für die m Komponenten der Gleichung (A 1.1) verschieden sind.

Für $2\times$ stetig differenzierbares $f : \mathbb{R}^n \to \mathbb{R}$ gilt die *Taylorentwicklung* der Ordnung 2 an der Stelle x_0,

$$f(x) = f(x_0) + \left(\frac{df}{dx^\top}(x_0)\right) \cdot (x - x_0) + \frac{1}{2}(x - x_0)^\top \cdot \left(\frac{d^2 f}{dx dx^\top}(x^*)\right) \cdot (x - x_0),$$

mit einer geeigneten Zwischenstelle $x^* = \lambda x + (1 - \lambda)x_0, 0 \le \lambda \le 1$.

Einige Ableitungsregeln für Matrizenprodukte (stets $x \in \mathbb{R}^n$):

$$\frac{d}{dx}(x^\top A) = A \qquad\qquad\qquad [A\ n \times m\text{-Matrix}]$$

$$\frac{d}{dx}(x^\top A x) = 2A x \qquad\qquad [A \text{ symmetrische } n \times n\text{-Matrix}]$$

$$\frac{d^2}{dx dx^\top}(x^\top A x) = 2A \qquad\quad [A \text{ symmetrische } n \times n\text{-Matrix}]$$

$$\frac{d}{dx}((Ax - a)^\top \cdot (Ax - a)) = 2A^\top(Ax - a) \quad [A\ m \times n\text{-Matrix}].$$

2   Mehrdimensionale Normalverteilung

Beweise zu den folgenden Aussagen finden sich bei MARDIA et al (1979, chap. 3), ARNOLD (1981, sec. 3.4), CHRISTENSEN (1987, sec. I.2, I.3) und PRUSCHA (1996, I.2).

2.1 Definition, Standardisierung, Charakterisierung

Ist $\mu \in \mathbb{R}^p$ und ist Σ eine symmetrische, positiv-definite $p \times p$-Matrix, dann nennen wir die Funktion

$$f(x) = \frac{1}{(2\pi)^{p/2}(\det \Sigma)^{1/2}} \exp\left\{ -\frac{1}{2}(x-\mu)^\top \Sigma^{-1}(x-\mu) \right\}, \quad x \in \mathbb{R}^p,$$

$$\text{(A 2.1)}$$

Dichte der p-dimensionalen Normalverteilung. Ein p-dimensionaler Zufallsvektor X heißt (nicht-ausgeartet) p-dimensional normalverteilt mit Parameter (μ, Σ) oder $N_p(\mu, \Sigma)$-verteilt, falls er eine Dichte der Gestalt (A 2.1) besitzt.

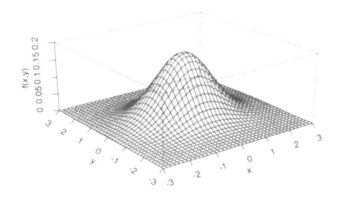

Abbildung A.1: Dichtefunktion der zweidimensionalen Normalverteilung .

Lemma 1. *Sei X $N_p(\mu, \Sigma)$-verteilt. Ist A eine invertierbare $p \times p$-Matrix mit*

$$A \cdot A^\top = \Sigma \qquad \text{[A Wurzel aus } \Sigma\text{]}$$

und setzen wir

$$Y = A^{-1}(X - \mu) \qquad \text{[Y Standardisierte von X]},$$

dann sind die Komponenten $Y_1, \ldots, Y_p$ von Y unabhängig und $N(0,1)$-verteilt.

Satz 1. *Für $N_p(\mu, \Sigma)$-verteiltes X gilt*

$$\mathbb{E}(X) = \mu, \quad \mathbb{V}(X) = \Sigma.$$

Lemma 2. *Die charakteristische Funktion der $N_p(\mu, \Sigma)$-Verteilung lautet*

$$\varphi(t) = \exp\left\{ \iota\, t^\top \mu - \frac{1}{2} t^\top \Sigma\, t \right\} \qquad [\iota = \sqrt{-1}].$$

Satz 2. *Der p-dimensionale Zufallsvektor X ist genau dann p-dimensional normalverteilt, wenn die reellwertige Zufallsvariable $a^\top \cdot X$ für jedes $a \in \mathbb{R}^p$, $a \neq 0$, normalverteilt ist.*

Satz 3. *Die Komponenten $X_1, \ldots, X_p$ eines $N_p(\mu, \Sigma)$-verteilten Zufallsvektors X sind unabhängig genau dann, wenn sie paarweise unkorreliert sind, d. h. wenn Σ eine Diagonalmatrix ist.*

2.2 Linearformen

Linearformen normalverteilter Zufallsvektoren bleiben (mehrdimensional) normalverteilt.

Satz 1. *Seien X $N_p(\mu, \Sigma)$-verteilt, A eine $q \times p$-Matrix $(q \leq p)$ mit Rang q und $b \in \mathbb{R}^q$. Dann ist der q-dimensionale Zufallsvektor $Y = AX + b$*

$$N_q\left(A\mu + b, A \Sigma A^\top\right) - verteilt.$$

Korollar. *Sei X $N_p(\mu, \Sigma)$-verteilt, mit $\mu = (\mu_1, \ldots, \mu_p)^\top$, $\Sigma = (\sigma_{ij})$.*

(i) Die Komponente X_i von X ist $N(\mu_i, \sigma_i^2)$-verteilt, $\sigma_i^2 \equiv \sigma_{ii}$.

(ii) Gilt $\Sigma = Diag(\sigma_i^2)$, so ist die Zufallsvariable $\sum_{i=1}^p X_i$

$$N\left(\mu_1 + \ldots + \mu_p, \sigma_1^2 + \ldots + \sigma_p^2\right) - verteilt.$$

(iii) Gilt $\Sigma = \sigma^2 I_p$, $\mu_i = \mu_1$ für $i = 1, \ldots, p$, so ist die Zufallsvariable $\frac{1}{p}\sum_{i=1}^p X_i$

$$N\left(\mu_1, \frac{1}{p}\sigma^2\right) - verteilt.$$

Bemerkung. Ein $q \times 1$-Zufallsvektor X heißt normalverteilt (im weiteren Sinne), falls es eine $q \times p$-Matrix A und einen $q \times 1$-Vektor b gibt, so dass $X \overset{\mathcal{D}}{=} AZ + b$ gilt, mit einem $N_p(0, I_p)$-verteilten Zufallsvektor Z. Ist $AA^\top$ nicht invertierbar, so heißt X *ausgeartet* normalverteilt, andernfalls ist X (nicht-ausgeartet) $N_p(b, AA^\top)$-verteilt.

Satz 2. *Seien X $N_p(\mu, I_p)$-verteilt, A eine $q \times p$-Matrix und B eine $r \times p$-Matrix. Die Zufallsvektoren AX und BX sind unabhängig genau dann, wenn $AB^\top = 0$.*

2.3 Quadratische Formen

Gewisse quadratische Formen normalverteilter Zufallsvektoren erweisen sich als (nichtzentral) χ^2-verteilt. Teil (ii) der folgenden beiden Sätze verallgemeinert jeweils den Teil (i).

Satz 1. *Für einen $N_p(\mu, \Sigma)$-verteilten Zufallsvektor X gilt:*

(i) Die Zufallsvariable $(X - \mu)^\top \Sigma^{-1}(X - \mu)$ ist χ_p^2-verteilt.

(ii) Die Zufallsvariable $X^\top \Sigma^{-1} X$ besitzt eine nichtzentrale χ_p^2-Verteilung mit Nichtzentralisationsparameter (NZP) $\delta^2 = \mu^\top \Sigma^{-1} \mu$.

Satz 2. *Für einen $N_p(\mu, I_p)$-verteilten Zufallsvektor X und eine $p \times p$-Projektionsmatrix P vom Rang r gilt:*

(i) Die Zufallsvariable $(X - \mu)^\top P (X - \mu)$ ist χ_r^2-verteilt.

(ii) Die Zufallsvariable $X^\top P X$ ist nichtzentral χ_r^2-verteilt, mit NZP $\delta^2 = \mu^\top P \mu$.

3 Grenzwertsätze

Zur Behandlung asymptotischer statistischer Methoden benötigen wir Begriffe und Ergebnisse zur Konvergenz einer Folge von Zufallsvariablen. Beweise der folgenden Aussagen finden sich in BAUER (1968, § 15, 37, 38, 51), GÄNSSLER & STUTE (1977, 1.11–1.14, 2.3, 4.1, 8.6–8.8), CHOW & TEICHER (1978, chap. 8–10), SERFLING (1980, 1.2–1.11), BROCKWELL & DAVIS (1987, chap. 6), SENG & SINGER (1993, chap. 2, 3) und SCHMITZ (1996, 5.1–5.4, 7.1–7.4).

3.1 Fast sichere und stochastische Konvergenz

Sind X_n, $n \geq 1$, und X Zufallsvariablen auf dem gleichen Wahrscheinlichkeitsraum, so konvergiert die Folge X_n, $n \geq 1$, mit Wahrscheinlichkeit 1 oder $\mathbb{P}$-fast sicher, abgekürzt $\mathbb{P}$-f. s., gegen X, falls

$$\mathbb{P}\left(\lim_{n \to \infty} X_n = X \right) = 1.$$

Man schreibt $X_n \to X$ $\mathbb{P}$-f. s. Im Fall von p-dimensionalen Zufallsvektoren X_n, X versteht sich $\lim_{n \to \infty} X_n = X$ komponentenweise oder in der Euklidischen Norm.

Lemma. $X_n \to X$ $\mathbb{P} - f.\ s.$ *genau dann, wenn für alle $\varepsilon > 0$*

$$\lim_{n \to \infty} \mathbb{P}\left(\sup_{m \geq n} |X_m - X| > \varepsilon \right) = 0. \tag{A 3.1}$$

Sind X_n, $n \geq 1$, und X Zufallsvariablen auf dem gleichen Wahrscheinlichkeits-raum, so konvergiert die Folge X_n, $n \geq 1$, $\mathbb{P}$-stochastisch gegen X, falls für alle $\varepsilon > 0$

$$\lim_{n \to \infty} \mathbb{P}(|X_n - X| > \varepsilon) = 0 \qquad \text{(A 3.2)}$$

gilt, wofür man auch $X_n \xrightarrow{\;\mathbf{P}\;} X$ schreibt. Im Fall m-dimensionaler Zufallsvektoren X_n, X versteht sich $|X_n - X|$ in der Formel (A 3.2) als Euklidische Norm des Vektors $X_n - X$. Man zeigt leicht, dass

$$X_n \xrightarrow{\;\mathbf{P}\;} X \quad \text{genau dann, wenn} \quad X_{nj} \xrightarrow{\;\mathbf{P}\;} X_j \quad \text{für alle } j = 1, \dots, m,$$

wobei X_{nj}, X_j die j-ten Komponenten von X_n und X bedeuten. Wegen (A 3.1) folgt aus der $\mathbb{P}$-fast sicheren Konvergenz die $\mathbb{P}$-stochastische, während die $\mathbb{P}$-stochastische Konvergenz nur die $\mathbb{P}$-fast sichere Konvergenz einer Teilfolge erzwingt.

Proposition. *Für m-dimensionale Zufallsvektoren gelte $X_n \xrightarrow{\;\mathbf{P}\;} X$:*

(i) *Aus $X_n \xrightarrow{\;\mathbf{P}\;} X'$ folgt $\mathbb{P}(X \neq X') = 0$.*

(ii) *Ist $g : \mathbb{R}^m \to \mathbb{R}^q$ stetig, so folgt $g(X_n) \xrightarrow{\;\mathbf{P}\;} g(X)$.*

(iii) *Gilt $|X_n| \leq Y$, $\mathbb{E}(Y) < \infty$, so folgt $\mathbb{E}(|X_n - X|) \to 0$*
[majorisierte Konvergenz]

3.2 L_p-Konvergenz, Stochastische Beschränktheit

Bezeichne $\mathcal{L}_p$ die Menge aller reellwertigen Zufallsvariablen X (auf einem gege-benen Wahrscheinlichkeitsraum), welche $\mathbb{E}(|X|^p) < \infty$ erfüllen, $1 \leq p < \infty$. Es gilt $\mathcal{L}_p \subset \mathcal{L}_q$ für $1 \leq q \leq p$. Sind X_n, $n \geq 1$, und X Zufallsvariablen aus $\mathcal{L}_p$, so konvergiert X_n definitionsgemäß im p-ten Mittel gegen X, kurz $X_n \xrightarrow{\;L_p\;} X$, falls

$$\mathbb{E}(|X_n - X|^p) \longrightarrow 0 \qquad [n \to \infty].$$

Aus $X_n \xrightarrow{\;L_p\;} X$ folgt auch $X_n \xrightarrow{\;L_q\;} X$ für $1 \leq q \leq p$ und $\mathbb{E}(|X_n|^p) \longrightarrow \mathbb{E}(|X|^p)$, sowie $\mathbb{E}(X_n) \longrightarrow \mathbb{E}(X)$.

Eine Folge X_n, $n \geq 1$, von Zufallsvariablen heißt *gleichgradig integrierbar*, falls

$$\sup_n \mathbb{E}(|X_n| \cdot 1(|X_n| > a)) \longrightarrow 0 \quad \text{für } a \uparrow \infty.$$

Hinreichend dafür ist die Existenz einer Zahl $\delta > 0$ mit $\sup_n \mathbb{E}(|X_n|^{1+\delta}) < \infty$.

Satz. *Für eine Folge X_n, $n \geq 1$, aus $\mathcal{L}_p$, $1 \leq p < \infty$, und für eine Zufallsvariable X sind die folgenden beiden Aussagen äquivalent.*

(i) Die Folge $|X_n|^p$, $n \geq 1$, ist gleichgradig integrierbar mit $X_n \xrightarrow{\text{P}} X$.

(ii) $\mathbb{E}(|X|^p) < \infty$ und $X_n \xrightarrow{L_p} X$.

Die Folge X_n, $n \geq 1$, von Zufallsvariablen heißt $\mathbb{P}$-*stochastisch beschränkt*, kürzer $\mathbb{P}$-beschränkt, falls es für jedes $\varepsilon > 0$ ein $M = M(\varepsilon)$ und ein $n_0 = n_0(\varepsilon)$ gibt mit

$$\mathbb{P}(|X_n| > M) < \varepsilon \qquad \forall\, n \geq n_0.$$

Äquivalent mit dieser Forderung ist

$$\lim_{M \to \infty} \limsup_{n \to \infty} \mathbb{P}(|X_n| > M) = 0.$$

Für m-dimensionale $X_n = (X_{n1}, \dots, X_{nm})^{\mathsf{T}}$ versteht sich $|X_n|$ wieder als Euklidische Norm. Es gilt

$$X_n,\ n \geq 1,\ \mathbb{P}\text{-beschränkt} \iff X_{nj},\ n \geq 1,\ \mathbb{P}\text{-beschränkt, für alle } j = 1, \dots, m.$$

Proposition. *(i) Aus $X_n \xrightarrow{\text{P}} X$ folgt X_n $\mathbb{P}$-beschränkt.*

(ii) Aus $X_n \xrightarrow{\text{P}} 0$ und Y_n $\mathbb{P}$-beschränkt folgt $X_n^{\mathsf{T}} Y_n \xrightarrow{\text{P}} 0$.

(iii) Aus X_n, Y_n $\mathbb{P}$-beschränkt folgt $X_n + Y_n$ und $X_n^{\mathsf{T}} \cdot Y_n$ $\mathbb{P}$-beschränkt.

(iv) Aus $\mathbb{E}(|X_n|) \leq C < \infty$ für alle n folgt X_n $\mathbb{P}$-beschränkt.

3.3 Gesetze der großen Zahlen

Gesetze der großen Zahlen (GdgZ) beziehen sich auf die Konvergenz der normierten Teilsummen S_n/n, $n \geq 1$, einer Folge X_n, $n \geq 1$, von Zufallsvariablen (über demselben Wahrscheinlichkeitsraum), wobei $S_n = \sum_{i=1}^{n} X_i$ gesetzt ist.

Satz 1. *(starkes GdgZ nach Kolmogorov für identisch verteilte Zufallsvariable) Sind die Zufallsvariablen X_n, $n \geq 1$, unabhängig und identisch verteilt, mit $\mathbb{E}(|X_1|) < \infty$, so gilt mit $\mu = \mathbb{E}(X_1)$ für $n \to \infty$*

$$\frac{1}{n} S_n \longrightarrow \mu \qquad \mathbb{P} - \text{fast sicher}.$$

In den folgenden Sätzen 2 und 3 verlangen wir, dass die Variablen X_n, $n \geq 1$, aus $\mathcal{L}_2$ sind, während Satz 1 nur die Zugehörigkeit zu $\mathcal{L}_1$ forderte.

Satz 2. *(schwaches GdgZ nach Tschebyschev)*
Sind $X_1, X_2, \ldots$ paarweise unkorrelierte Zufallsvariable mit Erwartungswerten
$\mu_1, \mu_2, \ldots$ und Varianzen $\sigma_1^2, \sigma_2^2, \ldots$, so dass $\sum_{i=1}^{n} \sigma_i^2 / n^2 \to 0$, dann gilt mit
$M_n = \sum_{i=1}^{n} \mu_i$ für $n \to \infty$

$$\frac{1}{n}(S_n - M_n) \xrightarrow{\mathbf{P}} 0.$$

Satz 3. *(starkes GdgZ nach Kolmogorov)*
Sind $X_1, X_2, \ldots$ unabhängige Zufallsvariable mit Erwartungswerten $\mu_1, \mu_2, \ldots$
und mit Varianzen $\sigma_1^2, \sigma_2^2, \ldots$, so dass $\sum_{i=1}^{\infty}(\sigma_i^2 / i^2) < \infty$, dann gilt mit $M_n =$
$\sum_{i=1}^{n} \mu_i$ für $n \to \infty$

$$\frac{1}{n}(S_n - M_n) \longrightarrow 0 \quad \mathbb{P} - \text{fast sicher}.$$

Bemerkung. Aufgrund des *Lemmas von Kronecker*, das ist

$$\sum_{i=1}^{\infty} \frac{c_i}{a_i} \text{ konvergiert, } a_n \uparrow \infty \Rightarrow \frac{1}{a_n} \sum_{i=1}^{n} c_i \to 0 \qquad [n \to \infty],$$

sind die Voraussetzungen des Satzes 3 stärker als die des Satzes 2.

Satz 4. *(starkes GdgZ nach Marcinkiewicz)*
Sind $X_1, X_2, \ldots$ unabhängige und identisch verteilte Zufallsvariable mit $\mathbb{E}(|X_1|^\delta)$
$< \infty$ für eine Zahl δ mit $0 < \delta < 1$, so gilt

$$\frac{1}{n^{1/\delta}} \sum_{i=1}^{n} |X_i| \longrightarrow 0 \quad \mathbb{P} - \text{fast sicher}.$$

Insbesondere gilt

(i) $\mathbb{E}(X_1^2) < \infty \Rightarrow (1/n^{3/2}) \sum_{i=1}^{n} |X_i|^3 \to 0$

(ii) $\mathbb{E}(X_1^2) < \infty \Rightarrow (1/n^2) \sum_{i=1}^{n} X_i^4 \to 0.$

3.4 Konvergenz in Verteilung

Die p-dimensionalen Zufallsvektoren $X_n, n \geq 1$, und X_0 (die nicht notwendig auf demselben Wahrscheinlichkeitsraum definiert sind) mögen die Verteilungsfunktionen $F_n(x)$, $x \in \mathbb{R}^p$, bzw. $F_0(x)$, $x \in \mathbb{R}^p$, besitzen. Die Folge $X_n, n \geq 1$, konvergiert definitionsgemäß *in Verteilung* gegen X_0, falls

$$\lim_{n \to \infty} F_n(x) = F_0(x) \quad \text{für alle } x \in C_0, \tag{A 3.3}$$

wobei $C_0 \subset \mathbb{R}^p$ die Menge der Stetigkeitspunkte von $F_0(x)$ bezeichnet. Wir schreiben dann auch $X_n \xrightarrow{\mathcal{D}} X_0$, $F_n \Rightarrow F_0$ oder in gemischter Schreibweise $X_n \xrightarrow{\mathcal{D}} F_0$, und nennen X_n asymptotisch nach F_0 verteilt. Im Fall eines $N_p(\mu, \Sigma)$-verteilten X_0 etwa schreibt man $X_n \xrightarrow{\mathcal{D}} N_p(\mu, \Sigma)$.

Proposition 1. *Für die Zufallsvariablen X_n, $n \geq 1$, und X gelte $X_n \xrightarrow{D} X$.*
Dann gilt:

(i) Die Folge $X_n, n \geq 1$, ist $\mathbb{P}$-beschränkt.

(ii) Ist zusätzlich X_n, $n \geq 1$, gleichgradig integrierbar, so folgt $\mathbb{E}(|X|) < \infty$ und

$$\mathbb{E}(X_n) \longrightarrow \mathbb{E}(X), \quad \mathbb{E}(|X_n|) \longrightarrow \mathbb{E}(|X|) \qquad [n \to \infty].$$

Der folgende Satz bringt nützliche Charakterisierungen der Verteilungskonvergenz.

Satz 1. *$X_0, X_1, \ldots$ seien p-dimensionale Zufallsvektoren mit Verteilungsfunktionen $F_0(x), F_1(x), \ldots$ und mit charakteristischen Funktionen $\varphi_0(t), \varphi_1(t), \ldots$. Dann sind die folgenden vier Aussagen äquivalent:*

(i) $F_n \Rightarrow F_0$ (bzw. $X_n \xrightarrow{D} X_0$) im Sinne von (A 3.3)

(ii) $\mathbb{E}(g(X_n)) \to \mathbb{E}(g(X_0))$ für alle beschränkten stetigen Funktionen g auf $\mathbb{R}^p$

(iii) $\varphi_n(t) \to \varphi_0(t)$ für alle $t \in \mathbb{R}^p$.

(iv) $a^\top X_n \xrightarrow{D} a^\top X$ für alle $a \in \mathbb{R}^p$.

Bemerkungen. 1. Die Äquivalenz von (i) und (iii) wird auch *Stetigkeitssatz*, die von (i) und (iv) auch *Cramér-Wold device* genannt.
2. Insbesondere folgt aus $X_n \xrightarrow{D} X_0$ die Verteilungskonvergenz aller Komponenten , das heißt

$$X_{nj} \xrightarrow{D} X_{0j}, \quad j = 1, \ldots, p.$$

Die Umkehrung dieser Aussage jedoch ist –anders als bei der fast sicheren, der stochastischen und der L_1-Konvergenz– nicht richtig.

Satz 2. *(i) Aus $X_n \xrightarrow{P} X$ folgt $X_n \xrightarrow{D} X$.*

(ii) Aus $X_n \xrightarrow{D} a$ folgt $X_n \xrightarrow{P} a$ \qquad [$a \in \mathbb{R}^p$ konstant].

In den folgenden zwei Hilfssätzen stellen F_n, $n \geq 1$, und F_0 Verteilungsfunktionen auf $\mathbb{R}$ dar.

Hilfssatz 1. *Gilt $\lim_{n \to \infty} F_n(x) = F_0(x)$ für alle $x \in \mathbb{R}$ und ist F_0 stetig, so findet sogar gleichmäßige Konvergenz statt, d. h. es gilt*

$$\sup_{x \in \mathbb{R}} |F_n(x) - F_0(x)| \longrightarrow 0.$$

Hilfssatz 2. *Ist A eine dichte Teilmenge in $\mathbb{R}$ (z. B. die Menge der rationalen Zahlen) und gilt $F_n(x) \longrightarrow F_0(x)$ $\forall x \in A$, so folgt $F_n \Rightarrow F_0$ im Sinne von (A 3.3).*

Continuous mapping Theorem, Cramér-Slutsky Sätze

Satz 3. *(Continuous mapping)*
Gilt für die Folge $X_n, n \geq 1$, von p-dimensionalen Zufallsvektoren $X_n \xrightarrow{\mathcal{D}} X$ und ist $g : \mathbb{R}^p \to \mathbb{R}^m$ stetig, so folgt

$$g(X_n) \xrightarrow{\mathcal{D}} g(X).$$

Satz 4. *(Cramér-Slutsky)*
Gilt für die Folgen X_n, $n \geq 1$, und Y_n, $n \geq 1$, von p-dimensionalen Zufallsvektoren

$$X_n \xrightarrow{\mathcal{D}} X \quad und \quad Y_n \xrightarrow{\mathcal{P}} a \qquad [a \in \mathbb{R}^p \ konstant, \ n \to \infty],$$

so folgt   (i) $X_n + Y_n \xrightarrow{\mathcal{D}} X + a$ (ii) $Y_n^\top X_n \xrightarrow{\mathcal{D}} a^\top X.$

Aussage (ii) kann auch in der Form $A_n X_n \xrightarrow{\mathcal{D}} AX$ bewiesen werden, wenn für die Matrizen A_n von Zufallsvariablen („Zufallsmatrizen") $A_n \xrightarrow{\mathcal{P}} A$ gilt und A eine nicht-zufällige Matrix ist. Ähnlich:

Proposition 2. *Für die Folgen A_n, $n \geq 1$, von $p \times p$-Zufallsmatrizen und X_n, $n \geq 1$, von p-dimensionalen Zufallsvektoren gelte bei $n \to \infty$*

$$A_n X_n \xrightarrow{\mathcal{D}} X, \quad A_n \xrightarrow{\mathcal{P}} A,$$

wobei A nicht-zufällig und invertierbar sei. Dann folgt

$$X_n \xrightarrow{\mathcal{D}} A^{-1} X.$$

δ-Methode

Satz 5. *Gilt für eine Folge $T_n, n \geq 1$, von p-dimensionalen Zufallsvektoren*

$$c_n (T_n - \mu) \xrightarrow{\mathcal{D}} N_p(0, \Sigma),$$

mit einer Zahlenfolge $c_n \to \infty$, und ist $g : \mathbb{R}^p \to \mathbb{R}^m$ [$m \leq p$] eine in einer Umgebung von μ stetig differenzierbare Abbildung, wobei die $p \times m$-Matrix

$$D = \frac{dg^\top}{dx}(\mu),$$

d. i. die an der Stelle μ ausgewertete Funktionalmatrix von $g(x)$, vollen Rang m besitze. Dann gilt

$$c_n \big(g(T_n) - g(\mu) \big) - c_n D^\top (T_n - \mu) \xrightarrow{\mathcal{P}} 0.$$

Insbesondere

$$c_n \big(g(T_n) - g(\mu) \big) \xrightarrow{\mathcal{D}} N_m(0, D^\top \Sigma D) \qquad [n \to \infty].$$

3.5   Univariate zentrale Grenzwertsätze

Wir behandeln zuerst *zentrale Grenzwertsätze* (ZGWS) für Folgen unabhängiger
Zufallsvariabler und dann für sogenannte Dreiecksschemata von Zufallsvariablen.
Für die Zufallsvariablen wird stets die Existenz zweiter Momente vorausgesetzt
(allein im Satz 2 wird die Existenz dritter Momente verlangt).

Satz 1. *(ZGWS für unabhängige Zufallsvariable)*
Sei $X_n, n \geq 1$, eine Folge unabhängiger Zufallsvariabler mit

$$\mathbb{E}(X_n) = \mu_n, \quad Var(X_n) = \sigma_n^2 > 0.$$

Setze $s_n^2 = \sum_{i=1}^{n} \sigma_i^2$ und

$$L_n(\varepsilon) = \frac{1}{s_n^2} \mathbb{E}\left(\sum_{i=1}^{n} 1(|X_i - \mu_i| > \varepsilon \, s_n) \cdot (X_i - \mu_i)^2 \right).$$

*Ist dann für alle $\varepsilon > 0$ die Lindeberg-Bedingung $L_n(\varepsilon) \to 0$ für $n \to \infty$ erfüllt,
so gilt*

$$\frac{1}{s_n} \sum_{i=1}^{n} (X_i - \mu_i) \xrightarrow{\mathcal{D}} N(0,1) \qquad [n \to \infty].$$

Korollar 1. *(ZGWS für unabhängige, identisch verteilte Zufallsvariable)*
Ist $X_n, n \geq 1$, eine Folge unabhängiger, identisch verteilter Zufallsvariabler mit

$$\mathbb{E}(X_n) = \mu, \quad Var(X_n) = \sigma^2 > 0,$$

so gilt

$$\frac{1}{\sqrt{n}} \sum_{i=1}^{n} (X_i - \mu) \xrightarrow{\mathcal{D}} N(0, \sigma^2) \qquad [n \to \infty].$$

Unter Benutzung von Hilfssatz 1 aus 3.4 lässt sich die Aussage des Korollars auch
in der Form

$$\sup_{x \in \mathbb{R}} |H_n(\sigma x) - \Phi(x)| \longrightarrow 0$$

schreiben, wobei Φ die Verteilungsfunktion der $N(0,1)$-Verteilung bezeichnet und

$$H_n(x) = \mathbb{P}(T_n \leq x), \quad T_n = \frac{1}{\sqrt{n}} \sum_{i=1}^{n} (X_i - \mu),$$

ist. Eine Präzisierung der Konvergenzgeschwindigkeit gibt der folgende Satz.

Satz 2. *(Edgeworth-Entwicklung)*
Ist $X_n, n \geq 1$, eine Folge unabhängiger, identisch verteilter Zufallsvariabler mit stetiger Verteilungsfunktion und mit

$$\mathbb{E}(|X_1|^3) < \infty, \quad Var(X_n) = \sigma^2 > 0,$$

so gilt

$$\sqrt{n} \, \sup_{x \in \mathbb{R}} \left| H_n(\sigma x) - \Phi(x) - \frac{1}{6} \frac{1}{\sqrt{n}} \frac{\mu_3}{\sigma^3} \psi(x) \right| \longrightarrow 0 \qquad [n \to \infty].$$

Dabei haben wir $\mu_3 = \mathbb{E}[(X_1 - \mu)^3]$ und $\psi(x) = (1 - x^2)\Phi'(x)$ gesetzt.

Satz 3. *(ZGWS für ein Dreiecksschema)*
Für jedes $n \geq 1$ seien

$$X_{n1}, X_{n2}, \ldots, X_{nn}, \qquad [Dreiecksschema]$$

unabhängige Zufallsvariable mit $\mathbb{E}(X_{ni}) = \mu_{ni}$, $Var(X_{ni}) = \sigma_{ni}^2 > 0$. Setze $s_n^2 = \sum_{i=1}^n \sigma_{ni}^2$ und

$$L_n(\varepsilon) = \frac{1}{s_n^2} \mathbb{E}\left(\sum_{i=1}^n 1\big(|X_{ni} - \mu_{ni}| > \varepsilon \, s_n\big) \cdot (X_{ni} - \mu_{ni})^2 \right).$$

Ist dann die Lindeberg-Bedingung $L_n(\varepsilon) \to 0$ bei $n \to \infty$ für alle $\varepsilon > 0$ erfüllt, so gilt

$$\frac{1}{s_n} \sum_{i=1}^n (X_{ni} - \mu_{ni}) \xrightarrow{\mathcal{D}} N(0,1) \qquad [n \to \infty].$$

Bemerkung. Stärker als die Lindeberg-Bedingung ist (aufgrund der Hölder-Ungleichung) die *Ljapunov-Bedingung* $K_n(\varepsilon) \to 0$ für ein $\varepsilon > 0$, wobei

$$K_n(\varepsilon) = \frac{1}{s_n^{2+\varepsilon}} \mathbb{E}\left(\sum_{i=1}^n |X_{ni} - \mu_{ni}|^{2+\varepsilon} \right).$$

In der Situation von Folgen (Satz 1 oben) setzt man in diese Gleichung $X_i - \mu_i$ anstelle von $X_{ni} - \mu_{ni}$ ein.

Korollar 2. *(ZGWS für gewichtete, unabhängige Zufallsvariable)*
Sei $e_n, n \geq 1$, eine Folge unabhängiger, identisch verteilter Zufallsvariabler mit

$$\mathbb{E}(e_n) = 0, \quad Var(e_n) = \sigma^2 > 0.$$

Sei ferner ein Dreieckschema $w_{n1}, \ldots, w_{nn}, n \geq 1$, reeller Zahlen gegeben, welches

$$\max_{1 \leq i \leq n} \frac{|w_{ni}|}{\sqrt{\sum_{i=1}^n w_{ni}^2}} \longrightarrow 0$$

für $n \to \infty$ erfüllt. Dann gilt mit $S_n = \sum_{i=1}^n w_{ni} \, e_i$

$$\frac{S_n}{\sqrt{Var(S_n)}} \xrightarrow{\mathcal{D}} N(0,1) \qquad [n \to \infty].$$

3.6 Multivariate zentrale Grenzwertsätze

Weiterhin wird die Existenz zweiter Momente vorausgesetzt.

Satz 1. *(ZGWS für unabhängige Zufallsvektoren)*
Sei $X_n, n \geq 1$, eine Folge unabhängiger, p-dimensionaler Zufallsvektoren mit

$$\mathbb{E}(X_n) = \mu_n, \qquad \mathbb{V}(X_n) = \Sigma_n \quad (positiv\text{-}definit).$$

Für eine Folge Γ_n, $n \geq 1$, von $p \times p$-Matrizen gelte bei $n \to \infty$

$$\Gamma_n(\Sigma_1 + \ldots + \Sigma_n)\,\Gamma_n^\mathsf{T} \longrightarrow \Sigma, \qquad \Sigma \ positiv\text{-}definit.$$

Falls $L_n(\varepsilon) \to 0$ für alle $\varepsilon > 0$, wobei

$$L_n(\varepsilon) = \mathbb{E}\left(\sum_{i=1}^n 1\big(|\Gamma_n(X_i - \mu_i)| > \varepsilon\big) \cdot |\Gamma_n(X_i - \mu_i)|^2\right),$$

ist, so gilt

$$\Gamma_n \sum_{i=1}^n (X_i - \mu_i) \xrightarrow{\ \mathcal{D}\ } N_p(0, \Sigma) \qquad [n \to \infty].$$

Korollar 1. *(ZGWS für unabhängige, identisch verteilte Zufallsvektoren)*
Für unabhängige und identisch verteilte Zufallsvektoren X_n, $n \geq 1$, mit $\mathbb{E}(X_n) = \mu$ und $\mathbb{V}(X_n) = \Sigma$ (positiv-definit) gilt

$$\frac{1}{\sqrt{n}} \sum_{i=1}^n (X_i - \mu) \xrightarrow{\ \mathcal{D}\ } N_p(0, \Sigma).$$

Satz 2. *(ZGWS für ein multivariates Dreiecksschema)*
Für jedes $n \geq 1$ seien $X_{n1}, \ldots, X_{nn}$ unabhängige, p-dimensionale Zufallsvektoren mit

$$\mathbb{E}(X_{ni}) = \mu_{ni}, \qquad \mathbb{V}(X_{ni}) = \Sigma_{ni} \quad (positiv\text{-}definit).$$

Für eine Folge Γ_n, $n \geq 1$, von $p \times p$-Matrizen gelte bei $n \to \infty$

$$\Gamma_n(\Sigma_{n1} + \ldots + \Sigma_{nn})\,\Gamma_n^\mathsf{T} \longrightarrow \Sigma, \qquad \Sigma \ positiv\text{-}definit.$$

Falls $L_n(\varepsilon) \to 0$ für alle $\varepsilon > 0$, wobei

$$L_n(\varepsilon) = \mathbb{E}\left(\sum_{i=1}^n 1\big(|\Gamma_n(X_{ni} - \mu_{ni})| > \varepsilon\big) \cdot |\Gamma_n(X_{ni} - \mu_{ni})|^2\right)$$

ist, so gilt

$$\Gamma_n \sum_{i=1}^n (X_{ni} - \mu_{ni}) \xrightarrow{\ \mathcal{D}\ } N_p(0, \Sigma) \qquad [n \to \infty].$$

Korollar 2. *(ZGWS für Vektor-gewichtete, unabhängige Zufallsvariable)*
Gegeben seien unabhängige und identisch verteilte Zufallsvariable $e_1, e_2, \ldots$ mit
$\mathbb{E}(e_i) = 0$, $\mathbb{E}(e_i^2) = \sigma^2 > 0$, *und, für jedes $n \geq 1$, p-dimensionale Vektoren*
$w_{n1}, \ldots, w_{nn}$. *Für die $p \times n$-Matrix $M_n^\mathsf{T} = (w_{n1}, \ldots, w_{nn})$ und für eine Folge Γ_n,*
$n \geq 1$, *von $p \times p$-Matrizen gelte*

$$\Gamma_n(M_n^\mathsf{T} M_n)\,\Gamma_n^\mathsf{T} \longrightarrow \Sigma \quad (positiv\text{-}definit), \qquad \max_{1 \leq i \leq n} |\Gamma_n\, w_{ni}| \longrightarrow 0.$$

Dann gilt

$$\Gamma_n \sum_{i=1}^{n} w_{ni}\, e_i \xrightarrow{\ \mathcal{D}\ } N_p(0, \sigma^2 \Sigma) \qquad [n \to \infty].$$

Literaturverzeichnis

AITCHISON, J. & SILVEY, S.D.: Maximum likelihood estimation of parameters subject to restraints. Ann. Math. Statist. **29** (1958) 813-828.

ARNOLD, S.F.: The Theory of Linear Models and Multivariate Analysis. Wiley N.Y. 1981.

BASAWA, I.V. & KOUL, H.L.: Asymptotic tests for composite hypotheses for non-ergodic type stochstic processes. Stoch. Proc. Appl. **9** (1979) 291-305

BAUER, H.: Wahrscheinlichkeitstheorie und Grundzüge der Maßtheorie. De-Gruyter Berlin 1968.

BEHNEN, K. & NEUHAUS, G.: Grundkurs Stochastik. 2. Aufl. Teubner Stuttgart 1996.

BOJANOV, B.D., HAKOPIAN, H.A. & SAHAKIAN, A.A.: Spline Functions and Multivariate Interpolations. Kluwer Dordrecht 1993.

BROCKWELL, P.J. & DAVIS, R.A.: Time Series: Theory and Methods. Springer N.Y. 1987.

CHOW, Y.S. & TEICHER, H.: Probability Theory. Springer N.Y. 1978.

CHRISTENSEN, R.: Plane Answers to Complex Questions. The Theory of Linear Models. Springer N.Y. 1987.

CRAMÉR, H.: Mathematical Methods of Statistics. Princeton University Press 1954.

DAVID, H.A.: Order Statistics. 2nd ed. Wiley N.Y. 1981.

DAVID, F.N. & JOHNSON, N.L.: The probability integral transformation when parameters are estimated from the sample. Biometrika **35** (1948) 182-190.

DENKER, M.: Asymptotic Distribution Theory in Nonparametric Statistics. Vieweg Braunschweig 1985.

EFRON, B.: The Jacknife, the Bootstrap and Other Resampling Plans. SIAM Philadelphia 1982.

EFRON, B. & TIBSHIRANI, R.J.: An Introduction to the Bootstrap. Chapman & Hall London 1993.

EMBRECHTS,P., KLÜPPELBERG,C. & MIKOSCH,T.: Modelling Extremal Events. Springer Berlin 1997.

EPANECHNIKOV, V.A.: Non-parametric estimation of a multivariate probability density. Theory Probab. Appl. **14** (1969) 153-158.

EUBANK, R.L.: Spline Smoothing and Nonparametric Regression. Dekker N.Y. 1988.

FAHRMEIR, L. & KAUFMANN, H.: Consistency and asymptotic normality of the maximum likelihood estimator in generalized linear models. Ann. Statist. **13** (1985) 342-368.

FAHRMEIR, L. & TUTZ, G.: Multivariate Statistical Modelling Based on Generalized Linear Models. Springer N.Y. 1994.

FELLER, W.: An Introduction to Probability Theory and its Applications, Vol. II. Wiley N.Y. 1971.

FORSTER, O.: Analysis 1. Vieweg Braunschweig 1983.

GÄNSSLER, P. & STUTE, W.: Wahrscheinlichkeitstheorie. Springer Berlin 1977.

GALLANT, A.R.: Nonlinear Statistical Models. Wiley N.Y. 1987.

GIBBONS, J.D.: Nonparametric Statistical Inference. MacGraw-Hill Tokyo 1971.

GOSSET, W.S., „Student": The probable error of a mean. Biometrika **6** (1908) 1-25.

GREEN, P.J. & SILVERMAN, B.W.: Nonparametric Regression and Generalized Linear Models. Chapman & Hall London 1994.

HÄRDLE, W.: Applied Nonparametric Regression. Cambridge University Press 1990.

HÄRDLE, W. & GASSER, T.: Robust non-parametric function fitting. J. R. Statist. Soc. B **46** (1984), 42-51.

HALL, P.: The Bootstrap and Edgeworth Expansion. Springer N.Y. 1992.

HODGES, J.L. & LEHMANN, E.L.: Testing the approximate validity of statistical hypothesis. J. R. Statist. Soc. B **16** (1954) 261-268.

KRENGEL, U.: Einführung in die Wahrscheinlichkeitstheorie und Statistik. 4. Aufl. Vieweg Braunschweig 1998.

KRICKEBERG, K. & ZIEZOLD, H.: Stochastische Methoden. 4. Aufl. Springer Berlin 1995.

LEHMANN, E.L.: Testing Statistical Hypotheses. Wiley N.Y. 1959.

LILLIEFOURS, H.W.: On the Kolmogorov-Smirnov test for normality with mean and variance unknown. JASA 62 (1967) 399-402.

LINDER, A. & BERCHTOLD, W.: Statistische Methoden, Vol. II. Birkhäuser Basel 1982.

MARDIA, K.V., KENT, J.T. & BIBBY, J.M.: Multivariate Analysis. Academic Press N.Y. 1979.

McCULLAGH, P. & NELDER, J.A.: Generalized Linear Models, 2nd ed. Chapman & Hall London 1989.

MILLER, R.G.: Simultaneous Statistical Inference, 2nd ed. McGraw-Hill N.Y 1981.

MÜLLER, H.G.: Nonparametric Regression Analysis of Longitudinal Data. Lecture Notes in Statistics 46. Springer Berlin 1988.

NADARAYA, E.A.: Nonparametric Estimation of Probability Densities and Regression Curves. Kluwer Dordrecht 1989.

NOLLAU, V.: Statistische Analysen. Birkhäuser Basel 1975.

PARZEN, E.: On estimation of a probability density function and mode. Ann. Math. Statist. 33 (1962) 1065-1076.

PATNAIK, P.B.: The non-central χ^2- and F-distribution and their applications. Biometrika 36 (1949) 202-232.

PESTMAN, W.R.: Mathematical Statistics. de Gruyter Berlin 1998.

PEARSON, K.: On a criterion that a given system of deviations from the probable in the case of a correlated system of variables is such that it can be reasonably supposed to have arisen from random sampling. Philos. Mag. Series 5 50 (1900) 157-172.

PFANZAGL, J.: Parametric Statistical Theory. de Gruyter Berlin 1994.

PRAKASA RAO, B.L.S.: Nonparametric Functional Estimation. Academic Press N.Y. 1983.

PRUSCHA, H.: Asymptotic parametric tests of nonlinear hypotheses. Statistics & Decisions **12** (1994) 161-171.

PRUSCHA, H.: Angewandte Methoden der Mathematischen Statistik, 2. Aufl. Teubner Stuttgart 1996.

RASCH, D.: Einführung in die Mathematische Statistik, Vol. II. Anwendungen. Deutscher Verlag der Wissenschaften Berlin 1976.

RANDLES, R.H. & WOLFE, D.A.: Introduction to the Theory of Nonparametric Statistics. Wiley N.Y. 1979.

RICHTER, H.: Wahrscheinlichkeitstheorie, 2. Aufl. Springer Berlin 1966.

RUDIN, W.: Real and Complex Analysis. McGraw-Hill New Delhi 1974.

SCHACH, S. & SCHÄFER, T.: Regressions- und Varianzanalyse. Springer Berlin 1978.

SCHEFFÉ, H.: The Analysis of Variance. Wiley N.Y. 1959.

SCHERVISH, M.J.: Theory of Statistics. Springer N.Y. 1995.

SCHMITZ, N.: Vorlesungen über Wahrscheinlichkeitstheorie. Teubner Stuttgart 1996.

SENG, P.K. & SINGER, J.M.: Large Sample Methods in Statistics. Chapman & Hall N.Y. 1993.

SERFLING, R.J.: Approximation Theorems of Mathematical Statistics. Wiley N.Y. 1980.

SHAO, J.: Mathematical Statistics. Springer N.Y. 1999.

SILVERMAN, B.W.: Density Estimation. Chapmann & Hall London 1986.

SINGH, K.: On the asymptotic accuracy of Efron's bootstrap. Ann. Statist. **9** (1981) 1187-1195.

SWEETING, T.J.: Uniform asymptotic normality of the maximum likelihood estimator. Ann. Statist. **8** (1980) 1375-1381.

TUKEY, J.W.: Bias and confidence in not quite large samples. Ann. Math. Statist. **29** (1958) 614.

VAN DER VAART, A.W. & WELLNER, J.A.: Weak Convergence and Empirical Processes. Springer N.Y. 1996.

VAN EEDEM, C.: Some approximations to the percentage points of the noncentral t-distribution. Rev. Inst. Int. Statist. **29** (1961) 4-31.

WAND, M.P. & JONES, M.C.: Kernel Smoothing. Chapman & Hall London 1995.

WIJSMAN, R.J.: On the attainment of the Cramér-Rao lower bound. Ann. Statist. **1** (1974) 538-542.

WILKS, S.S.: Mathematical Statistics. Wiley N.Y. 1962.

WINKLER, W.: Vorlesungen zur Mathematischen Statistik. Teubner Stuttgart 1983.

WITTING, H.: Mathematische Statistik I. Teubner Stuttgart 1985.

WITTING, H. & MÜLLER-FUNK, U.: Mathematische Statistik II. Teubner Stuttgart 1995.

WITTING, H. & NÖLLE, G.: Angewandte Mathematische Statistik. Teubner Stuttgart 1970.

Index